地下空间规划与设计

谭卓英　编著

科学出版社

北　京

内 容 简 介

本书全面、系统地介绍地下空间规划设计的基本概念、理论与方法。全书共分12章：(1)绪论；(2)地下空间的基本形态与功能；(3)地下空间总体规划；(4)城市中心区及地下综合体；(5)城市地下街及步行系统；(6)城市地铁路网及地下公路交通；(7)地下停车场；(8)地下综合管廊；(9)防空地下空间；(10)地下物质仓储与物流空间；(11)资源及能源地下空间；(12)地下空间环境调控与灾害防护。本书内容涵盖了城市及非城市地下空间规划设计的基本理论、方法及最新技术与理论成果，全书论述严谨、深入浅出，并结合案例进行分析。此外，根据教材内容，每章附有习题、思考题和参考文献，易于阅读、理解和掌握。

本书可作为高等院校城乡规划、土木及建筑工程等相关专业的大学本科生与研究生课程的教材，也可作为大学教师、科研设计人员的参考用书，还可为规划设计部门决策提供参考。

图书在版编目(CIP)数据

地下空间规划与设计/谭卓英编著.—北京：科学出版社，2015.9
ISBN 978-7-03-045692-2

Ⅰ.①地… Ⅱ.①谭… Ⅲ.①城市空间-地下建筑物-空间规划 Ⅳ.①TU984.11

中国版本图书馆 CIP 数据核字(2015)第 233103 号

责任编辑：李 雪 / 责任校对：桂伟利
责任印制：赵 博 / 封面设计：耕者设计工作室

科 学 出 版 社 出版
北京东黄城根北街 16 号
邮政编码：100717
http://www.sciencep.com
北京富资园科技发展有限公司印刷
科学出版社发行 各地新华书店经销
*
2015 年 9 月第 一 版 开本：787×1092 1/16
2024 年 7 月第十次印刷 印张：20 1/2
字数：467 000
定价：72.00 元
(如有印装质量问题，我社负责调换)

前　言

21 世纪是人类开发利用地下空间的世纪。现代城市从古代、近代发展至今,历经了18 世纪中期欧洲工业革命和第二次世界大战后工业化的催化,城市发展进程显著加快。城市人口剧增,规模日益扩大,出现了大城市群及城市带;城市功能复杂,综合性强,功能分区性越来越明显。城市环境空间组织也随之发生变化,出现了城市多中心化、郊区化及地下化趋势,产生了组合的巨型城市,纽约、伦敦、巴黎、东京、香港、北京等国际大都市在近现代迅速崛起。

随着城市化进程的加快,人口向大城市集聚,由此带来巨大的交通压力、能源消耗和严重的环境污染,城市化过程对生存空间和市政基础设施提出了更高要求,环境恶化、生态破坏等事件加剧了城市面临的人口、资源与环境危机。城市人口、支撑系统、环境问题及社会问题突出。据报道,全球人口在二战后的 70 年中增长了 3 倍多,2014 年全球人口超过 70 亿,年递增速率达 1.8% 以上。城市人口的剧增,直接导致城市用地紧张。人口密度大,管线密度高,城市道路面积小,"拉链"工程与"蜘蛛网"工程密布,是城市化的普遍问题,在发展中国家尤为突出。市政管线及电力通信等城市生命线工程在面对气象、地质及人为灾害等十分脆弱,故障频现,给城市经济发展和居民生活造成重大的负面影响。

满足城市发展需要,开发利用城市立体空间,是世界各国的普遍趋势。地下交通、地下商场、地下街、地下仓储与物流、地下综合管廊及民防工程等是地下空间开发的主要形式。地下空间的深度和广度在不断增大。目前,全世界已有 100 余座城市开通了地铁,中国已有 30 余座城市开通或正在修建地铁。地下交通的迅速发展,不仅缓解了城市交通压力,同时也使各国的地下街、地下商业等有机会发展成熟,形成多功能的城市地下综合体,并孵化地下城的建设。

在非城市地下空间的开发利用方面,涉及生活及生产物质、资源与能源的储存及输送、工业生产场地、试验、交通隧道、水利水电及防护工程等地下空间,矿物资源的开发利用以及核废的地质处置、清洁水、燃料物质及热能、电能等的储存,所涉及的深度远超城市地下空间。

在城市及非城市地下空间的发展过程中,人们逐渐认识到地下交通、地下综合管廊、地下综合体、地下物质储存与物流、海绵城市的建设是解决城市所面临的交通拥堵、水资源短缺与生态环境恶化等问题的重要途径;在深地环境中,由于地质环境的复杂性以及地下空间工程要求的多样化,地下空间与地质环境的协同性、适应性发展已成为解决深地空间结构、功能与环境问题的重要途径。地下空间开发利用已经历了半个多世纪的快速发展,取得了丰富的理论与实践成果。本书就是在充分吸收已有理论与工程实践成果的基础上,以城市地下空间为主要内容,结合非城市地下空间的开发,以协同论思想为主线,分析和论述地下空间规划设计的基本理论与方法。

本书具有以下特点:①全面性。本书内容涵盖城市及非城市地下空间规划设计的主要内容,数据翔实,内容丰富。②系统性。从时空演化、总体到专业,以地下空间功能为主轴,将地下空间的发展过程、地下空间的基本形态、结构与功能特点、规划设计内容与方法、各专业地下空间的规划设计以及地下空间灾害防护等内容融合一体,自成系统。③先进性。在本书编写过程中,查阅和引证了大量的文献资料,充分吸收了国内外地下空间规划设计的最新理论、方法与实践成果,反映了国际地下空间规划设计的最新水平。④突出案例。结合案例进行分析,为教学、自学及研究提供了素材。⑤丰富的习题和思考题。为了检验教学效果和知识掌握程度,在每章后附有一定数量的习题和思考题,供教师和学生参考。

　　作为一本通用教材,很难对地下空间各工程领域的规划设计问题进行全面、详尽和深入的介绍。因此,在使用本教材的同时,不同行业、不同领域的大专院校或科研院所可以根据自身特点和需要增加必要的补充材料或专业内容。并且,可以根据自身需要,对本教材内容进行选择性地讲授。

　　在本书的编写过程中,清华大学王思敬院士对本书初稿进行了评审并审校第1章,北京科技大学蔡美峰院士对本书初稿进行了评审并审校第2章及第10章,新加坡国防科技局、国际地下空间联合研究中心(ACUUS)副主席周迎新教授审校第3章、第8章及第9章,中南大学胡毅夫教授审校第4章及第5章,北京交通大学王梦恕院士审校第6章、第7章,中国矿业大学何满潮院士审校第11章及第12章,解放军理工大学钱七虎院士审校了全书。此外,同济大学朱合华教授对全书的结构及编写提出了许多宝贵意见。本教材的编写与出版得到了北京科技大学教材建设经费的资助,在此一并致谢!

　　地下空间规划设计是一个全新的学科方向,有关理论、技术及方法还不是很成熟,书中如有错误和不妥之处,敬请读者批评、指正!

谭卓英
2015 年 7 月于北京

目　录

第1章 绪 论

内容提要:本章主要介绍地下空间的起源、主要类型、功能、特点和发展演化过程;地下空间的主要开发技术、规划设计的主要内容、方法及发展趋势。

关键词:地下空间起源;地下空间的演变;勘察技术;开发技术;发展趋势。

1.1 地下空间的开发历史

地下空间应用广泛,历史悠久。从居住、墓葬、宗教、仓储、生产、防灾、市政管线到商业、文教娱乐及交通,无不与人类的生活、生产等活动密切相关。

1.1.1 地下住居建筑

人类住居建筑经历了先地下后地面的过程,地下空间的最早应用可追溯到远古的穴居时代。人类之所以最先选择穴居,主要影响因素是气候、建材、地形及抵御外敌入侵。地下住居冬暖夏凉,适宜居住;直接掘于土或岩层,无须运搬砌筑,建材天成,而且相对坚固稳定;依岸靠坡,地质地形利于地下空间的挖掘建造,能满足抵御外来侵害的要求。据《易·系辞下》记载:上古穴居而野处。《礼记·礼运》谓:昔者先王未有宫室,冬则居营窟,夏则居曾巢。意思是说原始人类栖息于天然洞穴内,以遮蔽风雨,防御猛兽和敌人。世界上许多国家和地区,如中国、印度、土耳其、西班牙、法国、希腊、约旦、埃及、以色列、美国、加拿大、北非、伊朗、波兰、意大利、阿富汗、波斯等很早以前就开始利用地下空间。许多化石保存完好的地区都发现了大量的穴居遗址,其中一些最古老的岩洞至今仍有人居住[1-3]。研究表明,人类脱离天然岩洞,掘土穴居,形成相对固定的地下半地下住居点,始于距今约6000年的新石器时代。伴随着人类第一次劳动大分工,农业从渔牧业中分离出来,出现了农业为主的乡村和以手工业、商业为主的城市,要求居住地相对固定和集中,此时天然岩洞已不能满足需要,掘土穴居是人类对地下空间开发利用的最早形式。在中国,已发现7000多个新石器时代的遗址。其中,1953年发现的西安半坡村遗址,一个室内地砰在地表以下1.0m左右的半地下村庄,它的上部结构或圆或方,柱子立在夯土地面上,上面覆盖着树枝和草皮。迄今为止,人类考古发现了世界上三个地区存在着较集中的地下住宅和村庄:①中国中、西北部的黄土高原地区。覆盖中国中部、西北部大部分地区的黄土土质疏松,易于挖掘,可以方便地用手挖出2~3m宽与5~10m长的房间。宋代郑刚中《西征道呈记》描述北宋末年陕西境内,有长达数里、曲折复杂的窑洞。土壤含水不多、湿度不大、冬暖夏凉、施工便利、无运输材料之劳等优越性,使得中国至今仍有数千万人生活在窑洞里,其中,以豫西的河南荥阳至渑池一带较为典型。②土耳其中部的卡帕多西亚(Cappadocia)火山凝灰岩地区。在近 4000 年内,那里出现了四十多个地下村庄,这里地处土耳其中部的高原地区,气候极为恶劣,夏季炎热,冬季寒冷,全年干燥,火山灰凝岩圆锥形的地势完全不能耕作,但能承受悬崖地下居所的建筑,在岩石里开凿了居住建筑、学校、教堂和城镇,这些建筑在 10~11 世纪拜占庭时期达到了它们的鼎盛时期。其中,德林库尤地下城镇深达地下 18~20 层,深度为 70~90m,长达数千米,1200 多个房间,建于火山岩中,具有完整的地下通风、供水和街道系统。此外,地下空间还包括了畜栏、粮囤、酒窖等各种设施,地下通道设置了大圆板封隔系统,当敌人入侵时,这些城镇可以作为临时避难所。③位于撒哈拉沙漠地区北部边界的突尼斯南部。那里的玛特玛塔高原约有二十几个地下村庄,这些村落深建于地下,一般房屋设计都有一个深井,房屋布置在深井周围的不同高度上,用作居住与储藏,进出要通过楼梯或地道,地道壁挖有动物窝穴。地下房屋主要为地坑式和崖洞式,这些居住群按居民的亲属关系组合,房间为矩形,交角成弧形,天棚为曲面,房间尺寸常为 2m×2.5m。偶尔在中间留有柱子支撑天棚,与天井相连的房间有稍低的门槛。

　　另外,加纳东北沃尔特河上游塞里泊(Seripa)半地下城式村落,每幢有一个天井,天井周围是房间,构成一个坚固的外围墙,以抵御外敌。中国新疆吐鲁番地区因气候干燥炎热,夏季高温时间长,冬天又寒冷。因此,地下、半地下室的居住形式在汉唐时期盛行。高昌故城遗址中就有下穴上居或半地下室的做法。其他如意大利阿普利亚省石灰岩地区、澳大利亚沙漠气候区。

　　现代地下建筑在居住方面的应用只在少数国家得到发展,其中,最引人注目的是美国和澳大利亚。在澳大利亚,一些内陆矿业城市将大量的居住建筑置于地下以躲避炎热的气候。在美国,印第安人很早就把半地下建筑作为居住场所,西南区印第安人用一种称之为“开越司(kivas)”的圆形地下硐室作为男人们举行宗教仪式的场所或作为住宅。科罗拉多州西南梅萨·沃尔德地区还有印第安人的峭壁住宅村。美国地下居住建筑统一设计得到发展的例子,可以在弗兰克·劳埃德·赖特 20 世纪 30~40 年代的一些作品中得到体现,如明尼苏达州罗切斯特·凯斯住宅等[4]。60 年代的冷战促进了地下建筑的发展,60 年代中后期建筑环境意识和自然美学观点得到重视。随着 70 年代能源危机的出现,公众对环境和能源非常关注,也注意到地下建筑在这方面的优越性,地下居住建筑得到飞速发展。进入 80 年代,公众对节约能源的兴趣降低,所以,建造地下建筑的兴趣也随之降低,再加上 80 年代的地下居住建筑大多没有经过良好的设计,而且出现防水问题。进入 90 年代,对环境的关注及可持续发展理论的提出,覆土或半覆土的地下建筑又重新引起建筑师的重视。

　　最近 30 年来,大量的地下居住建筑大都以个体住宅为主,很少出现群居建筑。地下居住建筑设计中,因居室的功能要求,一般多以半下沉式或通过中庭、下沉庭园或一面敞开(台地或坡地)和周围开小天井的形式来满足采光、通风要求。

　　美国明尼苏达大学的书店与注册办公大楼,由于缺乏空间和保护附近有价值的历史建筑的需要,采用建筑与环境完美结合的地下建筑。书店与注册办公大楼有着不同的需要和特点,45°玻墙可引入视线和阳光,为使冬季阳光可透入,同时减少夏季阳光照射,在固定百页上种植花草,以减少阳光峰值强度,建筑在实用上和视觉上都很舒适,令人感兴趣的还有屋顶用作花园。Monsanto 公司总部在地下建造自助餐厅,这样一方面可以方便地服务所有的办公建筑,满足功能要求,另一方面还可以在地面上保留一块大的中心绿地。

政府办公建筑在城市里常常位于市区中心位置,也常常成为这个城市或地区的标志性建筑,尤其是那些具有保护价值的老建筑,对于现存的具有历史意义的政府办公建筑的加建,常常将大量空间安排在地下,以达到减少对环境影响和提高城市防御功能的目的。莫斯科克里姆林宫就是这样的一个例子,它延伸到地下许多层。美国加利福尼亚州的政府办公楼也位于地下,在城市中心区保留了两个街区大的开放空间,在设计上巧妙地利用照射在塔楼和下沉庭园上的太阳能来供给地下部分能量的需要,成为节约能源技术的范例。在美国堪萨斯有许多办公楼建造在改造过的石灰石矿中。

1.1.2 地下墓葬与宗教

墓葬与宗教是地下空间开发与应用的另一原动力。土葬很早以前就流行于世界各地,从英国的古冢、埃及金字塔到中国帝王陵墓,尤以中国的帝王陵墓为代表,最初地下主要有安置棺椁的墓室,用木椁室,随着建筑技术的发展,随后出现了砖石结构墓室。发展到后来,成为规模宏大、结构严密的地下宫殿,如秦始皇骊山陵、唐乾陵、宇陵、明孝陵及清东陵等。

古埃及、古希腊、古罗马与中国的文明大量地凸显了地下宗教遗址和地下陵墓文明。地下未经装饰的空间寂静、黑暗与神秘,给人一个与世隔绝的心理暗示、思索与灵魂净化的机会。在罗马,挖掘了大量纵横交错的地下陵墓。公元 9 世纪,土耳其除建造地下居住建筑外还建造了许多礼拜堂。佛教在印度和东西亚的兴起,使大量的挖掘和凿石而建的寺庙出现,那些洞室有大量有关佛教的雕刻和绘画。典型遗址如印度的百合结岩庙宇,中国四大名窟的洛阳龙门石窟、山西太原天龙山石窟、敦煌莫高窟及大同云冈石窟。此外,如近代澳大利亚的库伯佩迪(Coobe Pedy)教堂、芬兰赫尔辛基 Temppeliavkio 教堂均修建于地下。在波兰和哥伦比亚等地还有一些由地下矿洞改造而成的地下教堂,以及前述美国亚利桑那印第安人的地下开越司等。

1.1.3 地下储藏

地下空间在储藏方面发挥着巨大的作用。仓储有着与人类地下住居建筑同样悠久的历史。地下环境温、湿度适宜,避光,有利于粮食、水果、蔬菜及酒等保存。研究表明,谷物储存在地下可获得一个相对封闭的环境,随着谷物的呼吸作用,硐室内氧气和二氧化碳含量会发生变化,从而抑制菌类及昆虫的生长,维持一种自然平衡状态。我国洛阳发现的隋唐时期的谷物坑,共有 287 个谷物储存框,散布在深 7~11.8m,直径 8~18m 的范围内,部分谷物保存完好。北非的一些国家如摩洛哥、苏丹等还普遍使用传统的地下储存建筑,一个圆柱形的罐状,大约深 2m,里面装满了谷物,然后密封起来。西红柿、香蕉和其他不同种类的水果也宜于储存在地下。酒窖是地下空间的传统用途,地下储存陈年酒的习惯在现在也还一样。地下空间还可广泛用作如火腿、大米、奶酪、冰淇淋等各种物资的储存。

地下空间另一个用途是石油和天然气的储存。许多大型的油气储存设施建造于地下,主要是因为地下设施可减少冷藏费,建造成本相对低,安全性高,对环境的潜在威胁较低,且能避免地面压力罐对视觉美观的影响,特别是在城区。20 世纪 70 年代中期,美国曾在地下储存了 150×10^6 桶石油和将近 $1.56 \times 10^8 \ m^3$ 的天然气。地下储油系统通常意义上是一种埋地的储油罐,但斯堪的纳维亚人却发展水下岩洞储存石油,这样的成本更低。此外,天然气和油气可以在常温高压下储存或在高压下液化储藏。地下压力储存可以利用在合适深度的岩洞或多孔岩层中的天然洞穴,天然水压或岩石限制力就足够天然气或油气在这种温度下储存所需的压力。

除此以外,由于地下空间独特的环境条件及隐秘性,它还是国家机密和珍稀财产的储存地。例如:美国摩门教的记录曾保存在盐湖城附近的一个地下空间里;另外,许多大公司的高等档案储存在密苏里州堪萨斯城附近开采的石灰矿洞及马萨诸塞州波士顿附近一些废弃的矿井里。第二次世界大战中,英国的国家财产曾从伦敦疏散到西部一系列大型矿井里,挪威的国家档案馆就位于一座岩洞的防震建筑里。

1.1.4　地下工业生产

地下空间也是人类生产的重要场所。工业设施建筑于地下,主要原因有二:①对战争(空袭、核战)防护的要求;②利用地下空间的环境特性。地下空间具有很好的隐蔽性和保护性,为一些安全级别高的重要产品制造提供了条件。20 世纪初空袭使得摧毁一座城市的工业设施变得十分容易。第二次世界大战期间许多工业设施都被转移到地下以避空袭。在不列颠空袭中,英国伦敦一系列地下设施都改为秘密工厂。1942 年 5 月德国发布了一条分散整个德国飞机制造业的命令;1944 年 2 月,德国为了分散飞机制造业,计划在地下建设 $900 \times 10^4 \ m^2$ 的厂房,地下设施壳体结构跨度达到 200m。地下工厂由于隐蔽性好,炸弹不可能危及这些地下设施,使得地下飞机制造业得到很好的保护。第二次世界大战中,日本也建造了超过 $2.8 \times 10^4 \ m^2$ 的地下工业建筑作为飞机生产厂房,同一时期美国在堪萨斯城第一次把矿井作为工业仓库。第二次世界大战结束后,瑞典持续建造了许多新的地下工厂,并且考虑了持续工作所需的条件。

除了防护、防灾作用外,发展地下工业建筑还有其他潜在的优势,具有很好的环境调节性。这些特性包括稳定的热环境,较之地表的低振动,密闭的通风系数和低渗透水平,更容易创造清洁的环境。岩洞建筑的高承载力,重要工厂的保密性,高科技的发展,需要更多特殊的工作环境与生产相适应。尽管满足这些要求的环境在地面上也可以做到,但要比普通的地面工业设施昂贵得多。对于同样的要求,如果地点合适,地下建筑只需增加很少费用,一般只要负担最初的费用。特别是利用已有地下空间时更是如此。

从美学上看,将工业建筑全部或部分建造于地下,降低地面部分的高度,可降低人们的心里恐慌,减轻心理压力。

地下工业生产的另一个重要方面是矿产资源的开发利用。据有关考古发现,人类采矿活动至今有 4000 年的历史。最早的采矿遗址是南非斯威士兰的一个赤铁矿矿洞,原始人开采赤铁矿用作图腾颜料,匈牙利也发现了原始人开采燧石用于制作武器和工具的矿场,埃及在西奈半岛发现了绿松石的古矿场。位于中国湖北大冶的铜绿山古铜矿遗址是迄今为止世界上开采时间跨度最长的地下矿山,铜绿山古代采矿活动始于距今 3000 多年前的殷小乙时期,到南宋末期,发现采矿井、巷 360 多条,矿区面积达 2km²,采掘深度超过 50m[5]。中国在唐代发明了黑火药,距今有 1000 多年历史。黑火药的发明使得大规模采矿成为可能,大大地推动了采矿业的发展。

1.1.5 安全防御

地下空间用作军事用途,安全防御在很早以前就和地下空间的利用紧密联系在一起。许多防御系统都包括地道。其中,最复杂、最坚固的当属法国的马其诺防线。此外,在中国,许多地区也广泛利用地道来抗击敌人。

原子核时代对防御及最初进攻的报复性打击能力提出了新的要求,躲避爆炸和防止放射性坠尘的庇所在世界各地都有所发展。美国从 20 世纪 50 年代起就开始强调可以躲避射线伤害的城防设施建设。许多家庭都在后院修建了能屏蔽放射性物质的避难所。最典型的美国科罗拉多州斯普林北美防空(air defence)指挥部,于 1965 年修建,建造于夏延山脉花岗岩中,拥有 11 座建筑,总面积为 1.86×10^4 m²。

在瑞士等欧洲国家,人们对地下军事设施和城防设施一直保持着稳定的兴趣,如斯德哥尔摩的地下通讯中心、挪威的地下国家档案馆、斯堪的纳维亚地下储油岩洞和其他公众避难设施。它们不仅被用作城防用途,同时也很好地满足了社区的需要。中国从 20 世纪 60 年代起也发展了这样的人防设施。

许多特殊的地下军事设施还包括地下导弹发射基地、地下潜水艇基地、弹药库和其他军工设施。地下军事设施的用途还包括一些地下核武器试验。

1.1.6 市政管线

随着人类住居地的集中,市政管线在城市雏形时期就开始出现了。大约公元前 2500 年,古巴比伦在印度河谷建造了输水隧道;公元前 4000 年,以色列耶路撒冷和麦吉多也出现了供水隧道;罗马帝国时代,罗马建了井水供应系统和污水排放系统;中世纪,法国巴黎建立了一套处理污水系统。地下空间也同样运用在水利灌溉上,波斯、伊朗在地层深处建造了非常好的运水系统。

19 世纪开始,市政公用设施在世界各地迅速发展,给排水系统之后是电力、电话系统、区域供暖系统及大规模运输系统等,直到现在,被称作共同沟(utility tunel)或综合管廊的市政设施隧道已经出现,它将市政管网系统集中布置在同一沟道内,大大提高了公用设施的适应性、便利性和高度集中的效益性。

将给排水系统、电力、电话、供冷、供暖、供气及运输系统等置于地下空间,不仅可以防止天气的影响,降低冰冻和延缓老化,保证排水坡度和巨大管径等要求,而且可以美化环境,扩大地面有效空间,提高废水处理前的储存能力。

水利设施建于地下,除了减少对视觉美观上的影响外,还有使用上的优点,稳定的温度条件,安全有保障,对自然环境的影响也可降到最低程度。因此,世界上许多国家在新建水电设施时均倾向于修建在地下。挪威是世界上地下水力发电站的倡导者,全国 60% 以上的水力电站建于地下。

污水排放系统埋没在地下,可以减少土地占用,解决气味和视觉污染问题,加快恶劣天气条件下的净化过程。在瑞典,有 15 座净化设施建造在岩洞里,废水在那里净化,活水净化设施上面可建住宅。

此外,地下空间在垃圾处理上的应用也日益广泛,各种固体垃圾、高放射性废弃物及其他危险性废弃材料,通常采用密闭的深理形式进行处置。

1.1.7　商业

商业的应用在城市地下空间利用发展历史上较晚出现,但也是发展较快的一种应用方式。城市地下商业空间发展成就较高的是日本的地下街和美国、加拿大的地下城。

在加拿大多伦多和蒙特利尔,现代地下系统四通八达,联系着地下步行系统、商业系统,人们可以不用跑到露天就可以到达城市的大部分地区[6]。20 世纪末、21 世纪初,多伦多开始建造地下步行系统。最初,加拿大 T－Eaton 百货公司想把它的几幢建筑用地下通道联系起来,到 1917 年,建成了五条地下通道。1929 年又将联合车站和皇家约克旅馆联系起来,不久又得到持续发展。到 1954 年,一条城市的地铁环行线建成,它提供了一个发展更加连续和集中的地下系统的机会。1956 年,在建造中心铁路客运站时又开发了玛丽亚广场,促进了大量的私人投资到这个地下商业系统中心的开发上来。蒙特利尔地下商业系统开发的成功又促进了地下商业系统在多伦多的发展,地下蒙特利尔玛丽亚城可称得上是世界最大的地下城区,包括商店设施、旅馆、办公用房和剧院,由地下铁道系统连接,可一次性容纳 50 万人。玛丽亚城是一个多层次地下运输系统和步行交通中心,分布有餐馆、商店,以及数英里长的步行道和地铁网,地下综合区上面的地面广场周围有多幢房屋和一座钟楼相围合,地上的噪声及恶劣的气候都不会影响地下综合区,这个地下中心,连接 6 个地铁站、9000 个停车场、8 座摩天楼、3 座百货大楼、2 个铁路车站、4 座豪华旅馆、8 个剧院、40 个一流餐馆,以及数十家商店。

美国纽约州府奥巴尼市洛克菲勒中心,是世界上最集中的高层建筑,从 20 世纪 30 年代中期开始建设,共建有 11 幢高层建筑,为了将中心内部有机联系起来,最早采用了地下交通及地下商业街,通过地下人行系统形成一个可在地下进行城市活动的综合空间。同时,为寻求一个由建筑群及其环境组成的开敞、富有魅力并有纪念意义的空间,将 7 幢高层建筑、一座文艺演出建筑、一幢博物馆围绕一个下沉广场,有机组合在一起,实现了地下空间的开发获取地面空间的开敞。洛克菲勒中心地下空间内容丰富,除了商业、部分办公空间,还有旅馆、影剧院、滑冰场、舞厅及其他休息厅和地下公共通道、停车场等商业设施。

日本发展地下商业中心方面历史悠久,从 1927 年始建造地下商业街,世界上第一条地下街也是在这个时期的东京建成的。随着大规模的站前广场及地铁的建设,地下街得以迅速发展。截至 1994 年,在日本,全国 20 座城市中共修建了 79 处地下街,总面积达 $92.27 \times 10^4 \ m^2$,其中,东京八董洲地下街面积达 $6.8 \times 10^4 \ m^2$。据不完全统计,日本每天有九分之一的人口进出地下街[7]。可见,日本地下街在城市地下空间的利用领域中占有十分重要的地位。地铁的建设、超高层的商用办公楼及大型百货商店等为上、下班和商务提供了方便,营业厅直接从地下连通于附近的地铁枢纽站,便于疏散地面上的过量人流。地铁和地铁站及公共地下人行通道成为人流的集散点和转折点,人流量大,利于在地下通道中布置商业机能,形成地下街,促进商业繁荣。

地下街的建设优化了城市交通,改善了步行环境,扩充了城市商业设施,把本来被浪费和功能不全的城市空间组成完整的系统,成为一个完整的出行树,增大了城市的防灾空间,也节省了能源。

1.1.8　文教娱乐科研与医疗卫生

天然岩洞因其壮丽、神秘而吸引着人们,当它们对公众开放后便成为人们探险、旅游向往的地方。现在,岩洞探险在很多地方成为了一项大众娱乐活动。天然岩洞的吸引力也刺激了欧洲大量人工洞穴住宅的发展。19 世纪早期,许多乡间别墅都建造在园林中的洞穴和隧道里,这样的设计给人们带来一种恐怖的浪漫,也成为一些追求新奇、刺激和神秘俱乐部的人的社交聚集场所,中世纪这些社交圈常常举办带有哥特精神的放纵狂欢式聚会。

现代运动娱乐设施建造于地下,主要有以下几种形式:①人防工程平战结合型;②废弃地下空间(矿井、矿洞)再利用型;③单体建筑因地面建筑受到限制的地下发展型;④结合城市中心区的综合开发型,包含地下综合体中的地下运动娱乐设施。斯堪的纳维亚的许多地下城防设施都有着平战结合的双重功能,它们可以用作游泳馆、体操馆、田径场,以及其他设施。挪威 Gjorluk 游泳馆、芬兰赫尔辛基地下体育中心体操馆是这方面的典范。在中国,20 世纪 60~70 年代挖掘的大量人防工程,许多已经转变为商业和娱乐设施,如咖啡馆、舞厅、儿童游乐设施等。另外,还有礼堂、音乐厅也建于地下。杭州有一座 1800人的剧院就建造在人防设施的地下岩洞里。芬兰佩确蒂(Petretti)地下音乐厅适合多种艺术类型的演出。

由于体育建筑的规模大,当土地紧缺或地面建筑受到限制时,地下建筑成为地面建筑当然的替代者。美国华盛顿的乔治城大学,曾建造一座地下体育馆,平面尺寸达 20m×40m。限制地下运动娱乐建筑发展的最主要因素是地下空间所能提供的最大跨度及其经济性,当前地下体育建筑的最大跨度是芬兰的地下曲棍球场,它的最大跨度达 32m。

在一些发展中的城市中心区,人口日趋增长,城市日趋拥挤,要求建造大量的运动娱乐设施,当土地紧张或地价昂贵时,这些运动娱乐设施就被转移至地下,如东京的屋顶高尔夫球场、屋顶网球场及屋顶游泳池。当然,这种地下娱乐设施与城市地下空间的开发规划及中心区的综合开发、地下交通系统结合起来,形成娱乐链或娱乐树(recreational tree)将会更具活力,如前述加拿大的蒙特利尔与多伦多。

气候条件恶劣的地区,地下公园的建设同样为人们提供了进行体育活动和社会交往的场所。明尼苏达州,就有一种完全封闭的室内开放式公园,给快速增长的城市居民提供了一个冬季里免受风雪侵袭、气候可以调控、舒适的活动场所。公园设施由开放的游乐区、小型溜冰场、多用途剧院、儿童游戏场及商场、大厅等综合集成。

地下遗址保护性博物馆,通常建造于地下,这样可以保证文物所处的环境相对稳定,有利于保存。另外,从关注度方面,可以保证遗址成为人们注意的焦点而不是建筑物,如秦始皇兵马俑博物馆、美国密苏里州圣路易斯拱门及明尼苏达州奥利弗·凯利农场展览中心等都是例证。在许多纪念性建筑中,为追求特定的环境氛围,都将主体建筑设置于地下或半地下。

在社会发展过程中,老建筑经常面临扩建问题,如何保护原有建筑和城市风貌,使环境不受破坏,尤其是当老建筑具有鲜明的形象特征时,要使文化遗产得到完好保存,处理新老结合问题时就会更加困难。而这时地下空间相对于地面建筑的无形或少形,不破坏现有建筑形象,与环境相谐调,是优先考虑的问题。法国巴黎卢浮宫、英国爱丁堡市公主大街、美国华盛顿东方艺术中心和非洲艺术博物馆扩建都是成功的典范。

始建于 16 世纪的法国巴黎卢浮宫,1989 年改成博物馆。原有建筑经过几百年使用和发展已不能满足功能需求而进行扩建。在既无建地,又要保持卢浮宫古典主义建筑的传统风貌,无法增建和改建的情况下,充分利用宫殿建筑围合的拿破仑广场,在广场中地下空间容纳了全部扩建内容——一个只在地上露出金字塔形采光井的地下宫。它既没有采用法兰西传统建筑模式,也没有与卢浮宫试比高下,成功地对古典主义进行了现代化改造,扩建部分与原有建筑尺度比例协调。整个地下空间深 14m,地下三层,面积超过 73×10^4 m²,包括入口大厅、剧场、餐厅、商场、文物仓库及 600 辆小汽车、80 辆大巴的地下停车场(underground parking),展厅面积扩大了 80%,每年接待的参观者从 300×10^4 人增加到 500×10^4 人。

地下空间同样也很适宜作为文件和其他要求恒温的材料储藏,例如,世界上最大的和微缩胶卷集中所在地之一就是位于美国犹他州附近的地下空间,属沃萨奇(Wasatch Range)山区,储存了 100 多万卷从世界各地收集的重要的微缩资料胶卷。瑞典新的国家档案馆也建造在斯德哥尔摩中心附近的玛丽柏格岩洞里。

同样,地下图书馆的应用也越来越多。特别是公共建筑在遇到噪声、光线及用地等限制性条件时,可以考虑将扩建置于地下。伊利诺伊州立大学图书馆设计时,受邻近建筑光线条件限制,而建造了一座两层带中间庭院的地下建筑作为图书馆,从而避免了建筑投射的阴影。在 20 世纪 70 年代后期,美国明尼苏达州在阿波利斯市南部商业中心的一个十字路口建立了一座地下社区公共图书馆,通过设计小型下沉广场,很好地解决了交通噪声强、停车场用地、保留开敞空间及地下空间与地面的联系和使用等关键问题,为城市居民提供了一处舒适的文化和休息活动场所。1975 年建成的马萨诸塞州哈佛大学普塞图书馆,分三层,共 808 m²,设计的原则是基于前述的保存周围历史性的校园建筑环境,并且尽可能地靠近现有建筑以利使用。与此类似的还有约翰·霍普金斯大学的艾森豪威尔图书馆、英国牛津大学瑞德克里夫(Radcliffe)科学图书馆、日本东京的国会图书馆及美国密苏里堪萨斯城公园大学图书馆。

教育建筑是地下建筑中一个重要的部分。最初建造于地下是出于能源危机的考虑。以美国为例,早在 20 世纪 60~70 年代,建造了许多地下学校。据资料记载,截至 1967 年有 22 个州共建有 96 个无窗学校,如新墨西哥州、得克萨斯、马里兰、弗吉尼亚及俄克拉何马州等都建有地下学校,它们被设计成低能耗且屋顶留有活动场地的地下建筑。实践表明,这些学校不仅节约能耗,而且地下无窗的教学环境也有利于学生集中思想,提高学习效率。弗吉尼亚州斯顿特勒塞提小学于 1977 年建成,供学校和居民使用,有多用途大厅、厨房、多功能剧院、教室,净面积为 0.6×10^4 m²,可容纳近千名学生。明尼苏达土木矿业工程学院大楼于 1983 年修筑,被认为是美国土木工程的杰作。它利用矿洞修建,拥有教室、办公室、研究实验室等场地,面积为 1.5×10^4 m²,其中,大约 2000 m² 由地下 25~

35m 的软沙土层中两个矿井挖掘而成。由于建筑在地下,避免了当地恶劣的气候条件。

此外,一些特殊用途的建筑适宜于建造在地下。许多国家把粒子物理实验、质子衰变等实验室建造于地下,以避免外来射线的干扰。例如,法国、印度、意大利、日本、美国等一些国家的大型粒子碰撞实验放在地下,可以防止射线泄漏和加速粒子的散失。在芬兰,一个由几个岩洞组成的技术研究中心,平时是地下研究实验室,而在紧急情况下,可作为容纳 6000 人的避难所。

医疗和紧急应变设施也常常位于地下,这些设施大多平战结合,既作为战时城市防御系统的一部分,又可以作为和平时期之用。例如,在中国上海有一座 430 床的战时地下医院,美国加利福尼亚的洛杉矶城市紧急应变中心也位于地下。由于核战的威胁,世界上许多国家都构筑了大量的战时紧急应变设施,这些设施大多考虑平战结合。战时监狱建造于周边环境复杂的地下环境中,战后作为展览馆就是一个典型。

1.1.9　交通运输设施

城市地下空间对立体化交通运输系统的发展完善十分重要。最早开凿隧道的历史可以追溯到 15000 年前。人们用鹿角和马骨做成的镐头挖掘开采电石的隧道,随着火药的发现,在岩石里开凿隧道的速度极大地提高,并且应用范围也得到拓宽。19 世纪铁路系统开始建立,为减小铁轨坡度和缩短线路长度,应用了隧道技术。1882 年,第一条铁路隧道——圣·戈特哈德铁路隧道完成,它通过瑞士阿尔卑斯山脉,隧道长达 15km,全长 40km,包括两条直径 7.6m 的铁路隧道和一条直径 4.8m 位于两者之间提供紧急援助服务的供给隧道。20 世纪 60 年代城市地铁在欧洲及北美等国家和地区得以迅速发展。加拿大蒙特利尔城市地铁于 1967 年完成。据不完全统计,中国 1891~2009 年,共建铁路隧道总里程超过 7000km,最长的西秦岭隧道达 28.24km。自从 1863 年世界上第一条地铁在伦敦开通以来,地铁已经在世界许多大城市得到应用,地铁运输量大、速度快、不阻塞、低噪音、无污染、安全舒适,而且节约能源。第二次世界大战结束时,全世界只有 20 座城市建有地铁,现在已有 40 余个国家的 130 多座城市开通近 300 条地铁线,总长度超过 5200km。美国是世界上的地铁大国,曾一度是已通城市地铁数量最多,线路最长的国家,波士顿、纽约、芝加哥、费城、华盛顿等 10 个城市地铁总长 1100 多千米,占世界的五分之一多;其次是日本,共有 546km,分布在东京、大阪、名古屋、神户等 9 个城市。第三为英国,有 474km 地铁。自 20 世纪 90 年代,中国经济发生巨大变化,北京(京)、上海(沪)、广州等城市地铁高速发展。北京 2013 年地铁总里程达到 456km,超过伦敦(408 km)、首尔(406.2km)和上海(425 km)成为世界地铁线路最长的城市。2013 年,北京已开通线路 17 条,车站 270 座,换乘站 37 座,地铁单线最大长度达 57km,成为世界上城市地铁单线路程最长的城市。2015 年年底,北京地铁线路总里程将达到 703km,上海也将达到 615km。随着经济的发展,我国除京、津(天津)、沪修建了庞大的城市地下铁路系统外,另有 10 多个省会大城市正在进行地铁修建或论证。在地铁建造的深度上,已由 10 余米的浅部埋深发展到近 100m 的深部,线路也由单层发展到双层,如莫斯科地铁的最大深度达到 90m。

据不完全统计,目前巴黎 16 条地铁线路的日客运量已经超过了 600×10^4 人次,纽约 25 条线路日客运总量达到 400×10^4 人次,伦敦地铁的日客运量为 430×10^4 人次,莫斯科

地铁的日客运量为 900×10^4 人次,东京地铁的日客运量为 800×10^4 人次,与莫斯科十分接近。香港地铁总长只有 43.2km,但日客运量高达 220×10^4 人次,最高时达到 280×10^4 人次。北京已开通 15 条地铁线路,最大客运量超过 1000×10^4 人次。地铁的输送量占城市各种交通工具运输量的 40%~60%。

城市地下交通系统包括两个方面,静态交通(即停车)及动态交通,停车可以说是现代城市地下空间应用中最常见的一种方式。地下停车建筑往往与城市人防设施结合起来。例如,上海最大的民防工程(civil air defence project)——人民广场迪美购物中心地下停车场,总建筑面积近 10×10^4 m²,包括地铁、变电站、商场、停车场,是一个集购物、餐饮、娱乐、休闲、旅游、观光为一体的地下多功能广场,地下停车场面积为 5.0×10^4 m²,可同时停 600 辆小汽车。

人口和工业向城市的迅速集中,汽车的普遍化,给城市交通运输带来巨大压力,造成地面及地面空间容量的严重不足,为改善城市交通运输的拥挤状况,提高城市土地使用效率的可行途径是开发地下空间。地铁的建设,地铁交通的发展使全市范围内地下空间广泛沟通,地铁、地下高速道路、地下步行道、各类车站、地下停车场相连形成便捷的地下交通网,大量人流的迅速集散成为可能,导致了地下街的出现。地下街的修建,使地面交通在少增扩城市道路的基础上得到改善。由于在地下换乘、购物、通行、行车吸引大量人流到地下活动,使地面人车混杂及车速缓慢得以缓解。据日本的有关统计,地下街中的步行通道一般可以起到 40%~50%的分流作用。地下街在交通中的作用,还表现在静态交通的改善上即地下停车。

步行观念的兴起,区域的步行化,在城市中心地区使可能相互干扰的交通流分开,这是组织空间的基础,许多老城区中心再开发,几乎完全取消街道上的停车场,使居住区和商业区从汽车交通的负荷中解脱出来,建筑布局和交通运输规划紧密地联系在一起。在城市气候条件恶劣的地区,地下交通系统的建设有利于改善出行环境。

城市地铁的建造,不但解决了用地、地形、环境及城市建筑对选线造成的阻碍等问题,而且提供了一个快速、便捷、高效的交通系统,带动了地铁沿线经济的发展。

在地下交通运输系统的理论方面,早在 1906 年,巴黎地铁正在修建时,欧仁·艾纳尔(Eugene Henerd)提出了街道立体交叉枢纽,环岛式交叉口和地下人行过街道,以及多层交通干道体系的发展观。

在环岛式交叉口系统中,为了避免车辆相撞和行驶方便,只需车辆朝同一方向行驶,并以同心圆运动相切的方式出入交叉口。与此同时,为了解决人车混行的矛盾,在环岛的地下构筑一条人形过街道,并在其中布置一些服务设施,初步显露了利用地下空间解决人车分流的思想。

在多层交通干道系统中,针对城市空间日益拥挤的问题,于 1910 年提出了多层利用城市街道空间的设想。干道共分为五层,布置行人和汽车交通、有轨电车、垃圾运输车、排水构筑物、地铁和货运铁路。所有车辆都在地下行驶,实现全面的人车分流,使大量的城市用地可以用来布置花园,屋顶平台同样用来布置花园,初步显示了利用地下空间解决人车混行的矛盾,所有车辆都在地下行驶,实现地面人车分流,使大量的城市用地可以用来布置花园,这些设想在现代化城市建设和改造中得以实现。

法国著名学者勒·柯布西埃在其所著的《明日城市》及《阳光城》中阐述了城市空间开发实质。柯布西埃在进行巴黎规划（1922～1925 年）时，强调了大城市交通运输需要，提出了建立多层交通体系的思想。地下走重型车辆，地面用于市内交通，高架道路用于快速交通，市中心和郊区通过地铁及郊区铁路相连接，使市中心人口密度增加，柯布西埃的思想实质可归纳为两点：①传统的城市出现功能性老朽，在平面上力求合理密度，是解决这个问题的有效方法；②建设多层交通系统是提高城市空间运营的高效有力措施。柯布西埃论证了新的城市布局形式可以容纳一个新型的交通系统。

20 世纪 70 年代，汉斯·阿斯普伦德（Hans Aspliond）提出双层城镇理论，追求一种新的城市模式，使城市中人、建筑、交通三者得以协调发展。他指出：传统交通中各种交通工具或设施在同一平面上混合，而双层城市则要求在两个平面上分离。人与非机动车交通在同一平面上，而机动车交通则在人行平面以下，通过这种重叠方式，改变了大量城市用地做道路使用的做法，省下的土地扩大了空地和绿化面积。20 世纪的新城雷德堡，使各种交通在不同水平面上分离开来，机动交通在人行交通之下，或地下或半地下，省下来的土地扩大了空地和绿地，从根本上保证了城市环境的安谧和谐。

1998 年，芬兰学者 K. Ronka 等提出了具有普遍适用形式的地下空间竖向分层布局模式。尾岛俊雄提出了在城市次深层地下空间中建立封闭性再循环系统（recycle system）的构想。

1.2 地下空间的开发技术

循着地下空间开发的历史轨迹，不难看出，地下空间在人类生活、生产和各种活动中得到了越来越广泛的应用。从住居、墓葬、商业与文教娱乐、交通运输、市政管线与垃圾堆埋、工业生产、储存、物流、民防、核废处置到特殊地下实验与研究，在广度、深度及功能等方面均发生了深刻的变化。随着人类自身的发展及科技水平地不断提高，城市地下空间的开发利用、资源获取及特殊用途的地下空间开发的深度与规模已成为一个国家或地区发达程度的重要标志。

地下空间的开发与高新科技的应用密不可分。地下空间的规划、设计到施工、运营与维护，都直接受科学技术水平的限制。地下空间开发技术包括：勘察技术、规划与设计技术、开挖与支护技术、监测与监控技术。

1.2.1 岩土工程勘察技术

地下空间的开发利用受地层地质条件的制约，地下工程的规划选址、设计施工、运营维护等无不依赖对地质状况的准确认知。因此，人们利用各种手段来获取准确、全面的工程地质和水文地质信息。最基本的岩土工程勘察手段是钻孔勘探，通过钻孔、取样、录孔、土工、岩土物理力学性能测试，根据一个区域内若干钻孔的地质资料，绘制该地区的工程地质图和水文地质图，并进行综合地质分析。对于浅部地层，还可结合槽探、坑探及天然切沟等剖面进行岩土地层及地质分析。现代岩土工程勘察则采取了地球物理勘探和遥感等先进技术手段。

1.2.1.1　地震 CT 方法

地震 CT(computerized tomography)方法源于医学 CT,是一种基于射线的电子计算机断层扫描技术。地震 CT 利用地震波穿入地质体,通过测量地震波的走时和能量衰减变化,经反演计算和层析成像技术,重现地质体内直观的结构图像。地震波 CT 技术是利用地震波在不同介质中传播速度的差异,确定一个沿路径积分的图像函数。地震 CT 方法可在不同的频段工作,目前工程地质勘察中使用的频带为 4~400Hz,分辨率到 m 级。若用超声频段,分辨率可达到 cm 级,虽然分辨率提高了,但因衰减过快而使探测距离减小。在开发地下空间时,应用跨孔地震 CT 法和不需要钻孔的表面地震 CT 法,可以勘测出地层、构造、岩体、土体的分布界面,确定工程地质岩体的完整性、断裂节理构造、含水带、空洞及风化带的位置等不良地质体的位置、形状及力学强度情况。这种方法的勘测覆盖面大、精度高、可靠性好、图像直观、信息量大。

除地震波法以外,地磁法及声波法也是一种地质 CT 方法。广义地讲,电阻率法也是一种地质 CT 方法,它通过透入地质体电阻率、电压或电流的变化来获得地层断面的图像。采用电阻、电磁、大地磁场及声波等方法对地质体结构、构造、含水率及物质组成等进行探测,其基本前提是地质体的电阻率、磁导率等电磁介质参数存在显著差异,并且属于有耗媒质。事实上,地球地壳中岩层、地质体等之间物理性质及结构等的差异,将导致电阻率及电磁场的变化。电法包括直流电法、自然电位法及激发极化法,高密度电法就是在常规电阻法的基础上发展起来的一种电阻率勘测方法。它通过电路两个电极向地下供输电流,然后在两极之间测量两测点间的电位差 ΔV,从而可求得两测点之间的视电阻率值 $\rho_s = K\Delta V/I$。根据实测的视电阻率剖面,进行计算和反演分析,便可获得地下地层中的电阻率分布情况,从而可以划分地层,判定含水层、地质结构异常及地下矿产资源等。

1.2.1.2　磁法

磁法包括古电磁、航磁及卫星磁测,电磁法是采用天然场源与人工场源相结合的大地电磁测量方法,天然源包括大地电磁、声频大地电磁及电磁测量,人工源包括人工源声频大地电磁、瞬变电磁、磁流体、人工源超低频。大地电磁法在岩土工程勘测中的应用越来越广泛,它在高频段(1.0~100kHz)采用人工场源,低频段(10~10kHz)利用天然场源,能观测到离地表几米至 1000m 内的地质断面的地电变化信息,基于对断面电性信息的分析研究,可以确定地电断面的性质。

1.2.1.3　探地雷达

另一种地球物理勘测手段是电磁脉冲雷达也称地质雷达或探地雷达(ground penetrating radar)探测,它通过测定电磁波的反射回波信号或电阻抗率-电磁波在介质中的传播速度来探明岩土地层的结构,包括地质断裂构造及地层中的含水层、岩溶空洞。新兴的 SWS 瞬态多道面波技术利用锤击、落重乃至炸药等脉冲震源,产生一定频率范围的瑞利波,再通过振幅谱分析和相位谱分析,把记录中的不同频率的瑞利波分离开来,从而得到一条瑞利波速 VR 与频率 f 的关系曲线。通过面波波速在深度和水平范围内的分布,查明斜坡内的滑动带及易滑地层,可以查明地层内的软弱结构面、地下空洞、地质分层、堤坝隐患、路基隐患、岩性界面、地基强夯效果,以及进行地下管道调查和岩土施工超前探测。其优点是具有薄层高分辨能力,以及定量化和准定量化探测能力。

1.2.1.4 遥感技术

遥感(remote sensing,RS)是一门新兴的综合性探测技术,由飞机或卫星上的各种传感器,接受被测区域辐射的可见光、红外、微波等电磁波信息,经加工处理成能够识别的图像或数据,进而可以揭示所测区域的工程地质和水文地质状况。遥感技术为地质测绘提供了全新的手段,其宏观性、直观性和综合性是任何其他地图测绘所难以达到的。遥感技术已广泛用于区域工程地质和水文地质勘测,可进行地面形貌与变形测量及断裂构造、岩溶漏斗、落水洞、岩溶洼地、滑坡、崩塌及泥石流等的解译判释。

1.2.1.5 仪器钻进技术

仪器钻进(instrumented drilling,ID)技术一种是在钻探机上安装监测仪器,通过仪器上的各种传感器采集钻机工作参数,并进行计算、反演和分析,建立钻机工作参数/性能参数与地层强度、风化程度等之间的关系,可以识别断层、破碎带、岩溶等具有明显力学分层特征的地层地质界面及其物理力学参数。典型的仪器钻进系统包括 ENPASOL 系统、PAPERO 系统、Kajima 的车载地层测量系统及 DPM(drilling processmonitoring)系统。另一种仪器钻进技术是随钻实时探测(measuring while drilling)技术,源于石油钻探领域。该技术旨在通过对各种地层参数的随钻测量,准确掌握钻进过程地层的空间信息。这些参数包括钻头位置坐标与方位、钻孔轨迹、工具方向、地层电阻率、自然伽马、孔隙度及密度等特性,以及其他状态压力、扭矩、温度等。随钻测量系统主要由地下测量部分、地下传输部分、地面接收和控制部分组成。地下测量部分主要由各种定向和传感器地质信息传感器组成,地下传输部分主要由安装在井下钻具的空腔内或专门的钻铤内的发射部分组成,发射部分将测量结果调制在特定的载波上,经功率放大后通过信息传输通道将数据发送出去。地面接收和控制部分利用地面接收器接收传来的信号,并进行数据的解调、信息处理和控制,实现随钻测量的目的。

根据对象的不同,测井领域中的随钻测量可以分成两类:①方位斜度随钻测量(direction and inclination while drilling,DIWD);②地层评价随钻测量(formation evaluation while drilling,FEWD)。DIWD 是传统意义上的随钻测量技术,它能实时提供有关钻进方向和钻进旋转的信息(倾斜、方位、工具面等),进一步提供钻进的轨迹,这些信息是定向钻进的前提条件,只有实时实现方位测量并将结果反馈到地表,才能及时调整钻进,使其按照设定的轨迹延伸。FEWD 是从 20 世纪 80 年代开始出现并得到逐渐应用的。FEWD 测量的则是井下地层的地质数据,通过各种装置测量地层的电阻率、自然伽马、中子孔隙度、体积密度等地质参数,实时获得地层的岩性及所含流体状况,以用于勘探、开采等。目前,最新出现的一些组合随钻测井仪,在以上四参数的基础上增加了声波速度和光电指数,可测量的参数包括井下钻压、井下扭矩、井下震动、地层电阻率、自然伽马、中子孔隙度、密度和环空温度等,提供更加丰富的地层评价信息。尽管 FEWD 主要反映的是地层参数,它也辅助提高钻进效率,如通过对地层电阻率和自然伽马的测量有助于识别地层特性,可以根据不同地层实施优化钻进,通过对井底钻具压力和扭矩的测量,也能提高钻进效率。

无论哪种随钻测量,在测量过程中都需要解决地质导向问题。在井眼轨迹控制和地质导向钻井技术需求方面,美国的 EPR 公司设计出一种测量井下钻铤受力的工具,能够测量温度、钻压、扭矩、环空压力、三向加速度等多个参数,美国 Sperry-sun 公司于 1994年研制出一种 DDS 钻井传感器接头来研究井下钻柱运动,并可以测量井下三向加速度、钻压和扭矩等参数。Sperry-sun 公司的 Solar175 高温测量系统能够在 175℃ 的高温及 150mPa 的高压环境下测量定向参数和伽马值。美国的 Halliburton 公司研制出能够测量多种地质参数的随钻测量系统,并在此基础上发展随钻测井 LWD(logging while drilling),能够测量电阻率、自然伽马等多种测量参数,为地质导向井技术的发展奠定了基础。2002 年,斯伦贝谢(Schlumberger)公司开发出 Slim Pulse 回收式 MWD 系统,该系统比较成功地解决了深层地层水平井作业面临的高温、高压两大难题。

1.2.2　地下空间施工技术

地下空间施工的开挖技术方法主要分人工开挖、钻爆法和掘进机施工三种。

人工开挖是指使用手工工具为主的开挖方式,一般仅限于在浅层软土及尺寸小的地下空间中施工。由于手工法装备落后、劳动强度大、效率低,已被淘汰。

1.2.2.1　钻爆法

钻爆法是通过钻孔、装药、爆破开挖岩石的方法,是岩石开挖最基本的方法。这一方法从早期由人工手把钎、锤击凿孔,用火雷管逐个引爆单个药包,发展到用凿岩台车或多臂钻车钻孔,应用微差爆破、预裂爆破及光面爆破等技术。施工前,要根据岩石条件、断面大小、支护方式、工期要求及施工设备、技术等条件,进行可钻性及爆破漏斗试验,选择掘进方式,确定钻头形式、掘进定额、炸药类型、起爆方式及炸药单耗等参数。钻爆法开挖地下空间的基本流程包括钻孔、装药、连线、检查、爆破、通风排烟、排碴、撬顶、支护及监测。钻爆法的特点是机动、灵活性高、适应性强,不受空间埋藏深度、断面形状及大小的限制,但存在作业安全性较差、作业不连续等缺点。

根据空间断面的开挖方式与顺序的不同,钻爆法又分为三种。

1)全断面掘进法

整个开挖断面一次钻孔爆破,开挖成型,全面推进。特点是适合于小断面。在空间高度较大时,也可分为上下两部分,形成台阶,同步爆破,并行掘进。在地质条件和施工条件许可时,优先采用全断面掘进法。

2)导洞法

先开挖断面的一部分作为导洞,再逐次扩大开挖洞室的整个断面。当洞室断面较大,受地质条件或施工条件限制,采用全断面开挖有困难时,以中小型机械为主施工。导洞断面不宜过大,以能适应排碴机械装岩、出碴车辆运输、风水管路安装和施工安全为度。导洞可增加开挖爆破时的自由面,有利于探明洞室的地质和水文地质情况,并为洞内通风和排水创造条件。根据地质条件、地下水情况、洞室轴向长度和施工条件,确定采用下导洞、上导洞或中心导洞等。导洞开挖后,扩挖工作可以在导洞全长挖完之后进行,也可以和导洞开挖平行作业。全断面掘进法及导洞法一般适合于断面尺寸不大、主轴长度远大于横向长度的线性空间的开挖,如隧道、地铁、地下街及廊道等。

3)分步开挖法

分步开挖法是指,在全断面中,先开挖一部分断面,及时支护后,逐次分步扩大开挖范围,最终达到全断面的开挖方法。分步开挖一般适于围岩稳定性较差或需要支护的大断面洞室空间的开挖,可用于大型隧道及地铁站等大断面线性地下空间,也可用于非线性地下大断面空间的开发。

根据工程埋藏的深浅及对周围环境的影响程度,开挖方式又分为明挖法(open cut-method)和暗挖法(underground excavation)。

明挖法是先将拟在建筑地下空间的部位岩土体全部挖除,然后修建地下空间结构,再进行回填的施工方法,其主要技术方法有先墙后拱法、先拱后墙法及墙拱交替法。明挖法的关键工序是降低地下水位,进行边坡支护、土方开挖、结构施工及防水工程等。其中,边坡支护是确保安全施工的关键技术,包括放坡开挖、型钢支护、连续墙支护、混凝土灌注桩支护、土钉墙支护、锚杆/索支护及混凝土和钢结构支撑支护。明挖法具有施工简单、快捷、经济、安全的优点,在城市地铁发展初期,明挖法是首选的开挖技术,同样适合于非线性城市地下大断面大空间的开发。其缺点是对周围环境的影响较大。

暗挖法是指在地表下先开挖出相应的地下空间形态并构筑地下空间结构的方法。暗挖法需要事先挖掘通道通达地下。当地下空间工程的埋深超过一定限度后,明挖法不再适用,而改用暗挖法。矿山法和盾构法均属暗挖法。暗挖法特点:①受工程地质和水文地质条件的影响较大;②工作面少而狭窄、工作环境差;③施工对地面影响较小,但埋置较浅时可能导致地面沉陷;④有大量废弃岩土须堆填处理。

对于其他深部地下空间工程,如资源开发及特殊用途的深层地下空间开发,一般使用钻爆法中的暗挖法施工。当形状规则的线性空间长度足够大时,也可采用掘进机械一次全断面开挖。

钻爆法的最新技术是凿岩台车数字化掘进或计算机化掘进(digital drilling or computerized drilling)。在数字化掘进中,钻头定位、推进及孔深控制等都由计算机程序控制,大大提高了钻进作业的精度和效率。据报道,我国鲁布革水电站采用全机械化钻爆法施工,引水隧洞的开挖直径为 8.8m,单工作面平均月进尺达 231m,最高月进尺达 373.7m,月平均进尺为 200~250m。秦岭隧道最高单口独头月掘进达 456m,单口多头月掘进达 555m。

1.2.2.2 掘进机法

掘进机是一种一次掘进成型的机械设备,可用于水平隧道、斜井及垂直井筒的掘进。根据掘进机用途的不同,分为隧道掘进机、斜井掘进机和竖井掘进机。

1)隧道掘进机

隧道掘进机(tunnel boring machine,TBM)是隧道及城市地铁施工的主要设备。自

1851 年 Charles Wilson(US)设计世界上第一台可连续掘进的隧道掘进机以来,到 1956 年 James Robbins(US)世界上第一台可连续掘进的隧道掘进机的使用,用了差不多 100 年的时间。随着硬质合金的研制成功,TBM 进入到了飞速发展的应用阶段。我国 1966 年生产第一台 TBM,直径为 3.4m,并在杭州人防工程中进行了试验,1970 年进入工业试验阶段,到 20 世纪 80 年代,我国共研制出 8 台 TBM,先后在云南西洱河水电站、福建龙门滩及青岛引黄济青等工程中使用。

　　我国 TBM 发展的基本情况见表 1-1。

表 1-1　我国 TBM 发展情况简表

年代	TBM 类型	型号	研制单位	数量/台	工程名称	应用情况
1960s	硬岩	ϕ3.4m	国家 TBM 攻关小组	1	杭州人防工程	试验
	盾构	网格挤压型	上海隧道工程轨道交通设计院	3	黄浦江水底公路隧道等	掘进 2522km
1970s	硬岩	SJ EJ 型	国家 TBM 攻关小组	5	云南西洱河水电站等	闲置
	盾构	网格挤压型	上海隧道工程轨道交通设计院	3	上海金山石化总厂引排水隧道	掘进 3926km
1980s	硬岩	SJ EJ 型	国家科学技术委员会掘进机办公室	8	河北引滦、福建龙门滩等	掘进效率低
	盾构	加泥式土压平衡	上海隧道股份有限公司	1	上海南站过江电缆隧道	583m
1990s	硬岩	敞开式	国外引进	2	秦岭隧道	最高月进尺 402m
	盾构	土压平衡式	上海隧道股份有限公司	6	上海地铁隧道、引排水隧道、电缆隧道等	掘进总长度约 10km,接近国际水平

　　2)TBM 分类

　　TBM 按钻进岩石划分,可分为硬岩 TBM、软岩 TBM 及软硬岩兼用 TBM。按掘进直径大小可分为微型(250~3000mm)、中型(3000~8000mm)及巨型(≥8000mm)。按护盾方式可分为敞开式、单护盾、双护盾、多护盾及盾构式。盾构式掘进的基本构成及掘进工艺分别如图 1-1 和图 1-2 所示。从应用范围来讲,TBM 主要适合于中硬以下地层,包括极软的淤泥、软土、软岩及中硬岩。随着硬质合金材料及轴承等机加工技术的进步,目前 TBM 已应用于坚硬岩石中的掘进,且能满足简单到复杂的地质条件。按照护盾方式,在淤泥、软土及软岩中掘进时,采用盾构式 TBM 掘进;在中硬岩中采用护盾式或敞开式;在硬岩与极坚硬完整岩石中采用敞开式或护盾式 TBM 掘进。

　　3)TBM 的适用条件

　　敞开式 TBM 适用于坚硬的完整岩石、围岩有较好的自稳性的岩石。因此,敞开式 TBM 只需要有顶护盾就可以进行安全施工。如遇围岩局部不稳,将由 TBM 所附带的辅助设备,通过锚杆、挂网、喷混凝土、安装钢拱架等方法进行临时加固,以保持洞壁稳定。当遇到局部地段特软围岩及破碎带地层,则由 TBM 所附带的超前钻及注浆设备,预先固结前方上部周边岩围,待围岩达到一定强度并自稳后,再进行安全掘进;掘进过程可直接

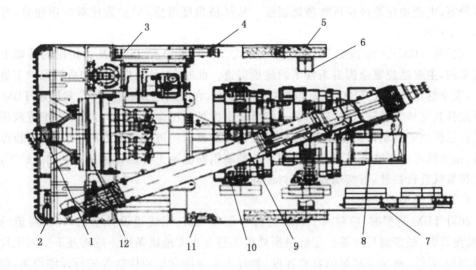

图 1-1 盾构主机结构示意图

1. 刀盘;2. 超挖刀;3. 支承环推进液压油缸;4. 盾尾同步注浆管;5. 盾尾密封;6. 整圆器;7. 管片输送机;
8. 螺旋机出碴门;9. 螺旋输送机;10. 管片安装机;11. 铰接液压油缸;12. 刀盘驱动组件

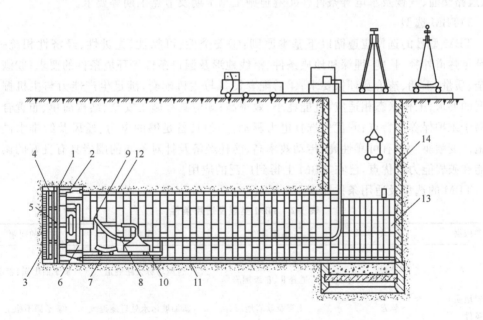

图 1-2 盾构法施工工艺示意图

1. 盾构;2. 盾构千斤顶;3. 盾构网格;4. 出碴转盘;5. 胶带输送机;6. 刀盘驱动装置;7. 管片;8. 压浆泵;
9. 压浆机;10. 出碴机;11. 管片衬砌;12. 盾尾空隙中的压浆;13. 后盾管片;14. 竖井壁

观测到洞壁岩性变化,便于地质图描绘。永久性的衬砌待全线贯通后集中进行或分步进行。

单护盾 TBM 适用于软弱围岩为主的隧道掘进。若采用双护盾,由于双护盾盾体相对于单护盾长,而且大多数情况下都采用单模工作,无法发挥双护盾的作业优势。单护盾盾体较短,更能快速通过挤压收敛地层段。从经济角度考虑,单护盾比双护盾便宜,可以节约施工成本。

双护盾 TBM 是 20 世纪 70 年代在敞开式 TBM、单护盾 TBM 及盾构机的基础上发展起来的,主要适应复杂围岩条件下的隧道掘进。此时,人员及设备在护盾的保护下进行工作,安全性比敞开式 TBM 高。当岩石软硬兼有,含有断层及破碎带时,双护盾 TBM 能充分发挥其优势。遇软岩时,软岩又不能承受支撑板的压应力,则可由盾尾副推进液压缸支撑在已拼装的预制衬砌管片上,以保证推进刀盘破岩前进。遇硬岩时,则靠支撑板撑紧洞壁,由主推进液压缸推进刀盘破岩前进。预制钢筋混凝土衬砌管片在盾尾的保护下,由管片拼装机进行拼装,可实现掘进与衬砌同步施工。

4)TBM 选型的依据

在对 TBM 选型时,应对以下资料进行收集和调研:①隧道设计参数,包括隧道的长度、坡度及纵、横断面尺寸等。②隧道所处的工程及水文地质条件。应对地下空间工程的围岩类别、岩性、断层节理裂隙发育程度、物理力学性能和地质构造等进行详细勘测,包括隧道的断层数量、断层宽度、充填物种类和物理特性、含水量、岩溶空洞、地应力及可能的有害、可燃性气体及放射性物质的分布等情况。③隧道施工环境,包括地面建筑、市政管网、道路交通、气候及水电等条件。④隧道施工总工期及节点工期等要求。

5)TBM 选型

TBM 型号的选择应遵循以下基本原则:①安全性、可靠性、先进性、经济性相统一;②满足隧道外径、长度、埋深和地质条件、沿线地形及洞口条件等环境条件的要求;③满足安全、质量、工期、造价及环保要求;④后配套设备与主机配套,满足生产能力与主机掘进速度的要求,工作状态相适应,且能耗小、效率高;⑤应具有施工安全、结构简单、布置合理和易于维护保养的特点;⑥优先选择电力驱动,必须具备足够的电力、通风及给排水供应措施。变频驱动具有可靠性高、传动效率高、能耗经济及针对不同的围岩具有良好的调速性能和破岩能力等优点,已在 TBM 上得到广泛的应用。

TBM 的选型及适用条件如表 1-2 所示。

表 1-2　TBM 类型及适用条件

分类依据	TBM 类型	适用条件	工程实例	注意的问题
围岩地质 条件	硬岩	较坚硬岩层, 适合Ⅱ、Ⅲ级围岩	台湾坪林公路隧道	掌子面坍塌、岩爆
	软岩	土层及软岩地层	新加坡污水处理隧道	掌子面不稳定
	软硬岩兼容	软硬岩相间地层, 适合Ⅲ、Ⅳ级围岩	万家寨引黄工程	突水、围岩坍塌 及硐室变形
开挖直径 /m	微型	0.25～3.0	英国 SWOT 泄洪隧道	空间狭小
	中型	3.0～8.0	引大入秦工程	洞壁变形
	大型	≥8.0	荷兰生态绿心隧道	设备笨重、投入大

续表

分类依据	TBM 类型	适用条件	工程实例	注意的问题
护盾形式	敞开式	地质条件较好、硬岩层,适合Ⅱ、Ⅲ级围岩	秦岭隧道	若支护不够易产生围岩失稳
	单护盾	软弱围岩为主的隧道	引洮工程	底部围岩软弱,承载力低,底拱管片下沉导致错台和破损、围岩坍塌
	双护盾或多护盾	地质条件较复杂,适合Ⅲ、Ⅳ级围岩	昆明上公山隧道	突水、硐室收敛变形、塌方
盾构	压缩空气式	淤泥、松散软土层	巴黎 A86 双层隧道	开挖速度慢、造价高
	泥水式	水压大、高透水性地层	德国易北河隧道	开挖面不稳定、存在安全风险
	土压平衡式	水压小、弱透水性地层	丹麦大海峡隧道	需要较高的推力、刀盘磨损严重
	混合式	较复杂含水地层	香港启德防洪排水隧道	需要在不同条件下转换工作模式

6)TBM 掘进案例

(1)引大入秦工程。引大入秦工程将大通河水引入秦王川的大型跨流域调水工程,总干渠全长 86.09km,其中,隧洞 33 座,总长 75.11km,1988 年 9 月,意大利 CMC 公司采用 TBM 掘进技术开挖了该工程 30A 号和 38 号隧洞。30A 号隧洞全长 11.649km,成洞直径 4.80m,隧洞埋深 51~330m,采用美国 Robbins 双护盾式 TBM 进行开挖,1991 年 1 月正式开始掘进,1992 年 1 月贯通,平均月进尺 1000m,最高月进尺 1300.8m,最高日进尺 65.5m。38 号隧道全长 4.95km,开挖直径 5.54m,1992 年 4 月正式开始掘进,1992 年 8 月贯通,仅用了 4 个半月就完成了掘进任务,平均月进尺 1100m,最高月进尺 1408m,最高日进尺 75.20m。

(2)万家寨引黄工程。万家寨引黄工程是以地下工程为主的引水工程,从黄河万家寨水利枢纽取水,将水东调,经总干线、南干线和北干线分别向太原、大同、朔平 3 个能源基地供水。引水线路总长 314km,跨越 5 个地质单元,穿过太古界、古生界、中生界直至新生界几乎所有的地层,埋深一般为 100~300m,地质条件比较复杂。其中,总干线 6~8 号隧洞总长约 21km,成洞直径为 5.46m,1994 年 7 月开始掘进,1997 年 9 月贯通,平均月进尺 900m。南干线 4~7 号隧洞总长约 90km,采用 4 台直径为 4.88m 双护盾 TBM 同时掘进,其中一台 Robbins TBM 创造了月进尺 1860m 的世界纪录。连接段 7 号隧洞总长 13.52km,成洞直径为 4.14m,采用 Robbins 双护盾 TBM 进行开挖,2000 年 12 月开始掘进,2002 年 9 月贯通,平均月进尺 1400m,并于 2001 年 3 月创造了日进尺 113.21m 的世界纪录。

(3)掌鸠河引水供水工程。掌鸠河引水供水工程是为满足昆明可持续发展的需要,解决昆明近期和中远期的城市供水问题而决定兴建的大型水利工程,输水线路长 97.26km,其中,隧洞 16 座,总长 85.655km。上公山隧洞是其中最长的一条,全长

13.769km,设计直径为3.0m,穿越地层主要为板岩、砂岩和灰岩,由意大利CMC公司采用Robbins双护盾TBM进行开挖。该隧洞于2003年4月正式开始掘进,截至2003年12月,已掘进3.337km,平均月进尺426m,最高月进尺771.72m,最高日进尺64.90m,2005年年底贯通。

(4)秦岭隧道工程。秦岭隧道工程是西安至安康铁路线上的咽喉工程,包括2条平行的单线隧道,Ⅰ线隧道全长18.460km,Ⅱ线隧道全长18.456km。2条隧道间距30m,最大埋深约1600m,主要穿越地层为花岗岩和片麻岩。铁道部门从德国Wirth公司引进2台TB880E型敞开式硬岩TBM用于该隧道施工,2台TBM分别从南北两个进口进行开挖,开挖直径为8.8m。南口于1998年3月正式开挖,平均月进尺334.50m,最高月进尺509m,最高日进尺35.2m。北口于1998年1月正式开挖,1999年8月贯通,平均月进尺276m,最高月进尺402m,最高日进尺36m。

我国采用TBM掘进技术施工的主要隧道见表1-3。

表1-3 我国采用TBM掘进的主要隧道

隧道名称	长度/km	开挖直径/m	TBM类型	掘进速度/(m/月)	施工时间	工程地质问题
引大入秦	16.597*	5.54	双护盾	1028	1991.1~1992.8	突水、溶洞、围岩突变
万家寨引黄	12.452*	4.819~6.125	双护盾	1100	1994.7~2002.9	断层破碎带变形、岩溶突水
秦岭隧道	36.916	8.80	敞开式硬岩	311	1998.2~1999.8	高地应力、岩爆、断层破碎带突水
磨沟岭隧道	6.112	8.80	敞开式硬岩	340	2000.8~2002.1	围岩坍塌、洞室变形、撑靴反力不足
桃花铺1#隧道	7.234	8.80	敞开式硬岩	320	2000.9~2002.8	围岩坍塌
掌鸠合引水上公山隧道	13.769	3.665	双护盾	426	2003.4~2005.12	断层破碎带塌方、突水、洞室变形
上海地铁1#线	17.374	6.34	土压平衡式	240	1991.6~1993.2	渗水
台湾五结输水隧道	7.300	6.20	双护盾	400	2001.3~2002.10	地震破坏

*表示隧道总长度。

(5)英吉利海峡隧道。连接英国和法国的英吉利海峡隧道由3条平行排列的隧道组成,全长约148km,是目前世界上最长的海底隧道。其中,2条交通隧道分别长49.33km和49.36km,成洞直径为7.60m;一条服务隧道长49.32km,成洞直径为4.80m;平均海底掘进37.88km,主要穿越地层为白垩纪泥灰岩。该工程从德国等国引进了11台TBM用于隧道开挖,仅用了3.5年就完成了掘进任务,并于1994年5月7日正式通车,其中一台Robbins TBM创造了当时月成洞1719.1m的世界纪录。

(6)日本东京湾海底隧道。东京高速公路跨越东京湾,把东京都与千页县连在一起。东京湾海底隧道工程包括2条长约10km的海底隧道,一座5km长的桥梁和2个人工岛,其中海底隧道是该工程最为重要的部分,设计直径为 13.9m,建于海面以下约 60m 深的软岩中。为适应深度大、水压高的施工条件,该隧道采用了 8 台高压泥浆式盾构 TBM进行开挖,开挖直径为 14.14m。该工程于 1997 年年底竣工。

(7)荷兰生态绿心隧道。位于阿姆斯特丹到布鲁塞尔高速铁路 TCV 沿线,把阿姆斯特丹—鹿特丹高速轨道线连接起来,全长 7.176km,设计直径为 13.30m,总投资 4.31 亿美元,由法国 Bouygues 公司和荷兰 Koopholding Europe 公司联合进行建设,采用法国NFM 制造的"震 11"泥水盾构 TBM 进行开挖。该 TBM 总长 120m,总功率为 9540kW,质量为 3520t,推力达到 184 300kN,开挖直径为 14.87m,是目前世界上开挖直径最大的TBM。该隧道于 2001 年 11 月 2 日正式开始掘进,主要穿越泥炭土、黏土和饱和砂土等地层,最高月进尺 616m,于 2004 年 1 月 17 日竣工。

国外采用 TBM 掘进的主要隧道情况见表 1-4。

表 1-4　国外采用 TBM 掘进的主要隧道

隧道名称	长度/km	开挖直径/m	TBM 类型	掘进速度/(m/月)	施工时间	工程地质问题
英吉利海峡	51×3	8.36~8.78	敞开式	400	1987.12~1993.12	涌水
		5.38~5.77	护盾式	520		
东京湾海底隧道	20	14.14	泥浆式盾构	160	1994.8~1997.12	深度大、水压高
荷兰生态绿心隧道	7.176	14.87	泥水盾构	384	2001.11~2004.1	高水压
西斯卡尔特河隧道	13.2	11.34	泥水盾构	220	1998.3~2003.11	挤压地层、高水压
丹麦大海峡隧道	14.80	7.70	土压平衡式	215	1988.11~1997.2	刀盘磨损、火灾、涌水
海瑞克双管隧道	2.12	11.68	泥水盾构	198	2002.10~2003.10	刀盘磨损
Odelouca-Funcho 引水隧道	8.00	3.00	双护盾	825	2002.4~2003.7	断层破碎带
莱索托 Mohale 隧道	30.50	4.90~5.40	盾构	900	1999.3~2002.6	突水

表 1-5 为 TBM 掘进技术在隧道工程施工中创造的最高指标。

表 1-5　TBM 掘进技术施工之最

项目	指标	工程名称	国别	施工时间
最长隧道/km	153*	英吉利海峡	英、法	1987.12~1993.12
最大开挖直径/m	14.87	荷兰生态绿心隧道	荷兰	2001.11~2004.1
最高月进尺/m	2418.2	美国超级超导对撞机计划地下工程	美国	1988.9~1993.12
最高日进尺/m	143.9	美国超级超导对撞机计划地下工程	美国	1988.9~1993.12

* 表示隧道总长度。

7)斜向及竖向地下空间的开发

在地下空间开发中,为了连接不同水平之间的地下空间,必须建筑斜向及竖向垂直的连接通道。斜向通道如出入地下停车场的斜坡道、地铁出入口及工业生产用斜井、斜坡道等,竖向通道如升降电梯及工业生产用的井筒等。

目前,斜向及竖向空间的开发仍以钻爆法为主。

近年来,随着技术的不断进步,作为水平线性/线型地下空间开发的 TBM 技术,也逐渐应用于斜坡线型地下空间的掘进。但为了防止机具自重在开挖斜坡时产生滑动,须采用一定的防滑措施,须固定机体前部、前撑靴、主撑靴和防滑盾构千斤顶。目前,TBM 掘进斜坡道的坡度一般控制在 1‰~4‰,最大坡度已达 6°。据报道,采用 EBZ-2000H 型硬岩掘进机掘进某斜井,斜井净断面积为 20.443m²,倾角为 5.5°,井筒最高月进尺达 428m。目前,我国正积极推进 TBM 进行连续长距离大坡度掘进施工技术,用于某主井运输大巷,该巷道全长 6304m,坡度为 6°,最大埋深为 650m,采用土压平衡式单护盾 TBM 施工。

在垂直竖向地下空间开发中,除基于钻爆法的竖井机械方法外,竖井掘进机施工是今后的主流方向。竖井掘进机由地面支撑机构、岩石破碎机构、提升机构、排碴机构、通风冷却系统及动力系统等组成。TBM 盾构也已用于开挖竖井,它通过一套特殊的顶部支架、起重装置来使用提升机吊运刀头,刀头能撑紧竖井壁以产生推力,刀片的回转由旋转马达驱动,岩渣由真空系统产生的高速气流来排除。世界上用盾构开挖斜井的实例已有 50 多个,坡道坡度最高达 100‰,这些工程位于瑞士、德国、日本、意大利和挪威等国,盾构开挖竖井首次应用于美国堪萨斯城供水工程中。但主要用于软岩及表土地层的施工,在硬岩及大断面竖井掘进中的应用鲜见报道。

此外,为了满足在垂直平面内线性空间的变向要求,一种水平和垂直变化隧道的盾构(H&V)施工方法应运而生。这种垂直-水平连续掘进系统由垂直开挖的主盾构和嵌入式副盾构组成。副盾构安装在主盾构的球体内,当垂直方向的主盾构达到规定的转向深度时,球体就转向 90°,然后副盾构就开始连续地从垂直隧道转向水平隧道的开挖。另一种盾构能够自由地穿越具有稠密建筑物的城市地下,从水平双孔转变为垂直双孔,或者由垂直双孔转变为水平双孔,连续地转变两个断面的相互位置,开挖成螺旋形曲线双孔断面。

8)异形断面隧道盾构施工技术

异型断面包括矩形、椭圆形、马蹄形、双圆形及多圆形等形式。

矩形盾构由 4 个旋转式驱动轴组成,在驱动轴的顶端,呈垂直方向装着轴承,并支撑在转子轴上,在网格式掘进机支架上,安装着十字形与顶盖形刀头,掘进刀头平行于衬砌环方向转动,从而掘削成圆弧状周边组成的矩形断面,完成隧道的全断面施工。20 世纪 60 年代,日本曾采用 4.29m×3.09m 掘进长 534m 及 298m 的共同沟。1995 年研制了 4.38m×3.98m 矩形偏心多轴土压盾构,并掘进了两条排水隧道,长 809m。我国 1999 年研制了 3.8m×3.8m 矩形组合刀盘土压平衡盾构,掘进了长度为 62m 的地下人行道。

椭圆断面掘进机仍采用圆形断面掘进机机构,但圆形切削刀盘向前倾斜,改变倾斜角度,从而开挖不同径向比的椭圆断面隧道。

采用圆形断面隧道的掘进原理,由不同直径的多个圆形刀盘组合,可实现马蹄形、双圆形、多圆形及其他异形断面的一次全断面成型。根据断面形状,此类异形断面盾构分双刀盘盾构(DOT)和多刀盘盾构(MF)。复数刀盘盾构(MF)技术是一种多刀盘盾构技术,可实现三圆甚至更多圆盾构,多刀盘组合可满足特殊断面形状的需要,复数小截面多圆盾构最多已达到八圆。目前,DOT 及 MF 主要用于土层或其他均质性地层中掘进,多数为土压平衡盾构系统。2004 年,我国掘进了首条双圆地铁隧道,长度达 866m,目前我国已建设近 20 条双圆隧道。

1.2.3 混凝土衬砌技术

挤压混凝土衬砌法(ECL)综合考虑了盾构法的三大要素,即地层稳定技术、盾构机械技术和衬砌技术,其特点在于掘进的同时,在盾尾采用加压现浇混凝土,经过一定养护后就成为与土层密切接触的衬砌。与以往的盾构工法相比,ECL 工法具有长距离快速施工、沉降极小、无须降水、防水性能优越、机械化程度高、节省人员、安全、经济等优点。ECL 工法的盾构费虽比管片拼装法贵一些,但管片法的管片预制费用、施工阶段费用、施工环境保护费用和维修管理费,特别是防水的维修管理费用都比 ECL 法昂贵,所以总计起来,ECL 工法比盾构管片工法经济。所以,ECL 工法为松软地层的快速施工提供了广泛的应用前景,即使在软弱含水地层中,也可实施现浇混凝土衬砌施工,因而被认为是当前最先进的盾构工法。

ECL 工法最早应用于苏联,后来推广到欧洲,欧洲所有的挤压混凝土工程都是素混凝土或钢纤维混凝土,有些还使用了局部二次混凝土衬砌。20 世纪 80 年代后,日本大力采用 ECL 工法并取得了很大发展,特别是对非常软弱地层和存在地震的情况下,发展了钢筋加强的挤压混凝土技术并获得了成功。

预制地下墙技术和逆作法施工工艺相结合。将墙壁用预先制作的钢筋混凝土板像搭积木似的插入地下已挖掘的深槽中拼装连接,在墙壁上方盖上顶篷,并预留部分天窗,再由机械将空间内的泥土掏空,经过设备安装、内部装饰,建成地下所需空间。

逆作法在地铁及高层建筑地下施工中有着十分重要的应用。

1.3 地下空间规划设计的主要方法

1.3.1 地下空间规划设计的主要内容

地下空间规划设计分总体规划设计和详细规划设计两个层次或阶段,包括总体规划设计、专项规划设计、修建性详细规划设计、控制性规划设计、区镇规划设计等。具体的,地下空间设计又包括城市及非城市地下空间,主要内容包括:地下空间的发展与演变过程,地下空间的基本形态、结构与功能,地下空间规划设计的基本原则与方法,地下空间总体规划的基本思想及其与城市发展总体规划的关系,城市中心区地下空间规划与设计,城市地下街及步行系统的规划与设计,城市地铁路网及地下公路的规划与设计,城市地下停车场的规划与设计,城市地下综合管廊的规划与设计,民防工程的规划与设计,城市地下仓储与物流空间的规划与设计,资源及能源深部地下空间的规划设计,地下空间环境调控与防护。

1.3.2　地下空间规划设计要解决的主要问题

地下空间总体规划设计重点为城市未来的地下空间和环境提供总体框架。主要解决：①地下空间的功能；②预测地下空间的规模；③确定地下空间的布局；④明确地下空间的近期建设任务。

地下空间的详细规划设计应在合理考虑城市重点地区的地面用地布局、综合交通系统、基础设施布局的同时，把地上地下的自然景观、人文景观融为一体，从平面到立体，确定重点地区地下空间整体布局与框架。详细规划应结合总体规划的各专项规划，在不同深度上提出地下空间各项设施的控制指标和规划管理要求，协调和衔接地上地下空间，或直接对各项地下空间的建设做出具体安排和规划设计。

专项规划主要确定各专业规划在地下空间的内容、容量及布局，确定平面、竖向位置及建设时序，协调解决各专业间的关系，为分区规划和详细规划的编制创造条件。

地下空间规划设计应实现城市地上地下一体化，解决功能协调、复合和开发空间的立体化问题。

地上地下一体化开发能有效提高土地利用效率，拓展城市空间容量，完善生命线、交通、物流及仓储系统，提升环境品质和防灾能力。

此外，应从城市发展所处的阶段特征出发，按照城市发展的一般规律，分析今后这一阶段城市将出现的问题和特点；并从当前经济社会发展的背景和趋势、相应的方针政策的要求等入手，研究今后城市发展和建设中的问题与对策。

1.3.3　地下空间规划设计的主要方法

从地下空间的发展历程可知，现代化的地下空间开发理论与实践源于19世纪末的欧洲。工业化的发展导致城市交通等问题突出，地下空间开发利用成为解决城市问题的最佳选择。地下空间的利用开始朝着与城市功能相结合的三维立体方向发展，出现了线性城市（linear city）、双层城市、立体交通、垂直花园城市等构想。20世纪初开始流行于北美、日本及亚洲其他各国。

1882年，苏里亚·伊·马塔（西班牙）曾提出带状线性城市的理念，将交通干线作为城市主要骨架，运输线路为地面、地下和空中三种路径，提出了利用地下空间解决城市交通问题的方案。

1906年，Eugene Henerd（法国）在环岛式交叉口系统设想的基础上，提出了多层交通系统（multi-level-street），将交通系统地下化。在环岛式交叉口系统中，提出为了避免车辆相撞和行驶方便，只需车辆朝同一方向行驶，并以同心圆运动相切的方式出入交叉口。与此同时，为了解决人车混行的矛盾，在环岛的地下构筑一条人形过街道，并在其中布置一些服务设施，初步显露了利用地下空间解决人车分流的思想。在多层交通干道系统中，针对城市空间日益拥挤的问题，于1910年提出了多层利用城市街道空间的设想。干道共分为五层，布置行人和汽车交通、有轨电车、垃圾运输车、排水构筑物、地铁和货运铁路。所有车辆都在地下行驶，实现全面的人车分流，使大量的城市用地可以用来布置花园，屋顶平台同样用来布置花园，初步显示了利用地下空间解决人车混行的矛盾，所有车辆都在地下行驶,实现地面人车分流,使大量的城市用地可以用来布置花园,这些设想在现代化城市建设和改造中得以实现。

1922 年,勒·柯布西埃(法国)在艾纳尔地下多层交通理论的基础上,阐述了城市空间开发实质,强调了大城市交通运输需要,提出了采用地面高架、地下多层并与高层建筑相结合的立体化交通方式,地下走重型车辆,地面用于市内交通,高架道路用于快速交通,市中心和郊区通过地铁及郊区铁路相连接,使市中心人口密度增加。柯布西埃的思想实质可归纳为两点:①传统的城市出现功能性老朽,在平面上力求合理密度,是解决这个问题的有效方法;②建设多层交通系统是提高城市空间运营的高效有力措施。他的立体交通设想在巴黎的拉·德芳斯(La Defence)新区及瑞典斯德哥尔摩(Stockholm)中心区的规划建设中成功应用。柯布西埃论证了新的城市布局形式可以容纳一个新型的交通系统。由此,多层立体化交通系统理论成为城市地下空间开发的主导方法,在世界各国得到推广应用[8]。第二次世界大战后,功能主义城市设计理论得到部分修正,强调城市规划应是一个三维空间的科学,应考虑立体发展城市空间,从而催生了城市综合体(mixed-use complex)的形成。

1983 年,Hans Asplund(瑞典)提出了双层城市(two level town)的设想,提出了城市立体化发展的理论框架,突破了城市单基面发展思维,在竖向上引导人行与车行分离,使城市中人、建筑、交通三者关系得以协调发展。他指出:传统交通中各种交通工具或设施在同一平面上混合,而双层城市则要求在两个平面上分离。人与非机动车交通在同一平面上,而机动车交通则在人行平面以下,通过这种重叠方式,改变了大量城市用地做道路使用的做法,省下的土地扩大了空地和绿化面积。双层城市理论在瑞典新城林登堡(Lindeborg)建设中得以应用,使各种交通在不同水平面上分离开来,机动交通在人行交通之下,或地下或半地下,从根本上保证了城市环境的安谧和谐[9]。双层城市理论标志着城市空间的认识维度已从二维进入三维。

1985 年,户所隆(日本)在《都市空间的立体化》中研究了城市空间容量和承载力、不同城市功能在垂直维度上的分布量及相互关系。1990 年渡边四郎(日本)提出了城市分层理论,从微观角度对地下空间功能进行了分层;尾岛俊雄(日本)提出了大深度理论,在地下深层空间有机组织各种循环系统(recycle system),构建地下基础设施综合管廊系统[10]。在地下空间综合开发的基础上,为有效减少地面交通量和物流量,节约能源,提出巨型城市的构想,通过地下输送网络的构建,将各大城市有机串联,形成巨型城市圈。

1995 年,格兰尼(美国)与尾岛俊雄(日本)提出了三位一体的整体设计概念,为实现城市空间资源立体化、集约化利用,将地下空间、紧凑城市和坡地选址整合为一体[11]。

1998 年,K. Ronka(芬兰)等提出了具有普遍适用形式的地下空间竖向分层布局模式。

2005 年,J. Pasqual(西班牙)从社会经济学角度提出了基于成本收益的地下空间开发价值论。

荷兰 MVRDV 自 2000 年以来一直致力于建筑与城市空间立体化拓展研究,根据垂直维度的逻辑与推理,提出城市在资源短缺的情况下应着眼立体化开发,并通过创意设计以叠加空间[12]。John Zacharias 认为地下空间的开发需要推动地下和地面空间的联系、形成整体化的空间环境，以利于城市形成一个自我运动的有规则系统。

近年来，A.Parriaux(瑞典)等提出城市地下空间开发不仅有利于保护城市历史文化、扩大城市空间资源，同时还可以获得地热资源及水资源等。

国内城市地下空间的开发利用及规划编制经历了以人防工程为主、平战结合、与城市建设相结合及综合化、有序发展几个时期。在平战结合的基础上，开发利用地下空间是缓解土地紧张、交通拥挤、改善环境及防灾安全等问题的战略性举措。从城市的空间集约化特征出发，提出了空间戏台与结构的系统化、立体化、宜人化趋势，认为立体化是对用地进行地上、地面及地下三维的综合开发，是一个连续的、流动的空间体系[13]。尝试性地建立了地下空间控制性详细规划的理论体系和控制性指标[14]；从生态学的角度，提出了生态型地下空间的预测与需求理论[15]。采用系统动力学和对应场理论等科学方法，研究并揭示了城市地上与地下和谐协调的对应关系，集成应用有关新理论、新技术，构建了城市地下空间和谐发展的理论体系[16,17]，在此基础上提出了城市地下空间低碳化规划理论与方法的基本框架，认为城市地下空间资源开发利用规划应在时间、空间、地域、功能、设施、环境、生态、安全、经济及社会等重大要素指标上进行系统分析，构建协调关系，进行集约与整合，设计和谐发展方案，制定实施对策措施，促进城市整体或局部的和谐发展[18]。随着地下空间开发利用规模和深度的加大，立体、和谐与可持续发展的理念在实践中得到强化，系统论、博弈论与低碳经济等经济学原理的引入，数字化、信息化及节能环保新技术新方法不断提出。在本书中，著者基于协同论及系统熵提出了地下空间的协同发展理论。

1.4 地下空间的开发趋势

1.4.1 多样化与综合化

地下空间开发的方式正朝着多样化和功能综合化的方向发展。在城市地下空间中，人们正逐步将公用设施、物资储备、资源再循环、防灾及防空等方面的城市功能转移到地下。

一种由地下商场-地下商业街-地下商城为服务主体的地下商业系统，将城市互邻的高层建筑及城市商业中心通过地铁连接成片，并成为整个建筑群的组成部分，设置停车场、商场、地下通道、游乐设施等，构成城市地下空间的多样化与综合化特征，如纽约的曼哈顿区、费城的市场东街、芝加哥的中心区。其中，最为典型的是洛克菲勒中心地下步道系统。它把10个街区范围内主要的大型建筑在地下连接起来，组成大面积地下商城综合空间，通过下沉式广场连通到地面，形成别有情趣的街景。在日本，大型公共场所的出入口与附近地铁站相互连通，提高了本身的可达性，也便于疏散人流。相连处的地下空间对零售和饮食业具有巨大商机，于是由地下商场逐渐发展成商业街。地下街规模不断扩大，形成城市地下商城。由于地下商城综合功能强，内部环境好，抗灾能力越来越强。在芬兰，城市地下空间拥有发达的文体娱乐设施。临近赫尔辛基购物中心的地下游泳馆，面积达到10 210m²；吉华斯柯拉运动中心，面积为8000m²，内设体育馆、草地和沙地球赛馆、舞蹈厅、柔道厅、体操厅和射击馆,可服务于1.4万居民。在一些发达国家,确定地铁站位之后,车站上下的空间还要进行专门设计,使站场成为吸引力很大的商业、休闲活动中心。柏林的波茨坦广场地铁站服务层是一个非常怡人的巨大的购物广场。而其他国家城市的新开发区,无论是伦敦的道克兰,还是日本东京幕张新都心、临海新都心,城市轨道站都是城市设计的重要节点。在能源方面,地下空间也表现出它独有的优势。例如,深层地下热干岩石发电就是一种巨大的无污染能源。美国于1984年建成世界上第一个10mW功率的地下热干岩石发电站,为根治城市空气污染展示了良好的前景。美国还提出了在地下空间实现超导磁直接储存电能的方案。瑞典等国利用深层地下空间大量储存能源。已建成的地下储热库可以存储垃圾燃烧产生的热能、太阳能集热器的热能和供电、供热系统在低峰负荷时的多余能量。在资源利用再循环方面,美国近年来开始在高层建筑的地下室设置垃圾分类收集系统。日本的深层地下空间开发方案中设计有管道系统可以把垃圾分类输送到地下垃圾处理厂。北欧一些国家的垃圾污水处理厂也都设置于地下。这样,利用地下空间的封闭性把污染减少到最低限度。日本提出了在城市地下空间中建立封闭再循环系统的构想,将所有物流系统如污水、垃圾等输送、处理和回收都在这个大循环系统中进行。

非城市地下空间开发中,也正在朝多方式、多功能方向发展。这种发展趋势是以提高地下空间利用的综合效益为目的的。例如,地下资源开发的废弃空间,可以作为地下矿山公园、地质公园、展览馆、博物馆、地下娱乐城、地下探险、地下工厂、特殊实验、物质储存、垃圾处置、防灾及防空等用途。

1.4.2　分层化与深层化

随着一些发达国家某些先进城市的地下浅层空间基本开发完毕,以及深层开挖技术和装备的逐步完善,为综合利用地下空间资源,地下空间开发正逐步向深层发展。例如,美国明尼苏达大学艺术与矿物工程系的地下建筑物多达7层;加拿大温哥华修建的地下车库多达14层,总面积为72 324m²。深层地下空间资源的开发利用已成为未来城市现代化建设的主要课题。与此同时,各空间层面的分化趋势也越来越强。这种分层面的地下空间内,以人及其服务的功能区为中心,人、车分流,各种地下交通也分层设置;商业、生产与物质储存分离,市政管线、污水和垃圾处理分置于不同的层次,以减少不同功能结构之间的相互干扰,保证地下空间利用的低耗、高效、充分和完整。

1.4.3　城市交通地下化

地下交通工程将成为未来地下岩土工程建设的重点。21世纪人类对环境、美化和舒适的要求越来越严格,人们的环境意识增强和对城市环境要求的提高,以前修建的高架道路将逐步转入地下。地下高速轨道交通将成为大城市内和高密度、高城市化地区城市间交通的最佳选择。

1.4.4　市政管线综合管廊化

随着城市和生活现代化程度的提高,各种管线种类和密度、长度将快速增加,易于维护检查的共同沟及综合管廊的发展将成为必然,从而大为减少管线被破坏而引发的大量事故。

1.4.5　掘进技术数字化

数字化掘进就是按照预定程序由计算机控制掘进,多台钻孔机同时作业,孔位和孔深按设计程序来控制,开挖轴线测量可同时由激光完成,所以开挖断面的超挖减到最小并达到优化,提高开挖速度。

1.4.6　隧道掘进 TBM 技术

随着地下空间开发利用程度不断扩展,长、大隧道的开挖及遇到不良地层机会的增多,对隧道开挖速度及开挖安全要求越来越高,预计在硬岩中采用隧道掘进机开挖、软岩中采用各种盾构的趋势将更加明显。微型隧道、超大断面隧道及不同断面形状是今后地下空间发展的客观需要。微型隧道是管道隧道的客观需求,直径一般为 25～30cm,最大可达 2m。微型隧道要求采用遥控进行开挖和支护,方法快速、准确、经济且安全,适用于在高层建筑、历史名胜古迹、高速公路和铁路及河道的下边安设管道。目前世界采用微型隧道技术已修建了 5000km 管道,由于地下管线不断增多,这种工程的应用将越来越广。超大断面隧道主要是多车道隧道及规则大型地下空间开掘的需要。

1.4.7　3S 技术

由于地下空间开挖中定位和对地质地理信息的需要,GPS、RS 和 GIS 技术在地下空间开发中将会得到越来越广泛的应用。

1.4.8　勘察、设计和施工信息一体化

现代地下空间的勘察、设计和施工阶段将被整合成为一个统一的过程,这个过程的各个阶段的相互联系将借助于信息技术实施统一管理。例如,岩土工程勘察的智能化判释有助于比较各个设计和施工方案,而为了评估比较这些方案所需要的勘察数据又指导了勘察研究的进行。在地下空间开挖阶段,借助于仪器钻进技术的超前钻探或地球物理勘探所获得的数据可用于校核设计参数,而被开挖空间的实际尺寸又传输到设计软件中去改进设计计算。这样,使得各阶段和各分任务的终端结果得以优化。

习题与思考题

1. 试分析地下空间开发的主要动因。地下空间有哪些特点?
2. 地下空间开发可分为哪几个基本阶段? 各有何特点?
3. 在地下空间有哪些技术? 有何趋势?
4. 为什么城市地下空间开发是源于城市交通的需要?
5. 地下空间总体规划设计的内容包括哪些? 要解决哪些主要问题?
6. 地下空间规划设计理论经历了哪几个阶段? 各有什么特点? 试归纳分析之。
7. 何谓基于功能设计的城市地下空间规划设计? 基于功能的规划设计有什么特点?

8. 何谓一体化的城市地下空间规划设计？它有何特点？

9. 试述地下空间开发的基本趋势。为何城市地下综合管廊建设是今后地下空间开发的重要内容？

10. 如何理解地下空间开发中的一体化、生态化与协同性？

参 考 文 献

[1] 沈玉麟. 外国城市发展史[M]. 北京：中国建筑工业出版社，1989.

[2] 李姝. 波普建筑[M]. 天津：天津大学出版社，2004.

[3] 刘易斯·芒福德. 城市发展史——起源、演变和前景[M]. 宋俊岭，倪文彦译. 北京：中国建筑工业出版社，2005.

[4] J. 雅各布斯. 美国大城市的生与死[M]. 金衡山译. 南京：译林出版社，2005.

[5] 解世俊. 矿床地下开采理论与实践[M]. 北京：冶金工业出版社，1990，12.

[6] Michel Boisvert. 蒙特利尔地下城及其对地面商业的影响[J]. 地下空间，2004，24(4)：551-553.

[7] 胡宝哲. 东京的商业中心[M]. 天津：天津大学出版社，2001.

[8] 王文卿. 城市地下空间规划与设计[M]. 南京：东南大学出版社，2000.

[9] 侯学渊，柳昆. 现代城市地下空间规划理论与运用[J]. 地下空间与工程学报，2005，(1)：7-9.

[10] 平松弘光. 大深度地下使用と土地收用[C]//大浜启吉. 都市と土地政策. 东京：早稻田大学出版社，2002.

[11] Gideon S. Golang, Toshio Ojima. Geo-Space Urban Design[M]. New York：John Wiley & Sons, Inc.，1996

[12] 董贺轩. 城市立体化研究——基于多层次城市基面的空间结构[D]. 上海：同济大学博士学位论文，2008.

[13] 韩冬青. 城市. 建筑一体化[M]. 南京：东南大学出版社，1999.

[14] 童林旭. 地下空间与城市现代化发展[M]. 北京：清华大学出版社，2005.

[15] 陈志龙，刘宏. 城市地下空间总体规划[M]. 南京：东南大学出版社，2011，04.

[16] 束昱. 中国城市地下空间规划规范导则[M]. 2007.

[17] 吕小泉. 侯学渊，杨林德，等. 对应场理论与浦东地下空间开发[J]. 地下空间，1991，11(4)：299-300.

[18] 束昱，柳昆，张美靓. 我国城市地下空间规划的理论研究与编制实践[J]. 规划师，2007，10(23)：5-10.

第2章 地下空间的基本形态与功能

内容提要：本章主要介绍地下空间的基本概念，地下空间的基本形态、基本类型、结构特点及基本功能。

关键词：城市地下空间；非城市地下空间；平面形态；竖向形态；结构与功能；评价与预测；形态规划。

2.1 地下空间的基本概念

地下空间（underground space）是指位于地表以下的结构空间，它的主要表现形式是地下建筑或地下构筑。它的使用范围很广，涉及地下商城、地下商业街、地下停车场、地下储存室、人防工程、管线工程、军事工程、地铁、矿山井巷、洞室、隧道、核电、核废处置空间及地下水利水电等建构空间。这里所述的地下空间，不同于自然地质作用形成的天然洞穴，特指人类为经济、生产及生活等活动而进行地下工程开发所形成的空间。它是人类智慧与技术的结晶，是工程活动与地质环境相互协同作用的产物，地下空间的广度及深度标志着人类文明的发展与进步。

广义地讲，地下空间是以地面为平面向地下扩展的三维空间，其上边界是地平面，空间在二维平面上的展布及其下边界的延伸取决于一定技术条件下人类工程活动的范围与深度。狭义地讲，地下空间是指一定深度范围内的地下三维结构所形成的空间实体。吉迪恩·S. 格兰尼（Gideon S. Golang）在《城市地下空间设计》一书中，这样界定：地下空间是指建在地下相当深处的空间——通常从室内顶棚到地面大约有 3m[1]。

2.1.1 地下空间的基本形态

地下空间形态（morphology of underground space）是地下空间结构、布局与功能的综合体现，由平面形态和竖向形态构成，分别在水平及垂直方向上映射地下空间的分布模式及其几何形态特征。

平面形态可分为三种基本形态和多种衍生形态，即由相关的点、线和面通过不同的组合将地下空间构成辐射状、脊状、整体网络型等多种形态。衍生形态的意义在于它能够使连接起来的点、线、面产生出单个形态所不能完成的功能。

1）点状形态

当地下空间中的功能结构单元大小与空间总体大小的比相对较小时，在空间上可以简化为点的形态。点状（spot）地下空间是相对于空间总体形态而言，它是地下空间形态的基本构成要素之一，也是功能最为灵活的要素，由地下空间中占据较小平面范围的各种地下功能结构空间形成。在地下城市中,点状地下空间分布于城市各处,一般偏重于城市中心、站前广场、集会广场、较大型的公共建筑、居住区等城市矛盾的聚合处。与城市地面功能相协调的点状地下空间设施,对于解决现代城市中人车分流和动静态交通拥挤等问题具有非常重要的作用。在矿井建设中,井下各种功能设施如井下卷扬机房、配电间、水泵房、人员休息与集散地、矿房、装卸矿点及井底车场等在大多数矿山井下系统中均呈现出点的形态特征。

点有大有小,大的可以是功能复杂的综合体,如城市地铁站是与地面空间的连接点和人流集散点,同时伴随着地铁车站与周边区域的综合开发,可以形成集商业、文娱、人流集散、停车为一体的多功能地下综合体。小的可以是单个商场、地下车库、人行道或市政设施的站点,如地下变电站、地下垃圾收集站等。

2)线状形态

地下空间中功能结构单元的轴线长度远大于其宽度时,在空间上可以简化为线的形态。线状(line/striation)地下空间相对于空间总体形态而言,它是点状地下空间在空间方向的延伸或连接。线状地下空间设施是地下空间形态构成的另一基本要素,同时,也是连接点状形态的关键链。在地下城市中,呈线状分布的地下空间主要指地铁、地下道路,以及沿着街道下方建设的地下设施如市政管线、地下管线综合管廊、地下排洪(水)暗沟、地下商业街等。在地下矿山工程等建设中,各种水平巷道就是典型的线状形态。线状形态除直线形态外,在空间上还表现为曲线或螺旋形形态。在地下城市中,可以是折返式螺旋道,如通达城市地下停车场的车道。在矿山等深部工程中,通常也采用螺旋式斜坡道与各水平巷道相连。

线状地下空间设施是构成地下空间形态的桥梁,它将地下分散的空间点连成面和网络,构成系统,提高整体开发的效益。

3)面状形态

在平面上,地下空间中功能结构单元的大小与地下空间总体的大小之比足够大,且不可忽略时,称为面状形态(plane)。此时,不能简化为点状形态。在几何上,空间上的任意三点即构成一个面。点、线、面状形态及其关系如图 2-1 所示。图 2-1(a)表示点、线、面及其相互关系,图 2-1(b)则表示独立功能结构构成的面状形态。就整体功能而言,面状形态可以是单一功能结构或由多个功能结构

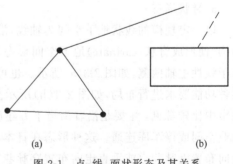

(a)　　　　　　　　　(b)

图 2-1　点、线、面状形态及其关系

的点状形态构成。面状形态是点、线形态发展到一定阶段的产物,是地下空间形态的高级形式,点、线及面在空间上不能孤立存在,必须发生联系才能构成一个完整的系统。在地下城市中,城市面状地下空间的形成是城市地下空间形态趋于成熟的标志。多个较大规模的地下空间相互连通,形成面域。这种形态主要出现在城市中心区等地面开发强度相对较大的地区,主要由大型建筑地下室、地铁(换乘)站、地下商业街、地下广场及其他地下公共空间组成。这种形态需要在地下空间经过合理规划的基础上逐步形成,旧区改造

中若早期开发没有考虑连通预留则难度较大,而在城市新中心区比较容易形成。在地下矿山工程中,面状形态往往出现在大盘区开采的矿井中,此时,资源回采相对集中,各种功能结构单元的集度也很高。

4)辐射状形态

在地下空间中,以点、线、面为中心,在其周围布置功能结构单元的地下空间形态(图2-2)。在地下空间布局中,通常以大型地下空间设施为核心,通过与周围其他地下空间结构单元的连通,形成辐射状(radial)。在地下城市中,这种形态出现在城市地下空间开发利用的初期,即通过大型地下空间设施的开发,带动周围地块地下空间的开发利用,使局部地区地下空间设施形成相对完整的体系,这种形态多以地铁(换乘)站、中心广场地下空间为核心形成。在地下矿山工程中,通常出现在中央式布置井筒的地下工程开发中。这种辐射状形态的地下空间,可以是对称辐射,也可以是非对称辐射。在地下城市中,取决于地形、地质、资源、流域、岸线方向,以及功能取向,可以向一侧或某个方向辐射,如同地面城市的优势开发方向。在地下矿山等工程中,非对称辐射地下空间主要取决于地下资源及地质条件。例如,沿脉外布置运输巷道,在一侧通过穿脉连接矿房的布局形式。

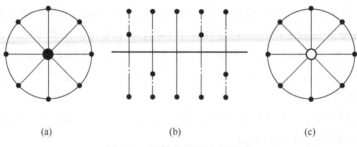

(a)　　　　　　　　　　　(b)　　　　　　　　　　　(c)

图 2-2　辐射状地下空间形态

5)脊状形态

以一定规模的线状地下空间为轴线,沿轴线两侧按近似对等的间隔和距离布置功能结构,便形成脊状(carinate)地下空间形态,如图 2-3 所示。功能结构节点可以对称地分布于线性主轴两侧,如图 2-3(a)所示。也可按一定规则排列,功能结构节点和面可以按照某种功能要求进行布局,如图 2-3(b)所示。在地下城市中,这种形态在没有地铁车站的城市中比较常见,主要是沿着街道下方建设的地下街或地下停车库与两侧建筑下的地下商业空间或停车库连通。这种形态在日本城市较多见。在地下矿山等工程中,如沿矿体走向布置沿脉巷道或垂直走向布置穿脉巷道,沿巷道两侧布置矿房的工程形式。脊型布置的一个变型是鲱骨形,如图 2-4 所示。

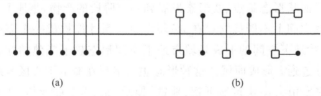

(a)　　　　　　　　　　　　　　　(b)

图 2-3　脊状地下空间形态

　　图 2-4(a)是一种典型的鲱骨式(herring bone)地下空间形态,此种形态常见于城市地下车场及地下矿山采用铲运机等无轨设备时的出矿布置。图 2-4(b)是一种分支鲱骨式形态,此种形态属于典型鲱骨式的改进形式,用以提高从一个进路后退到相邻另一进路的交通流通性,并改善巷道交叉点的稳定性及设备的作业效率。这种形态是美国、加拿大、南非及澳大利亚等地下矿山无轨出矿的主要形式。

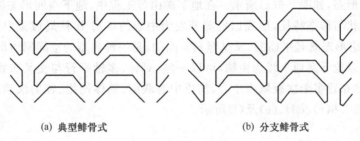

(a) 典型鲱骨式　　　　　　　　　　　　　　　(b) 分支鲱骨式

图 2-4　鲱骨状地下空间

6)Z 状形态

　　地下空间及其交通联络路径以一定角度交错布置,在平面上构成一种 Z 字形的空间形态,如图 2-5 所示。图 2-5(a)中两个锐角通道成对角线布置。在城市地下交通系统中,线路交错的锐角大小影响车辆的通过性能。改变锐角的大小,可以使交通中车辆转弯及进退性得到改善,如图 2-5(b)、(c)及(d)所示。在地下矿山系统中,改变对角线路如主运输道与进路之间的夹角,可使矿石的聚集性及车辆的进退性、转弯特性等得到改善。

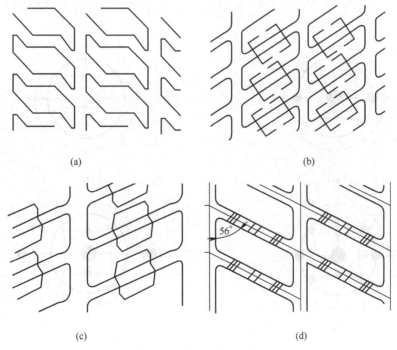

(a)　　　　　　　　　　　　　　　　　　　　　(b)

(c)　　　　　　　　　　　　　　　　　　　　　(d)

图 2-5　Z 状地下空间形态

7)网络状形态

网络状(network)地下空间形态是将整个地下空间中的多个功能结构点、线及面进行连通,形成地下空间的网络系统,它反映地下空间形态在平面空间的总体布局,通常以地下交通——地铁为骨架,集中在城市中心区如商业中心及大型住区群落的地下停车场等,如图 2-6 所示。在地下城市中,城市中心区地下商城和地下停车系统是一种常见的网络状地下空间形态,如图 2-6(a)所示。在地下矿山等工程中,地下空间形态往往根据资源在平面上的产状与形态特征,形成以资源开发为中心的矿房-矿柱局域集中网络形态,图 2-6(b)这种网络形态既是平面的,又是竖向空间的,是一种典型的空间网络形态。

这些网络以地下交通干线为主轴,可以一侧、对称、多轴平行与交叉布置。围绕城市中心,可以沿轴布置多个次级城市中心,构成中心联结、整体网络、轴向滚动、次聚焦点等网络模式,如图 2-6(c)、(d)、(e)及(f)所示。

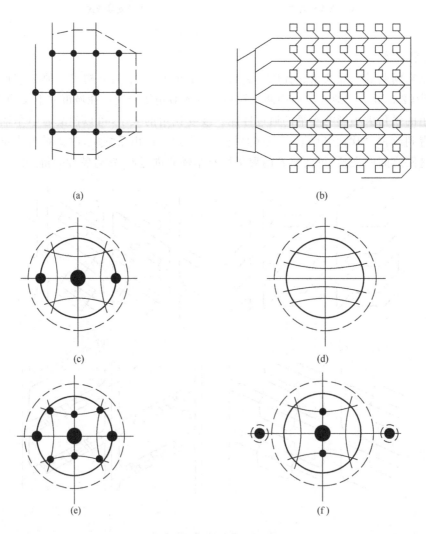

图 2-6　网状地下空间网络形态

8)异型形态

异型形态(heteromorphosis)是一种由点、线及面构成的一种空间不规则形态。在地下城市中,因地下空间的功能要求相对集中,且与地面城市的功能和结构具有承上启下、综合集成的作用,在规划和设计时主要考虑功能与结构的协调性,客观制约相对较小。因此,地下城市空间常呈现比较规则的形态。而在地下矿山及特殊用途等工程中,由于地下空间的功能在竖向各水平不同,因而其洞室的功能结构及在空间上的布局存在差异,如地下炸药库、地下水泵房、避灾与装矿洞室等可能布置在不同水平,且往往是单一布置,在平面上属于点-线异型形态;资源开发中矿房的布置则受矿体产状及几何结构的限制,而布置呈非规则的异型形态。

地下空间的竖向形态是指由点、线和面构成的关于地下空间在垂直方向上的外部表象或表现形式。在地下城市中,地下城市和地面城市在空间上是一个整体,但在垂直方向上,其层位布局依商业功能的不同,存在着典型的三维立体功能分区特性。图2-7(a)为加拿大蒙特利尔地下商业街,拥有全长30km的步行街网络和极具特色的地铁系统。通常情况下,城市地下空间的垂直区位越是接近地面层,其空间性质越趋向开放和密集,其区位价值越高,越适合发展城市公共空间。在浅层地下空间,地下建筑空间和地面城市空间的层叠,将加强地下建筑与城市的整合,从而促进城市竖向空间形态的发展和完善。研究表明[2],现阶段地下城市在垂直方向的区位构成从上至下可分为以下5个层次:①地表层(地面以下5m),具有较强的公共性,可作为地面功能的延伸,一般以地下建筑、市政设施、管线、停车场为主。②地下浅层区(地面以下5~10m),其功能以商业、娱乐、停车和行人交通为主。③地下中层区(地面以下10~20m),有较强的独立性和封闭性,其功能以地铁交通和停车为主,兼商业。④地下深层区(地面以下20~30m),有较强的独立性和封闭性,其功能以城市深层地下交通、某些特殊需求和采用特殊技术的空间需要。⑤地下超深区(地面以下30m),具有独立、封闭特性,主要满足特殊用途的空间需要。在城市地下空间及其他非城市地下空间中,其深度需求主要取决于地下空间的功能及客观地质条件。

在非城市地下空间中,竖向形态则主要依照工程特性的不同,具有典型的工程依赖性和独立性。其工程依赖性主要表现为不同的工程特性,其地下空间的布局、埋深与形态不同。在层位布局上,非城市地下空间如地铁工程、核废处置、水利水电及地下矿山工程,地表层及其一定深度范围内,不存在地下建筑,通常为地下构筑物,且与地面建筑物并非一体式结构,不存在直接的承上启下的建筑关系[3,4]。通常,由地面通往工程中心的交通道路与不同平面上的主要功能单元组成。例如,地下矿山空间由垂直或倾斜的井巷、水平巷道及相应的采准、切割及回采空间构成。图2-7(b)为加拿大某镍矿典型竖井、斜井及斜坡道联合开拓的地下矿山开采系统。

在竖向层位或深度方向上,非城市地下空间纵向延伸的深度完全取决于该工程核心功能的地质或资源条件,浅层一般为功能单一的交通与通风通道,工程核心功能所处深度的平面布置在主要地下空间,核心功能所处深度的平面可以是多个层位的平面,且空间所处深度可达数千米,远远大于城市地下空间。南非西维兹金矿的开采深度目前已达到4350m。图2-8是典型地下矿山工程竖井开拓系统井底车场的布置。在竖向形态上,由

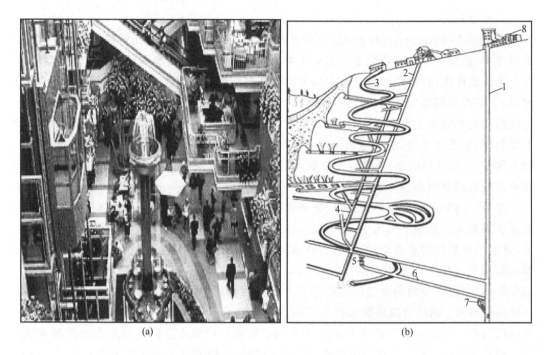

(a) (b)

图 2-7　典型地下空间的竖向形态

1. 主井；2. 斜井；3. 斜坡道；4. 主溜井；5. 破碎硐室及矿仓；6. 胶带运输机；7. 装载矿仓；8. 地面厂房

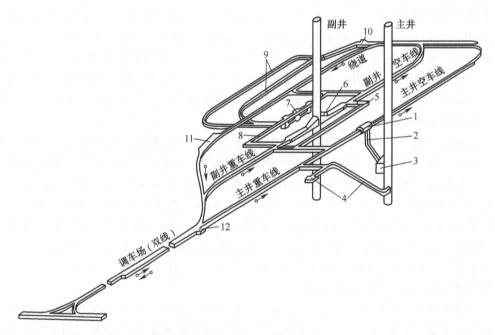

图 2-8　典型地下空间的空间平面布置

1. 翻笼硐室；2. 溜井；3. 箕斗装载硐室；4. 小斜井；5. 候罐室；6. 马头门；

7. 水泵房；8. 变电室；9. 水仓；10. 绞车硐室；11. 机修硐室；12. 调度室

于此类地下空间在空间形态具有非对称性,其纵剖面和横断面所呈现的形态具有明显的分异性。在纵剖面上,一般表现为以垂直线-水平长线型形态为主体,在一定深度层位上由多个相邻水平线相对集中的线-面型构成网络形态。图 2-9(a)为典型折返式斜坡道开拓的地下开采空间布置的纵剖面图。在横断面图上,则表现为以垂直线-水平短线型为主体,在一定深度层位上由多个相邻水平线相对集中的线-面型构成网络形态,如图 2-9(b)所示。

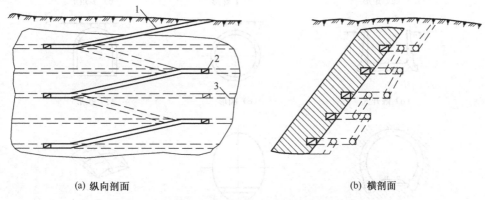

(a) 纵向剖面　　　　　　　　　　(b) 横剖面

图 2-9　典型地下开采空间不同视角下的竖向形态
1. 斜坡道;2. 石门;3. 阶段运输巷道

在平面形态上,地表浅层形态一般为垂直或水平线型形态,在核心功能所处平面上,则为围绕该功能的点-线-面及其所构成的平面网状空间,且此种网状空间相对集中,如图 2-8 所示。在核心功能的上、下层位,则形成完成该核心功能的辅助功能区,这些辅助功能结构一般为点-线或面-线型形态。例如,以地下开采为核心功能的上层位,可以是以回风巷道及充填巷道为主的线型形态;核心功能区的下层位则为运输巷道、出矿巷道及破溜硐室、装卸矿硐室等点-线型形态。

地下空间形态的变化往往折射出地下空间的发展轨迹。例如,城市地下空间的形态演化体现城市经济、社会及文化现象、过程与规律。同样,地下矿山工程空间形态的变化也反映工程开发的过程。通过空间形态的演化研究,可以揭示地下空间发展的历史及规律。

2.1.2　地下空间结构的基本类型

地下空间结构是地下空间构成的主体,地下空间结构类型是由地下空间的功能决定的。一般而言,先确定地下空间的建设用途,再根据功能要求进行结构设计。对于地下城市,因与地面城市存在承上启下的对接关系,可按城市地下建筑进行通用设计,正如地面建筑,然后根据商业用途进行分割和区划。

根据地下空间结构形状,按空间形态可划分以下几种类型[5]:①矩形;②梯形;③多角形;④敞开式;⑤圆形;⑥拱形;⑦马蹄形;⑧椭圆形;⑨壳形,如图 2-10 所示。在拱形中,因拱弧的连接形式及圆弧大小又分半圆拱、圆弧拱、三心拱及封闭拱等多种形式,如图 2-11 所示。从结构断面的轮廓线型,又分折线形、曲线形及多线型。矩形、梯形、多角形及敞开式结构均属折线形,圆形、马蹄形、椭圆形及壳形属曲线形,拱形属于折线与曲线结合的多线型。

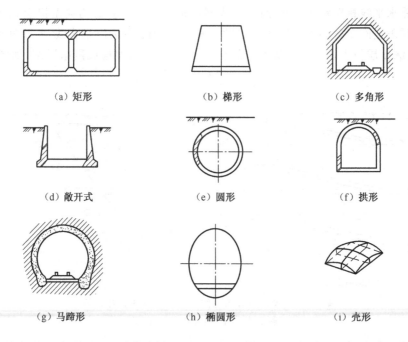

（a）矩形　　　　　　　　（b）梯形　　　　　　　　（c）多角形

（d）敞开式　　　　　　　（e）圆形　　　　　　　　（f）拱形

（g）马蹄形　　　　　　　（h）椭圆形　　　　　　　（i）壳形

图 2-10　地下空间的结构形式

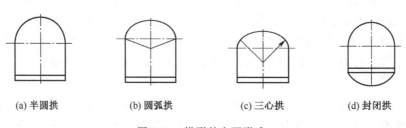

(a)半圆拱　　　　(b)圆弧拱　　　　(c)三心拱　　　　(d)封闭拱

图 2-11　拱形的主要形式

按地下空间赋存的地质环境,可分为土层及岩层地下空间结构。土层结构是指构筑在土层内的结构,城市地下空间大都属于此类。岩层结构则指在岩石地层中开挖的结构,许多岩土工程结构如矿山工程、水利水电及核废处置工程均属于此类。在岩层结构中,依支护方式的不同,又可分为岩壁结构、喷射混凝土结构、喷-锚结构、衬砌结构、混凝土整体结构及锚杆结构等。衬砌结构中,根据地下空间全断面的衬砌与否,又分为全衬砌结构及半衬砌结构,根据岩壁支护层厚度的均匀性,又分为等厚拱墙结构、厚拱薄墙结构及薄拱厚墙结构等。几种典型的岩层地下空间结构如图 2-12 所示[6]。

按地下空间所处深度,可分为浅埋与深埋结构。浅埋与深埋是相对而言的,目前没有统一的划界和定义。对于城市地下空间而言,地下建筑的技术条件、地层承载力及承载层所处深度是界定深层地下空间的主要因素。目前,深埋结构有几种观点,一种观点认为当地下空间结构顶层顶点位置所处深度大于承载层所处深度时可定义为深层地下结构。但

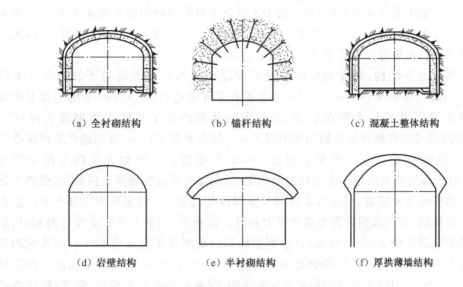

图 2-12　典型岩层地下空间结构

由于地层承载层所处深度与工程地质条件等密切相关,在不同的区域,地质条件不同,地层承载层所处深度具有明显的差异[6]。例如,在一个承载层非常浅的区域,把深度上浅埋的结构称为深层结构显然是不合理的。另一种观点认为,当地下结构的深度超过建筑物基础可达的最大深度时可划定为深层地下结构。2000 年日本颁布的大深度法就是典型。大深度法规定[7],大深度空间的标准通常把建造地下室达不到的深度和设置建筑物基础达不到的深度作比较,哪个深就以其深度作为该地区地下深层空间的基准;认为建造地下室最大深度是地面以下 40m 的深度,通常设置建筑物基础的最大深度为支撑层上层面以下 10m。但由于建筑物基础可达最大深度是一个与岩土地质环境有关的参数,因此,深埋结构的深度也是一个动态参量。显然,以上观点对深层结构的本质特征或其内涵和外延还不能进行明确界定。为了克服目前深层地下空间结构概念上的模糊,这里对城市深层地下空间结构进行如下定义:在城市地下空间中,当地下空间结构顶层顶点所处深度大于承载层所处上层面深度,且超过当时技术条件下建筑物基础可达最大深度时,则该地下结构为深层地下结构。通常,可将地下结构划分为浅层、次浅层、次深层、深层及超深层。在当前技术条件下,将深层地下空间划定为地面以下 30m,当底层深度超过 100m 时为超深层结构。例如,2005 年 7 月北京通过《北京市中心城中心地区地下空间开发利用规划(2004−2020 年)》审批,对北京 336km^2 中心城进行规划,地下空间的层次分为浅层空间(0~10)m、次浅层空间(10~30)m、次深层空间(30~50)m 和深层空间(50~100)m。由于地下结构所处深度不同,其功能规划也不同。为了科学合理地开发利用城市地下空间资源,根据我国城市规划建设与发展需要及技术经济发展水平,宜将城市地下空间资源按竖向开发利用的深度进行分层。例如,上海在城市地下空间规划中,在竖向上划分:Ⅰ级(0~15)m,适用于民用建筑与地下服务设施;Ⅱ级(15~30)m,适用于地铁及大型地下设施;Ⅲ级(30~60)m,为大型地下设施开发利用的空间域[6,8]。

　　在城市地下空间分层开发中,从浅到深,基本原则为:第一层为办公、商业及娱乐空间,属日常、大量人员使用的空间;第二层为人员活动时间较短的地下交通空间;第三层为人员较少的动力设备、变电所、物质储存及生产设施空间;第四层为深部人员稀少区,用以布置污水、煤气、电缆等公共管线及特殊用途的空间。

对于其他地下结构,其在地层中所处的深度要比城市地下结构所处的深度大得多[9-11]。目前,南非 Western deep level 金矿开采深度达到了 4800m,水电工程引水隧道的埋深如锦屏电站最大埋深达 2600m,南水北调西线工程输水隧道最大埋深为 1150m,公路隧道如穿越阿尔卑斯山勃朗峰圣哥达隧道埋深 2500m,能源储存工程深度超过 1000m,核废处置深度一般要求超过 500m,军事防护工程如北美防空司令部达 1000m。对于深层非城市地下空间结构的深度,目前没有明确的划界。例如,在深部工程应用最广的资源开发领域,一般将矿井的开采深度超过 600m 时定界为深部开采。但在不同国家和地域,对深部的定界也存在很大差异。在南非、加拿大等矿业发达国家,把深部开采的深度划界为 800~1000m,日本则把深部的临界深度定义为 600m,而英国和波兰则定界为 750m,中国则认为软岩地层的深度为 800~1500m,硬岩地层深部工程定界为 1000~2000m。但国内外许多研究与实践表明,深部岩体在变形性质、强度、破坏特征及岩体破坏的诱导机理上,深部与浅部岩体具有显著的差异,深部工程岩体具有明显的破裂分区与非线性力学现象[9,11]。显然,岩体脆-延转化的深度可作为深层地下结构划定的重要指标。

2.2　地下空间的基本功能

地下空间的多功能开发利用不仅为人类开拓了新的生存空间,而且满足了许多地面上无法实现的空间需求。就城市地下空间而言,作为城市空间的一个整体部分,它容纳和吸收了相当一部分城市功能和城市活动。其主要的功能包括交通、商业、文教娱乐、仓储、居住、市政管线、生产、防灾、墓葬及其他特殊用途等。其中,地下交通包括城市地下通道、城市地铁、隧道。地下通道又包括地下步行街、地下立交及地下停车系统。地下商业包括地下商业街/城、地下商场及地下餐厅等。地下文娱则包括地下博物馆、地下展览馆、地下影剧院、音乐厅、地下实验室、地下游泳馆、地下球场、溜冰场、水族馆及游乐场等。仓储包括物质储存和物流。对于城市地下仓储,主要是车站、机场中转物质的临时存放及城市能源等战略物资的储存。储存分永久储存和临时存放,对于非城市地下空间,如干冰、能源等在相对较长时间内的存放属永久储存。防灾主要包括人民防空(civil air defence)、重要抗震设施、军事指挥中心、军事光缆、军事通道及重要军事物资储备等。

在非城市地下空间中,其主要功能是生产、储存、物流、交通、地下试验、防灾及监狱等特殊需求。

地下空间的功能主要源自地下空间的广阔、隐蔽、安全、隔噪、避光及环境调节等特点,其优缺点是矛盾着存在的,在地下空间开发时,其功能必须与地下空间的环境特点相适应。然而,随着科学技术的不断进步,地下空间环境的不利因素可不断克服,一些智能型环境调节技术大大提高了地下空间开发利用的预期。

地下空间功能与结构之间是一种相互协调与相互促进的关系。一方面,功能的变化是结构变化的先导,功能决定结构,功能上的变化将导致结构的变化。另一方面,结构的变化要求功能与之协调。但是,由于地下空间结构的相对固定和不易变性,要求结构具有多功能性。地下空间形态是其功能和结构的体现,是地下空间发展变化的空间形式,地下空间形态、结构与功能的协调是地下空间发展的标志,功能与结构的统一,以及与总体布局上的完美组合,是地下空间发展的高级形式。

地下空间规划与设计应遵循协同性原则,做到远期与近期相结合,点、线、面、体相结合,地上、地下与周围环境及地质环境相结合,深层与浅层相结合,平时功能、战时功能与防灾功能相结合,结构稳定与力的稳定相协调,经济效益、社会效益与环境效益统一。

习题与思考题

1. 地下空间有哪几种基本类型? 各有何特点?
2. 地下空间有哪些组合形态? 网络状形态有何特点? 它适用于何种地下空间?
3. 何谓辐射状地下空间? 在何种条件下可规划设计为辐射状地下空间?
4. 何谓脊形地下空间? 它的适用条件是什么?
5. Z 形和鲱骨状地下空间有何特点? 它适用于何种地下空间?
6. 深部地下空间的形态受哪些因素影响? 试举例分析之。
7. 地下空间按结构形式可分为哪些类型? 各有何特点?
8. 城市地下空间有哪些基本功能? 试分析城市地下空间与非城市地下空间的功能特点。
9. 在城市地下空间规划设计时,如何实现空间结构、形态与功能的协调统一?

参 考 文 献

[1] Gideon S. Golang, Toshio Ojima. Geo-Space Urban Design. New York: John Wiley & Sons, Inc., 1996.
[2] 陈志龙,伏海艳. 城市地下空间布局与形态探讨[J]. 地下空间与工程学报,2005,1(1):25-30.
[3] 于润仓. 采矿工程师手册[M]. 北京:冶金工业出版社,2009.
[4] 解世俊. 矿床地下开采理论与实践[M]. 北京:冶金工业出版社,1990.
[5] 王文卿. 城市地下空间规划与设计[M]. 南京:东南大学出版社,2000.
[6] 耿永常,李淑华. 城市地下空间结构[M]. 哈尔滨:哈尔滨工业大学出版社,2005.
[7] 平松弘光. 大深度地下使用と土地收用[C] // 大浜启吉. 都市と土地政策. 东京:早稻田大学出版社,2002.
[8] 朱合华. 城市地下空间新技术应用工程示范精选[M]. 北京:中国建筑工业出版社,2011.
[9] 钱七虎. 深部地下空间开发中的关键科学问题[C] // 钱七虎院士论文选集. 北京:科学出版社,2007.
[10] 胡社荣,彭纪超,黄灿,等. 千米以上深矿井开采研究现状与进展[J],中国矿业,2011,20(7):106-111.
[11] 何满潮. 深部的概念体系及工程评价指标[J]. 岩石力学与工程学报,2005,24(16):2854-2858.

第3章　地下空间总体规划

内容提要:本章主要介绍地下空间总体规划的工作内容、特点,地下空间规划的基本原则、协同论思想及协同发展的评价与预测。重点论述地下空间协同性原则、功能类型、布局与形态规划。

关键词:地下空间总体布局;协同性;功能;结构;形态;竖向层次。

3.1　地下空间规划的工作内容与特点

3.1.1　地下空间规划的工作内容

城市地下空间规划工作的基本内容是根据城市总体规划等地面空间规划要求,在充分研究城市的自然、经济、社会和技术发展规模的基础上,选择城市地下空间布局和发展方向,按照工程技术和环境要求,综合安排城市各项地下工程设施,并提出近期控制引导措施。城市地下空间规划的主要工作内容包括:

(1)收集和调查基础资料,掌握城市地下空间开发利用的现状情况,勘察地质状况和分析发展条件,进行地下空间资源的开发利用需求预测与可行性评价;

(2)研究城市地下空间开发利用发展战略,提出城市地下空间的发展规模和主要技术经济指标;

(3)确定城市地下空间开发的功能、内容、期限,进行空间总体布局,综合确定平面和竖向规模;

(4)提出各专业的地下空间规划原则和控制要求;

(5)近期建设项目的详细规划与远期规划项目的统筹安排;

(6)根据建设的需要和可能,提出实施规划的策略、措施和步骤。

由于城市的自然条件、现状条件、发展战略、规模和建设速度各不相同,规划工作的内容应具体情况具体分析。在规划时要充分利用城市原有基础,处理好城市发展与城市历史如古建筑、文化遗址及环境保护的关系,老城区的地下空间开发以解决城市用地和功能扩展问题为主,新城区的地下空间开发以解决城市基础设施为主,使地下空间开发与城市建设协同发展。

对于非城市地下空间,应根据所开发的地下空间资源与环境条件,结合社会、经济与环境发展需要,遵照专业项目的规划与设计确定有关工作内容。

3.1.2　地下空间总体规划的特点

对于城市地下空间规划而言,它涉及城市交通、市政、通信、能源、居住、商业、文化、防灾及防空等各个方面,内容多、功能多、影响因素很多。对于多功能的地下空间需要有多样化的结构形态与之相适应。此外,城市地下空间规划大多是在已有地面城市的基础上进行的,必须考虑城市建设现状、资源可利用及环境影响等情况,具有以下特点。

1) 系统性

系统性是城市地下空间规划工作的重要特点。城市地下空间规划需要对城市地下空间的各种功能进行统筹安排,使之与地面空间协同。

由于城市地下空间与城市地上空间一样,同属于城市空间,因此,在城市地下空间规划时,必须从城市地面空间和城市地下空间的协同和相互作用出发,规划地下空间的发展规模、功能、形态与布局。

城市地下空间规划涉及城市许多方面的问题,如城市工程地质及水文地质条件、地下空间资源评价、地上建筑与地下空间协同、功能设置、空间形态组合与布局等问题,它们相互联系、相互影响、彼此制约。因此,应树立全面、系统的观点来开展城市地下空间规划工作,将城市地下空间作为城市大系统中的一部分加以综合考虑。

2) 战略性与法治性

城市地下空间规划是对城市各种空间利用的战略部署,又是合理组织开发利用的手段,涉及人口、经济、社会、资源、环境、文化等众多部门。必须从城市地位、区位、社会、经济及国防等方面着手,确定城市地下空间发展战略。城市地下空间开发一般具有不可逆性,一定要从发展的观点来规划城市地下空间,从全局考虑。同时,城市地下空间规划与国家及地区发展战略密切相关,具有很高的政策与战略依赖性。特别是城市地下空间总体规划阶段,一些重大问题的解决都必须以有关法律法规和方针政策为依据。城市发展规模、功能、布局等,都不单纯是技术和经济的问题,而是关系城市发展目标、发展方向、生态环境、可持续发展等的重大问题。因此,城市地下空间规划编制中必须加强法治观念,将各项法律法规和政策落实到规则中。

3) 继承性

城市一般都有较长的发展历史,由于生产力发展水平等的限制,旧城规划没有或较少考虑地下空间规划问题。城市规模越大、越集中,用地矛盾越突出。城市地下空间规划将受地面建筑及其次浅层地基基础的限制。在城市地下空间总体规划时,应充分考虑地面城市建筑及地基基础的某些限制。其次,地下空间规划宜结合地面建筑的地下室进行开发利用。一般多、高层建筑均利用地面建筑开发地下建筑,包括地下停车场、中水净化、地热及中央空调等设施,地下建筑多达 2~8 层,影响深度达数十米。在城市地下空间规划时,应结合高层建筑地下空间进行综合考虑。此外,次浅层以内地下空间规划常结合地面道路及地面城市的集散中心进行。规划时,城市地铁、共同沟、地下人行道及公路隧道等一般与城市地面道路相一致,城市公共地下建筑如图书馆、体育馆、商业街、地下商城、展览馆、博物馆等应与城市中心广场、商业中心、绿地、公园及大学城等对应。

4)专业性

城市地下空间的规划、建设和管理是城市政府的主要职能,其目的是增强城市功能,改善城市环境,促进城市地上地下的协同发展。城市地下空间规划涉及城市规划、交通、市政、环保、防灾、防控等各个方面,由于城市地下空间在地下,规划时受城市水文、地质、施工条件、施工方法的制约,因此城市地下空间规划要充分考虑各专业的特点和要求,吸收各专业人员参与规划设计,同时将各专业的新技术、新工艺应用到地下空间的开发利用中,使城市地下空间规划具有先进性。

3.2　地下空间规划基本原则

在地下空间开发中,对地下空间的规划一般应遵循以下原则。

3.2.1　开发与保护相结合原则

对于城市地下空间而言,地下空间规划是对城市地下空间资源做出科学合理的开发利用安排,使之为城市服务。但是,在城市地下空间规划过程中,往往会只重视地下空间的开发,而忽略了城市地下空间资源与环境的保护。

城市地下空间资源是城市重要的空间资源,从城市可持续发展的角度考虑城市资源的利用,是城市规划必须做到的。因此,城市地下空间规划应该从城市可持续发展的角度考虑城市地下空间资源的开发利用。

保护城市地下空间资源与环境要从以下几个方面考虑:①由于地下空间开发在很大程度上存在不可逆性,在城市地下空间开发时,开发强度应尽可能一次到位,避免将来城市空间不足而再想开发地下空间时无法利用。②要对城市空间资源有一个长远的考虑,在规划时,要为远期开发项目留有余地,对深层地下空间开发的出入口、施工场地留有余地。③在城市地下空间规划时,往往把容易开发的广场、绿地作为近期开发的重点,而把相对较难开发的场地放在远期或远景开发,实际上目前越难开发的地块,随着城市建设的不断展开,其开发难度越来越大,有的可能变得不可开发。因此,在城市地下空间规划时,应尽可能地将有可能开发的地下空间尽量开发,而对容易开发的地块要适当考虑将来城市发展的需要,这也符合城市规划的弹性原则。④应考虑地面古建筑等人类文化遗产资源及其他建筑与市政设施的保护。⑤在地下空间开发时,要考虑地质资源与环境的承载力,保护城市地下水资源、地热资源与环境,使城市地下空间开发与城市地质环境相协同,达到社会效益、经济效益与生态环境的协同。

3.2.2　地上与地下相协同原则

城市地下空间是城市大系统空间的一部分,城市地下空间是为城市服务的,因此,要使城市地下空间规划科学合理,就必须充分考虑地上与地下的关系,发挥地下空间的优势和特点,使地下空间与地上空间形成一个整体,共同为城市服务。在城市地下空间规划时,首先,在地上空间需求预测时就应该将城市地下空间作为城市空间的一部分,根据地上空间、地下空间各自的特点,综合考虑城市对生态环境的要求、城市发展目标、城市现状等多方面的因素提出科学的需求量。其次,在城市地下空间布局时,不要为了开发地下空间而将一些设施放在地下,而是根据未来城市对该地块环境的要求,充分考虑地下空间的优势、地面空间状况、防灾防空的要求等方面的因素来确定是否放在地下。在地下空间规划时,应进行竖向分层、水平分区规划,将对环境影响较大的功能布置在深层地下,将活动强度大的公共空间布置在浅层空间,并与地面城市的功能结构相呼应,遵循低能耗原则。

3.2.3　远期与近期一致性原则

由于城市地下空间的开发利用相对滞后于地面空间的利用,同时城市地下空间的开发利用是城市建设发展到一定水平,因城市出现问题需要解决,或为了改善城市环境,使城市建设达到更高水平时才考虑的,因此,在城市地下空间规划时,树立长远的观念尤为重要。城市地下空间规划必须坚持统一规划、分期实施的原则。

另一方面,城市地下空间的开发利用必须切合实际,在城市地下空间规划时,近期规划项目的可操作性十分重要。因此,城市地下空间规划,必须坚持远期与近期相统一的原则。

3.2.4　平时与战时相结合的原则

城市地下空间本身就具有抗震能力强、防火、通风、防风雨等防灾功能,具有一定的抗各种武器袭击的防护功能,因此,城市地下空间可作为城市防灾和防护的空间,平时可提高城市防灾能力,战时可提高城市的防护能力。为了充分发挥城市地下空间的作用,就应该做到平时防灾和战时防护结合,做到一举两得,实现平战结合。

城市地下空间平时与战时相结合有两个方面的含义:①在城市地下空间利用时,在功能上要兼顾平时防灾和战时防空的要求;②在城市地下防灾防空工程规划建设时,应将其纳入城市地下空间的规划体系,其规模、功能、布局和形态符合城市地下空间系统的形成。

对于其他非城市地下空间而言,除了要考虑抗震、防水及其他次生地质灾害等安全因素外,同样要对各种武器打击的防护能力进行规划和设计。特别是关系国计民生和具有重要战略意义的非城市重大地下工程,在规划和设计时,要提高地下工程对各种武器打击的防护等级。

3.2.5　结构与功能相协同的原则

地下空间的开发利用已从大型地面建筑物向地下的自然延伸,发展到了复杂的地下商业街、地下综合体和地下商城。同时,地下市政设施也从地下供排水管网发展到地下大型供水系统、地下大型能源供应系统、地下大型排水及污水处理系统、地下生活垃圾综合处理系统、地下综合管线廊道以及图书馆、会议展览中心、体育馆、音乐厅及大型实验室等文教科技设施,地下物质储存和工业生产已发展到深部地下。

显然,随着地下空间功能的增加,对地下空间结构的要求也越来越高。地下空间的功能不同,所要求的空间结构不同。结构必须满足功能的要求。也就是说,在进行地下空间规划和设计时,必须根据地下空间的功能要求来规划和设计结构,即功能决定结构。同时,结构也要满足不同功能变化的需求,在进行结构的规划设计时,尽可能满足多功能需要。地下空间结构不仅要满足不同功能单元的局部结构需求,而且在整体上必须协同一致,达到局部与总体的型美、稳定。地下空间结构与功能的协同,主要表现在地下空间的结构形态、型体与空间功能,空间结构立面、平面布置与其功能相协同。

3.3　地下空间规划的结构协同论

3.3.1　协同论的主要思想

协同论(synergetics)是 20 世纪 70 年代逐渐形成和发展起来的一门新兴学科,属系统科学的分支理论,由联邦德国斯图加特大学教授、著名物理学家哈肯(Haken)于 1976 年提出[1]。

协同论研究远离平衡态的开放系统以及平衡系统在与外界有物质或能量交换的情况下,如何通过自己内部的协同作用,自发地形成时间、空间和功能上的有序结构。它以现代科学的最新成果——系统论、信息论、控制论、突变论、结构耗散理论等为基础,采用统计学和动力学相结合的方法,通过对不同领域的分析,提出了多维相空间理论,建立了一整套数学模型和处理方案,在微观到宏观的过渡上,描述了各种系统和现象中从无序到有序转变的共同规律。

协同论认为,千差万别的系统,尽管其属性不同,但在整个环境中,各个系统间存在着相互影响而又相互协作的关系。哈肯在协同论中,描述了临界点附近的行为,阐述了慢变量支配原则和序参量原理。慢变量支配原则认为一个复杂系统,可能有许多变量,其中有一个或几个变量变化慢,而大多数变量变化快,慢变量的变化决定了系统的相变。序参量原理认为事物的演化受序参量的控制,演化的最终结构和有序程度取决于序参量。序参量的大小可以用来标志宏观有序的程度,当系统是无序时,序参量为零。当外界条件变化时,序参量也变化,当到达临界点时,序参量增长到最大,此时出现了一种宏观有序的有组织的结构。

协同论指出,对于一种模型,随着参数、边界条件的不同及涨落的作用,所得到的图样可能很不相同;但另一方面,对于一些很不相同的系统,却可以产生相同的图样。由此可以得出一个结论:形态发生过程的不同模型可以导致相同的图样。在每一种情况下,都可能存在生成同样图样的一大类模型。

协同论揭示了物态变化的普遍程式:旧结构→不稳定→新结构,即随机力和决定论力之间的相互作用把系统从它们的旧状态驱动到新组态,并且确定应实现的那个新组态。

此外,哈肯提出了结构的功能性原理。认为结构具有功能性,功能和结构互相依存、互相促进。当能流或物质流被切断的时候,所考虑的物理和化学系统要失去自己的结构;但是大多数生物系统的结构却能保持一个相当长的时间,这样生物系统似乎把无耗散结构和耗散结构组合起来了。哈肯指出,生物系统是有一定的目的,是一种典型的功能结构。

自然,协同论的领域与许多学科有关,它的一些理论是建立在多学科联系的基础上的,如动力系统理论和统计物理学之间的联系。因此,协同论的发展与许多学科的发展紧密相关,并且正在形成自己的跨学科框架。协同论还是一门很年轻的学科,尽管它已经取得许多重大应用研究成果,但是有时所应用的还只是一些定性的现象,处理方法也较粗糙。但毫无疑问,协同论的出现是现代系统思想的发展,它为处理复杂非线性系统问题提供了新的思路。

3.3.2　协同论的主要内容

协同论主要包括三个方面的内容。

1)协同效应

协同效应是指由于协同作用而产生的结果,是复杂开放系统中大量子系统相互作用而产生的整体效应或集体效应。千差万别的自然系统或社会系统,均存在着协同作用。协同作用是系统有序结构形成的内驱力。任何复杂系统,当在外来能量的作用下或物质的聚集态达到某种临界值时,子系统之间就会产生协同作用。这种协同作用能使系统在临界点发生质变产生协同效应,使系统从无序变为有序,从混沌中产生某种稳定结构。协同效应说明了系统自组织现象的观点。

2)伺服原理

伺服原理可概括为快变量服从慢变量,序参量支配子系统行为。它从系统内部稳定因素和不稳定因素间的相互作用方面描述了系统的自组织过程。其实质在于规定了临界点上系统的简化原则——快速衰减组态被迫跟随于缓慢增长的组态,即系统在接近不稳定点或临界点时,系统的动力学和突现结构通常由少数几个集体变量即序参量决定,而系统其他变量的行为则由这些序参量支配或规定,正如协同学的创始人哈肯所说,序参量以雪崩之势席卷整个系统,掌握全局,主宰系统演化的整个过程。

3)自组织原理

自组织是相对于他组织而言的。他组织是指组织指令和组织能力来自系统外部,而自组织则指系统在没有外部指令的条件下,其内部子系统之间能够按照某种规则自动形成一定的结构或功能,具有内在性和自生性特点。自组织原理解释了在一定的外部能量流、信息流和物质流输入的条件下,系统会通过大量子系统之间的协同作用而形成新的时间、空间或功能有序结构。

3.3.3　地下空间规划的结构协同论

城市可持续发展的机制是大系统稳定有序。根据新三论,大系统只有开放,与外界不断进行物质、能量与信息的交换,才能走向稳定有序。否则,即使是原来有序的系统,也将走向混沌无序。各子系统既有独立性,又具有协同性。当独立性占主导时,系统处于无序状态;当协同性占优势时,系统转入有序状态。系统状态的判别可用系统熵(system entropy)来描述。

熵的概念是由德国物理学家克劳修斯(Clausius)于 1864 年提出的[2],其物理意义是物质微观热运动时的混乱程度。在数学上用热量除温度所得的商来表示,标志热量转化为功的程度。1948 年由美国数学家香农(Shannon)第一次引入到信息论中,被用来分析信号传输过程中信息的损失量,又被称为信息熵。在大系统中,借用信息论与控制论中广义熵的概念来描述任何一种物质运动方式的混乱度或无序度。

城市系统是一个复杂的开放系统,不断与外界发生着物质、能量与信息的交换,是一个自组织的耗散结构。可持续发展是自然与社会即人口、资源、环境与经济各子系统高度有序的运行状态,城市发展一方面向地质环境系统索取自身生存发展所需的物质、能源、信息和生存空间,并以地质环境提供的环境为基本环境;另一方面,又对地质环境系统产生扰动,扰动的结果使各子系统由有序向无序转变,即转变的过程是一个系统熵增的过程。熵的大小可由限制因子数目及程度量确定。由子系统熵进一步可确定大系统的熵,对系统的有效调控过程就是减少对系统的扰动,实现系统的熵减(负增)过程或信息的积累过程。

地下空间处于地质环境中,与地质环境中应力、水及温度等环境场要素发生相互作用,是一个复杂非线性系统,要使地下空间结构保持稳定,地下空间结构、形态不仅应与其功能协同,而且还应与地质环境相协同。具体表现在以下三个方面。

1)空间型体的协同

地下空间表现在平面形态、竖向形态及空间立面形态上应协同一致。地下空间型体的协同要求它在空间上的造型符合美学原则。也就是说,地下空间型体的线、面及角应平滑过渡,以达到圆润、厚实、稳重的目的,遵循流线型、曲面和圆角的设计与构造,避免折线、尖角,以及由折线及尖角所构成的异型面。

2)空间结构与功能的协同

地下空间的结构形态是基于空间功能规划来设计的,即功能决定结构,结构必须满足功能的需求,结构与功能相协同。同时,当结构发生改变时,要求功能与之相适应,要求功能做相应的调整。在地下空间中,由于结构具有相对稳定和不可逆的特点,结构一旦构造完成,就很难改变。因此,在空间结构设计时,应针对规划的功能进行扩展设计,使结构设计满足更多功能的需求。显然,空间结构本身的功能属性应包含空间规划的功能属性。

3)结构与力的协同

地下空间的协同稳定是由诸多因素决定的,不仅与材料本身的强度特性有关,而且与其结构特性有关。要实现地下空间型体、结构和功能的协同,应满足地下空间所处围岩强度及结构、支护体强度与结构、支护体与围岩之间的协同稳定。这种协同稳定的实质是空间结构与力的协同。地下空间是一个复杂的非线性系统,遵循协同论的协同效应、伺服原理与自组织原理。

3.4　地上与地下空间协同发展

3.4.1　地上与地下协同发展的意义

对于城市空间而言,现代城市空间是一个由地面及地下空间共同组成并协同运转的空间有机体,是一个立体化的空间体系。正确认识城市由地面及地下空间的特性,认真分析城市各种功能对空间的要求,做到扬长避短、趋利避害,克服地上不足地下补的片面思想,是综合、高效利用城市空间资源,保护城市自然环境,改善城市景观,解决城市问题,实现城市可持续发展战略目标的前提条件。

1）有利于提高城市人口的理论容量

城市人口的理论容量是城市理论容量的一个方面,指在城市用地一定,并且保证城市功能正常运转、城市环境和城市居民生活质量达到一定标准的条件下,所能容纳的最大城市人口数量。合理安排城市由地面及地下空间开发利用的规模,避免某一方面的规模过大或过小,能够在提高城市总人口密度的同时,降低空间上的人口密度,即单位面积用地上的人数增加了,而空间上的拥挤程度并没有增加,甚至反而减少了,从而在保证使用质量标准的情况下,大大提高土地的利用率。

2）有利于城市功能的高效发挥

根据城市由地面及地下空间的不同特点,合理安排其各自适宜的不同功能,扬长避短,趋利避害,不仅能使各自的功能得到良好的发挥,而且还能相互促进,形成良好的城市功能体系,保证城市正常、高效、有序地运转。

3）有利于城市经济的繁荣和发展

城市由地面及地下空间在城市平面上的合理布局,能有效地调节城市人口密度的分布,使之趋于平衡、合理;能改善城市的交通状况,提高交通运输效率;能使土地增值,带来较高的经济效益;能调整城市的经济结构布局,在促进原有城市中心地区经济进一步繁荣的同时,产生新的经济增长点,形成新的城市中心或次中心,使城市各个区域的经济得到均衡的发展。

4）有利于城市的可持续发展

城市由地面及地下空间协同发展是处理好人、建筑和自然之间关系的前提。城市由地面及地下空间协同发展,能使城市建筑空间和开敞的空间规模比例合理,人口密度分布均衡,这样可以改善城市自然环境质量,保证城市生态系统的平衡,提高城市景观质量,解决城市问题,反而促进城市各项事业健康有序地发展,使城市走上可持续发展的道路。

反之,将城市由地面及地下空间割裂开来孤立对峙,各自为政,厚此薄彼,造成城市由地面及地下空间发展的不协同,则会造成城市建设某方面的重复或不足;城市功能混杂无序,由地面及地下空间的建设相互牵制、互为障碍,导致城市功能难以正常发挥,由地面及地下空间难以健康发展,建设投资效益低下或浪费严重,造成城市空间资源浪费,土地利用率难以提高,以致城市建设处于无序状态,引发新的城市问题,严重影响城市的发展。

3.4.2　地上与地下空间协同发展的目标

正确认识城市地面和地下空间协同发展目标的制定原则,根据城市发展的具体情况,制定城市上、下部空间协同发展的合理目标,能为城市空间发展指出正确的方向,避免城市建设的盲目性。

1）与城市空间发展的目标相一致

城市地面和地下空间协同发展的目标也就是其所要达到的目的和结果,与城市空间发展的目标是相一致的。其目标就是充分利用城市土地和空间资源,建设良好的城市空间体系,最大限度地发挥系统整体效益,建设可持续发展的集约城市,使城市各项功能高效、有序运转,城市经济健康发展;建设适宜的人居环境,使城市居民生活舒适、便利;为城市各种活动的顺利进行和各项事业的健康发展提供条件,从而达到城市可持续发展的目标。

集约城市,并非无限制地提高人口数量、建筑密度和容积率,而是要达到一种合理密度(optimum density)。这就是说城市既要保持紧凑的空间格局以减少交通距离,节约土地,又要有适宜的开敞空间以达到人工环境与自然环境的最佳组合。

2)应纳入城市发展的总目标之中

城市是一个由社会、经济、文化等多个系统组成的复杂巨系统,其各个子系统之间并非是简单的平行并列关系,而是相互交叉、相互融合和相互叠加的多向、多层次的综合关系,各个子系统之间的关系错综复杂,牵一发而动全身。因此,当研究城市的某一子系统时,必须将其置于城市的巨系统之中,全面分析其与城市其他子系统之间的关系。

城市空间系统与城市其他系统有着密切的联系。城市空间是城市各种活动的容器和载体,是各种事件发生、发展的舞台,是城市巨系统的重要组成部分,它一方面反映城市社会、经济、文化等各个方面的状况,另一方面又对城市其他各方面具有反作用。协同发展的城市空间系统能促进城市其他方面的发展,反之则会对城市其他方面的发展造成障碍。

因此,在制定城市地面和地下空间协同发展的目标时,应该具有全面的观点,要站在城市发展总目标的高度上,充分分析其与城市其他子系统的关系,考虑其对城市其他子系统的影响和作用,以促进城市全面发展为根本目标。

3)协同发展的目标是动态和发展的

城市空间系统本身也是一个复杂的系统,包含交通空间、居住空间、生产空间及公共服务性空间等多种空间体系。它们相互联系、相互影响、相互制约,有时甚至还互为矛盾,一方面的满足要以另一方面的一定牺牲为代价。城市地面和地下空间协同发展的目标就是要在种种联系和矛盾之中,确定一个最佳的平衡点,而这些联系又处在不断地变化之中。因此,城市地面和地下空间协同发展的目标是动态的。

同时,由于社会处在不断地发展进步之中,城市经济、文化、科技水平、生产方式及生活方式等各个方面都在不断地发展,人们的世界观、价值观在不断变化,对城市和城市空间的认识也在不断深化和提高。例如,城市发展经历了手工业城市时代、现代工业城市时代,又开始进入信息城市时代;城市空间发展由平面型的传统城市空间进入了立体化的现代城市空间。因此,城市地面和地下空间协同发展的目标也是随着社会的发展而不断变化的。

确定城市地面和地下空间协同发展的目标应该具有一定的预见性,但同时又应该具有现实性。其目标不能完全超越当前的历史阶段,脱离现实条件,而应具有阶段性,并且还要从各个城市不同的具体实际出发,具有针对性。

4)协同发展目标的三个层次

根据城市发展的不同阶段和条件,可以制定以下三个层次的城市地面和地下空间协同发展的总目标。

第一层次:城市空间能基本满足城市各项功能的正常运转和城市居民的正常生活,城市自然环境质量能基本符合要求,这是一个最初级的目标,它标志着城市地面和地下空间的协同发展基本上解决了城市空间的主要问题。而我国许多大城市,尤其是特大城市尚未达到这一标准。

第二层次：城市空间能保证城市各项功能高效运转，城市居民较为舒适、便利，城市自然环境质量较高。这就要求城市地面和地下空间形成良好的体系，发挥城市空间系统的整体效益。

第三层次：城市空间能保证城市各项功能稳定、集约、高效运转，城市自然环境质量高，人工环境与自然环境和谐，形成良好的城市生态系统，城市居民生活舒适、便利、丰富多彩，城市空间能促进城市各项事业全面、健康、可持续发展。这是城市地面和地下空间协同发展的最高目标，也是人类建设中人、建筑、自然三者协同发展，人与自然和谐共生的城市家园的美好理想。

3.4.3　地上与地下空间协同发展的评价

城市标准的制定必须遵循实用性的原则。这包括两个方面：首先，作为评价标准必须有客观的评价尺度，即经过其评价可以得出正确的结论；其次，是要对实践具有实际意义，即能对城市地面及地下空间协同发展具有指导作用，成为决策的依据。

由于城市和城市空间系统的复杂性，城市空间系统与城市其他子系统相互交叉形成网络，城市空间系统本身也具有多个相互交叉、融合的子系统，变量多，变化大，而且每一个城市的具体情况又有许多不同，而作为评价标准必须具有较为广泛的实用范围。因此，不可能制定一个面面俱到的评价标准，只能针对城市地面和地下空间协同发展的主要方面，制定一个纲领性的评价标准。

评价城市地面和地下空间协同发展的主要内容有以下几个方面。

1）规模的协同性

规模的协同性包括两个方面：①城市空间的总规模是否能满足需求；②城市地面和地下空间规模之间的比例是否合理，城市之间资源是否得到了高效利用，是否保持了城市上部空间建筑空间与开敞空间的合理比例。

2）功能的完善性和有机性

功能的完善性和有机性也包括两个方面：①城市空间在功能组成方面是否全面而无缺漏和不足，各种功能的空间规模分配是否合理；②同一种功能城市空间在区位的分布上是否合理，能否很好地衔接和组合，形成能够相互促进、相互补充，能够发挥整体效益的有机的功能体系。

3）对城市生态环境的影响

城市生态系统是由城市社会、经济、自然三大子系统通过功能耦合而形成的大系统，城市空间是城市人工环境与自然环境的总和，是城市社会、经济系统的物质载体，对城市生态系统具有重要的影响。协同发展的城市空间能创造良好的城市生态环境，为城市社会、经济发展提供条件，从而使城市生态系统保持有秩序、高效率、低能耗运转。因此，必须将城市空间发展是否有利于创造良好的城市生态环境，作为评价城市地面和地下空间协同发展的重要标准。

城市发展是区域性的，但人-地作用的影响是全球范围的，全球的观点是研究城市可持续发展的基本观点。城市发展中的各种工程经济活动不仅直接对地质体产生扰动、破坏自然生态,重塑地质环境,造成地下水流场、地表水径流及岩土体应力重新分布,其污染排放物还以物质和能量流等形式通过全球物理气候系统和生物地球化学循环影响全球水循环及 C、N、P、S 等元素的循环,并进一步影响区域和全球生态系统的能力;也正因为如此,国家及地区之间经济与生态互相紧密地联系在一个互为因果的网络中[3](图 3-1)。因此,以城市为重心的区域可持续发展是实现全球可持续发展战略的唯一途径。

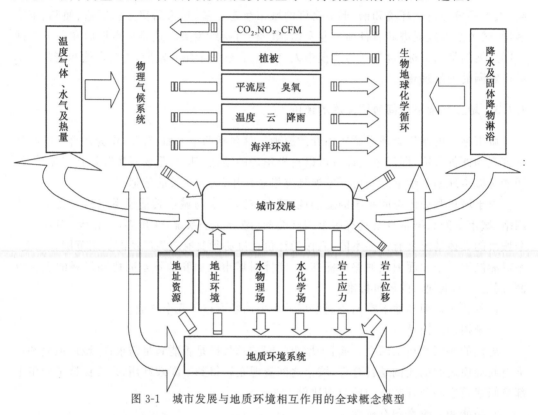

图 3-1　城市发展与地质环境相互作用的全球概念模型

4)与城市经济结构的协同

城市经济结构主要包括城市产业结构、人员的从业结构、城市经济的构成成分及其比例,以及各种产业、行业和经济成分在城市经济中的地位和作用。城市空间的功能组成和布局结构对城市经济有着重要的影响,它反映和制约了城市经济结构的组成和分布状况及其发展。适应城市经济结构的城市空间形态能促进城市经济的发展,反之则会阻碍城市经济的发展。因此,城市空间是否适于城市经济结构的状况和发展,是衡量城市地面和地下空间协同发展的重要标准。

对于城市空间所处的地质环境而言,一方面,不同的环境要素对城市工程经济活动的敏感性不同,即抵抗工程经济活动的扰动能力不同;另一方面,不同的地质环境要素具有不同的资源要素和环境要素,它们对城市发展的支持程度不同,即具有不同的承载力。因此,应根据地质环境各要素承载力大小来规划城市用地,根据地质环境对城市经济产业部门的敏感性来确定产业结构,依据地质环境对污染质的消纳能力、物质生产资源总量及资源替代速度来确定经济发展的速度和规模。

　　5）对城市居民生活质量的影响

　　城市居民的生活包括居住、交通、购物、医疗保健等日常生活；教育、娱乐、体育运动等文体娱乐生活；工作、就业等经济生活等。城市空间是城市居民生活的物质环境，为城市居民的个人和社会生活提供了场所和社会、自然环境，反映和制约了城市居民的生活方式和生活质量。城市地面和地下空间协同发展有助于提高城市居民的生活质量。例如，利用居民的地下空间安排生活服务性设施，能给城市居民的生活带来便利。

　　6）对城市可持续发展的影响

　　城市可持续发展要遵循保持人口（population）、资源（resource）、环境（environment）与发展（development）相互协同的原则，即 PRED 协同原则，以求实现资源可持续利用、环境可持续完善、经济可持续增长、社会可持续公平及文化可持续繁荣。城市空间的可持续发展是城市可持续发展的重要前提。只有城市地面和地下空间协同发展，才能充分利用城市空间和土地资源，提高城市空间的理论容量，获得较高的人口密度，改善城市环境质量，促进城市社会、经济、文化等各方面的发展，使城市达到可持续发展的战略目标[3]。因此，必须将城市地面和地下空间的发展状况置于城市总体发展中进行全面、综合的分析，以是否有利于城市的可持续发展作为对其评价的标准。

3.4.4　地上与地下空间协同发展的预测

　　目前，人们对城市空间的认识大多还停留在二维平面的概念上，特别是城市地下空间还未大规模开发的地区，对城市地面和地下空间协同发展的问题更是缺乏认识。土地的开发往往只考虑地面以上，这将给日后城市地下空间的开发利用带来十分不利的影响，制约了城市地面和地下空间的协同发展。因此，必须根据对现代城市空间形态、构成及其发展规律的研究，以及对城市地面和地下空间协同发展现状和问题的分析，结合国外城市建设的教训和先进经验，制定城市地面和地下空间协同发展的相应对策。

　　在城市建设中，建设者和使用者的观念是一个关键因素。因此，要使城市地面和地下空间协同发展，必须首先统一认识，更新观念。要正确认识城市空间面临危机的形势，认清城市空间立体化发展是解决城市问题，保证城市可持续发展的必由之路。要改变对城市空间二维平面的落后认识，牢固树立地面和地下综合立体的三维城市空间的正确观念；要正确认识城市地面和地下空间各自的特点和相互关系，摆正它们的位置，深刻认识城市地面和地下空间协同发展的重要作用和意义，改变忽视地下空间开发或将地下空间开发与人防工程画等号，以及地上不足地下补等孤立、片面的错误观点和认识。

　　要从一个国家的国情出发，分析不同城市的具体情况，正确把握大规模开发利用城市地下空间的时机，做到一切从实际出发，既不盲目冒进，又不贻误时机。要正确把握城市地面和地下空间开发的特点和规律，尤其是要正确认识地下空间开发的长期性、不可逆性和建设投资的巨大，做到认真细致调查，全面综合分析，理智慎重决策。

　　总之，必须对现状进行剖析，进行全面的思考和总结，形成对城市空间的正确、统一认识与城市地面与地下空间协同发展的正确观念，才能保证城市建设的健康发展。

1）空间总量规模合理性

要保证城市地面和地下空间协同发展，必须做到城市空间总量的规模合理，城市地面和地下空间之间规模的均衡。城市空间总量是指城市各类空间量的总和。城市空间总量规模合理是指城市空间总量既能满足城市各项功能的正常运转，保证城市居民生活水平和城市环境的质量达到一定的标准，又符合城市空间开发的经济、技术水平的现实条件[4]。合理的城市空间总量规模的确定其实是一个供需平衡点的确定。

城市空间总需求量是由城市人口规模、生产、生活方式，城市居民生活质量标准和城市环境质量标准决定的。城市空间总量等于城市人口总数与城市人均各类空间占有量之积。而城市人均各类空间占有量，则因城市生产、生活方式、城市居民生活质量标准和城市环境质量标准的不同而不同。例如，居住标准越高，人均居住空间就越大；私人交通为主要交通方式，比以公共交通为主的交通方式所需求的人均道路和停车空间要大；较高的环境质量则要求较多的人均绿地、广场等开敞空间，以及较低的建筑密度等。因此，在城市人口规模一定的条件下，城市生产、生活方式、城市居民生活质量标准和城市环境质量标准成了确定城市空间总需求量的决定性因素。

而城市空间总供给量在城市用地规模一定，并保证一定城市环境质量的前提下，主要是由城市经济、技术水平和城市地理、地质条件决定的，是可供开发的城市地面和地下空间量之和。在一定的经济、技术水平条件下，城市空间总供给量有一个上限。因为城市地面空间在一定环境质量标准下，建筑密度不可能无限制提高，在一定经济、技术条件的制约下，建筑高度也不可能无限制提高，即土地可承受的开发强度和经济、技术可支持的开发强度都是有限的，而城市地下空间开发利用所受的经济、技术条件的制约更为严格，在一定条件下，不可能无限制地开发利用城市地下空间。

因此，应该根据具体城市的经济实力和技术水平来正确引导城市居民的生产和生活方式，制定合理的生活和环境质量标准，确定城市空间总量的合理规模，做到既能最大限度地满足城市空间总量的需求，又符合城市空间开发的经济、技术水平所决定的城市空间总供给量的现实条件。

2）地面和地下空间的规模均衡性

城市地上地下空间规模是指城市空间总量在地面和地下空间之间合理分配。在全球土地资源紧缺的情况下，城市用地的扩展受到了很大的限制，特别是我国土地资源紧缺，人多地少，城市空间拥挤的情况更为严重，要想在城市用地规模有限的条件下，满足较高的城市居民生活质量和城市环境质量对城市空间总量的需求，就必须合理开发利用城市地下空间，保持城市地面和地下空间规模的均衡。

城市地面和地下空间之间规模的均衡分配主要应当注意这样一些原则：首先，要具体情况具体分析，针对不同城市所具有的不同人口、经济、技术等条件和同一城市不同地块的不同使用状况，确定全市地面和地下空间规模的比例和各个地块的地上和地下空间的开发强度。其次，要以发展的眼光来处理城市地面和地下空间的开发强度，使城市用地的开发强度具有一定的弹性，为城市进一步发展留有余地。这意味着一方面要考虑为上部空间的进一步开发和环境质量的进一步改善预留发展备用地，不能按照极限强度进行开发；另一方面要考虑地下空间开发的不可逆性，避免只考虑眼前的短期经济效益而造成开发强度过小，仅开发利用浅层地下空间，给城市地下空间的进一步开发造成障碍。假设某一用地空间总需求量为 10,而在保证环境质量最低标准的前提下,地面空间可供开发利用的空间量为 9,在现实经济、技术条件下,地下空间可供开发的空间量为 1,在确定该用地地面和地下空间开发规模的比例时,不能简单地将地面空间开发量定为 9,地下空间开发量定为 1,而应该以发展眼光全面综合,做出多种方案进行分析、比较,以确定最合理的开发比例[5](表 3-1,图 3-2)。

表 3-1　城市地上与地下空间开发规模分配方案评价表

方案	地面环境质量	地下空间发展余地	经济要求	技术要求	上下空间联系便利性
1	△	△	●	●	△
2	△	▲	▲	▲	●
3	◎	▲	□	□	●
4	◎	▲	▲	▲	●
5	●	●	○	○	▲
6	●	▲	△	▲	●
7	●	△	▲	▲	△

注:●很有利;▲有利;◎一般;□较不利;△不利;○很不利

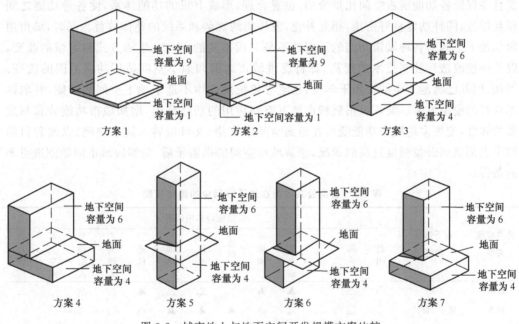

图 3-2　城市地上与地下空间开发规模方案比较

3)功能的合理配置及体系

城市功能在城市地面和地下空间之间合理配置,形成有机的城市功能体系,能充分利用城市地面和地下空间,解决城市功能平面混杂、干扰的问题,改善城市居民生活质量,减轻环境污染,提高城市环境及景观质量。这是城市地面和地下空间协同发展的重要方面,对解决城市问题有着十分重要的意义。

要做到城市功能在城市地面和地下空间之间合理配置,首先必须对城市功能组成情况有一个正确、完整的认识。不同职能的城市,其功能组成具有不同的特点。例如,工业城市与旅游城市的功能组成和各种不同功能所占的地位、比重和作用就有明显的区别。城市功能又可分为基本功能、主要功能与其他附属功能。基本功能主要包括生产、生活、交通及娱乐等,是每一个城市必须具备的功能。主要功能则根据不同的城市有所区别。例如,经济中心城市的商业、金融功能就属于主要功能,而旅游城市的景观、旅游服务功能则是其主要功能。必须根据每一个城市的特点和具体情况,以及未来发展的趋势和方向,对其城市功能的构成及各种功能在城市中所应占的比重和地位有一个准确的判断和预测。

其次,要根据城市地面和地下空间的不同特点,将其有不同使用条件和特点的城市功能在地面和地下空间中合理分配。分配的原则为:①适用性原则。要充分利用城市地面和地下空间各自不同的特点,做到扬长避短、趋利避害,将一些安排在地下空间特别有利或安排在地面空间具有严重弊端的功能安排在地下空间,而将一些安排在地面空间特别有利或安排在地下空间的功能,应结合具体城市、具体地点、具体条件区别对待,根据城市地面和地下空间开发强度的状况和城市经济、技术水平来综合权衡,妥善安排[4](表 3-2)。②完备性原则。城市空间安排应当全面考虑城市各方面的需要,合理安排城市所需的全部功能,不能有功能上的欠缺和疏漏。③有机性原则。不仅要保证城市功能的完备,而且要保证各功能所占空间比重恰当,位置合理,形成有机的功能体系,使各种功能之间相互促进,同种功能良好衔接,相互补充,发挥集约优势和系统的整体效益。同时,城市地面和地下空间对各种城市功能的适用性不是一成不变的,生产、生活方式和习惯的改变,以及环境改造和控制技术的提高,都将促进城市地面和地下空间适用功能范围的改变。例如,国外已将地下空间应用于学校、住宅等传统观念中不适于地下空间的功能,并取得了良好的使用效果。要积极拓展城市地下空间应用的功能范围,增加城市功能分布和发展的弹性,使更多的城市功能既可在地面空间中安排,又可以转入地下空间,以改善目前城市上部空间开发强度过高的状况,缓解城市空间的供需矛盾,为解决城市问题创造更多的条件。

表 3-2 　各类公共设施在地下空间中的适应程度

公共建筑类型	地下建筑功能	适应性影响因素												
		封闭	隔声	安全	自然光线	环境调节	通风	供水	供热	通信	人员出入	车辆出入	高大空间	外观识别
行政	办公	□	△	△	▲	▲	△	△	△	▲	△	△	□	△
商业	商店、餐饮	□	□	△	△	▲	▲	▲	▲	△	□	□	□	△
文教	学校、实验室、图书馆	△	▲	▲	△	▲	▲	▲	▲	▲	△	△	△	▲
展览	博物馆	□	△	▲	▲	▲	▲	△	△	▲	□	□	△	△
文娱	影剧院、礼堂	▲	▲	▲	△	▲	△	△	△	▲	△	△	▲	△
体育	体育馆、游泳馆	□	□	□	△	▲	△	△	▲	△	□	□	▲	□
医疗	医院、手术室	▲	▲	▲	▲	▲	▲	▲	▲	▲	△	△	△	△
宗教	教堂	△	△	□	△	△	▲	△	△	△	△	△	△	△
特殊	监狱	▲	□	▲	□	△	▲	□	□	▲	△	□	□	□

注:▲强适应性;△次适应性;□无特殊要求

4)地面和地下空间在区位上的合理分布及网络

(1)城市地面和地下空间各自的布局或体系。城市上部空间的布局要处理好城市节点、城市交通线和街区点、线及面之间的关系,做到城市人口密度、建筑密度、交通流量等在城市中合理、均衡地分布,城市各种功能的位置安排与城市经济结构、居民的生活方式等相适应。例如,处理好城市中心、次中心在城市中的位置关系,解决它们之间的联系问题;处理好生产和生活空间的布局关系等。

城市地下空间也要进行点状、线状和面状空间设施的整体布局,用线状地下空间设施将地下空间连接成点、线有机结合及密度合理的空间体系。例如,要处理好点状、面状地下空间设施的密度与线状地下空间的位置关系;线状地下空间设施的分布间距和交叉连接位置;面状地下空间设施与线状地下空间的结合关系;地下空间浅层、次浅层、次深层与深层之间的关系等问题。使各类地下空间设施能够充分、高效地利用,并且为地下空间的进一步开发创造条件。

(2)城市地面和地下空间形成整体的空间网络。不仅要使城市地面和地下空间各自成为体系,而且还要处理好城市地面和地下空间在区位上的协同关系。一方面要使地面和地下空间的点、线、面形态分布和功能设置相互对应、相互联系。另一方面要使地面和地下空间的发展与城市的发展轴相统一。城市发展轴主要由具有离心作用的交通干线,包括公路、地铁线路等组成,发展轴的数量、角度、方向和延伸速度将直接构成城市不同的形态,并决定着城市形态在某一时期的阶段性发展特征。城市地面和地下空间的发展要促进形成合理的城市发展轴,并要根据发展轴的状况进行开发利用。

同时,还要处理好城市地面和地下空间的连接问题。地铁站、下沉广场及建有地下室的单体建筑等,是地面和地下空间的主要联结点,应当保证这些联结点的合理分布,对联结点的交通疏散、功能组成、空间环境等问题做出妥善安排,以形成结构合理、交通便捷、有机的城市空间网络,最大限度地发挥城市空间的集约和整体效益。

5)系统规划

保证城市地面和地下空间协同发展,必须制订全面、科学,符合城市具体情况的远期、近期结合的规划,对城市建设进行有效的指导。

(1)规划步骤。首先,进行现状调查和资料收集、整理。内容主要应包括:地面空间的建筑密度与高度分布;地面空间的功能组成、比例及使用状况;地面空间环境、景观质量;人口密度分布及人流、车流量分布;现有地下空间分布的位置、区域、深度及使用功能状况;地下地质条件的状况;影响地下空间开发利用的构筑物如墓穴的位置、形状、深度和分布状况等方面,应全面、详细地了解和掌握。

其次,根据城市人口、职能、经济、技术等因素对城市发展进行全面预测,确定城市发展的远、中、近期目标。

最后,对城市现状进行研究和分析,发现存在的问题,找到产生问题的原因,并根据城市发展目标,制定相应的对策,作出全面、细致、科学和具体的规划。

(2)规划成果。规划的成果应包括:城市建设的远、中、近期目标;城市总体规划(包括城市空间规模的确定、城市功能构成及分布、城市发展轴分布及城市空间形态的总体结构等);城市空间评价标准;控制性规划要点和规划细则;发展模式的选择和具体实施方案等内容。

6）城市建设的系统管理

城市建设系统管理是城市地面和地下空间协同发展的保障。城市建设管理的系统协同有两个方面的含义：一方面，指由一个独立的机构对城市地面和地下空间的建设进行统一管理和决策，避免机构重复、交叉和管理混乱；另一方面，指城市建设管理部门要与城市其他管理部门相互协同、避免条块分割，使城市建设的发展与城市其他各项事业的发展相互协同、相互适应、相互促进。

另外，城市系统的复杂性和城市空间为人服务的出发点，决定了城市建设必须在统一机构的管理下，采取专家咨询和群众参与的形式，形成既统一、又开放的管理体系，使城市建设管理更加全面、科学，更加符合城市居民的需要。

不仅在建设上要进行科学、严格的管理，在使用和维护上也要进行合理的管理和安排。例如，挪威等一些北欧国家的地下空间大多采取平战结合、专门机构定期维护的方法，既大大提高了空间的利用效率和使用寿命，又保证了地下空间的战时防护功能。

7）城市建设实施的科学有序

合理的规划还需要科学、有序的建设来实现。在建设方面主要应当处理好以下几点：①保证建设资金。政府应当采用政策等手段来进行总体调控，通过地价差异、税收调节、投资补贴等多种措施，来保证建设资金的合理分配和流动。特别是应当对一些重点和关键工程的建设予以倾斜，避免城市建设投资的盲目、分散和浪费。同时要充分调动集体和个人对城市建设方面投资的积极性，多方筹措资金，以保证城市建设资金的充足。②重视理论研究。要对城市规划建设理论的研究给予充分的重视，并提供良好的研究条件和充足的研究经费，以促进理论水平的提高和理论成果向实践的转化，保证城市建设有科学的理论来指导。同时还要积极发展工程建设技术，提高工程技术水平，为城市建设提供充足、完备和先进的技术保障。③加强工程建设质量管理。建立严格的质量监督和管理体系，制订相应的工程质量、环境质量等规范和标准，以保证城市建设的良好质量。④根据城市规划的总体目标和城市的具体现状，合理安排建设的时序，特别是要充分考虑地下空间建设的不可逆性等特点，采取分期、分区、分层的方式建设。同时，注意各期、各区、各层之间的有机衔接，以妥善解决城市建设目标的一致性，城市空间的整体性与城市建设具体实施的阶段性之间的矛盾。

8）城市建设的立法与执法

要保证城市建设的顺利进行和城市地面与地下空间的协同发展，就必须制订完整、系统的政策和法规，将城市建设管理纳入到法制的轨道上来，避免城市建设无法可依。我国目前城市建设方面的法制尚不完善和健全，特别是有关城市地下空间方面的法规还不能满足城市建设的需要。因此，应当吸取国外城市建设法规方面的先进经验，结合我国的具体情况，加强城市建设方面的立法工作，以完善法制。

同时，还要加强执法的准确性和严格性，提高执法人员的素质和执法水平，特别是要提高执法人员反腐败的能力，打击以权谋私的腐败现象，做到执法必严、违法必究。

3.5　城市地下空间总体布局与形态

城市的总体布局通过城市主要用地组成的不同形态来表现。城市地下空间的总体布局是在城市性质和规模大体定位、城市总体布局形成后,在城市地下可利用资源、城市地下空间需求量和城市地下空间合理开发量的研究基础上,结合城市总体规划中的各项方针、策略和对地面建设的功能形态规模等要求,对城市地下空间的各组成部分进行统一安排、合理布局,使其各得其所,将各部分有机联系后形成的。城市地下空间布局是城市地下空间开发利用的发展方向,用以指导城市地下空间的开发工作,并为下阶段的详细规划和规划管理提供依据。

城市地下空间布局,是城市社会经济和技术条件、城市发展历史和文化、城市中各类矛盾的解决方式等众多因素的综合表现。因此,城市地下空间布局要力求科学合理,能够切实反映城市发展中的各种实际问题并予以恰当解决。

当然,城市地下空间布局受到社会经济等历史条件和人的认知能力的限制。同时,由于地下空间开发利用相对滞后于地面空间,随着城市建设水平的提高,人们对城市地下空间作用的认识不断加深,城市地下空间布局也将不断改变和完善。所以,在确定城市地下空间布局时,应充分考虑城市的发展和人们对城市地下空间开发利用认识的提高,为以后的发展留有余地,即对城市地下空间资源要进行保护性开发,也即在城市规划中要有弹性。

3.5.1　城市地下空间功能、结构与形态

城市地下空间布局的核心是城市地下空间主要功能在地下空间形态演化中的有机构成,它是研究城市地下空间之间的内在联系,结合考虑人们对城市地下空间开发利用认识的提高,城市化的进程、城市发展过程中各种矛盾的出现,在不同时空发展中的动态关系。根据城市发展战略,在分析城市地下空间作用和使用条件的基础上,将城市地下空间各组成按其不同功能要求、不同发展年序列,有机地组合在一起,使城市地下空间有一个科学、合理的布局。

城市地下空间是城市空间的一部分,因此,城市地下空间布局与城市总体布局密切相关。城市地下空间的功能活动,体现在城市地下空间的布局之中,把城市的功能、结构与形态作为研究城市地下空间布局的切入点,有利于把握城市地下空间发展的内涵,提高城市地下空间布局的合理性和科学性。

1)城市发展与城市地下空间结构的演化方式

城市是由多种复杂系统所构成的有机体,城市功能是城市存在的本质特征,是城市系统对外部环境的作用和秩序。城市地下空间功能是城市功能在地下空间上的具体体现,城市地下空间功能的多元化是城市地下空间产生和发展的基础,是城市发展的条件。但一个城市地下空间的容量是有限的,若不强调城市地下空间功能的分工,势必造成城市地上地下功能的失调,无法实现解决各种城市问题的目的。

1933 年现代国际建筑协会的主题是"功能城市",发表了《雅典宪章》,明确指出了城

市的四大功能是居住、工作、游憩和交通。因此,城市地下空间的功能也应围绕这四种功能,充分发挥城市地下空间的特点,为实现城市居住、工作、游憩等的平衡做贡献。

城市地下空间的开发利用是由于城市问题的不断出现,人们为解决这些问题而寻求的出路之一。因此,城市地下空间功能的演化与城市发展过程密切相关。在工业社会以前,城市的规模相对较小,人们对城市环境的要求相对较低,城市交通矛盾并不突出。因此,城市地下空间开发利用较少,而且其功能也比较单一。进入工业化社会后,城市规模越来越大,城市的各种矛盾越来越突出,城市地下空间就越来越受到重视,最经典的标志是 1863 年世界第一条地铁在英国伦敦建造,这标志着城市地下空间功能从单一功能,向以解决城市交通为主的功能转化。此后世界各地相继建造了地铁来解决城市的交通问题,目前世界上已有几十个城市修建了数千千米的地铁线。

随着城市的发展和人们对生态环境要求的提高,城市地下空间的开发利用已从原来以功能型为主,转向以改善城市环境、增强城市功能并重的方向发展,世界许多国家的城市出现了集交通、市政、商业等一体化的综合地下空间开发,如巴黎拉·德方斯地区、蒙特利尔地下城和北京中关村西区等综合型地下空间开发项目。

今后,随着城市发展,城市用地越来越紧张,人们对城市环境的要求越来越高,地下城下空间功能必将朝以解决城市生态环境为主的方向发展,真正实现城市的可持续发展。

2) 城市地下空间功能、结构与形态的关系

城市地下空间的功能是城市地下空间发展的动力因素。城市地下空间的结构是城市地下空间构成的主体,以经济、社会、用地、资源、基础设施等方面的系统结构来表现,非物质的构成要素如政策、体制、机制等也必须予以重视。城市地下空间的形态是表象,它构成城市地下空间所表现的发展变化着的空间形式的特征,是一种复杂的经济、社会、文化现象和过程。城市地下空间形态的变化反映了城市发展的轨迹,城市地下空间结构、功能与形态三者的协同关系是城市地下空间发展的标志。

城市地下空间功能和结构之间应保持相互协同的关系。一方面,功能决定结构,功能的变化是结构变化的先导。在城市地下空间规划设计时,城市地下空间常因功能上的变化而最终导致结构的变化。另一方面,地下空间结构处于地质环境中,除应与地质环境相互协同、保持稳定之外,地下空间结构还应与地上建筑空间结构相互协同,功能上应协同互补,形态上应完美合一。由于地下空间的不可逆性,其结构一旦确定,就很难发生大的改变,因此,结构一般不宜微调。在总体上,应强化城市地下空间综合功能,完善城市地下空间结构,以创造完美的地下空间形态。

3.5.2 城市地下空间功能的确定

1) 确定原则

城市地下空间功能的确定是地下空间规划的重要内容,根据城市地下空间的特点,功能确定应遵循下面的原则。

(1) 以人为本的原则。城市地下空间开发应遵循人在地上,物在地下;人的长时活动在地上,短时活动在地下;人在地上,车在地下的原则。目的是建设以人为本的现代城市、与自然相协同发展的山水城市,将尽可能多的城市空间留给人休憩,享受自然。

(2)适应原则。应根据地下空间的特性,对适宜进入地下的城市功能应尽可能地引入地下,而不应对不适应的城市功能盲目引进。技术的进步拓展了城市地下空间功能的范围,原来不适应的可以通过技术改造变成适应的,地下空间的内部环境与地面建筑室内环境的差别不断缩小即证明了这一点。因此,对于这一原则应根据这一特点进行分段分析,具有一定的前瞻性,同时对阶段性的功能给予一定的明确。

(3)对应原则。城市地下空间的功能分布与地面空间的功能分布有很大联系,地下空间的开发利用是地面空间与功能的补充、容量的扩大,可满足对城市常规功能及某些特殊功能的需求,如地下管网、地下交通、地下公共设施等均有效地满足了城市发展对其功能空间的需求。

(4)协同原则。城市的发展不仅要求扩大空间容量,同时应对城市环境进行改造,地下空间开发利用成为了改造城市环境的必由之路,单纯地扩大空间容量不能解决城市综合环境问题,单一地解决问题对全局并不一定有益,交通问题、基础设施问题、环境问题是相互作用、相互促进的。因此,必须做到一盘棋,协同发展。城市地下空间规划必须与地上空间规划相协同,做到城市地上、地下空间资源统一规划,才能实现城市地下空间对城市发展的重要作用。

2)地下空间功能类型

地下空间包括城市地下空间和非城市地下空间,非城市地下空间包括地下生产空间、地下试验空间、地下处置空间及其他特殊用途空间。地下空间有着丰富的功能类型。

按地下空间的防空袭能力分民防工程和非民防工程。民防工程包括不可转换的民防工程和可转换的民防工程。不可转换的民防工程包括民防指挥所、专业队工程等;可转换的民防工程包括人员掩蔽工程、配套工程等。可转换的民防工程应结合工程特点,兼顾平时城市交通、市政等功能进行规划、设计和建设。非民防工程包括地下动静态交通空间、地下市政空间、地下商业空间、地下文化娱乐空间、地下科研教育空间、地下行政办公空间、地下体育健身空间等地下公共服务空间,地下仓储物流空间、地下生产空间及其他特殊用途空间等。非民防工程空间以满足城市需求、缓解城市动静态交通矛盾等功能为主,应根据开发规模、项目区位以及与其他地下设施的关系等条件,兼顾相应的民防功能。

按地下空间用途分地下住居、交通、办公、文体科教、餐饮娱乐、展览、仓储、物流及废物处置等。

按地下空间的经济属性分地下生产、生活、服务、试验与环境型地下空间。按照国民经济行业分类,涉及 20 个门类中采矿、制造、电热燃水供应、交通运输、仓储、居住、餐饮、金融商业、水利水电及公共设施、文体娱乐等。

3)复合利用分类

根据城市地下空间的使用情况和地面城市用地性质的不同,地下空间的功能在城市建设用地中具体表现为民防功能、商业功能、交通集散功能、停车功能、市政设施、工业仓储功能等。地下空间的功能与地面不同,呈现出不同程度的混合性,具体分为以下三个层次。

(1)简单功能。地下空间的功能相对单一,对相互之间的连通不做强制性要求,如地下民防、静态交通、地下市政设施及地下工业仓储功能。

（2）混合功能。不同地块地下空间的功能会因不同用地性质、不同区位、不同发展要求呈现出多种功能相混合,表现为地下商业＋地下停车＋交通集散空间＋其他功能。混合功能的地下空间缺乏连通,为促进地下空间的综合利用,鼓励混合功能地下空间之间相互连通。

（3）综合功能。在地下空间开发利用的重点地区和主要节点,地下空间不仅表现为混合功能,而且表现出与地铁、交通枢纽一起与其他用地的地下空间的相互连通,形成功能更为综合、联系更为紧密的综合功能。表现为地下商业＋地下停车＋交通集散空间＋其他＋公共通道网络的功能。综合功能的地下空间主要强调其连通性。

在这三个层次中综合功能利用效率、综合效益最高。中心城区商业中心区、行政中心、新区 CBD 等城市中心区地下空间开发在规划设计时,应结合交通集散枢纽、地铁站,把综合功能作为规划设计方向。居住区、大型园区地下空间开发的规划设计应充分体现向混合功能发展。

3.5.3　城市地下空间发展阶段与功能类型

1）城市地下空间发展阶段与特征

城市地下空间开发一般遵循以下几个阶段[6],如表 3-3 所示。

表 3-3　城市地下空间发展阶段分析表

发展阶段	初始化阶段	规模化阶段	网络化阶段	地下城阶段
功能类型	地下停车、储藏、民防	商业、文化娱乐、生产等	地下轨道交通	综合管廊、现代化地下排水系统
发展特点	单体建设、功能单一、规模较小	以重点项目为聚点,以综合利用为标志	以地铁系统为骨架,以地铁站点综合开发为节点的地下网络	交通、市政、物流等实现地下系统化构成的城市生命线系统
布局形态	散点分布	聚点扩展	网络延伸	立体城市
综合评价	基础层次	基础与重点层次	网络化层次	功能地下系统化层次

2）城市地下空间开发各发展阶段规划要点

城市地下空间规划应符合城市经济和社会发展水平,与城市总体规划所确定的空间结构、形态、功能布局相协同;依托城市发展阶段和地下空间开发的需求特征,通过对地下空间开发的功能类型、发展特征、布局形态、总体定位等方面进行宏观层面的规划与引导,以北京为例。

珠海地下空间开发当前处于规模化的发展阶段,结合城市经济社会发展水平、城市性质、发展战略与发展目标,判断本次规划期末,珠海地下空间开发的阶段和功能有以下几个特征[6],如表 3-4 所示。

表 3-4　某地下空间发展阶段与功能分析表

发展阶段	现状（2007 年）	规划（2020 年）	规划（2030 年）
功能类型	民防单建工程、平战结合地下商业服务业、地下停车、隧道、人行通道等	地下综合体、地下交通设施、地下综合管廊、地下变电站等	地下能源物资储备、地下污水处理设施

续表

发展阶段	现状（2007 年）	规划（2020 年）	规划（2030 年）
发展特征	单体建设、功能单一、规模较小	以重点项目为聚点，以综合利用为标志	以轨道交通系统为骨架，以地铁站点港珠澳交通枢纽、口岸枢纽的综合开发节点，逐步向周边区域发展
布局形态	散点分布	聚点扩展	网络架构、节点延伸
总体定位	民防工程广泛，功能类型相对单一；少数结合对外交通枢纽、地面商业中心建设的重点项目较为突出；开发层次上，以浅层地下空间资源开发为主	重点扩展的聚点发展层次，表现为以地下空间开发利用为手段，建设服务于城市可持续发展的各类地下现代化城市功能设施，较成熟发达的地下商业服务设施；开发层次上则表现出对浅层地下空间资源的充分开发利用	快速增长的网络化发展层次，表现为在城市基础设施能满足城市持续发展需求的基础上，以开发利用地下空间资源为手段，来创造更加舒适宜人的城市环境；开发层次以浅层地下空间资源的充分开发利用为主，少量接近次浅层

北京地下空间功能分布如图 3-3 所示。

图 3-3　北京地下空间功能分布

（引自：北京地下空间规划．清华大学出版社，2006）

3.5.4 城市地下空间布局的基本原则

尽管城市地下空间规划是城市总体规划的一个专业规划,但由于城市地下空间涉及城市的各个方面,同时要考虑与城市地上空间的协同,城市地下空间的布局是一个开放的巨大的系统。因此,在确定城市地下空间布局时,应在遵循城市总体布局的基本原则下,遵循以下原则。

1)可持续发展原则

1983 年 11 月成立的世界环境与发展委员会(World Commission on Environment and Development,WCED)经过对世界范围广泛的调查和讨论,于 1987 年向联合国提交了"我们共同的未来"(our common future)的报告,正式提出了可持续发展概念和模式,并对当前人类在经济发展和保护环境方面存在的问题进行了全面和系统的评价,指出过去我们关心的是发展对环境带来的影响,而现在我们则迫切地感到生态的压力,如土壤、水、大气、森林的退化对发展带来的影响。在不久前,我们感到国家之间在经济方面互相联系的重要性,而现在我们感到国家之间在生态学方面相互依赖的情景,生态与经济从来没有像现在这样互相紧密地联系在一个互为因果的网络中。1992 年巴西里约热内卢联合国环境与发展大会(UNCED)通过包括《地球宪章》(A Charter of the Earth)和《21 世纪议程》(An Agendum of the 21st Century)在内的 5 个文件和条约,成为全球、区域和各国可持续发展的行动纲领,将人类对环境与发展的认识提高到一个崭新的阶段,使全球可持续发展由理论推向了行动。

我国政府于 1994 年发表《中国 21 世纪议程——中国 21 世纪人口、环境与发展白皮书》,其中也明确:在现代化建设中,必须把实现可持续发展作为一个重大战略,要把控制人口、节约资源、保护环境放到重要位置,使人口增长与社会生产力的发展相适应,使经济建设与资源、环境相协同。建设布局合理、配套设施齐全、环境优美、居住舒适的人类社区,促进相关领域的可持续发展,成为城市总体布局的基本原则之一。

可持续发展涉及经济、自然和社会三方面,涉及经济可持续发展、生态可持续发展和社会可持续发展协同统一。具体地说,在经济可持续发展方面,不仅重视经济增长数量,更注重追求经济发展质量,绝不能走先污染、后治理的老路,加大社会环保意识,整治污染于产生污染的源头,发展清洁生产技术,延长产业链,解决污染于经济发展之中。要善于利用市场机制和经济手段来促进可持续发展,达到自然资源合理利用与有效保护、经济持续增长、生态环境良性发展的根本目的。

在生态可持续发展方面,要求发展的同时,必须保护和改善生态环境,保证以持续的方式使用可再生资源,使城市发展不能背离环境的承受能力。

在社会可持续发展方面,控制人口增长,改善人口结构和生活质量,提高社会服务水平,创建一个保障公平、自由、教育、人权的社会环境,促进社会的全面发展与进步,建立可持续发展的社会基础。此外,历史文化传统、生活方式习惯也是实现可持续发展的衡量标准和决策取舍的参照依据。

城市地下空间规划作为城市总体的专业规划,在城市地下空间布局中,坚持贯彻可持续发展的原则,力求以人为中心的经济社会自然复合系统的持续发展,以保护城市地下空间资源、改善城市生态环境为首要任务,使城市地下空间开发利用有序进行,实现城市地上、地下空间的协同发展。

2)系统综合原则

当今我国的经济体制已经开始改变,城市化进入加速发展阶段,城市数量不仅有了大幅度的增加,城市用地紧张,城市问题的严重性和普遍性在某些地区明显加剧,甚至呈现出区域化的态势。在实际工作中,空间资源的整体性和社会经济发展的连续性要求不能就城市论城市,而要从更宽的视野、从更高的层面上寻求问题的妥善解决。需要增强城市立体化、集约化发展的理念,以促进城市的整体发展。

城市的发展不是城市的简单扩大,而是体现新的空间组织和功能分工,具有更高级的复杂多样的秩序,土地等资源的集约作用,要求城市有更多空间选择,这些双向互补的关系,既为城市增添了发展的原动力,也为城市地上地下空间的协同发展提出了更高的要求。

城市地下空间规划的实践证明,城市地下空间必须与地上空间作为一个整体来分析。这样,城市交通、市政、商业、居住、防灾等才能统一考虑、全面安排,这是合理制订城市地下空间布局的前提,也是协调城市地下空间各种功能组织的必要依据。城市地下空间得到地上空间的支持,将充分发挥城市地下空间的功能作用,反过来会有力地推动城市地上空间的合理利用;当城市地上空间发展了,城市地下空间就有它的生命力,城市可持续发展就有了坚实的基础。城市的许多问题局限在城市地上空间这个点上是很难全面解决的,综合考虑城市地上空间和地下空间的合理利用,城市问题的解决就不至于陷于孤立和局部的困境之中。

3)集聚原则

集聚原则源自经济领域的集聚效应(combined effect),是指各种产业和经济活动在空间上集中产生的经济效果及吸引经济活动向一定地区靠近的向心力,是导致城市形成和不断扩大的基本因素。集聚效应是一种常见的经济现象,如产业的集聚效应。城市土地开发的理想循环应是在空间容量协同的前提下,遵循集聚效应产生良性循环。在城市中心区发展与地面对应的地下空间,用于相应的用途功能与地面上部空间产生更大集聚效应,创造更多综合效益,就是集聚原则的内涵。

4)等高线原则

根据城市土地价值的高低可以绘出城市土地价值等高线。一般而言,土地价值高的地区,城市功能多为商业服务和娱乐办公等,地面建筑多,交通压力大,经济也最发达。根据城市土地价值等高线,可以确定地下空间开发的起始点及以后的发展方向。无疑,起始点应是土地价值的最高点,这里土地价格高,城市问题最易出现,地下空间一旦开发,经济、社会和防灾效益都是最高的。地下空间就沿等高线方向发展,这一方向上土地价值衰减慢,发展潜力大,沿此方向开发利用地下空间,既可避免地上空间开发过于集中、孤立的问题,又有利于有效地发挥滚动效益。

3.5.5 城市地下空间总体布局

城市地下空间布局的核心就是各种功能地下空间的组织与安排,即根据城市的性质规模和各种前期研究成果,将城市可利用的地下空间按其不同功能要求有机地组织起来,使城市地下空间成为一个有机联系的整体。

1)城市地下空间布局方法

(1)以地面城市形态为发展方向。与地面城市形态相协同是城市地下空间形态的基本要求,城市地面空间形态的布局形式分块状、带状、环状、串联状、组团状及星状,按城市地面交通或地形形态又可分为单轴式、多轴式、环状、多轴放射等。

块状布局是最常见城市形态,一般依托原有城镇发展,随大型企业、水利枢纽建设及原有居民点连接而形成整体,如北京、郑州、石家庄、呼和浩特等。块状布局一般属多轴式、环状或多轴放射状。

带状布局通常是受自然条件或交通干线的影响而形成,如沿江、河、湖、海岸带的一侧或两岸绵延,或沿狭长山谷及陆上交通干线延伸。这类城市向长轴方向发展,平面结构和交通流向的方向性较强。例如,我国兰州、西宁、银川、太原城市为带状,这种形态一般为单轴式或环状布局。

环状布局是带状城市的变式,一般围绕湖泊、海域或山地呈环状分布。此布局形态同带状相比,城市各功能区之间的联系较为方便,其中心部分为城市创造了优美的景观和良好的生态环境。在我国,典型的环状布局形式的城市尚属少见,根据厦门市的总体规划,未来的厦门将是一座围绕海湾的环状城市。环状布局一般可以呈单轴、多轴或多轴放射形式。

串状布局形式则以一个中心城为核心,若干个城镇相隔一定的地域,沿交通干线或河、海岸线分布,这种布局灵活性较大,城镇之间保持间隔,可使城镇有较好的环境,同郊区保持密切的联系。这种布局形式的城市,如秦皇岛(由北戴河、秦皇岛、山海关构成城市串状带)、镇江(由镇江、丹徒、谏壁及大港构成串状),此种布局一般为单轴及单轴辐射式。

组团状布局形式属块状城市的变式,这类布局多受自然环境及经济战略等因素的影响,将城市用地分隔为数个块状。通常,此种城市形态根据地形把功能和性质相近的部门相对集中,分块布置,每块布置居住区和生活服务设施,形成功能相对独立的组团。组团之间保持一定的距离,并通过交通建立便捷的联系,如合肥由三个组团构成,绿带楔入城市中心。此种布局形式一般初期为单轴式,当组团发展到一定规模后可以是多轴式。

星座状布局形式是指在一定地区内的若干个城镇,围绕着一个中心城市呈星座状分布。这种城市布局形式受自然条件、资源情况、建设条件和城镇现状等因素影响,使一定地区内各城镇在工农业生产、交通运输和其他事业的发展上,既是一个整体,又有分工协作,有利于人口和生产力的均衡分布,如上海、长沙。此种布局形式因卫星城的分布形式不同,可以形成规则及不规则多轴辐射等布局形式。

在进行城市地下空间布局时,应根据城市地面的布局形态,遵循地上与地下对应等原则,其发展轴应尽量与地面城市的发展轴相一致,这样的形态利于城市空间的发展、组织和协同。但是,当城市发展趋于饱和时,地下空间的形态将变成城市发展的制约因素。在多数情况下,城市相对于中心区呈现多轴方向发展,城市也呈同心圆式扩展,地铁呈环状与多轴交叉布局,城市地下空间整体形态呈现多轴环状发展模式。当城市形态受特有条件的限制时,轨道交通不仅是交通轴,而且是城市的发展轴,城市空间形态与地下空间的形态不完全是单纯的从属关系。多轴放射发展与以自然地理分割发展的城市地下空间有利于形成良好的城市地面生态环境，并为城市的发展留有更大的空间。

（2）以城市地下空间功能为基础。城市地下空间与城市地上空间在功能和形态方面有着密不可分的关系。城市地下空间的形态与功能同样存在相互影响、相互制约和相互补充的关系，城市是一个有机的整体，地上与地下不能相互脱节，其对应的关系显示了城市空间不断演变的客观规律。在确定城市地下空间功能时，应在城市地上空间功能分析的基础上，按照城市功能分区及城市上下功能互补与扩充原则，确定城市地下空间功能；根据城市工程地质、水文地质及环境地质条件，分析城市地质环境与地下空间的适应性；以城市地面形态及发展轴为主线，进行地下空间的布局。

（3）以城市轨道交通网络为骨架。轨道交通在城市地下空间规划中不仅具有功能性，同时在地下空间的形态方面起到重要作用。城市轨道交通对城市交通发挥作用的同时，也成为城市规划和形态演变的重要部分，尽可能地将地铁联系到居住区、城市中心区、城市新区，提高土地的使用强度。地铁车站作为地下空间的重要节点，通过向周围的辐射，扩大地下空间的影响力。

地铁在城市地下空间中规模最大并且覆盖面广，地铁线路的选择充分考虑了城市各个方面的因素，将城市中各个主要人流方向连接起来，形成网络。因此，地铁网络实际是城市结构的综合反映，城市地下空间规划以地铁为骨架，可以充分反映城市各方面的关系。图 3-4 为北京地铁网络骨架空间形态。

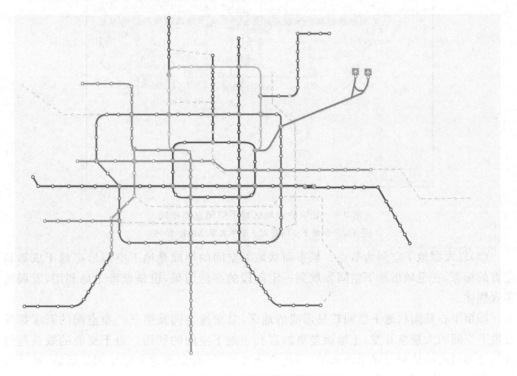

图 3-4　北京地铁网络骨架空间形态
（引自：http://www.bjsubway.com/）

　　另外,除考虑地铁的交通因素外,还应考虑车站综合开发的可能性,通过地铁车站与周围地下空间的连通,形成地下空间面状形态,增强周围地下空间的活力,提高开发城市地下空间的积极性。

　　城市地铁网络的形成需要较长的时间,城市地下空间的网络形态就更需要时日。因此,城市地下空间规划应充分考虑近期与远期的关系,通过长期的努力,使城市地下空间规划通过地铁形成可流动的城市地下网络空间,城市的用地压力得到平衡,地下城市初具规模,同时使城市中心区的环境得到改善。图 3-5 是北京中心城区以地铁为发展轴的地下空间总体布局。

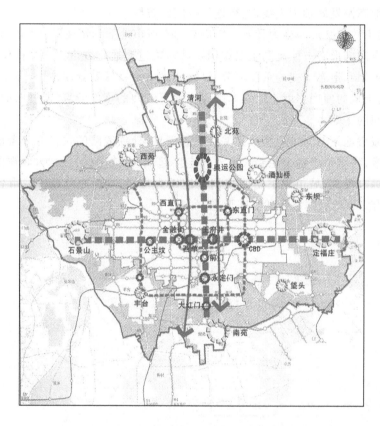

图 3-5　北京中心城区地下空间总体布局
（引自:北京地下空间规划．清华大学出版社 2006）

　　(4)以大型地下空间为节点。城市面状地下空间的形成是地下空间形态趋于成熟和完善的标志,它是城市地下空间发展到一定阶段的必然结果,也是城市土地利用、发展的客观规律。

　　城市中心是面状地下空间较易形成的地区,对交通空间及第三产业空间的需求都促使地下空间的大规模开发,土地级差更加有利于地下空间的利用。由于交通的效益是通过其他部门的经济利益显示出来的,因此容易被忽视,而交通的主要作用是运输,通过人员、物质的集散,服务社会,促进大型地下平面空间的发展,其经济效益具有潜在性,更应受到重视。应以交通功能为主,并保持商业功能和交通功能的同步发展。面状的地下空间形成较大的人流,应通过不同的点状地下设施加以疏散,不对地面及地下构成压力。大型的公共建筑、商业建筑、写字楼等通过地下空间的相互联系,形成更大的商业、文化及娱乐区。大型的地下综合体担负着巨大的城市功能,城市地下空间的作用也更加显著。

在城市局部地区,特别是城市中心区,地下空间形态的形成分为两种情况,一种是有地铁经过的地区,另一种是没有地铁经过的地区。

在地铁经过的地区,在城市地下空间规划布局时,都应充分考虑地铁站在城市地下空间体系中的重要作用,尽量以地铁站为节点,以地铁车站的综合开发作为城市地下空间布局形态,图 3-6 为以地铁车站为节点的多伦多地下空间形态。图 3-7 为多伦多中心区地铁站点分布及网络。

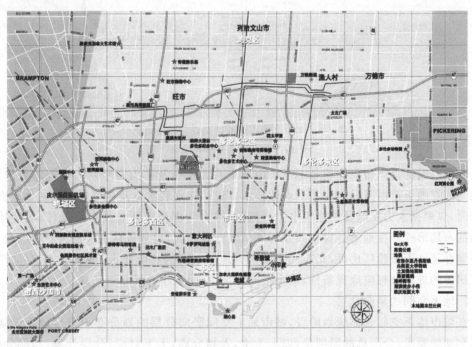

图 3-6　以地铁车站为节点的多伦多地下空间形态
(引自:http://image.baidu.com)

没有地铁经过的地区,在城市地下空间规划布局时,应将地下商业街、大型中心广场地下空间作为节点,通过地下商业街将周围地下空间连成一体,形成不同形状的地下空间形态,或以大型中心广场地下空间为节点,将周围地下空间与之连成一体,形成辐射状地下空间形态。例如,加拿大多伦多中心区 Eaton 中心及 Bloor 中心的地下街所形成的地下商城,构成了城市地下空间块状形态。

(5)以生产及处置对象为中心。在非城市地下空间中,主要包括三类地下空间的布局,它们是地下生产空间、地下处置空间及地下特殊试验空间。地下生产空间主要包括资源开采、水利水电及核电生产等。在资源开采空间的布局方面,主要根据资源所处地层深度、资源产状及几何构成要素、资源赋存条件及其与地面形态的关系,围绕资源的开采,进行地下开采系统的开拓布局,开拓布局方法包括竖井、平硐、斜井、斜坡道及其综合方法。

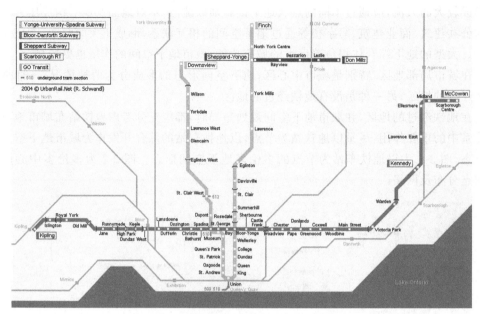

图 3-7　多伦多中心区地铁站点分布及网络

(引自：http://image.baidu.com)

地下开采空间的总体布局应满足地下矿山开采八大系统及矿山安全六大系统的要求,涉及煤与非煤地下矿山开采等许多专业性技术方法。在水利水电及核电生产等的地下空间布局时,应根据水力发电及核能发电生产流程,综合考虑地质环境及自然条件,确定地下空间的布局形式。在地下处置空间及特殊试验空间方面,通常包括高放核废材料的处置、能源储存及地下试验厂房等,其布局主要根据地下空间的功能要求,根据处置、存储及试验厂房等的规模及相应地质条件,确定空间深度、空间大小及其布置形式。

　　2)地下空间的竖向分层

　　在城市地下空间总体规划阶段,城市地下空间竖向分层的划分必须符合地下设施的性质和功能要求,分层总的原则是:以人为本,人物分离,上下对应,分层开发,功能分区,协同发展[5]。以人为本,就是地下空间的规划和设计要以服务人为核心,以改善人的生活、生产条件,提高人的安全防护水平为根本,将适合人类活动和需要人工环境的内容如出行、业务及购物等规划在城市浅层地下空间,对根本不需要人或仅需要少数人员管理的一些内容如储藏、物流及废弃物处理等,应在可能的条件下最大限度地安排在较深地下空间。人物分离,就是在地下规划和设计时,将人的高频活动空间与物质的储藏、物流及废物处置等空间进行分开。上下对应,即以城市地面空间交通轴线或发展主轴为参照,对应布置地下空间的交通轴或发展主轴,以确保地上地下空间的适应性及便捷性。分层开发,指在地下空间规划时,根据适应性和功能分区等原则,在一定深度内按照浅层、中层、深层及超深层安排地下空间内容和功能。功能分区,是指在规划地下空间的开发利用时,根据与城市地上空间的功能互补及利用优势地下空间的原则,对地下空间的商业、文娱、业务、地下交通等功能进行区划,将一些相近或相同的功能集中布置,以形成规模,提高空间效益。协同发展,是指在进行地下空间竖向分层时,应把地下空间置于与地上空间构成的大空间系统中,不仅地下空间结构与功能协同,上下层次协同,还要做到地下地上功能与环境协同,使大系统达到自然、经济、社会与环境的协同统一。

通常,将城市地下空间竖向层次分为浅层、次浅层、次深层、深层及超深层五个层次。地下空间竖向开发深度及分层与社会生产力发展水平密切相关。目前,世界上地下空间开发深度多数处于地下 50m 的范围,最大开发深度不足 100m。据此,按照城市地下空间规划实践,将城市地面以下 10m 深度范围划分为浅层,地面以下 10~30m 为次浅层,地面以下 30~50m 深度范围为次深层,地面以下 50~100m 为深层,地面以下深度超过 100m 为超深层。非城市地下空间竖向分层的划分,由于功能差异大,目前还没有统一的标准。例如,资源开采,世界上最深的金属矿山已达到数千米,有观点认为超过 1000m 才称为深部,也有观点认为深部的划分取决于地下空间工程所处深度岩层的力学、变形、强度及破坏特性是否发生根本性转变,如线性向非线性特征的转变及分区破裂的出现。如何将城市地下空间与非城市地下空间在竖向层次上统一,也是值得探讨的问题。

竖向层次的划分除与地下空间的开发利用性质和功能有关外,还与其在城市中所处的位置、地形和地质条件有关,应根据不同情况进行规划,特别要注意高层建筑对城市地下空间使用的影响。

根据几何尺度及功能分类,地下空间各竖向分层划分如下。

(1)浅层。浅层地下空间的深度范围定义为 0~10m。在城市地下空间中,城市建筑下的浅层空间主要规划地下停车、住宿、商业、餐饮文体娱乐、公共交通、仓储及人防等功能,在城市道路下的浅层空间则主要规划市政设施管线、交通轨道及地下街等功能。

(2)次浅层。次浅层地下空间的深度范围定义为 10~30m。在城市地下空间中,城市建筑用地下的次浅层空间主要规划停车、交通集散、地暖供热制冷、仓储及人防等功能,在城市道路下的次浅层空间规划轨道线路、地下街道及地下物流等功能。

(3)次深层。次深层地下空间的深度范围定义为 30~50m。在城市地下空间中,城市建筑用地下的次深层空间主要规划雨水利用、储水系统、地暖供热制冷、能源储存及特种工程设施。

(4)深层。深层地下空间的深度范围定义为 50~100m。在城市地下空间中,主要规划城市快速交通设施、地下物流系统、能源储存、地暖供热制冷、电站及其他特殊用途。

(5)超深层。超深层地下空间的深度范围定义为>100m。在城市地下空间中,主要规划能源储存、地暖供热制冷、电力及其他特殊用途。在非城市地下空间中,主要规划资源能源地下生产、特殊制造、地下试验、军事工程、物质储存、废物处置及发电等。

在浅层至深层非城市地下空间中,主要规划生产、生命线及其他辅助地下空间,为超深地下空间功能开辟服务、控制与管理功能的空间。

根据地下空间所处岩体的力学特性,以线性力学行为向非线性力学行为的转变深度为分界点,将地下空间按竖向分层划分为浅部地下空间和深部地下空间。此时,竖向分层的空间深度尺度是变化的。

3)地下空间的开发层次

城市地下空间在开发过程中,由于不同功能的作用和技术条件,其开发的层次不同。开发有先后,开发有重点,开发有主次。按照城市地下空间规划开发的重要性,分为重点开发层次、一般开发层次及发展开发层次。在进行地下空间规划时,开发的层次必须与开发空间的竖向分层有机地结合起来。

(1)重点开发层次。城市地下空间开发利用的动因之一是城市人口的激增同城市基础设施相对落后的矛盾,城市地下空间开发利用的主要目的,也是提高城市基础设施的功能。城市基础设施是城市赖以生存和发展的基础,城市的优越性也表现如此。开发城市地下空间,增强城市基础设施的功能,构成了城市地下空间开发利用功能的基础和重点。具体为建设动态的城市地下交通网络和静态的交通设施,如地铁、各种交通隧道、地下过街道、地下车库及人防工程等;结合地下空间的特点,建设各种物质、能源的储存、生产、输送、中转、余能回收及利用设施,保证城市中能量流的畅通和城市各种职能的发挥;城市的供给和排放设施是最早设于地下的,随着经济的发展和科技的进步,应充分利用城市地下空间、实现各种供给与排放设施的综合管廊化,即建设城市共同管沟,提高供给与排放设施抗干扰的能力,保证物质流、能量流、信息流的畅通。根据城市地下空间开发的基本原则,除建设现代化的综合管廊外,各种废弃物收集、处理设施、物质储存,各种地下污水、垃圾收集与处理设施,地下水库等也是改善城市生态环境的重要方法。城市的高度集约化使城市防灾减灾的作用不断增大,城市地下空间所具有的防护性,使地下空间在平时的防灾中具有显著作用,是城市地下空间开发利用基础与重点层次的重要内容,在竖向分层上,主要对应着城市地下空间的浅层到深层空间的各个层次开发。

(2)一般开发层次。一般开发层次与城市功能相对应的部分是城市地面功能的扩充与延伸,在竖向分层上,同样对应城市地下空间开发的各个层次,即次浅层与深层地下空间的开发。这一层次,地下空间资源往往被作为城市地上空间资源的补充而加以开发和利用。在不同性质的城市中,适应不同城市的需求,与不同的城市功能相协同。例如,在综合性中心城市发展第三产业设施如餐饮、住宿、地下商业设施、文教体育设施、物质供销与仓储业等;在工业城市建设物流的输入、输出、物质储藏及加工制造等;在交通运输城市,建设各类物资的储存设施;在风景旅游城市建设第三产业类设施。通过建设地下空间设施,可以弥补城市用地不足,同时,为改善城市环境提供条件。

(3)发展开发层次。这一层次属于城市地下空间深层远景开发。城市地下空间开发的最高层次应与未来建设生态型的山水城市及节能型城市发展趋势相一致。可持续的城市发展之路,是城市的未来;人工环境与自然环境的协同统一,以及人与自然的融洽和充分贴近,是城市发展的趋势。逐步实现城市大部分设施的地下化,在功能上表现为各种功能的地下空间的开发利用,如各种地下医院、学校、办公室、电站、地下试验、特殊用途、能源储存及物流等,同时出现深层化的开发趋势。在竖向层次上,发展开发层次对应着深层与超深层地下空间的开发。例如,日本、中国等国家已就100m深度城市地下空间进行规划,提出了开发利用构想,均以生态山水城市和节能型城市为发展目标。

城市地下空间开发利用功能上的三个层次,并不是同一过程的三个不同阶段,而是同一过程的三个发展目标,三个发展目标的综合,融合在不同的竖向分层空间中,构成了城市地下空间开发利用功能的总体。

对于非城市地下空间的规划,也同样遵循由浅入深的开发思想。以矿产资源开发为例,由于浅部资源埋深浅,具有开发基建时间短、环境问题相对简单、投资小、容易达产并形成经济效益等特点,属于优先重点开发内容,而深部资源的开发则需要较长的基建周期、投资大、达产时间长,面临的地质环境问题也更加复杂,因此,深部资源属于发展开发层次。

3.5.6　地下空间形态规划

城市地下空间的开发利用是城市功能从地面向地下的延伸,是城市空间三维模式的扩展。在形态上,城市地下空间是城市地面形态在地下的映射;在功能上,城市地下空间是城市功能的延伸和拓展,也是城市地上空间结构在地下的反映。城市地下空间的形态是各种地下空间结构、空间形状及其相互关系的总和,是城市地下空间结构、形态及其相互关系所构成的一个与城市形态相协同的地下空间系统。

城市地下空间的布局可划分为两种基本形式:一是有地下轨道交通设施的城市,即以轨道交通为骨架,点、线、面结合的网络形式;二是没有地下轨道交通设施的城市,主要以点、线、面的散点形式存在,即点状地下空间设施、线状地下空间设施和具有相对较大面积的面状地下空间设施。

城市点状地下空间是城市地下空间形态的基本构成要素,是城市功能延伸至地下的物质载体,是地下空间形态构成要素中功能最为复杂多变的部分,具有很大的灵活性。点状地下空间设施是城市内部空间结构的重要组成部分,在城市中发挥着巨大的作用,如各种规模的地下车库、人行道以及人防工程中的各种储存库等都是城市基础设施的重要组成部分。同时,点状地下空间是线状地下空间与城市上部结构的连接点和集散点,城市地铁站是地面空间的连接点和人流集散点,同时伴随着地铁车站的综合并发,形成集商业、文化、人流集散、停车为一体的多功能地下综合体,更加强了其集散和连接的作用。城市功能也具体体现在点状城市地下空间中,各种点状地下空间成为城市上部功能延伸后的最直接的承担者。

城市地下空间的开发一般是从点状地下空间设施的建设开始,此时往往没有地下轨道交通。这种地下空间开发利用的序列所形成的地下空间的形态整体性不强,并且与城市形态的协同性不好,地下空间的功能综合性不强,其社会综合效益不是最佳。在城市地下空间开发利用过程中,应与城市有机系统保持高度的对应协同,即形态与功能的对应协同。在城市不同的功能分区,同一分区的不同部分,地下空间所在的环境都应同城市功能协同统一。点状地下设施在网络地下空间中的发展最为迅捷,其沿着线状设施轴滚动开发,在功能上成为城市地下空间整体功能的一个组成部分,有效地提高了地下空间的整体效益。因此,在点状地下空间的规划中,除少数特殊功能的点状设施如人防工程、地下车库外,其他各种服务于城市的点状设施如各种地下商业设施及其地下车库等均应考虑与地下形态的关系,使之与未来建设的线状设施能相互沟通,又不致阻碍将来的线状设施的建设。

城市地下街、过街道、市政综合管廊及地下轨道交通共同构成城市线状地下空间。在没有轨道交通的地下街,其功能简单,主要同城市功能相结合,可扩大土地利用率,实现人车分流。这种方式由于不能过快发展,且受地面空间的限制,必须在未来结合地铁车站的建设,将人流、物流等从地下分流。

城市交通干线是城市的发展轴,其交通方式和交通工具对城市形态构成产生重要影响。城市主要交通工具的运量越大,所形成的城市内聚力越强,城市往往呈紧凑的形态;交通工具的速度越快,城市对外联系的时间越短,城市的扩散力越大,城市的规模也越大,城市发展轴随之不断变化。

地铁在城市地下空间的规划不仅具有功能性,同时在地下空间的形态方面起到重要作用。城市地铁对城市交通发挥作用的同时,成为城市规划和形态演变的一部分,尽可能地将地铁联系到居住区、城市中心区、城市新区,提高土地的使用强度。地铁车站作为线状地下空间上的点状地下空间,具有其发展的优势,除考虑其交通因素外,还应考虑车站综合开发的可能性,即使其处于城市可开发的地下空间资源范围内。

城市地下综合管廊也是城市地下空间中线状的地下设施,在城市地下空间资源的综合开发利用规划中应统一协调其间的形态关系,使之处于平面上的不同位置和垂直层面上的不同层次。管线层、交通层和开发层有交叉的可能性,一般应使共同沟与地下交通层位于平面上的不同位置,尽可能避免垂直叠加。

城市面状地下空间的形成是城市地下空间形态趋于成熟和完善的标志,它是城市地下空间发展到一定阶段的必然结果,也是城市土地利用、发展的客观规律。

城市中心是面状地下空间较易形成的地区,对交通空间的需求、对第三产业空间的需求都促使地下空间的大规模开发,土地级差更加有利于地下空间的利用。面状地下空间能形成较大的人流,应通过不同的点状地下设施加以疏散,不对地面构成压力。大型的公共建筑、商业建筑、写字楼等通过地下空间的相互联系,形成更大的商业、文化、体育、餐饮及娱乐区。大型的地下综合体担负着巨大的城市功能,城市地下空间的作用也更加显著。

城市地下网络空间是通过地下轨道交通形成的,地下网络空间的发达程度取决于城市地下轨道交通系统。统计研究表明,世界现有轨道交通主要在特大型城市,而且城市规模越大,采用地铁建设方式的比例越高。在特大城市采用地铁的建设方式,主要受用地空间的限制,企图以入地方式拓展新的交通,创造新的城市环境。

网络形式可以定义为以地铁为主,兼有地下人行步道系统和地下机动车道及市政设施、人防设施的地下空间体系。以这种模式发展主要是建设便捷完善的地铁网络系统,以地下输送的高效率来支撑地下和地面各种功能设施运转的高效率。

一些历史文化名城或因特殊需要,使得城市地面空间容量的扩大受到一定的限制,在经济条件许可的前提下,应考虑开发部分地下空间资源,以弥补城市空间容量的不足。可以预测,地铁的建设将最大限度地带动地下空间的开发,并形成规模效益。

没有地下轨道交通设施的城市,则形成散点式布局形态。点有大有小,大的可以是功能较多的综合体,小的可以是单个的商场、停车场、过街道和地下室。这些点主要分布在城市行政中心、金融中心、商业服务中心、娱乐文化中心、体育中心、交通枢纽及住宅小区等地区。这些地区交通流量密集,土地资源紧缺,地价昂贵,地下空间开发效益好。地下过街道在解决城市交通的同时,连接不同地下空间,形成一定的网络结构。

城市地下空间的形态除具有城市地面形态的特点外,还有自己的特点,如非连续性,由于城市不同地质条件,城市现有的建筑物的基础以及文物古迹保护等,限制了城市地下空间形态的发展,在平面上表现为不连续性;由于地下空间的开发是分层进行,并在不同时期形成不同层面,在垂直面上同样呈现不连续性。地下空间形态一旦形成,由于其建成的方式,使其难以改变,只能通过增加新的要素来调整,因此,具有不可逆转性。地下空间在竖直层面上具有不连续性,同时也具有可叠加性,即分层开发必然带来不同层面、不同形态。

城市地下空间形态从属于城市地面空间形态,城市地下空间对城市地上空间的制约,发展成为城市地下空间的形态与地面城市形态,形成相互制约、相互影响的有机关系,城市地下空间作为城市系统中的子系统,其作用也越发重要,城市地下空间成为衡量城市现代化的重要因素。

对于非城市地下空间,地下空间的形态主要受地下资源的空间形态及设计的地下空间功能的制约,具有很强的专业性。以地下资源开发为主的地下空间,在水平形态上,受资源空间形态在各水平面的边界形态、延展大小及方向影响,在竖向分层上,则受资源埋深、倾向、倾角及延展深度等的影响,其形态具有不规则性,地下空间一般沿资源在空间上的发展主轴进行布置。围绕资源的安全、高效开发,以地下交通为主的动脉可布置在资源体内或体外,并通过其他联络空间形成一个满足功能要求的网络系统。

3.6　地下空间规划的编制

3.6.1　地下空间总体规划设计的基本方法

1)地下空间总体规划设计方法

(1)确定地下空间开发利用的形态。以总体规划所确定的重要公共中心和重要功能区为地下空间开发的主要节点,以地下交通、地下综合管廊为主要轴线,结合地下空间重点开发地区,构成点、线、面、体的空间网络体系。

(2)确定地下空间的功能分布。

(3)确定地下空间的合理开发深度及竖向层次。影响开发深度的主要因素为工程地质及水文地质条件。此外,经济发展水平、土地价值、工程技术条件等影响地下空间开发的深度。

2)地下空间详细规划设计方法

(1)确定地下空间的性质。

(2)测算开发容量。

(3)安排地下交通组织和各类设施。

(4)估算工程量和进行经济指标分析。

(5)确定各类开发项目的红线范围。

(6)划定地下空间适建、不适建或有条件允许建设的范围或区域。

(7)规定连接地面和地下的出入口方位和高程。

(8)划分地下空间各地块区域、使用性质、规划控制要点,以及地上、地下空间协调要求等。

3.6.2　地下空间总体规划的编制

地下空间规划的编制组织、要求及内容应符合规划编制办法等的相关要求。对城市地下空间而言,在总体规划阶段,应重点做好以下几个方面的研究与编制工作:①城市发展对地下空间的需求预测;②地下空间使用功能的选定;③地下空间的总体平面布局;④地下空间的竖向分层布置;⑤地下空间各专业系统设施的综合与整合;⑥近期和远期建设项目的统筹安排与实施措施等。

3.6.3　地下空间详细规划的编制

城市地下空间开发利用的详细规划,以总体规划为依据,着重研究并确定以下几方面的工作内容:①各类地下设施建设的技术指标与要求;②各类地下设施的空间界面、相互关系与空间整合要求;③各类地下设施出入口的设置要求;④各类地下设施建设的技术措施;⑤各类地下设施投资结算及综合技术经济分析;⑥各类地下设施出入口的设置要求与实施措施等。

3.6.4　规划的成果文件

规划的成果文件应包括图纸和说明文件两部分,应当以书面和电子文档的形式表达。

1)总体规划图纸文件

规划文件中的图纸文件一般应包括:①地下空间现状图;②地下空间可开发资源分布图;③地下空间开发总体布局规划图;④地下空间开发利用功能规划图;⑤地下空间开发利用重要节点布局示意图;⑥地下空间平面规划布局图;⑦地下空间竖向规划整合图;⑧地下空间近期建设规划图;⑨附件。

其中,附件包括规划说明书及专项课题的研究成果等内容。

2)总体规划的文字说明文件

总体规划文件中的文字说明文件应包括:①总则;②地下空间的需求预测及开发战略;③地下空间开发利用的功能与规模;④地下空间开发利用的总体布局;⑤地下空间功能系统专项规划;⑥地下空间的环境保护规划;⑦地下空间规划的实施步骤、时序与近期建设计划;⑧地下空间开发利用的工程量和投资估算及技术经济比较;⑨地下空间规划实施保障的政策措施;⑩附则与附表。

其中,在总则中至少应阐述:①规划编制目的;②规划编制的依据;③规划期限、近期;④规划指导思想;⑤规划原则。地下空间功能系统专项规划包括:①地下交通系统规划;②地下市政设施系统及综合管廊规划;③地下仓储及物流系统规划;④地下商业街及综合体规划;⑤地下空间生命线系统规划;⑥地下文化、体育及娱乐系统规划;⑦人防系统规划等。在概述中至少应包括规划区域的位置、地下空间开发建设现状、区域定位、规划背景及意义。

3)详细规划的图纸文件

详细规划的图纸文件包括:①地下空间开发利用现状图;②地下空间规划布局结构图;③地下空间开发利用分层平面规划图;④地下空间专项系统规划图;⑤地下空间重要

节点平、剖面图;⑥地下空间开发时序示意图。

　　4)详细规划的文字说明文件

　　详细规划的文字说明文件包括:①总则;②地下空间开发建设规划管理通则;③地下空间开发建设管理细则;④规划实施的保障措施;⑤附则及附表。

习题与思考题

　　1. 地下空间规划包括哪些工作内容,有哪些特点?

　　2. 试述地下空间规划的基本原则。

　　3. 在地下空间规划中如何体现协同性,协同性包括哪些内容?

　　4. 地下空间有哪些灾害类型,各有何特点?

　　5. 地上、地下协同发展的三个层次是什么,如何评价地上与地下空间的协同发展?

　　6. 地下空间协同发展的目标是什么,如何预测地下空间的协同发展?

　　7. 地下空间的功能、结构和形态是什么关系?

　　8. 地下空间功能有哪些类型? 试述确定地下空间功能规划布局的基本原则。

　　9. 试述地下空间总体布局有哪些基本方法?

　　10. 地下空间的竖向层次是如何划分的? 如何理解深层地下空间? 在竖向层次上地下空间功能有何分异特点?

　　11. 地下空间的形态有何特点,在规划设计中是如何体现的?

　　12. 地下空间总体规划编制中应考虑哪些问题? 如何进行地下空间总体规划的编制?

参 考 文 献

[1] H. 哈肯 . 高等协同学[M]. 北京:科学出版社,1989.

[2] Robertm Gray. Entropy and information theory[M]. New York:Springer,2011.

[3] 谭卓英 . 城市发展与地质环境相互作用机制及数量分析-北海市可持续发展战略研究[D]. 北京:中国科学院地质与地球物理研究所博士学位论文,2000.

[4] 吴志强,李德华 . 城市规划原理[M]. 北京:中国建筑工业出版社,2010.

[5] 王文卿 . 城市地下空间规划与设计[M]. 南京:东南大学出版社,2000.

[6] 陈志龙,刘宏 . 城市地下空间总体规划[M]. 南京:东南大学出版社,2011.

第4章 城市中心区及地下综合体

内容提要：本章主要介绍城市中心区及其地下综合体的基本概念、基本组成、功能及其特点；中心区地下综合体规划与设计的基本原则、步骤及方法；中心区地下综合体的功能与形态规划。同时，结合案例进行分析。

关键词：城市中心区；范围界定；地下综合体；功能与结构；评价与预测；形态规划。

4.1 中心区及地下综合体的特点

4.1.1 中心区及其相关概念

1) 城市中心区

由于城市中心区（urban core district）自身的演变[1]和研究角度的不同，中心区在内涵和外延上均发生了改变，其概念也存在多义性和模糊性[2]。1980年以前，城市中心区、城市中心与中心商务区的概念三位一体，尚未分化，对中心区概念的研究也都是从城市地域结构角度对城市中心区展开研究，把商业、商务办公及其他城市中心区职能一起统一在中心区概念中。1920年，美国地理学家伯吉斯以芝加哥为蓝本概括出城市宏观空间结构为同心圆圈层模式，认为城市空间结构可以分成中心商业区、过渡地区、低级住宅区、中产阶级住宅区、高级及通勤人士住宅区5个圈层，而城市中心为城市地理及功能的核心区域。第二次世界大战后至20世纪70年代，从迪肯森的三地带理论（E. R. Dikinson，1947）[3]到埃里克森的折中理论（E. G. Erikson，1954）[4]，城市中心区都被界定为以商务功能为主体的城市地域中心。霍伍德和伯伊斯提出了城市中心区的"核心-外围"结构理论，认为中心区是由核心部分和支持中心的外围组织结构构成的（E. M. Horwood and R. R. Boycc 1959）[5]。

1990年后，中心区从城市地理结构向功能和社会认知演化，认为城市中心区是城市行政管理和公共集会的行政活动中心，能对城市提供最集中、最高端金融财贸和商业服务业服务，同时提供各种工艺劳动的优质服务，是技艺竞会、交流博览的场所[6]。从城市空间和功能的角度看，城市中心区是城市结构的核心地区和城市功能的重要组成部分，是城市公共建筑和第三产业的集中地，为城市及城市所在区域集中提供经济、政治、文化、社会等活动设施和服务空间，并在空间特征上有别于城市其他地区[7]。从社会公共活动的角度看，城市中心是地区经济和社会生活的中心，人们在此聚集，从事生产、交易、服务、会议、交换信息和思想活动。它是市民和文化的中心，是社会群体存在的象征，具有易通达、用途多样化、用途集中和稠密等特征[8]。

　　城市中心区也称中心城(urban center),它既是城市结构中的一个特定地域概念,又是城市建设及经济活动的中心,是指城市交通、商业、金融、办公、文娱、信息、服务等功能最为集中的地区,也是城市政治、经济、文化和娱乐的中心。它是城市中各种功能最齐备、设施最完善、各种矛盾也最集中的地区,常常是城市更新和改造的起点与重点。城市中心区具有空间、功能和认知三重属性。在功能上,相对集中、具有较强的综合性,主导功能凸显;空间位置上,位于功能结构的核心区域;同时,具有高度的社会认知性。城市中心区包括两个方面的基本内容:一是包含着城市主要的公共职能,是各种活动的集聚之所;二是公共建筑高度集中,地面空间呈饱和状态。这两个方面都是城市的基本功能和主导功能,是城市内人与人社会关系最主要的表现场所,是城市的重点地区。

　　城市中心区是城市公共职能的主要载体,是政治、经济、文化、交通、信息和服务聚集的中枢,城市的性质、规模、等级、区位等的不同,造成了中心区功能构成的不同,而城市内部各个中心区之间也因其不同的自身条件和发展需求形成了不同的功能特征。

　　城市商业中心(commercial center)一般包括两层涵义:一指担负城市中心区商业职能的区域;二指在一个城市内部商业活动相对聚集的地区。广义上讲,商业中心是指城市中主要行使商业职能的区域;狭义上讲,商业中心是指一个城市商业比较集中的地区。世界上许多城市的兴起与发展多是以寺庙、教堂、市政厅或居民聚集点为中心而自发形成的。产业革命后,商业成为城市中最重要的活动之一,也是城市的主要功能之一。同时,城市的经济作用使商业活动在一定空间和区位上相对集中。因此,形成不同类型和不同规模的商业区。从城市商业发展的空间布局出发,城市商业中心可划分为不同的等级。根据辐射范围、服务对象、规模体量及功能定位等因素的不同,可将城市的商业中心等级体系分为都市级、地区级、社区级和特色级四个等级。全市性的商业中心职能健全,一般与城市的中心区相吻合,而较大的区级商业中心多与城市的副中心区相结合,每一个高等级均覆盖它以下的低等级。

　　(1)都市级商业中心,是指商业高度集聚、经营服务功能完善、服务辐射范围超广域型的商业中心或商业集聚功能区,是最高等级的城市商业中心。都市级商业中心辐射能力强,业态丰富多样,并在城市中占据中心重要地位,具有城市最为繁华的商业和最具活力的市场,服务范围和影响面一般涵盖整个城市、周边地区甚至国内外更大的范围。一般在都市级中心,其购买力有相当大一部分来自该商业区以外的地区。都市级中心具有如下特征:①在区位上,位于城市中心区、主要交通枢纽、历史形成的商业集聚区。②在功能上,行业齐全,功能完备,形成购物、餐饮、旅游、休闲、娱乐、金融、商务的有机集聚。③在商业上,商业网点密集,市场最具活力,商业最为繁华,辐射力极强。④在客流上,交通方便,客流量大,面向整个城市的消费人群;与旅游、商务等结合的商圈市外、国外消费人口占很大比例。⑤在业态上,营业的形态齐全,资源配置合理,市场细分度深,选择余地大。

　　(2)区域级商业中心,是指介于市级和社区级商业中心之间的商圈,是商业中度集聚、经营服务功能比较完善、服务范围为广域型的地区商业中心和集聚区。该等级商圈布局一般选择分布在各区通达性较好的地方,主要提供中间档次但购物频率较高的消费品,满足区域内居民的购物、餐饮、休闲、娱乐和商务活动需要。随着商圈的不断发展和整个城市功能的完善,某些区位条件好、交通便利的区域级商业中心将充分发展演变成为副市级商圈,甚至市级商业中心地。区域级商业中心一般具有以下特点:①在区位上,位于居民集聚区、交通枢纽、商务集聚区;②在功能上,功能比较齐全,区域辐射优势比较明显;③在商业上,网点比较密集,结构合理,业态多样,能基本满足区域内居民购物、餐饮、休闲、娱乐和商业活动需要。

(3)社区级商业中心,是指商业一定程度集聚,主要配置居民日常生活必需品、商业行业和生活服务业的商业集聚区,是最基本的商圈和城市服务体系。该级商圈以大中型超市为主,有各类餐饮、文化活动中心、社区服务中心、邮局、银行、美容美发、沐浴、修配等各种服务设施。社区级商业中心的影响面主要为社区居民,一般在社区级商业中心的外来购买力比例较低。

(4)特色商业中心或特色街,是城市商业发展的重点和趋势,主要利用好城市浓厚文化氛围、历史古迹、民族民俗风情发展具有独特风味的特色商业中心或特色商业街,吸引目的性消费者。特色商业大多位于历史文化景观区、旅游景点,是休闲娱乐业态集中、文化内涵丰富的特色景观,同历史、旅游、文化等进行嫁接,如北京的三里屯、什刹海、南锣鼓巷、海淀图书城、红桥市场、秀水街等这些都是最典型的代表,特色商业最能代表一座城市历史、文化、旅游与商业价值的融合程度。

2)城市中心区的结构形态

结构(structure)是一种关系的组合,一个具体事物的意义并不完全取决于该事物本身,还取决于各个事物之间的关系即事物的整体结构,通常所说的整体大于或小于部分之和是结构的本质所在。根据结构的涵义,城市中心区结构可定义为城市中心构成要素之间的组合关系。形态是指事物的形状与态势,包括事物外部所呈现的物象形式和事物内部所隐含的意蕴。形状是指事物的边界线所构成的轮廓,态势则是事物发展的内在方式及趋势。

城市中心区的形态(form)是城市物质形态与非物质形态的总和,物质形态是城市的空间形态即城市中构成城市中心的空间形式的特征。城市中心区的结构包括城市中心的显结构和隐结构。显结构是指可见的城市物质结构,即空间结构,它所表现出来的特征是城市中心区的物质形态特征,它包括城市本身的空间布局、空间形式及空间规模等直观的物质环境表现,其演变具有时间系列的动态过程。隐结构是指城市社会的精神风貌、文化特色、社会分层现象,以及人们对城市的心理感知与认知意象的总和,是城市的非物质形态。

城市中心区的结构形态在不同的时期,不同的发展阶段都可能存在着差异,同时还包含了结构形态变异过程中的连续性特征。研究城市中心区的形态,并不在于形态本身,而是通过研究城市中心形态的表层特征来探索城市中心区的深层结构,即通过研究并掌握城市中心区的形态及其功能、结构演变的相关规律,从而了解城市中心区的演变规律,构建功能-形态-容量一体化的城市空间形态整体控制理论[9],预测城市中心区的未来发展。

3)城市中心区范围的界定

城市中心区是城市发展最具影响的地区。城市中心具有鲜明的形象特点:商业发达,交通拥挤,用地紧张,历史悠久,是城市最具吸引力的公共服务空间。

城市中心的边界并不是固定不变的,它会随着城市的发展而发生扩延和变迁。虽然目前有关城市中心范围的界定还没有统一的标准,但对城市中心区的研究需要一个相对明确的界定,这样对一个城市不同时期的分析、比较才会有意义。根据各国城市规划的实践和经验,城市中心区范围的界定应遵守以下原则。

(1)城市起源和历史悠久的部分区域。

(2)集中一定规模的商业行政内容,其中包括商务办公、行政管理、金融贸易、商业、信息服务、文教医疗、会展、对外交通和停车设施等,商业空间的聚集度高。

(3)具有相当高的交通可达度,城市主干道应穿越或绕过其外围,公交系统可达性较高。

4.1.2　城市地下综合体

城市地下综合体(underground urban complex)是伴随城市集约化程度地不断提高而出现的多功能大规模地下空间建筑,在伴随城市立体化再开发的进程中,城市的一部分交通功能、市政公用设施与商业、娱乐等建筑功能综合在一起,被布置于城市地下空间中,从而成为地下城市综合体,简称地下综合体[10],具有高密度、高集约性、业态多样性及复合性的特点[11]。

4.1.2.1　地下综合体的基本组成

地下综合体一般由车站、地下商业街、地下商城、文化娱乐服务设施、停车场、地下过街道、综合管廊及仓储物流等地下空间组成,根据综合体的开发程度,其包括的内容、开发的深度及规模有很大的变化。常见的地下综合体主要为城市地下综合体,基本组成如下。

(1)城市地铁、快速公路隧道及地面上的公共交通之间的换乘枢纽,由集散厅及各种车站组成。

(2)地下过街道、地下车站及地下建筑之间的连接通道、出入口的地面建筑等。

(3)地下公共停车库。

(4)地下商业服务等设施,如地下商业街及地下商城。

(5)市政公用设施的主干管、线,综合管廊及仓储、物流。

(6)为综合体本身使用的设备用房和辅助用房等。

地下综合体主要分布于城市中心区、城市副中心及其市区,通常结合城市中心广场、城市高层建筑群、车站及大型住宅建筑群共同开发建设。由于地下综合体的内容和功能多样,在大型地下建筑中,根据所在地区条件的不同,可能有多种组合方式[12]。

4.1.2.2　地下综合体的组合方式

根据地下综合体水平及竖向平面上的分布,在水平方向上的平面组合方式可分为:

(1)全部内容集中在一个地下建筑中。

(2)分布在两个独立建筑中,并采用下沉式中央广场。

(3)在地下互相连通和分别布置在两个以上的独立建筑或建筑群中。

在垂直方向上的组合方式可归纳为:

(1)综合体主要内容布置在高层建筑地下空间,部分内容可能布置在地面建筑的底层。

（2）综合体的全部内容都在地下单层建筑中。

（3）当综合体的规模很大，在水平方向上的布置受到限制时，一般布置成地下多层；除地下交通、商业、停车等基本功能外，可将仓储、物流、综合管廊及防空等进行一体化规划设计。

4.1.2.3　地下综合体发展模式

城市地下空间的开发利用，根据不同条件，大体有两种方式：一种是全面展开，大规模开发；另一种是从点、线、面的再开发做起，逐步完成整体开发。根据建设目的和所在点、线条件不同，可划分为以下几种发展模式。

1）城市街道型——地下商业街

城市街道型地下综合体是指在城市路面、交通拥挤的街道及交叉路口，以解决人行过街为主，兼作商业、文娱等功能，结合市政道路的改造而建成的中初级地下综合体，通常也称地下商业街，如图4-1所示。

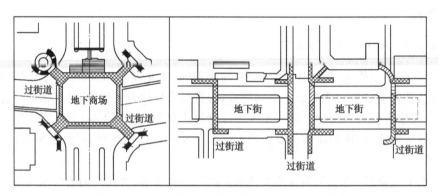

图4-1　地下过街道与地下商业街形成的综合体

城市街道型地下综合体可减少地面人流，实现人车分离，防止交通事故发生，对缓解交通拥塞能起到很好的作用，并能有效地缩短交通设施与建筑物间的步行距离。地下商业空间对地面商业也是重要的补充。实践证明，地下街的建设对城市发展和改造具有重要的促进作用，并能发挥较好的经济效益。

地下街作为地下综合体的中初级模式，对传统商业街保留传统风貌具有特殊意义。例如，北京王府井地下街长810 m，宽40 m，分为三层：地下一层为市政综合管廊；地下二、三层把大街南口北京地铁车站与新东安市场地下商场等连结起来，通道两侧为商场、餐饮、娱乐设施、自动扶梯、下沉式花园，而形成王府井商业区四通八达的立体交通体系。

2）火车站型

火车站型地下综合体是指以火车客运站为重点，结合区域改造，将地面交通枢纽与地下交通枢纽有机组合，适当增设配套的商业服务设施，集多种功能为一体的地下综合体。

立体化交通组织是车站模式的显著特征。通常在大型火车站地区，交通功能极为复杂，往来人流、车流混杂拥挤，停车困难，采取平面分流方式已不能满足需要。因此，立体分流方式将是解决交通问题的最有效办法。例如,北京火车站,除了地铁车站外,基本没有采取立体分流,停车空间严重不足,人车混流现象严重,以致不得不进行改造,新建了大型地下停车库。通过火车站型地下综合体的建设,实行立体化交通组织,将地面上的大量人流吸引到地下,各种交通线路的换乘也可在地下进行,使人、车分流,减少交叉、逆行和绕行,避免人流上、下多次往返,使客流量很大的车站秩序井然,加之配有一定数量的商业服务设施和停车空间,极大地方便旅客。

北京西客站是集铁路车站、地铁、公交、邮电、商务为一体的大型现代化多功能的交通枢纽,是高架候车站型与地下候车站型结合在一起的火车站型地下综合体,对比过去车站内就拥挤不堪的状况,火车车站型地下综合体显示出高效、便捷、多功能的优势。

在许多国家火车站地区再开发中,甚至将原来地面层的铁轨交通也变成地下化的铁道。我国的火车站型地下综合体建设已成为许多大城市车站改造、立体再开发的重点工程,是目前采用较多的一种模式。

此外,交通枢纽型的地下综合体不只限于车站建筑的改建和交通的改造,可以与周围地区的城市建设结合起来,统一规划,综合开发利用,如上海铁路车站地区的不夜城建设,体现了这一模式的发展趋势。

3)地铁车站型

城市地铁车站型地下综合体是指在已建或规划建设地铁的城市,结合地铁车站的建设,将城市功能与城市再开发相结合,进行整体规划和设计,建成具有交通、商业、服务等多种功能的地下综合体。

地铁车站型地下综合体的设计将对现代城市产生巨大的影响。实践证明,地铁的建设会对沿线地带的地价级差、区位级差、城市形态与结构带来较大变化。另外,交通枢纽地带多重系统的重叠,聚集了大量的人流、物流,这两点都是城市改造、更新和调整的巨大动力。因此,建设以地铁为主体的地下综合体,充分发挥地下交通系统便捷、高效的作用,将促进所在地区的繁荣与发展,是提高地下交通整体效益的有效途径。

地铁车站型地下综合体模式的显著特征是地面建筑的高层化。因此,应使之与高层建筑群地下空间有机结合,最大限度地缩短从地铁站到高层商业、办公居住的距离,从而决速高效地解决高层建筑内大量人员的集中与疏散。

地铁车站与高层建筑地下层的结合有两种方式:①将地铁直接设在高层地下空间中,如蒙特利尔地下商城、多伦多 Eaton 中心及 Bloor 商业中心。②地铁车站与高层地下空间拉通,如日本索尼公司大厦(图 4-2)。

以上介绍的是单一地下综合体。对于大型或超大型地下综合体,也就是地下城,通常由横跨街道的数个街区地下综合体构成。在地下城的总体规划中,综合体地铁的连通方式可分为:①在两条地铁线之间设置连接走廊;②通过社会文化设施与地铁建立联系;③通过主要商业街连接地铁;④在人流量较大时,通过走廊连接同一线路的地铁车站;⑤把空置的大型地块和地铁联系在一起。

4)居住区型

居住区型地下综合体是指在大型住宅区内,以满足居住区需要的功能为主,将交通、娱乐、商业、公用设施、防灾设施等结合地铁车站建设而建成的小型地下综合体。居住区

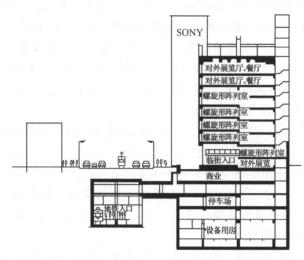

图 4-2　地铁与高层地下空间联通（日本索尼大厦）

型地下综合体以满足居住区需要的多种功能为主,应避免盲目综合化导致居住区功能混乱而影响生活环境质量。居住区地下开发不应局限于一定数量的防灾地下空间,应更多地从节约土地和扩大空间容量的角度全面开发,必要时发挥防灾作用,居住区内以静态交通为主。

在进行地下综合体的规划设计时,需采用何种方式,应因地制宜,具体问题具体分析。通常采用点、线、面的再开发方式是较为现实可行的,即在有条件的重点城市的重点地带建设地下综合体,作为城市上、下空间协调发展的关键协调点,以改善城市交通为主要目的,避免恶劣天气的影响,结合城市更新改造,通过线的联结,形成城市立体空间体系。

4.1.3　中心区的特征

城市中心区是城市发展过程中长期形成的最古老地区,属于城市中最富有变化和特征的物质与功能实体,是城市空间结构中的地域核心。城市中心区的交通可达性最高,土地利用强度也最高,而且它还是城市各种功能及其活动高度集中的地区。它的格局形态、空间特征、环境质量及所反映出来的文化内涵,都是评价城市中心区的最重要参考物。城市生活方式的改变、科学技术的发展、文化艺术水平的提高都对塑造城市中心区的空间和总体形象发挥了重要作用。同时,它也是城市建筑文化精粹的聚集地。

1)中心区的区位特征

城市中心区的区位一般与城市最初形成的地点有密切关系,这种形成地点一般是当时市中心的核心,如纽约、伦敦、巴黎、罗马、东京、莫斯科、北京等城市中心区都围绕着城市最初形成的地点发展,并在城市主要街道的交汇处或通衢上。

城市作为一个开放体系,总是处于从无序到有序、有序到无序、再到有序的运动过程中。当城市在理想状态,经济条件等制约下偏心发展,居民分布重心转移,削弱原市中心的区位优势;当中心产生转移,导致结构相应产生变异。城市中心区位转变有两种形式:①城市人口分布大规模偏向发展,城市中心相应的从原有的位置转移到城市发展后的适中位置,并逐渐取代原有中心的地位和作用;②城市偏向发展,在新发展的地区适当位置规划发展形成新的市级中心,与原有中心相对于居民分布重心转移呈均衡状态,城市的原来单一中心结构发展为多中心结构。这种偏心及多中心发展往往受自然地理、区位优势、宗教信仰以及城市管理者的发展决策等影响。

2)城市中心区的功能特征

(1)城市中心区的功能。城市中心区具有商务、信息服务、生活服务、社会服务、行政事务及居住等功能,集中了城市的各种活动,这些活动所占的比例、空间利用强度和最适合的地理区位是这些活动在该位置上所付出的运营费用与其收益相互平衡的结果,城市中心的功能构成,取决于这些活动的具体要求和空间分布。各类公共服务设施和机构,是城市中心功能构成的基础,教育机构、纪念性建筑、公共绿地和公共广场也是城市中心区的重要组成部分。中心区的空间结构及其功能结构,对整个城市的功能起主导作用,尽管城市中心在功能上多种多样,但其中最主要的还是办公功能和商业功能。

(2)城市中心区功能结构的演变。城市中心区涉及商业及办公两个最主要功能,其主要功能结构的演变包括:①商业结构功能的发展。商业功能分化基于商品市场化的高度发达和社会文化程度的提高,人们通过市场获得商品和服务。城市中心商业结构的变化影响其服务能力的大小。经济的发展带动了各行各业的发展,零售商业在中心商业功能中的比例明显下降,而餐饮、休闲等服务业的比例却呈上升趋势。②结构功能中的新元素——事务办公。在各国城市中心地区的开发中,相比居住建筑,商务空间的开发利润较高,使开发商将更多的目光投向城市中心的繁华地段。而中心区内高昂的地价也促使开发商尽可能多出面积,城市中心不可避免地成为高层建筑的集聚地。中心区内零售商业的规模提高,但占商业空间的份额大幅下降;服务业规模也有增加,所占空间份额也有所下降,但内容正走向高档化和特色化。另外,金融、商务空间的增长规模也极为引人注目。由此可见,城市中心区的主导规模将随市场经济初期的商业零售为主转向金融、商务办公和综合服务。

3)城市中心区的交通组织

按交通组织的空间分布,分为平面交通组织、立体交通组织及复合交通组织三种类型,平面交通组织指处于一个水平面内的交通组织,包括城市快速道、主干道、次干道、支路及步行街等道路等级。立体交通组织分布于立体空间不同层次的竖向空间中,通常分上、中、下三层交通系统。按交通组织的实施形式分,城市中心区的交通组织分无轨交通组织和有轨交通组织,无轨交通组织包括轮胎式汽车交通及自行车与摩托车等辅助的交通组织形式;有轨交通组织主要为地铁及城市列车式交通。它们共同构成城市平面和立体交通组织,并共同构成城市中心区道路网络系统。无轨交通组织与有轨交通组织在道路网络中并非直接联网,须通过地铁站及公交站等交通节点进行连接。城市道路网既是构成城市的基础和骨架,也是城市交通的物质载体。一般情况下,城市中路网密度越大的区域,也是城市中交通流量与人流密度较大的区域。根据路网结构的拓扑分析可知,城市中心区是城市路网结构的内部拓扑等级的位置所在,并且也是网络密度最高的区域。所以,城市中心区作为城市路网密度最高的区域,相应的也是城市中交通流量最大的区域。另外,城市中心区交通用地较城市中其他地区比例高,并且交通阻塞现象也较严重。

实践表明,合理完善的交通系统及组织可以使城市中心区内部交通网络保持畅通,提高城市中心区的可达性,对发展城市中心区和激发土地的经济活动起到了巨大的推动作用。反之,混乱的交通组织会导致城市中心区交通拥挤、可达性下降、环境恶化,阻碍经济活动,造成城市中心区衰落。所以,合理的交通组织在城市中心区的发展中起着至关重要的作用。对城市中心区交通组织的研究,会对城市中心区的发展起到有益的指导作用。

4)城市中心区形态

(1)布局形态(layout pattern)。城市中心区的形态由点、线、面的基本形态构成,在城市发展过程中,基本形态将逐渐演变成为点-线结构与线-面的网络结构等多种形式。在形态上分带状中心、块状中心与网络中心。在发展模式及平面布局上,由于聚集效应和偏心发展,常表现为一个中心及多个中心区同步发展的模式,具有同心圆圈层分布规律、自组织竞争择优规律、依轴核延伸拓展规律及空间不平衡发展规律等中心区空间形态发展的基本规律[13,14]。单一中心区以中心为核,通过膨胀扩延。就整个系统而言,城市中心区的发展潜力最大,随着中心规模的扩大,其引力圈范围也越来越大、越来越多的商业活动在中心区聚集,环境压力也骤然增加,当原有的地区不能承受这种压力时,就不得不通过辟建外围道路、改善基础设施等手段来缓解中心区的矛盾。条件的改善使得中心区的可达性进一步加强,商业活动进一步向街区渗透。同时,由于外围交通、环境相对好于核心地带,也吸引了大量的商业设施,它们沿着新建的城市道路分布与扩散,与原有的中心区产生进一步的融合,从而出现线、面的网络结构。在这一过程中,中心区的范围和商业设施的用地面积不断增加,而在道路的轴线方向上,商务活动的范围也进一步延伸。在这一过程中,中心区的范围和商业设施的用地面积不断增加,办公建筑占了很大比重,大型地下综合体成为城市中心区的显著特征之一。

纽约是全球最具影响力的国际大都市,是国际金融和世界贸易中心,办公建筑面积超过 $4300 \times 10^4 \mathrm{m}^2$,曼哈顿是纽约的中心区,商务办公建筑面积超过 $3100 \times 10^4 \mathrm{m}^2$,从下曼哈顿(lower Manhattan)到中城区(midtown),将第五大道串接,形成商务办公、金融、专业服务、会展、酒店、娱乐、文化休闲、高档零售等多种功能的中心区形态,中心区商务建筑总量占了 80%。伦敦是欧洲的金融和贸易中心,办公建筑面积为 $2200 \times 10^4 \mathrm{m}^2$,在长期的发展过程中,形成了以伦敦城、内伦敦西敏士(Westminster)及新兴的泰晤士河码头区为相对独立的多点式中心,中心区办公建筑面积超过 $1400 \times 10^4 \mathrm{m}^2$,中心区占了 63.63%。巴黎办公建筑面积为 $2900 \times 10^4 \mathrm{m}^2$,巴黎内城及德芳斯(La Defense)中心区办公建筑面积为 $1500 \times 10^4 \mathrm{m}^2$,中心区占 51.72%。东京市区办公建筑面积为 $4000 \times 10^4 \mathrm{m}^2$,由千代田区、中央区和港区构成的三中心区办公建筑面积为 $2900 \times 10^4 \mathrm{m}^2$,占 72.5%。随着东京经济的发展,形成了中心区核膨胀发展与外围地区多副中心发展模式,形成了以新宿商务办公中心为代表的丸之内金融区(international finance center,IFC)及临海商务信息区(teleport town)三个副市中心区[15]。北京以天安门为中心,在王府井、西单、朝外地区为都市中心区的基础上,形成了朝阳商务中心(central business district,CBD)及金融街为主体的大天安门中心区,以及中关村西区及奥运中心为主的三个功能独立、特色显著的副市中心区,其中北京朝阳 CBD 区办公建筑面积超过 $1000 \times 10^4 \mathrm{m}^2$。

这些中心区显著的标志就是大型地下综合体的崛起。据不完全统计[12],日本在 26

个城市中建造地下综合体 146 处,有 80% 集中在东京、大阪和名古屋三大都市圈内,日进出地下街的人数达到 1200×10^4 人,占国民总数的 1/9。大阪虹之町地下综合体共三层,面积为 $3.8 \times 10^4 m^2$。地下一层为商店和公共通道,二层为车站站厅,三层为铁路和地铁站台,如图 4-3 所示。每天有 30×10^4 人进入,约 41% 是购物人群。东京六本木地下综合体共七层。其中,地下四层是商业、展览、休闲等公共空间,再向下拓展三层为公共交通。不仅将公共活动的人流与城市交通结合,而且将原本城市交通所衍生的地下空间进行有效整合,大大节省了占地面积,将公共绿地与优质的自然环境还给地面。

图 4-3　日本大阪虹之町地下综合体

　　蒙特利尔 Eaton 中心地下综合体由 10 个地铁站、2 条地铁线与 30 公里地下通道、大型地下公共广场、170 余家店铺及 6 家电影院构成的大型商业文化中心等组成。每天有 50×10^4 人进出,且与 50 幢大厦相连,覆盖整个城市 80% 的办公面积和 35% 的商业面积,如图 4-4 所示。如此庞大的地下综合体规划建设,能满足蒙特利尔恶劣的天气。蒙特利尔位于北半球高纬度地区,冬季长达 4～5 个月,除了低温,还会伴随狂风和暴雪;夏季闷热而令人窒息,湿度经常高达 100%。这种极端的气候条件成就了蒙特利尔地下城全年候的商业综合体[16]。

图 4-4　蒙特利尔地下综合体商业中心

　　(2)空间形态(spatial pattern),是指各种物质要素在城市总体层次上的空间组合关系,它包括城市中心的空间布局、空间形式、空间规模等直观的物质表现,是城市上部空间、城市下部空间和城市综合空间的体现,其形态经历了由封闭型、结构型、功用型到开放型的演变过程。城市综合空间是基于追求城市发展活动的整体效益而产生的,并多伴以地上、地下联合开发,建立城市地上、地下综合体来实现。

　　城市综合空间将城市地面、地下及空中作为一个完整的空间实体,其深层结构是指在城市各项活动空间与功能结构内在联系与统一的基础上,实现高度分化与综合的空间体系,强调一定地域范围内各项活动之间的内在联系,而空间上则反映为分化与综合。这种空间的整合方式,将使城市初级的三维空间转化为高强度、高效率的高级三维体。地下、地上及高架的组织方式是这种发展的反映。例如,巴黎德芳斯新区综合空间的规划,将城市的各种功能活动有机地组织、分布在多个层面上,形成不同职责、不同功能在空间上的叠加,不仅便于联系,有效地解决了交通拥挤的问题,还改善了城市环境,从而提高了城市整体空间的容量与效益。

容积率(plot ratio)和建筑密度(architectural density)是反映城市土地使用质量和效益的强度指标。容积率是指建筑面积与建设用地面积的比值,又称楼板面积率或建筑面积密度。建筑密度是指规划用地范围内所有基底面积之和与建设用地面积之比,也称建筑覆盖率。在中心区的开发过程中,开发收益率的高低直接表现在容积率上,即容积率的大小决定了土地开发收益率的高低,反映了土地使用的经济效益。显然,在城市中心区,具有很高的容积率和建筑密度,从侧面反映了城市中心区的空间形态。

北京 CBD 区占地 $4km^2$,建筑规模控制为 $1000 \times 10^4 m^2$,其中,写字楼约占 50%,公寓约占 25%,其他如商业、服务、文化及娱乐设施等约占 25%。主要的商务设施将沿东三环路、建国门外大街两侧布置。区域内集中了大量超高层建筑,主体建筑的高度均在 100m 以上,部分商务建筑高度在 $150\sim300m$,主要的标志性建筑沿宽敞的东三环路两侧呈序列展开,产生一种强烈的震撼力,使东三环路成为展示 CBD 形象的一个窗口。国贸桥东北角的 CBD 核心区,面积约 $30 \times 10^4 m^2$,是超高层建筑集中的区域,是 CBD 的标志性建筑群,成为体现北京现代化城市形象的最重要区域。

(3)建筑形态(architectural morphology),是指建筑的形状与态势。建筑作为城市大系统中的要素,它的形态在很大程度上受社会生活的变更和城市结构因素的影响。城市中心区作为城市生活的一个重要组成部分,它的形态在不同的社会发展阶段因城市结构或市场需求的变动而呈现出不同的特征。经济的高速增长和市场政策改革将推动城市建设,特别是城市中心区的开发与改造,从而带动整个房地产市场的发展。与此同时,城市中心区的建筑形态也将发生变化。主要表现在:①建筑功能由单一走向复合。经济和技术的发展将推动社会向多元化、信息化方向发展,人们的生活方式将由简单的重复转向快节奏、丰富和复杂化。节奏和功能也由单一的静态封闭状况,演变为多层次、多要素复合的动态开放系统。这种状况的表现便是出现越来越多的综合体建筑。购物中心把大型商场与零售商店、餐饮娱乐等组成一体,形成多功能综合体。20 世纪 90 年代,在中国开始的城市化过程中,商务写字功能的加入使得综合体的形态更向空中发展,城市中心区成为高层综合体的集聚地。把中心区内的综合体有机地结合起来,是现代城市规划与设计的重要内容。城市大型地下综合体和地下街等地下空间的开发与利用,将城市地面及地下交通系统、商业大厦、行政办公、居民区及其他设施联合起来,形成一个巨大的活动中心。这种多功能中心不仅是城市中心区发展的内在动力,同时还是城市中心区的一种新型的建筑形态。② 建筑形态特征的界线日益模糊。随着建筑功能的多样化和复杂化,作为标志建筑功能的建筑形态特征也逐渐弱化。城市中心区本是各种复杂功能的熔炉,这些功能又同时分散至各个单体建筑中。建筑单体之间的区分变得模糊起来。而大规模综合体的出现使得单体与群体之间的界线也日益模糊,人们很难通过建筑的外像判断其内部功能和蕴意,同时,建筑内部功能变化的频率也越来越快,这就要求建筑内部的空间形态适应这种变化的要求。

5)中心区的空间环境

城市中心区的空间环境具有土地高强度开发和综合性利用率高的特点。这不仅是中心区土地高价性的市场要求,同时也是满足的各种功能相互联系、相互促进的需要。

(1)土地的高强度综合开发。随着经济的发展,城市中心区将成为经济活动的主导,市中心区在水平和垂直方向上急剧膨胀。平面膨胀的主要方式是沿主要道路带状扩展,同时在城市中心区的外围出现多个次中心。垂直膨胀的主要方式是中心区空间利用强度的增加,即建筑物高度的增加和中心区地下空间的开发利用。

(2)空间容量的显著提高。城市中心区的公共性和开放性决定了它的高使用率,形成熙攘的城市公共活动之一。中心区容量的提高是城市土地利用率最具潜力的领域。许多大城市中心区的现有平面密度已接近或超过饱和状况,因此,提高空间容量的途径只有通过扩大基地规模、增加建筑的层数及开发利用城市地下空间来实现。

商业零售业虽然具有最高的土地收益率,但它在空间分布上受到建筑高度的限制。城市中心区零售业的分布一般有以下规律:食品、日用百货的最佳服务楼层为1~2层;服装的服务空间可达2~3层;文体用品和家电能达到3~4层;在具备较好垂直交通的前提下,家具、高档电器和商品批发的空间可达4~5层。超出5层以上的空间,对于零售业来讲,其效益将会急剧下降。因此,纯商业用途的土地由于高度没有严格的限制,与商业用途有机地结合使中心的土地使用强度在空间上得到很大提高,这也正是城市综合体在城市中心区得到普遍发展的原因。

这种综合体的常见设计模式是:地下1~2层为车库和设备机房;裙房通常为5层,其中1~3层是商场,4~5层是餐饮与娱乐;高层部分为写字楼、宾馆客房或公寓,其入口处设置在地面层的不同位置,如图4-5所示。

目前,城市建筑除了增加层数及提高土地利用率之外,一些综合体建筑还开辟地下1~2层空间为超市、快餐店、商场及娱乐场等。这种联合开发是指在城市中心区内,将地铁系统的服务与车站设施设置在土地使用或商业发展具有潜力和优势的区位,以达到相互配合并带动彼此的发展,进而促进市中心的繁荣,实现土地的高强度开发。联合开发中,通常以采用建设地下综合体的形式居多,它不仅可以把部分地面功能如商业、娱乐等功能置于地下,解决城市用地紧张的问题,还缓解了地面交通的压力,提高了城市的环境质量,如多伦多 Bloor 街及 Eaton 中心地下商业街综合体。

(3)环境特征。城市中心区作为城市的物质实体,是满足人们各种需求的凭借和依托。作为社会实体,它是实现人们社会交往的主要场所,并且集中反映了场所的社会风貌、文化水平、历史发展、地方特色等方面内容,中心区的环境是由上述内容构成的高度综合的有机体。因此,中心区的规划不仅是一种物质或实体的规划,而且也涵盖了非物质文化的内容,涉及城市中心区建筑、道路、空间序列、绿化、色彩、水体、地面铺装及建筑小品等规划设计,在实物空间环境中创造意象,并实现经济与环境效益的协同。

以人为本,改善城市中心区的环境,提高城市中心综合效益,这在一定程度上需要有

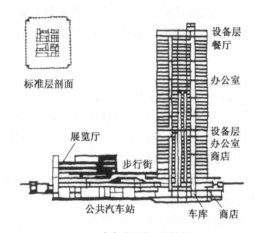

标准层剖面

展览厅

步行街

公共汽车站

设备层
餐厅

办公室

设备层
办公室
商店

车库　商店

(a) 东京世界中心大楼剖面

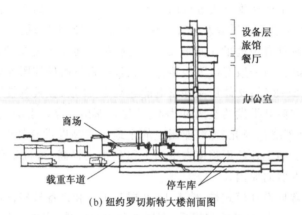

商场

载重车道　　　　停车库

设备层
旅馆
餐厅

办公室

(b) 纽约罗切斯特大楼剖面图

图 4-5　城市中心区高层综合楼设计模式图

良好的城市环境与自然生态的创造,但良好的中心环境不仅是指人们在市中心进行各种活动时感到安全、卫生、方便与舒适,同时还应使人感到城市的文化、历史与时代气息。但现在不少城市在市中心区的改造规划中,把改善交通和提高经济效益放在首位,为缓解交通矛盾,拓宽城市道路,致使大量砍伐行道树和绿化带,设置强制性的栏杆,而把人行限制在狭小的空间内,这样不但不能从根本上解决交通拥挤的问题,还会给城市中出行带来极大的不便,同时又破坏了城市环境;在另一些改建规划中,只注重增加建筑面积,却很少考虑环境,造成市中心绿地和休息场地越来越少。西方发达国家的城市中心,尽管地价高昂,但建筑师通过开发地下空间,把地下商业街和下沉式广场的建设看成是塑造城市市中心个性的重要途径,不仅精心布置了绿地和休憩设施,强调了生活气息,而且塑造出突出中心区商业与艺术特征的综合城市环境。从国外城市中心区地下空间开发利用过程中可以看到一种观念的变化,既在解决交通矛盾和商业效益问题的同时,又主动地创造以人为主导的、符合城市可持续发展的市中心空间环境,如德国汉诺威市中心双层步行街的设计,既解决了交通问题,又通过大量富有人情味的景观及建筑小品设计改善了中心区的环境。

4.1.4　中心区地下综合体开发利用的动因

随着城市中心区的发展,不合理的开发容量和与之失衡的功能结构,日益突出的交通矛盾及基础设施落后与环境等问题的出现,使得中心区地下空间开发利用成为必然。

1)城市中心区交通矛盾

主要存在以下问题:①道路和停车面积不足。由于城市中心区商务行政建筑的规模巨大,随着中心区的更新和房地产业的急剧升温,其面积递增速度也相当大,人流量的增加导致交通流量也随之骤然增加,所需的停车泊位增加。城市道路面积不足是许多城市中心区普遍存在的问题。主要表现在城市中心区道路面积占中心区建设总用地面积的比例低,中心区人均道路面积少,普遍达不到有关规范要求。表 4-1 为 2005 年国际城市道路网络比较。目前,北京四环以内道路面积率为 12% 左右,而伦敦、纽约、巴黎及东京等国际大城市中心区,道路用地均超过 20%,有的超过 30%,如纽约曼哈顿为 37.5%,东京中心区为 22.3%[17-19]。由于道路面积率低,人均道路面积少,道路增长的速度往往低于车辆增长的速度,虽然人均道路面积在逐年上升,但平均车辆的所占城市道路面积却在下降。此外,城市中心地区集中了很多的大型商业设施,许多新建的综合大楼又集商业、娱乐、餐饮、办公及旅馆于一体,功能复杂,流线的解决大多在地面上进行,在高峰时期不可避免地造成了人流、车流和货流的交叉干扰。②路网结构不合理。主要表现在道路密度低,大路稀,小路窄,道路的级差过大,网络不健全,城市干道少且瓶颈多,这是发展中国家大多数城市中心区路网结构的特点。③道路功能混乱。公共建筑主要沿干道布置,干道空间作为主要的城市空间。道路的双重功能造成人车交叉,主次干道处机动车与非机动车混行,相互严重干扰,使得这一地区的交通问题较城市其他地区更为严重。④城市公共交通。在城市的不同发展阶段,公共交通呈现出不同的特色。

表 4-1　国际都市城市道路网络比较(2005 年)

道路参数\城市	北京	伦敦	纽约	东京
道路长度/km	4073	14676	13352	11845
路网密度/(km/km²)	2.98	9.29	17.01	18.74
道路面积率/%	5.58	16.40	23.00	15.90
快速路长度/km	232	60	—	191
次干路及以下道路所占比例/%	71.7	87.9	—	94.5
平均道路宽度/m	18.7	17.6	13.5	8.5
轨道交通网路长度/km	142	410	416	292
日出行总量(含步行)/万人次	2604	2710		2100

数据来源:北京统计年鉴 2005、Focus on London、New York Statistical Yearbook 2005 及 Tokyo Statistical Yearbook 2005

在城市发展的初级阶段,城市公共交通的主要方式为巴士与中巴,到中级阶段则发展为巴士、地铁与出租车,到高级阶段则主要表现为地铁、巴士、快速轨道与巴士、出租车。在交通的空间层次上,也由单一的地面交通发展到地面、地下及多层空间的立体交通。目前,大多数发展中国家的公共系统处于初级及中级阶段,设施单一、运载能力不够且服务水准不高,公共线路的密度低、服务半径短给市民的出行乘车带来不便;配车不足使得车行间隔大,有的道路没有公交行驶车道。城市人口向外疏散,居民出行距离加大,而公交系统的发展不能及时跟上,大部分居民从原来的步行、公交方式转移到自行车方式。公交基础设施不能满足现有需求,停车场少、站点配套率不高,而且商业网点或客流量较大的集散点站台少,给合理布局线路带来困难。

公共交通是占用充实空间资源最小、运输效率最高的交通方式。城市客运交通的根本目的是解决人的出行,而不是车的出行。因此,发展公共交通是解决大城市交通问题最经济和最根本的方法。国际化大都市多拥有发达的公共系统来吸引大多数居民出行,如北京公交占 40%、东京公交占 79.5%、香港公交占 90%、纽约公交占 86%、伦敦公交占 80%。这些城市公交系统中占主体地位的无一不是快速轨道交通——地铁。

改善城市交通条件,必须发展城市道路和停车场,地铁是解决大城市交通矛盾的主要途径,通过创造地下多层交通,使城市交通形成立体的三维空间网络。大力发展混合型的运输系统和公交网络,并给予优先通行权等,各自分担客运量来解决交通问题。大量扩展道路和兴建停车场,只会极大地占用宝贵的土地,使中心区内原本紧张的用地显得更加紧张。结合地铁车站修建地下停车场和地下步行街,便于人们换乘地铁到达市中心区,有助于减轻中心区的交通压力,提高地铁的利用率,减轻由汽车造成的城市公害,节省地面空间。发展地铁及快速道等立体交通体系,修建大型停车场,是开发利用地下空间、改善城市交通的主要内容。

2)基础设施落后

城市的生存与发展都必须以完善城市基础设施为前提。城市的发展是城市人口、经济、能源、环境与生态等众多城市子系统相互作用的结合。城市中心区的更新离不开道路交通的发展,同时也离不开供排水、热暖电天然气供应、城市防灾和园林绿化、环境卫生等一系列的市政基础设施。主要矛盾体现在以下几个方面:①供需关系。城市公用设施的建设对于某一系统来说是一次性的。当系统形成一定容量、能力和规模后,在使用寿命内,其设备、管径、线路走向都已相对固定,不易改变。而城市内公共设施的需求却随着城市人口和规模的扩大与日俱增,因此经过一段相互适应后,就会出现供需之间越来越大的矛盾,为缓解这种矛盾,只有增加新的系统,或改进扩建旧的系统。②布置方式。多数公用设施系统是随城市发展逐步形成的,往往分散、多次布置且自成体系,相互之间缺乏有机配合,如排水能力与给水能力不适应;管、线和有关设施的大量化,目前除少数管道布置在管沟中外,大部分管线均直接埋在土层中;为避开建筑物基础,多沿城市道路采用浅层铺设,不但维修困难,还占据了道路以下大量有效的地下空间,缺少适应发展的灵活性。电线、电缆沿道路架设时,需占用一部分道路空间,不仅影响城市发展,而且缺乏防灾能力。一方面设施超负荷运行使陈旧的设备经常发生故障,另一方面,由于分散埋设,检修时反复挖填道路,也极大地影响了城市交通。

在公用设施系统中,除管、线外还有一些生产和处理设施,如中心区大型建筑的加压泵房、热交换站、空调机房及交配电站等,按传统习惯多布置在地面,不仅占用大量的土地,还可能对城市环境造成二次污染。

当城市中心区发展到一定阶段时,原有的公用设施系统已相当陈旧,靠分散地改建或增建一些小型系统无法从根本上扭转公用设施落后的结局,建设大型的、在各系统之间或各系统内部均能协调配套的地下公用设施系统如地下综合管廊是比较有效的途径,也是中心区发展的趋向。这样不仅可以彻底地解决设施能力不足的问题,还避免了分散直埋的种种弊端,有利于节省城市用地,减轻污染和综合利用城市地下空间。

3)开发容量和功能结构不合理

城市中心区土地的高价性和商业集聚效应决定了其开发必然是高强度,其开发的强度以该地区所能承载的最大容量为限度。大多数是以容积率来控制建筑的容量,然而目前对容积率问题存在一种普遍的不适当做法,即不把容积率当做一种控制的上限指标,而是作为一种下限指标。这样造成中心区的建筑密度增高,挤占大型公共建筑应有的广场和庭院空间,加重城市基础设施负担,造成中心区环境急剧恶化。

在我国城市中心区结构中,商务办公空间的急速增长使功能结构发生很大变化。在城市中心区的开发中,必须立足于调整功能、提高容量、降低密度,要考虑城市道路等基础设施的承载能力。建筑开发的容量对交通量的吸引及对基础设施的要求,需要经过详细计算;对土地开发方案的审核不仅要对交通进行检验,还要对城市地下空间的开发利用规划与设计进行审查,要通过地下商业街和地下停车场等设施的建设来降低城市上部空间的压力,提高整个中心区的空间承载力。

4)中心区的环境问题

中心区环境问题主要表现在以下几个方面:①交通问题造成的车流与人流混杂,交通拥堵对人们活动和心理产生的压力,使之不能心情舒畅地活动。随着技术经济的发展,城市化水平的提高,汽车的使用将进一步增加,环境问题将加重。②场所基础设施不足,公共建筑不能为人们提供舒适的休闲场所,体现不出对人的关怀。③中心内开敞空间、绿地等自然与人文环境空间少,据《2011 年中国国土绿化状况公报》,全国城市建成区绿化覆盖面积为 161.2×10^8 m²,中国城市人均拥有公园绿地面积 11.18m²,全国城市建成区绿化覆盖率、绿地率已分别为 38.62% 和 34.47%。世界上主要大都市人均绿地面积为:巴黎 24.7m²,伦敦 30.4m²,华盛顿 45.7m²,莫斯科 44m²。据联合国生物圈生态环境组织分析,城市最佳居住环境的人均绿地面积为 60m² 以上,在欧美中等发达国家或地区城市的人均绿地达到 200m² 以上。城市在都市化过程中存在市中心区、城区与所辖区域绿化严重分异的特点。例如,北京市中心区的绿化覆盖率指标并不高,但包括郊区在内则达到了 50m²。④中心区商业功能定位不合理。中心区一般聚集多数大型百货商场,而居民小区内却缺乏品种齐全的日用百货商场,同时商场经营档次偏低造成节假日中心区聚集大量的购物人流,不仅导致交通混乱与阻塞,也是中心区环境拥挤不堪的原因;另外,因管理不严造成大量个体零售摊贩充斥,也是中心区环境质量下降的重要原因,因此,有必要调整商业结构与经营品种,由此疏导中心区内大量人流。

在城市化过程中,汽车增加是一种必然的趋势。汽车是城市空气污染、噪音污染的来源,要解决由此而产生的交通与环境问题,一是在解决交通基础设施等的基础上,依赖清洁能源、防污降噪等科学技术的进步;二是当社会生产力发展到一定阶段后,取决于人们对轨道交通的认识以及汽车作为大众交通工具的有效控制。汽车的普及,使城市扩散成为可能。经济的迅速发展使城市结构、高密度的城镇人口的居住环境、工业污染等问题随着交通问题的日益严重而变得异常突出,车道不断加宽,人行道越来越窄,城市污染也日益严重,城市中心区完全陷入瘫痪状态。中心区将出现社会、文化、景观、商业活动各方面的危机,并给城市原有的空间结构带来致命的损害,导致中心区居民迁移,中心区逐渐衰落,城市中心人口分布呈现出车轮状的空间分布形式,城市中心逐渐衰落。于是,城市新一轮的更新与市中心区复苏,通过不断地改建、改造,城市中心区的地下空间结合地下商业街等的开发与利用,为城市中心区的复兴注入新的活力。

4.2　中心区地下空间规划方法

4.2.1　规划的基本步骤

1)城市地下空间规划任务

城市地下空间规划的任务是协调地下与地上的建设活动,为地下空间开发建设提供依据,为城市社会经济的持续、快速和健康发展服务,为创造更加适合生活的城市环境提供重要途径,建立快捷高效的交通及优良舒适的城市环境。

2)城市地下空间规划的内容

城市地下空间规划的内容有以下几个主要方面。

(1)收集和调查基础资料。

(2)进行城市地下空间发展预测,提出发展规模和主要经济技术指标。

(3)确定城市地下空间开发的功能,进行空间布局,确定平面和竖向规划。

(4)提出各种专业的地下空间规划原则和控制要求。

(5)安排城市地下空间开发利用近期建设项目,为单项工程设计提供依据。

(6)根据建设的需要和可能,提出实施规划的措施和步骤。

3)城市地下空间的总体规划和详细规划

在总体规划阶段应重点解决城市地下空间的功能、地下空间的需求规模的预测、地下空间的布局形态确定、地下空间的近远期建设安排等。

在详细规划阶段要重点解决不同使用性质空间的定位、各种地下空间开发容量确定、地下空间的交通组织、地下空间的各类配套设施安排、工程量估算和综合技术经济指标分析、城市地下空间使用管理规定的制定等。

4)城市地下空间规划的编制

首先,确定编制的范围、规划内容和深度,包括总体规划、分区规划、专项规划和详细规划,详细规划又包括控制性详细规划及修建性详细规划。其次,确定成果表达形式:①提出规划文本;②规划图纸包括地下空间现状图、地质条件分析图、地下空间平面规划图、地下空间竖向规划图、城市地下空间交通规划图、人防建设规划图和地下空间近期建设图等。

4.2.2　中心区地下空间规划的基本原则

城市中心区地下空间开发与利用的目的在于改善交通、改善空间环境,解决城市中心区存在的交通、环境与功能结构问题。在进行地下空间开发的过程中,以改善空间环境为中心,以地下交通为重点,通过地上地下空间的协调,使城市中心区真正做到三维发展,为人们提供安全、卫生、方便与舒适的环境和富有文化、历史与现代气息的城市中心区。规划时应当遵守以下原则。

1)以地铁建设为依托

交通便捷是城市发展有利的促进因素,世界上经济发展较快的城市,几乎都具有不同程度的交通优势。在城市地下空间的开发与利用中,应选择交通相对便利和商业繁华的中心区作为重点开发对象。在市中心区的改造中,交通往往是最突出的问题;人流量大,道路狭窄,交通堵塞等情况经常发生。地铁站的形式反映了中心区地面空间结构和人流的组织形式,因此,在市中心地带,地下空间形态一般以地铁站为核心,通过地下商业街、大型地下商场、大型地下停车场、建筑物地下室及过街道的连接,形成网络状地下步行系统。这样,通过结合全市范围内的地铁建设设置站点的方法,可以达到及时疏散人流、减少人流在中心区内无效滞留的目的。

因此,城市中心区地下空间规划的第一要点就是决策城市地铁开发的可行性和在可行的前提下的各类设施选线及站点的选择。地铁车站具有客流量大的优势,在中心区地下空间的开发中,结合地铁车站的建设开发其周边地区的地下空间,通过地下街、地下人行道等地下步行系统联系各大型公共建筑的地下空间,形成环网状的城市地下空间综合体。这种开发方式通达性好,投资收益高,适合于商业和其他公共建筑设施发达的中心区。同时,地铁作为城市地下空间形态的骨架,连接城市其他地区的地下空间设施,从而形成完整的城市地下空间体系。

2)城市上、下部空间的协调发展

城市上、下部空间相互联系,不可能分割和独立地发展。地下空间作为城市上部空间的补充和延续,是上部空间发展与建设的基础。当城市立体化开发时,地下空间的基础作用将从简单的建筑结构概念引申到更为广泛的城市综合发展的范围,具体表现在地下空间的开发弥补了城市上部空间很多难以解决的矛盾并促进了城市的发展。城市是一个整体,地下空间和地上空间的关系还表现在功能对应互补、共同产生集聚效应上。同时,城市地下空间的开发在平面布局上还应与地面主要道路网格局保持一致。

因此,城市中心区地下空间开发应遵循协调的原则。它包括三个方面的含义:一是地下空间开发的功能应与城市中心区的职能相协调;二是各种地下空间设施的功能应与其所处的城市中心功能区及周围建筑的职能或规划功能相协调;三是地下空间结构应与地质环境及上部建筑相协调。地下空间开发的协调原则是城市地下、地上空间资源统一规划的基础和必然结果。

3)保持规划总体布局在空间和时间上的连续性和发展弹性

任何城市规划都应是一个动态的连续规划,在规划工作中对现状及未来的发展方向的分析预测不可能都是百分之百充足而精确,随着时间的延续,会有新的情况发生。因此,在城市中心区地下空间的规划中,应尽量考虑这些不可知的因素,在保持总体布局结构、功能分布相对稳定的情况下,使规划在实施的过程中具有一定的应变能力,成为具有一定弹性的动态规划。

4)适应性和可操作性

中心区地下空间开发的功能应当与地下空间的特点相适应,甚至比在地面空间更为有利,如与地下空间的热稳定性、环境易控性等特点相适应。地下空间的开发只有与地下空间的特点相适应,才能发挥出巨大的经济、社会和环境效益,否则不但无助于城市空间的扩展,还会造成地下空间资源的浪费及不良的社会经济后果。同时,城市中心地下空间的开发还必须与城市的客观现实性相结合,这样才能为城市建设提供管理依据和发展方向。

4.2.3　中心区现状与地面规划评析

城市中心区的主要问题是人口密集,交通拥挤,环境质量下降,基础设施严重瘫痪,综合防灾抗灾能力相对薄弱,土地资源严重不足。根据发达国家的经验,应合理开发城市中心区的地下空间。对城市中心区的现状分析应从以下几个方面进行概括。

1)建筑形态

随着城市中心区改造步伐的加快和房地产业的迅速发展,中心区的建筑形态多以高层、超高层综合体为主,层数高、体量大是建筑的主要特点。超高层综合体的数量在中心区内的比例越来越大,已逐渐形成金字塔状的空间形态,中心地区的建筑高度大,随着离中心区距离的加大,建筑的高度递减。综合体的功能也是多样化的,且大多数都带有地下层。地下层不仅用作停车场车库、设备机房、地暖及中水处理,还具有商业、娱乐、办公等功能,把这些综合体有机地联系在一起为开发中心区的地下空间提供了可能。

2)用地状况

城市中心区一般都是在城市长期发展中逐步形成的,是一个由居住、商业、金融、办公、文教、医疗卫生、工业和军事等各类用地组成的综合区。虽然经过不断的改造和更新调整,土地利用率得到很大程度提高,一些大都市中心区的商务用地占据了主导地位,如北京的CBD地区、王府井地区、中关村西区。但在中小城市的现状用地结构构成中,居住等非商务用地所占比例仍偏高,一般非商务用地超过30%。在地下空间利用上,普遍以居住环境为主,其次为仓储、人防及地下停车场。调查显示,21世纪初,北京市中心区地下空间所在区域的居住类型约占80%,仓储功能类型约占10%,地下停车场类型约占8%,96.35%的地下空间开发深度在9m以下,深度超过9m的仅占3.65%,其中5m深度以内的地下空间占了73.21%。图4-6为北京中心地区开发利用分布图。

3)广场和集中绿地的分布

由于高度建筑自身发展的需要和城市对基础设施需求的增加,人们开始了对城市地下空间有序的开发利用。但城市建设的发展(由高层到地下)与建设顺序(先地下后地上)的矛盾,影响了地下空间尤其是浅层地下空间的开发利用,种种因素的限制使公共场所、道路、公园绿地等下部空间能"自由"开发外,其他地区地下空间的开发都会与其地面建筑的业主发生一定的矛盾,因此,广场、绿地等地块都是中心区地下空间开发的重要节点。

4)交通设置

城市交通包括动态交通和静态交通。中心区一般是城市的交通枢纽,而道路密度小和结构不合理造成的交通拥挤,以及城市用地匮乏造成的停车面积严重不足是中心区主

图 4-6　北京中心地区开发利用分布图

（引自：北京地下空间规划．北京：清华大学出版社，2006）

要的交通问题。停车面积的大量需求为地下停车库的建设提供了动力，一般在城市中心区靠近商业中心、行政中心、交通枢纽的广场或道路下面设置车库。中心区地下车库的开口数量多，可给交通带来方便，但也会吸引更多的车流，使本来就繁忙的交通更加拥挤，促使交通恶化，使地下车库对城市的发展起到消极作用。同时，地下车库的出入口位置设置不合理，也会使利用率不高的情况出现。因此，应根据中心区道路情况合理地确定地下停车场出入口的位置与数量。为此，国外广泛使用停加乘（park-and-ride，PAR）系统，该系统在距中心区半径不小于 0.4km 的弧线上，结合地铁车站、轻轨车站与公交枢纽修建地下停车库。通过这些站、点的综合开发，分担部分进入市中心区的车辆，减少了静态交通设施对动态交通的影响。据不完全统计，北京市中心区地下空间开发利用的各种类型中，大约 73.73% 为内部开口型，与街道相临开口的占 13.46%，与地铁站相通的仅占 3.43%。图 4-7 为北京市中心区轨道网重要节点规划图。

　　5）地铁车站的设置

　　地铁作为大城市公共交通的核心，是城市地下空间开发利用的依托。因此，地下空间规划的第一要点是决策地铁建设的可行性和在可行性的前提下进行各类设施选线、选择站点等工作，地下空间的规划结合现有或正在规划中的地铁车站的设置显得尤其重要。地铁车站具有客流量大的优势，不仅解决了地下换乘的问题，避免了对地面交通造成不必

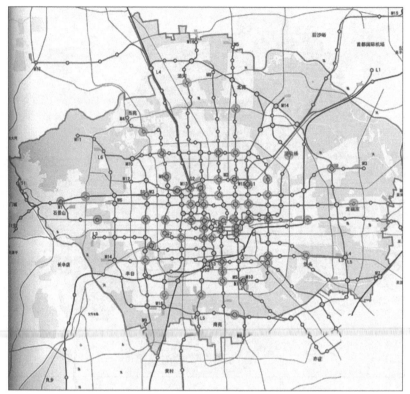

图 4-7　北京市中心区轨道网重要节点规划图
（引自:北京市规划委员会等,2006）

要的冲击,而且通过地下街与各主要地面建筑的关系,达到及时疏散人流,减少人流在地下滞留过久的现象发生的目的。因此,在中心区地下空间的开发中,地铁车站应设于汇集大量客流的重要场所附近,并与其他交通连接方便的地方,同时要考虑与该地区的发展和城市的规划相协调,具体站点要考虑施工条件、道路状况、交叉口等道路形态与交通情况。中心区地下空间开发要结合地铁车站的建设,开发其周边地块地下空间。

图 4-8 为北京地铁车站网络结构图,它反映了北京现有的主要客流走向及客流集散点,通过地铁线路串联城市中重要的商业网点、工业区、文化中心、旅游点、住宅区和市内公交枢纽,以及城市对外交通枢纽如火车站、高铁及长途汽车站。地铁线路经由这些站点,将便于乘客直达目的地,减少换乘,大大缓解了城市交通压力,促进了地铁沿线地带的进一步发展。

6)中心区的扩展

随着城市中心区外围交通设施的大力建设和居住人口的外迁,商业零售、服务、办公活动的中心区外围蔓延的过程已经开始,并继续扩大其规模。根据北京市总体规划(2004～2020 年)及土地分析可以看出,北京市中心区以天安门为中心,在东西轴上,沿东至定福庄、沿西至石景山等轴发展;在南北轴上,沿南至大红门,沿北至清河,北轴大于南轴,形成东西等轴扩展、北长南短的扩展态势。城市的居住中心及商业中心明显向北向偏

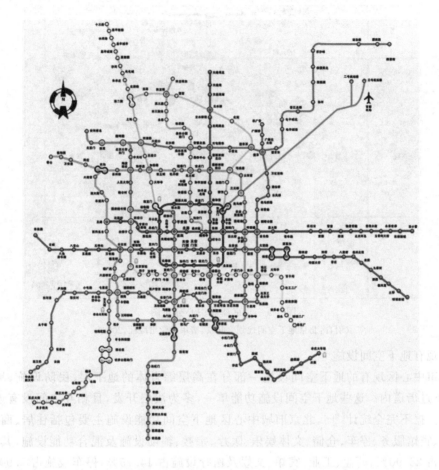

图 4-8　北京地铁车站网络结构图
(引自：http://map. baidu. com/subways/index. html? c=beijing)

移(参见图 3-5)。

7)中心区内人流量的分布

城市中心区一般是城市中人流最为集中的地区之一。商业、办公建筑云集,吸引了城市大量人流前来进行购物、商务、娱乐等活动。北京五环以内的地区人流量巨大,其中商业面积最集中的地区人流量也最大。北京大天安门中心区、中关村中心区是人流密度高度集中的地区。将地下步行交通系统与商业设施结合起来,不仅能最大限度地将地面上的人流吸引到地面系统内,并且大量的客流也必能带来较好的经济效益,形成城市开发的良性循环。图 4-9 为北京商业中心分布图。

从图 4-9 可知,北京商业中心大部分集中于三环以内。通过对中心区人流量和大型商业建筑分布的对比分析,以及对中心区未来人流交通的预测,考察人行天桥建设和地下过街道现状规划及各自的优劣点,在地面人流交通密度最大的地区进行地下步行交通系统的设置,选择在人流交通相对集中的节点布置城市广场绿地等开发空间作为地下步行街的地点。

图 4-9 北京商业中心分布图

(引自:北京地下空间规划. 北京:清华大学出版社,2006)

8) 现有地下空间设施

城市中心区现有的地下空间设施一部分在高层综合体的地下层、民防设施、地铁车站、地下过街道内。这些地下空间设施功能单一,多为浅层开发,且相互之间没有连接形成网络。据不完全统计[20],北京旧城中心区地下空间功能设施主要包括住居、商业、工业生产、宾馆服务、停车、仓储、文体娱乐、医疗、宗教、辅助设施及混合功能设施,其中,住居设施占 26.90%,商业、工业、宾馆、文娱及医疗设施占 14.75%,停车设施占 7.90%,仓储设施占 9.70%,建筑辅助设备设施及其他占 9.30%,混合功能设施占 21.80%,宗教设施占 0.15%,余下部分主要为闲置的人防工程。

通过对现有地下空间设施的容量、分布区域和功能的分析,不但可以预测城市中心所需的地下空间开发利用的容量,以完善地面建筑的使用功能,而且利用地下街的设置,在城市中心区内通过地下通道的连通形成环形地下街,将主要的地下空间串联起来。随着地下空间商业餐饮娱乐等功能的开发和完善,将吸引一部分人流进入地下环城,尤其是在酷暑或雨雪季节。这种地下街不仅能对地面人流进行分流,改善地面交通拥挤状况,还可将本地区的地下空间串联,与地面上部分形成完善的系统,相互补充产生更大的集聚效益。另外,它也提高了整个地区的防灾抗灾能力,扩大了城市的容量。

4.2.4 中心区地下空间开发预测

4.2.4.1 地下空间开发在中心区的作用和地位

城市地下空间开发利用的功能应与其所在城市功能区的城市职能相协调。一方面,城市中心区与城市路网结构中最高拓扑等级的区域相吻合,是城市中交通流量大、拥挤堵塞较为严重的区域,因此,集聚着开发利用城市地下空间、解决交通问题的内在动力。另一方面,我国城市中心区的功能以商业和行政办公为主,往往是城市中 CBD、CCD (central culture district)的所在区域,商业功能和集聚效应,对于地下空间的开发利用存在着一种外在的促进作用。在内在动力和外在促进作用的双重作用下,城市中心区地下空间的开发利用在功能上主要体现为交通和商业功能,并且以交通功能为主,在使中心区交通状况得到改善的基础上,充分发挥商业的集聚效应,保持商业功能和交通功能的同步发展。城市交通必须与商业协调发展,才能保证城市中心的总体效益,否则将降低城市效益。

城市中心区地下空间开发利用的交通功能包括地铁、地下快速道、轻轨、地下车库及各种地下街道等交通设施,其建设目的主要是达到人、车分流,并为机动车提供一定的停泊空间。在地下车库的规划和建设中,应注意静态交通设施对城市的动态交通有一定的吸引力,并且与静态交通设施的面积成正比。当城市中心区建有规模较大的地下车库时,便会吸引周围的车流向这一地区移动,使本来就繁忙的交通更加拥挤,导致与建设目的相反的结果。在城市中心区地下空间的规划中,对于公共停车设施的建设宜采取分散、规模合理的原则。由于地铁网络系统的建设与城市经济技术水平及城市人口规模密切相关,除地铁轨道交通外,应通过结合公交枢纽的建立,开发地下通道,发挥其优势以形成仅次于地铁的地下空间,同时利用中心区内广场、集中绿地作为地下空间大规模人流集聚的出入区域,以满足防灾疏散和人流交通的要求。此外,不同级别的城市及城市中心,对交通功能的要求不同。都市级大城市,一般需要将城市地铁、轻轨及地下无轨快速道结合起来,以达到高效的人车分流效果。

中心区地下空间的商业功能主要体现在大型地下综合体和地下商业街的建设上,这种集交通、商业服务、文娱等功能为一体的空间联合体容纳了地面上有碍城市景观的商业设施,并且利用地下街把地面上各种公共中心联系起来,使地上和地下形成有机的整体,充分利用大量的客流量发挥其经济效益。在城市中心区,开发利用地下空间是减轻城市交通压力、保证城市顺利发展的唯一手段,但由于城市中心区的商业利益是一种显而易见的、具体的、实在的部门经济效益,在土地机制的调节下,易受各方面的重视,而交通损失则具有社会性、分散性与潜在性的特点,在功能上应重点处理好交通与商业功能的均衡与统一,还应考虑平战功能的结合。

4.2.4.2 对城市中心区地下空间规模需求的预测

1)城市中心区地下空间可利用资源

城市地下空间可利用资源潜力的大小取决于开发的范围和开发的深度,而开发深度与地下施工技术及社会经济水平密切相关,且受已有建筑及市政的限制。许多城市现有已规划的建筑密度较高,使得浅层开发的范围受到限制。所以,地下空间的大规模开发利用将选择优先可利用资源如城市道路广场、集中绿地、城市空地及更新改造区与建筑综合体的地下层。

在地下空间开发利用的过程中,要综合考虑已有地下设施的影响;在进行沿街道路开发时,尽量选择地下市政管线较少的道路;有地铁通过的道路,应考虑在与地铁线保持一定水平距离的两侧开发地下空间。对地下大型综合体,应充分开发其周围大型空间,对人防大型建筑主要考虑与其连通问题,应尽量避免在有深基础如桩基、箱基的高层建筑下开发地下空间。

根据经济和社会发展的需要,城市中心区域应重点考虑中心区内的商业街、步行街和交通干道地下空间的开发。

2)地下空间开发规模的预测

对城市中心区的地下空间开发规模的预测,可以通过对中心区居住、公共等建筑用地总用地需求量及对原有中心区地面环境所能支撑的规模进行预测,在此基础上,推算出一段时间内中心区地下空间总需求量。

(1)中心区总建筑容量预测。中心区总建筑容量指在中心区内建筑物地面以上及地面以下各层建筑面积的总和。影响中心区规模的因素很多,从理论角度而言,其辐射区域的工业化程度、区域经济的外向度、城市的规模、产出水平、第三产业的规模与层次、城市内部结构形式和交通发展水平都会对城市中心区的规模产生不同程度的影响。在与中心区相关的各种因素中,第三产业的就业情况与中心区规模的相关性最强。在发达国家的中等城市中,平均每名零售业人员对应中心区商务建筑的面积是 $50m^2$,或者每名白领职员也对应 $50m^2$ 的中心区容量。理论上的解释是,城市各种背景因素是通过零售业、第三产业工作者的规模来影响中心区的容量。根据城市经济发展的客观预测、零售业的预期人数和第三产业整体的预期就业人数推算中心区的理论规模。

根据城市不同时期人口计划发展数量,以零售业从业人员占市区人口的比例,推测出一定时期零售业从业人员数,根据每位零售人员对应 $50m^2$ 的面积得出中心区的商务建筑面积,或根据社会劳动力占市区人口的比重和第三产业就业比重,推测出第三产业预期人数,以平均每人 $30m^2$ 建筑面积计,得出城市第三产业需要的总建筑面积,以中心区的集中度 40% 计,推算出中心区内商务建筑面积,再以中心区商务建筑面积占整个建筑面积的比例推算出中心区总建筑容量。假如城市各种设施相对完善,均能满足使用要求,这两种推测的折中结果可以认为是当时的中心区总建筑需求面积。

(2)原有中心区地面环境所能支撑的规模预测。中心区地面环境所能支撑的规模是指中心区中除去公共绿地和广场道路所能承担的城市用地面积。城市绿地包括公共绿地、生产绿地、防护绿地、单位绿化用地、防护绿地、风景林地六类,公共绿地是城市六大绿地之重,指向公众开放的市级、区级、居住区级公园、小游园、街道广场绿地、植物园、动物园及特种公园等,中心区公共绿地面积指中心区内这些各类公共绿化面积的总和。人均公共绿地面积、城市绿化覆盖率和城市绿地率是城市绿化规划的三大指标。城市中心区人均绿地面积是指城市中心区内六大绿地之和除以中心区的住居人口数,城市中心区绿化覆盖率是指城市中心区覆盖绿地面积的总和与中心区城市面积之商,覆盖绿地面积包括六大类绿地及其所包围的水域面积、街道绿化覆盖面积、屋顶绿化覆盖面积及零散树木的覆盖面积。城市中心区绿地率是指城市中心区六类绿地面积的总和与城市中心区面积之商。人均绿地面积及人均公共绿地面积是用量化的形式体现城市的绿化水平,也是城市环境质量的考核标准之一。道路面积率(road area ratio,RAR)又称道路密度,以城市道路用地面积占城市用地总面积的百分比来表示。道路用地应包括广场、停车场及其他道路交通设施的用地,其大小可以衡量城市道路基础设施的发达程度。国外发达国家一般达 20%～25%,目前中国许多大城市此项指标约 10%。城市中心区公共绿地及道路绿地面积普遍偏低,如 2011 年北京人均公共绿地面积超过 14.5m²,但城市中心区人均公共绿地只有 10m² 左右。从北京旧城中心区地下空间所在地面建筑使用功能现状来看,仍以住宅为主,占 68.00%,其他如办公写字楼、商场、宾馆及文体娱乐占地面建筑的 19.13%,工业占 0.93%,医疗占 1.32%,宗教及历史建筑占 0.11%,停车及城市公共空间占 1.38%,混合功能占 6.36%,其他占 2.77%。通过中心区地面规划控制,如以对合理的、符合居民生活质量标准及城市可持续发展目标的容积率、建筑覆盖率与绿化覆盖率等指标的控制来计算现有的城市中心区用地所能支撑的建筑面积总量,该总量应除去规划中道路、六大绿地及所包围的水域面积、街道绿化面积及广场用地。

(3)城市中心区地下空间需求预测。把中心区总建筑需求量和原有地面用地所能支撑的建筑面积总量相减,其差值可以作为地下空间的需求参考量。如果差值为负,说明中心区在一定时期地面建筑的开发可以满足中心区的功能需要;如果其值为正,说明中心区地面已无法满足建筑开发的需要,可以通过合理开发地下空间以获得更多的城市空间资源。据此得出中心区地下空间开发对建筑使用的最小需求量,加上中心区内地铁、地下街等地下交通综合开发的面积需求量,根据建筑面积推算出所需的地下车库面积及相关地下基础设施的面积需求量,可以预测出中心区所需地下空间开发的总需求量。例如,北京市中心区总建筑需求量为 $1.48 \times 10^8 m^2$,地面用地所能支撑的建筑面积总量为 $1.18 \times 10^8 m^2$,则地下空间开发的需求量为 $0.30 \times 10^8 m^2$。

此外依据类比法,参照国内外同类先进城市中心区居民人口及流量、经济总量及技术水平进行类比确定地下空间开发的需求量。以北京为例,根据《北京城市总体规划》(2004 年-2020 年),北京中心城所能支撑的建设用地规模为 778km²,已建成的中心区超过 630km²,新增城镇建设用地约 148km²。北京中心城住宅地下空间建筑面积约占地上建筑面积的 10%～15%,公共建筑地下空间建筑面积约占地上建筑面积的 25%～40%。按照中心城城镇建设用地容积率 1.0 估算,规划期内中心城地上新增建设规模为 $1.48 \times 10^8 m^2$,按中心城地下空间面积占地上空间面积的 22% 估计,则中心城地下空间新增规模为 $0.33 \times 10^8 m^2$。

提高容积率、扩展用地和开发地下空间是解决城市用地不足的主要方法。现阶段,市区、中心城及城市中心区的容积率存在很大的差异,北京中心城城镇建设用地容积率为 1.0,新城规划城镇建设用地容积率为 0.6,镇及城镇组团规划建设用地的容积率为 0.4,而在城市中心区如 CBD 及王府井区已经很大,达到了 11～13,提高容积率只会给中心区造成更大的环境压力;在提倡城市可持续发展和土地集约化使用的背景下,城市用地的扩展必然会造成生态空间和生存空间在用地上的矛盾。因此,要解决中心区用地不足的矛盾,尽可能扩大中心区的空间容量,同时又要节约土地资源,提高土地利用率,只有探索并开拓新的生存空间,大力开发利用城市中心区的地下空间。

(4)城市上部空间规划对地下空间开发规模的影响。中心区地下空间开发需求规模是一个动态发展的预测,在不同时期,随着社会经济和科学水平的不同而发展。在现阶段,主要通过开发利用地下空间解决城市中心区交通和基础设施不足的问题。但是,中心区地下空间的开发使得交通和基础设施不断得到改善,可能使中心区吸引更多的人流,那么对现有的地面环境又会造成新的压力;另外,社会经济和科技水平的提高而导致人们对生活质量及城市环境质量的要求也越来越高,人们需要更多的城市开敞空间和公共绿地,而且人均使用建筑面积也会不断增加。因此,在进行地下空间规划的同时,必须与城市上部空间的规划相互协调。

在根据容积率和建筑密度等指标的控制来确定中心区所能承受的规模时,应考虑一定规模的地下空间开发对地面建筑规模、布局及功能等因素的影响,这种影响具体表现在建筑物的高度、城市开放空间、人均绿地面积及人均道路使用面积等方面,甚至影响中心区的功能和性质。如何通过控制指标来对中心区的规模进行预测,需要确定一个评价的标准,而这个标准在考虑地质环境许可条件下,一般以人们的生活质量要求为依据,在不同时期随经济和科技水平的发展而提高。综合以上各种因素可以看出,由于地下空间规划是一个动态的连续规划,对地下空间开发规模的预测需要不断地调整,在对地下空间开发规模进行预测时应尽量考虑这些因素,在规划的实施过程中与地面规划相互协调和补充,使之成为具有一定应变能力的、弹性的动态规划。此外,城市上部空间的建设对地下空间的开发利用要富有预见性、指导性和整体性,使地下空间在功能上是城市上部空间的补充、完善与扩展,在空间上是上部空间的有机延伸,从而构成一个完整的城市空间实体。

3)对基础设施需求的预测

城市中心区不仅活动空间不足,而且基础设施的容量也是严重超负荷。因此,在进行地下空间开发时,对基础设施容量的预测就显得相当重要。通过地下空间的开发利用来提高中心区的整体效益,需要充分发挥地下空间对城市基础设施的强化作用,对资源进行合理分配和利用。在市中心区域高用地密度、高强度开发的地区,通过中心区总体规模的预测,建设城市更新中的关键设施,如地下变电站等电力设施、加压泵站及中水处理等给排水设施、煤气调节站及地暖等热力空调等设施,对这些设施规模、容量的预测,需要综合考虑远景规划的发展,符合中心区总体规划的要求。因此,要根据全面规划、远近结合,以近期为主的原则,分期建设并充分注意今后发展的需要。

4)对使用效益的预测

城市中心区地下空间的开发利用对城市经济的发展有着不可取代的促进作用。城市地下空间的开发利用是城市现代化建设的必由之路,是促进城市中心区发展的有效途径,它对今后使用效益的促进作用表现在以下几个方面。

(1)对城市土地容量和使用价值改变产生的效益。中心区作为城市商业中心,经济活跃、市场繁荣,且以第三产业为主导并加以发展。但由于用地紧张,房价高涨,若要继续大量增加第三产业用地,保证社会商品零售总额的持续增加,只有大力开发利用中心区的地下空间。这样不仅极大地增加了城区空间容量,缓解了地面用地的不足,使中心区的布局更趋合理,而且投资环境也将得到极大改善。

(2)提高城市环境质量,解决交通拥挤问题。一方面,通过中心区地下空间的开发利用,可以扩大绿地广场的面积,极大地缓解城市空间环境压力。另一方面,通过有步骤地进行地下交通开发,缓解城市中心区交通矛盾,如近期修建地下过街道、地下停车场、地铁、地下步行街等,解决停车、人行的问题,远期修建地下快速公路、隧道等以解决机动车流问题。

(3)提高城市行为的组织能力。城市中心区地下空间的开发利用可起到将所涉及的多种城市行为加以组织的作用,使相关活动连接成行为链节,从而提高使用效益。例如,促成上下班时顺便购物及不同交通工具之间的换乘,公共停车场既与日间办公购物又与夜间娱乐空间相连,以避免营业低谷的出现。

(4)完善城市基础设施,提高城市防灾能力。地下空间的开发不仅可以完善城市现代化的基础设施,提高城市综合经营管理能力,而且还起到了保障城市安全、提高防灾抗灾能力的作用。

4.3　中心区地下空间规划与设计

4.3.1　中心区地下空间功能规划

在城市发展过程中,对于地下空间的开发利用都具有一定的目的,有的设施必须进入地下,才能解决城市中心区现有的各种问题,有的设施往往出于对地下空间本身特征的利用,如城市中各种防灾设施等;而有的设施根据现有的科学技术水平,暂不适宜完全进入地下空间,如住宅等。在城市中心区地下空间开发利用的过程中,在功能上存在着三个层次。

1)基础与重点层次

由于城市中心区地下空间开发的主要功能是交通功能,同时城市基础设施是城市赖以生存和发展的基础,因此开发利用中心区地下交通设施,加强城市基础设施的功能,构成了城市中心区地下空间开发利用功能上的基础与重点层次。具体表现在以下设施的建设。

(1)各种地下交通设施。城市中心区地下空间的开发利用在功能上以交通功能为主,交通功能是完成城市其他功能的基础,而地下交通设施则是强化交通功能的手段,包括动态交通设施和静态交通设施,如地铁、地下街、各种交通隧道和地下车库等。

(2)各种地下基础设施。地下空间具有低耗能性、易封闭性、内部环境易控性等特点,结合这些特点进行地下空间的开发,把中心区内各种可以置于地下的基础设施,如供变电站及给排水设施等均设于地下,不仅有利于城市基础设施的现代化,保证城市中能量流、物质流、信息流等的畅通,还能维持城市中心区各项功能的正常发挥。同时,由于中心区是城市人流量最为集中的地区,城市防灾在中心区内显得更加重要。利用地下空间的高防护性,进行具有防灾功能的地下空间设施建设,也是中心区地下空间开发利用基础与重点层次建设的内容。

2)中间层次

城市中心区地下空间开发利用在解决中心区基础与重点层次后,其开发利用的功能应与城市中心区的主要职能相协调,并由此构成了城市中心区地下空间开发的中间层次。在这一层次,城市中心区的地下空间资源,一般应作为城市地上空间资源的补充加以利用,并随中心区职能的变化而变化。这一层次的开发主要体现在中心区第三产业开发商业服务功能设施的建设上,如大型地下综合体和地下商业街的建设。通过地下街把各种地下公共空间串联起来,与地上部分形成完整的系统,相互协调,更大地发挥中心区的商业集聚效应。

3)发展层次

城市中心区地下空间开发利用功能上的发展层次,是在城市的基础设施能够满足城市的发展,以及中心区地下空间开发利用的总体功能能够与中心区的职能相协调的基础上,根据可持续发展的观点,以建设生态型山水城市和低碳节能型城市为目标,逐步实现城市大部分设施的地下化,在功能上表现为与城市其他地区的地下空间相互连接,构成完整的、设施发达的城市地下空间的有机系统。

城市中心区地下空间开发利用在功能上的三个层次,并不是同一过程的三个不同阶段,而是同一过程的三个发展目标,三个发展目标的总和构成了中心区地下空间开发利用功能的全体。

4.3.2 中心区地下空间的形态规划

4.3.2.1 地下空间形态的概念

城市地下空间的开发利用是城市功能从地面向地下的延伸,是城市空间的三维式扩展。在形态上,城市地下空间是城市形态的映射;在功能上,城市地下空间是城市功能的延伸和扩展,也是城市空间结构的反映。城市形态是由结构(要素的空间布置)、形状(城市外部的空间轮廓)和相互关系(要素之间的相互作用和组织)所构成的一个空间系统[21]。

城市地下空间的形态则是由要素在地下的空间布置中所形成的各种地下结构、城市地下空间开发利用的整体空间轮廓及其相互关系所构成的地下空间系统。

4.3.2.2 城市地下空间的形态构成

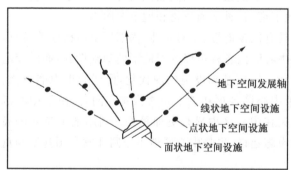

图4-10 城市地下空间的构成要素

城市形态的构成要素可概括为道路网、街区、节点、城市用地和发展轴,是一种人工与自然相结合的连续分布的空间结构。与城市形态不同,城市地下空间形态是一种非连续性的人工空间结构,这种非连续性表现为平面的不连续与竖直方向的不连续,并且城市地下空间几乎完全是一种人工空间。城市地下空间的形态构成要素见图4-10。

4.3.2.3 城市中心区地下空间形态规划

1)中心区地下空间开发利用的形态

中心区地下空间开发利用的基本形态为点状形态与线状形态。点状形态多建于城市节点,如站前广场、市民广场、绿化广场等聚合地。点状空间有大有小,大则为多功能综合体,小则为单个商场、停车场及地下室。线状形态多建于城市节点之间或节点内部,是点状地下空间的纽带,如地铁、地下道路、地下街、共同沟、地下水道等。基本形态是地下空间的最小单元,由基本形态可构成不同的网络状地下空间形态。根据地下空间与地面空间对应、功能互补点及协调原则,可构成:①以线状形态为主轴的地面空间形态,按轴的多少及其分布又分为多轴平行及交叉等网状空间形态;②以点状形态为主,结合地下街、地下人行道、地铁形成各种网络形态;③以面状形态为主,结合地下广场、地铁、地下街、地下人行道形成各种网络形态。

　　城市节点(node)是构成城市形态的重要组成部分,又是城市可用地下空间资源最适宜的位置,为了在城市中心区内重要的节点地段进行人、车分流,把大量的人流迅速地分散到周围建筑物中,以缓解地面交通与环境的压力,保证交通的畅通无阻,要求在城市节点进行点状地下空间设施的开发利用,从而达到城市空间的三维立体化。

　　城市中面状地下空间设施主要具有交通功能、商业功能和防灾功能,是一组点状地下空间设施的集合体,与城市中的区位密切相关,即与城市中形态构成的某一组成相关。在区位构成上,面状地下空间设施应分布于城市中交通繁忙、商业发达的区位;在功能及规模上,面状地下空间设施应有较为发达的线状地下空间设施作为支撑点和生长源,否则其功能发挥不出应有的作用,并且巨大的规模会使其功能产生负面效应。图 4-11 为地下空间网络的几种基本形态。图 4-11(a)为以两地铁为主轴,站点为节点,环行道为核心的地下空间网络形态;(b)为以地铁网络与人行道形成的外环网络形态;(c)为地下商业街构成的地下广场形态;(d)为以地铁线为主轴形成的单翼非对称地下空间形态。

　　图 4-12 为加拿大蒙特利尔中心区的地下空间形态,它利用外环地铁和开发用地之间的连接形成地下空间网络系统,是图 4-11(b)的一种变型。

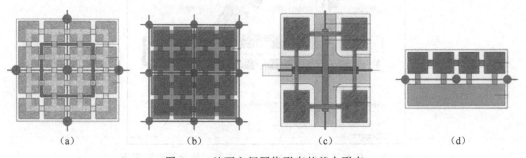

(a)　　　　　　　(b)　　　　　　　(c)　　　　　　　(d)

图 4-11　地下空间网络形态的基本形态

　　图 4-13 为日本某城市中心区的地下空间形态,以地下商业街为主轴来组织的地下空间系统。

　　图 4-14 为北京 CBD 商务中心的地下空间形态,它采用交叉的地铁线路为主轴,利用开发用地间的相互连通形成网络,局部地段通过地下街的设置实现整个系统的连接[20]。

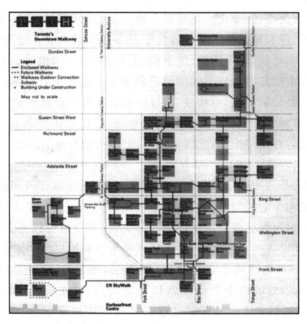

图 4-12　加拿大某城市中心区地铁线网络的地下空间形态
（引自：www. image. baidu. com）

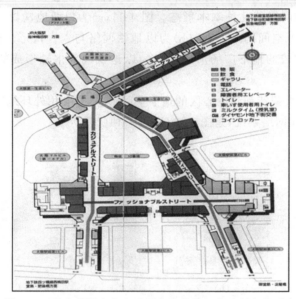

图 4-13　日本某城市中心区以商业街组织的地下空间形态
（引自：www. image. baidu. com）

　　面状地下空间设施由若干点状地下空间设施组成，通过地下街、步行道等联络道相互连通，并且与城市中的主要线状地下空间设施——地铁，连接成为一组点状地下空间设施。面状地下空间设施的主要交通功能是将集中在地面的大量人流通过点状地下空间设施吸引到地下，然后再经过线状地下空间设施——地下街，最后集中于地铁车站内，利用地铁大容量的运输能力能够迅速完成人流的运送。另外，将地铁大量的人流通过面状地下空间分散至

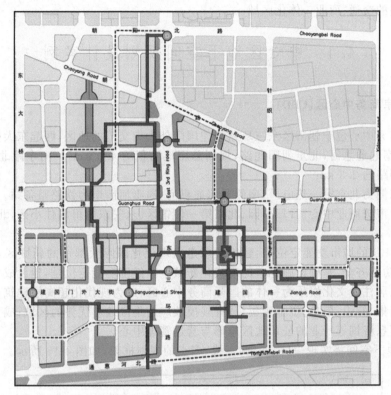

图 4-14　北京 CBD 中心区以商业街组织的地下空间形态

（引自：北京地下空间规划.北京：清华大学出版社,2006）

若干相连的点状地下空间设施,从而达到人流的集中与分散及人、车分流的目的。

在面状地下空间开发利用的过程中,交通功能的需求是其产生和发展的动力,而商业功能则是达到更好地吸引人流的手段,也是中心区交通得到治理后,商业区位得到改善的具体体现。在中心区面状地下空间的规划中,在功能上应注意交通和商业功能的均衡,在形态上则应根据人流的集中与分散来合理布局。由于面状地下设施由点状地下空间设施以及线状地下空间设施所构成,所以应使具有集中功能和分散功能的点状地下空间设施达到均衡与统一,并且与中心区的环境相协调。

2）城市中心区地下空间的形态规划

城市地下空间的开发利用规划是在城市总体规划的指导下,以城市地下空间开发利用为主要目标的一种三维空间的城市空间资源规划。城市中心区的地下空间规划,首先要对中心区上部空间和下部空间现状进行分析,发现中心区交通最为拥挤、人流量最为集中及环境质量最差的地区,经过分析研究后确立哪些地区可以通过地面的改造来解决城市交通和环境问题,以此作为地下空间开发的对象,并且结合地铁线路在中心区所围合而成的区域作为整个中心区面状地下空间的规划区域;然后通过地下通道如地下街将点状地下空间设施相互连通（这种点状地下空间设施包括以地铁车站为中心的地下综合体、公共建筑的地下室及下沉广场等）,把这些设施的人流导入地下以实现人、车分流,从而组成片状的地下活动综合体,并且将点状地下空间设施或地下街与地铁车站相互连通,以此形成一个完整的交通、商业一体化区域。

4.4 中心区地下空间规划设计案例

4.4.1 北京商务中心区(CBD)

北京商务中心位于朝阳区东三环路与建国门外大街交汇的地区,西起东大桥路,东至西大望路,南起通惠河,北至朝阳北路,规划总用地面积约 4.0 km²。向东距北京旧城城墙——二环路约 2.3 km。

地区东侧为北京第一热电厂,南侧紧邻通惠河,通惠河南岸为铁路整备站。西侧由北至南为朝外市级商业中心、日坛公园、北京第一使馆区、永安东西里居住小区,北侧以居住用地为主。

北京 CBD 的城市功能定位是:建成北京走向现代化国际大都市的新城区,建成环境优美、城市功能齐全、基础设施完善的现代化新城区。经济功能定位是:建设成为集办公、会展、酒店、居住及文化娱乐为一体的国际商务中心区;成为现代化超高层建筑集中,国际知名公司云集,知识、信息、资本密集,具有规模效应与集散效应优势的区域;成为金融、保险、电信、信息咨询等行业的公司地区总部与营运管理中心。

CBD 地下空间将实现一区、两轴、三线、多点的规划框架,如图 4-15 所示。

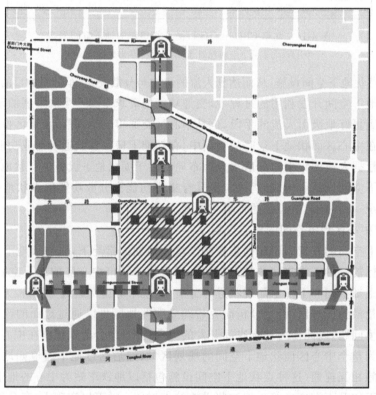

图 4-15 北京 CBD 中心区以地铁为主轴的地下空间规划示意图

(引自:www.image.baidu.com)

一区——地下空间核心开发区域：以地铁国贸换乘枢纽站为带动，重点开发建设东三环路两侧、长安街与光华路之间的 CBD 核心区及国贸一、二、三期工程下的地下空间。

两轴——地下公共空间发展轴：东三环路南北向地下空间发展轴。由 CBD 内东西方向的 1 号线、6 号线及南北向 10 号线、14 号线共同构成两向发展主轴，并辅以其他各向地下联络以加强各部分之间的相互联系。北京 CBD 用地内现状有地铁 1 号线、6 号线、10 号线和 14 号线，这几条地铁线分别从 CBD 地下东西、南北向穿过，CBD 的规划以地铁车站为节点，建成一个使用方便、规模适度、功能合理的地下空间系统的核心。

三线——地下空间主要公共联络线：建国门外大街及建国路地下联络线、光华南路地下联络线、商务中心区东西街地下联络线。通过公共联络线，实现各地块与地下空间发展轴线的连接、形成主次有序的网络系统。

多点——地下空间主要集散点：以地铁 1 号、10 号线国贸换乘站为核心，辅以地铁 10 号线光华路车站及地铁 1 号及 14 号线多个地铁站，在 CBD 内形成多个集散点。

地下一层主要为商业设施，地下二层主要为内部管理、停车及设备用房，并在通道的过街处等局部地段，设置少量地下二层商业用房，以保持地下商业网络的连续。地下三、四层主要为停车及设备用房，以满足 CBD 内较高的机动车停车位指标要求。图 4-16 为 CBD 地下人行系统，图 4-17 为 CBD 地下车行系统。CBD 地下一层主要为步行系统，地下二层相邻建设用地的地下车库之间互联互通。以地铁国贸换乘站及地铁 10 号线光华路站为核心，以 CBD 核心区和国贸中心为重点，步行线路总长度约 8300 m，目前共连接 6

图 4-16 CBD 地下一层人行系统

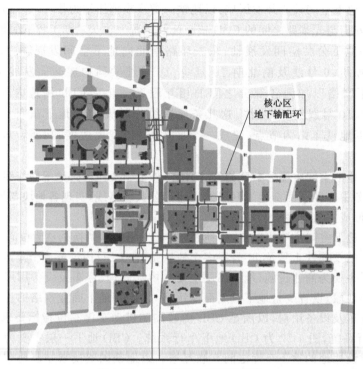

图 4-17　CBD 地下二层车行系统

个地铁车站、5 个公交场站及 CBD 内主要的公共开放空间,涉及用地面积约 186 × $10^4 m^2$,覆盖了 CBD 内商务设施最集中、人流最密集、交往最频繁的区域。

利用城市道路下的空间,在 CBD 核心区内修建地下机动车输配环,建立能够连通各机动车停车库、所有车辆共用的停车系统,以提高该地区的交通效率。对于货车、公共汽车等不允许进入地下二层的机动车输配环系统,规划将其设置在地面及地下一层,并设置非专用出入口。

4.4.2　中关村西区

中关村西区位于北京西北海淀区,规划范围东起白颐路,西至海淀区政府大院西墙及彩和坊路,北起北四环路,南至海淀南街。该区处于海淀文教区的核心地带,北临北京大学、清华大学,东部为中国科学城,西面紧邻北京西山风景区,与颐和园遥望。该区北侧紧邻北京四环路快速干道,西接城市主干道苏州街,东临城市主干道白颐路,北距首都国际机场 25 km,南距北京西客站 10 km。

中关村西区为中关村高科技园区核心区的重要组成部分,为适应中关村高科技园区发展的需要,中关村西区将规划建设成为高科技商务中心区,成为高科技产业管理决策、信息交流、研究开发、成果演示、资本市场、销售市场等商务活动的集中地。

中关村西区是北京中关村科技园区的商务中心区,以金融资讯、科技贸易、科技会展等功能为主,并配有商业、酒店、文化、康体娱乐、大型公共绿地等配套服务设施。此外,根据北京城市总体规划中确定的商业文化服务多中心的格局,该地区还是北京市级商业文化中心区之一。

　　主要功能定位为高科技产业的管理决策、信息交流、研究开发、成果展示中心,高科技产业资本市场中心及高科技产品专业销售市场的集散中心。

　　在地下空间布局上,以公共交通为导向(transit-oriented development,TOD),采用立体交通系统,将大部分机动车交通放在地下,地上只留步行空间,综合发展的步行化城区,实现人车分流,各建筑物地上、地下均可贯通。地铁 4 号线与 10 号线分别从地区西侧和南侧外围干道地下穿过,并在地区东南角设有换乘站点。图 4-18 为中关村西区地下一层、二层的平面图。地下一层为机动车交通环廊,断面净高 3.3 m,净宽约 7.0 m,有 10个出入口与地面相连,另外有 13 个出入口与单体建筑地下库连通,使机动车直接通向地下公共停车场及各块的地下车库。地下二层为多功能共同层,将地铁站、地下停车库、商业、二级开发商的地下空间进行有效连通。地下建筑面积为 $50 \times 10^4 \, m^2$,建设约为 $12 \times 10^4 \, m^2$ 的商业、娱乐、餐饮等设施。地下一层和地下二层停车场规划建设 10 000 个机动车停车位;地下三层主要是市政综合管廊的主管廊,约 $10 \times 10^4 \, m^2$,其内敷设有天然气、电信、上水和电力等五种管线,向东、向北与白颐路、北四环路的大市政管线相连通。图4-19为中关村西区修建性详细规划总平面布置。

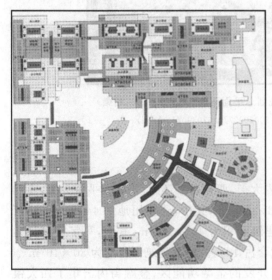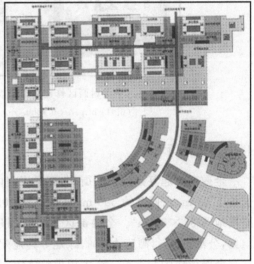

（a）一层平面　　　　　　　　　　　　　（b）二层平面

图 4-18　中关村西区地下平面布置

　　中关村西区地下空间规划采用地下环形车道＋地下综合开发＋综合管沟的综合管廊模式,以中关村西区 1 号路、4 号路、5 号路围合形成的 D 型内部环路为依托,把增加道路通行能力,解决中心区的交通疏导及市政管线常规敷设存在的问题结合起来,使各开发用地有机地连通融合,实现功能共享,从而使中关村西区地下空间能得到高效发挥。

图 4-19　中关村西区修建性详细规划总平面图(比例尺 1：500，缩微)

(引自：http://cul.sohu.com/20090927/n267039075.shtml)

4.4.3　金融街地区

金融街南起复兴门内大街,北至阜成门内大街,西自西二环路,东邻太平桥大街,南北长约 1700 m,东西宽约 600 m,规划用地 $103 \times 10^4 m^2$,其中,建设用地约 $44 \times 10^4 m^2$,道路用地约 $32 \times 10^4 m^2$。金融街区总体规划建筑面积为 $402 \times 10^4 m$,其中,写字楼面积达 74%,公寓占 3%,酒店占 4%,绿地等其他配套占 19%。地下建筑面积约为 $80 \times 10^4 m^2$。

金融街作为北京第一个大规模整体定向开发的金融功能区,金融街内云集了四大银行总部及证监会、保监会等权威金融监管机构,聚集了 100 多家国际知名企业总部,如高盛集团、摩根大通银行、法国兴业银行、瑞银证券等 70 多家世界顶尖级外资金融机构和国际组织入驻金融街,汇聚了全国金融业 60% 以上的金融资产,是中国重要的金融管理和信息发布中心。

在金融街中心区内,地铁 1 号线与地铁 2 号线的交汇点复兴门车站位于金融街南端,6 号线在中心北经车公庄及平安里站,远期地铁 12 号线和 16 号线也将从本区北部通过。由于地铁线没有直接穿过金融中心地下,因此,金融街中心区地下空间开发以地下交通为主,采用隧道弥补无地铁经过该区的不足,集中解决中心区地下交通与地面交通的衔接问题。

该地下交通系统分为地下行车系统、地下停车系统与地面衔接的交通枢纽系统。金融街地下停车系统的面积为 $46 \times 10^4 \, \text{m}^2$，停车区域集中在中心区的地下二层和三层，拥有 10 000 个以上的停车位。

在竖向空间上，中心区地下夹层（地下 4m）、地下一层（地下 8m）、地下二层（地下 12m）均为机动车停车库。竖向剖面如图 4-20 所示。

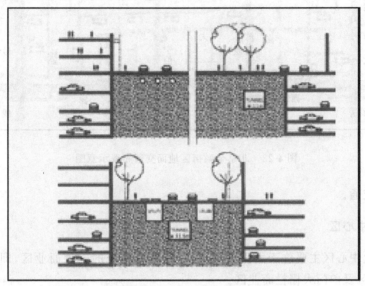

图 4-20　北京金融街中心区地下空间竖向剖面示意图

地下一层为与地面衔接的交通枢纽系统，通过交通枢纽系统与 15 个地块的地下停车库及地下行车主干道连接（图 4-21）。地下二层的行车系统与地面五主干道相连（图 4-22），通过地下隧道将西二环路（地铁 2 号线）与太平桥大街直接相通，可以在地下从金融街的东端走到金融街的西端；同时，隧道又与武定侯街、广宁伯街、金融大街三条区域干道相连。这样，从地下可以到达金融街中心区的每条交通干道，实现了快速进出，缓解、

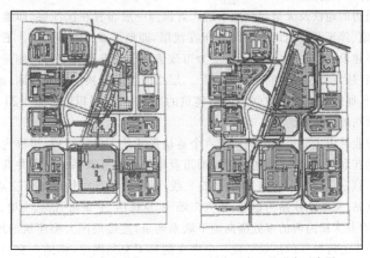

图 4-21　北京金融街区地下一、二层交通布置及形态示意图

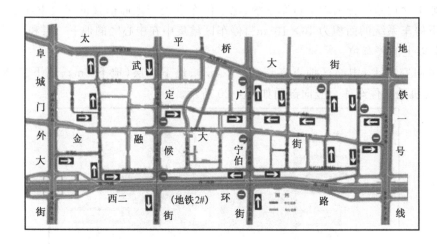

图 4-22　北京金融街区地面交通布置示意图

净化了地面交通。

4.4.4　商业中心区

北京商业中心区主要位于大大安门地区,是北京传统的三大商业区,即王府井商业区、西单商业区及前门大栅栏商业区。

1) 王府井商业区

王府井商业区是北京市级商业中心区之一,南起东长安街,北至五四大街,东起东单北大街,西至南河沿大街;南北长 1.7km、东西宽约 950m,占地面积约 $165×10^4$ m²,规划建筑总面积为 $370×10^4$ m²,其中,地上面积为 $260×10^4$ m²,地下面积为 $110×10^4$ m²。金鱼胡同以南地区规划用地面积约为 $99×10^4$ m²,以综合设施及配套市政公用设施用地为主,形成王府井中心商业区。

王府井周边的地铁及大型建筑地下的人防设施一般布置在次浅层,即地下 10~30m 空间,商业设施、停车及其他地下空间分布在浅层,即地下 0~10m 空间。王府井商业中心按地下三层建设,王府井大街地下一层为市政管廊层。市政管道与两侧建筑物之间还留有一段空间,规划将这段空间作为地下一二层之间空间转换的交通空间;地下二、三层为地下商业街,通过交通转换空间与两侧建筑的地下一、二层相连。图 4-23 为王府井商业区竖向剖面功能示意图。

王府井商业区由主要道路分隔而成六个地块形成地下空间组群,组群内建筑物之间的地下空间相互联通,组群之间通过过街通道及地下街相互联系。王府井商业区利用南北向地铁 1 号线、6 号线,东西向 4 号线、5 号线,以及 2 号环线构成地下交通干线网络。以王府井地铁站、东单地铁站为枢纽,东方广场、北京饭店、北京宫、信远大厦、光彩大厦为节点,以及王府井大街两侧的多处横向地下联系通道,连接周围大型建筑的地下空间,并与北京中心城中心区以外的地铁形成一个庞大的地下交通网络,将地上交通与地下交通构成一个空间交通网络系统。

（a）竖向剖面效果图

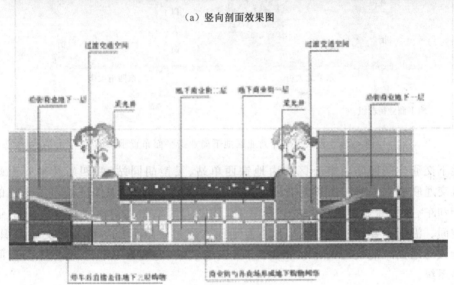

（b）竖向剖面功能示意

图 4-23　北京王府井商业区竖向剖面功能示意图

此外,在城市道路下建设地下街和商业街(图 4-24),既为地下人流提供通行,又最大限度地发挥集聚效应,获得良好的商业效益和环境效益。在王府井商业中心,建设了地下两层的地铁 5 号线金鱼胡同站—煤渣胡同—新东安市场之间的地下街及地铁 8 号线东安门站—大阮府胡同—百货大楼前广场的地下街。同时,在王府井大街灯市西口的南端布置地下商业街。这些商业街也作为东西两侧商业建筑地下连通通道组织地下人行交通的必要补充,起到一定的人流集散作用。

2)西单商业文化区

西单商业区沿西单北大街分东、西两部分,用地总面积约 $29 \times 10^4 \mathrm{m}^2$,其中,路东区用地面积约为 $8 \times 10^4 \mathrm{m}^2$,建筑面积为 $26 \times 10^4 \mathrm{m}^2$,路西区用地面积约为 $21 \times 10^4 \mathrm{m}^2$。西单商业区是北京传统的三大商业区之一,也是北京市区八个规划市级商业文化中心区之一。

西单商业区南端有东西向地铁 1 号线,北端有东西向地铁 6 号线,南北向有地铁 4 号线分别从商业区地下空间穿过,并经过地铁 2 号环线与北京中心城中心区其他线路

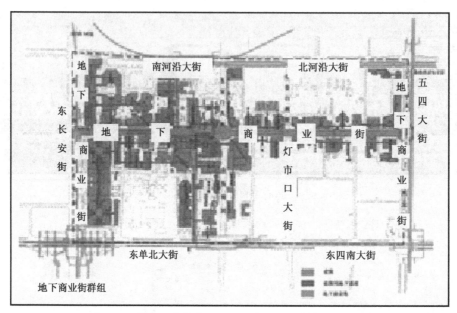

图 4-24　北京王府井商业区地下商业街平面布置示意图

构成地下交通空间网络。中心区内由地铁西单站、灵镜胡同站、西四站及平安里站将中心区交通联系在一起。由于商业区地面被西单北大街纵贯，为保证城市主干道的交通功能和东、西侧商业用地之间的有机联系，开发了西单北大街南段近 300 m 的道路地下空间。沿街主要商业楼之间以地下及地面二层过桥道形成立体分层交通组织，以减少行人与地面车辆交通的干扰。由此，构成地铁站、隧道及天桥三维一体的空间交通网络系统。

在商业街更新改造方面，新建商业设施面积将超过 $100 \times 10^4 \mathrm{m}^2$。主要为西单路口以南地区的娱乐休闲配套设施建设，包括酒店、餐饮等场所。在地下空间开发中，以首都时代广场为中心，开辟地下通道及地下商业街，向南直达宣武门，向北通达西单商场，在西单路口西北部通达君太百货商场。通过地下通道、地下商业街及过街天桥的连接，将中友百货、君太百货、大悦城、西单商场、西单文化广场、中银大厦、中武大厦等 17 大商场紧紧联系在一起，形成了商业文化中心。

西单文化广场位于北京西单商业区南侧，西单路口东北角，用地总面积约 2.2×10^4 m^2，绿化用地约 52%，总建筑面积约 $3.9 \times 10^4 \mathrm{m}^2$，是西单商业文化中心的另一重要功能布局。

西单文化广场地下空间最大深度为 14.4 m，地下室顶板位于地下深度 3.0 m，地下一层层高 4.5 m，地下二层层高 6.9 m，局部设夹层。地下一、二层为商业用地，其中，地下一层以餐饮及商场为主，地下二层在设有商业的同时，设有溜冰场、游泳池、健身房及四维动感电影厅等休闲娱乐设施。地铁 1 号线从文化广场南侧、地铁 4 号线从广场西侧地下二层穿过，地下空间的人流入口布置在南北主轴的两端，在东侧平台之下为货物供应单独设置了出入口，并以西单地铁站为枢纽，通过南北向地下街、地下人行通道与地铁连通，并直达时代广场、北京图书大厦及西单文化广场。

3)前门大栅栏商业文化区

市井文化是一种生活化、自然化、无序化的自然文化现象,它产生于街区小巷,带有商业倾向,通俗浅近,具有浓厚的生活气息和地域特色,传统而经久不衰。前门大栅栏地区是北京旧城中历史最长、遗物遗存最多、旧城风味最浓、规模最大的传统市井文化区。该商业文化区位于天安门广场南侧,东起祈年殿大街,西至南新华街,南起珠市口东、西大街,北至前门东、西大街,占地总面积约为 $24\times10^4\,m^2$,该区也是北京市区八个规划中的市级商业文化中心区之一。

前门大栅栏商业文化区有地铁 2 号线从该区北侧穿过,7 号线沿南侧边界通过,5 号线、4 号线分别从东、西两侧通过,远期规划有地铁 8 号线、12 号线从地区内部通过,其功能定位是特色商业文化,以发展步行街为主。

地区西部的大栅栏地区是历史文化保护街区,长巷、草厂地区为传统居住风貌地区,从保护历史风貌的角度出发,应重点开发地下空间,疏解地面交通、环境的压力。该区地质条件有利,普遍具备地下空间开发条件,地下公用设施和人防工程占用的空间少,可供开发的地下空间资源多。但由于该区所处的特殊位置,属于保护性开发区,按照与地面功能互补的原则,应重点规划和发展地下商业街、地下交通以及地下综合管廊。

4.4.5　文化体育中心区

北京文化体育中心主要位于北四环奥林匹克中心及南二环旧永定门地区。这里主要介绍奥林匹克中心地下空间的规划设计。

1) 奥林匹克公园地区

北京奥林匹克公园——北京奥林匹克中心区位于北京市中轴线的北端,规划总用地约 $1159\times10^4\,m^2$。由国家森林公园、奥林匹克中心区、原国家奥林匹克体育中心及中华民族园四部分组成。其中,国家森林公园位于奥林匹克中心区以北,占地 $680\times10^4\,m^2$;奥林匹克中心区位于北四环路以北,在北与森林公园相接,约 $315\times10^4\,m^2$;原国家奥林匹克体育中心位于北四环以南,位于中轴线上,由东西向四环线分隔,用地 $114\times10^4\,m^2$;中华民族园及部分北中轴用地 $50\times10^4\,m^2$,集中了 11 项比赛和 10 个场馆,并包括奥运村、国际广播电视中心、主新闻中心等重要设施。其分布如图 4-25 所示。

奥林匹克中心地下空间是结合地下联系通道、地铁换乘、国家体育馆、国家游泳中心、国家会议中心、相关区域的其他建筑及其他地下设施综合设置的地下空间。在奥运会期间承担仓储、安保用房及停车等功能,在奥运会后以商业街开发为主,体现文化休闲与商业服务的中心功能。因此,中心区规划的基本原则是合理利用地下空间,增强土地开发利用率;联系各地块地下车库,形成资源共享,方便使用;注重地下与地面空间衔接的舒适性,保证地下空间环境质量。在设计上,充分结合周边环境,引入自然环境,创造地面建筑空间感受;便捷联系商业、地铁、下沉花园等空间,服务公众;合理设计建筑层高,尽量减少结构埋深,降低工程造价;空间设计具有可变性和灵活性,满足商业多样化的需要。

解决地面交通是地下空间开发的主要任务之一。在奥林匹克中心,地铁 8 号线沿北京中轴线纵贯奥林匹克公园,线路总长约 4.7km。在奥林匹克公园外设熊猫环岛站,在园区内设奥体中心站、奥林匹克公园站、森林公园站及林萃桥站四个地铁车站,并与地铁

图 4-25　奥林匹克公园规划分区图

10 号线在熊猫环岛相交。

在奥林匹克公园中心区地下空间设计中,将停车场及部分商业服务设施放入地下以节约有限的地面空间。其中,地下停车场采用集中与分散相结合的布置原则,车库间的设置既相对独立,又设有专用公共车道将其相连,将地铁站、地下商业设施连通,以提高地下空间使用率,使停车设施资源共享,提高了地下空间的利用效率。

中心区公共地下空间依功能分为 A、B、C 三个大区,总建筑面积为 $52.6 \times 10^4 \, \text{m}^2$,如图 4-26 所示。

其中,A 区位于公园中心区的中部,包括 A1 及 A2 区,总建筑面积约为 $37.16 \times 10^4 \, \text{m}^2$。A1 区位于奥运湖下,并与地铁 8 号线奥林匹克公园站连通,主要设置大型商业设施。A2 区主要布置南北向公共机动车道和地下车库,并结合地上商业步行街辅以部分地下商业空间,用以联系东西两侧地块的地下车库,并与城市道路连接。A1、A2 区用东西地下连廊把整个商业空间联系起来,形成连续有序的商业空间,并通过规模化、整体化格局实现规模化的经营战略。B 区分 B1 区及 B2 区,总建筑面积约为 $10.44 \times 10^4 \, \text{m}^2$,共设停车位 2100 个;C 区总建筑面积约为 $5.0 \times 10^4 \, \text{m}^2$。

在竖向层次上,奥林匹克公园中心区公共区域地下空间地下为二层,深 13m。其中地下一层高度为 7.8m,地下二层高度为 5.2m,地铁 8 号线奥运支线布置在地下 14.5m 以下空间。通过奥运广场北延的下沉式花园整合地上、地下、室内、室外等各种性格的地

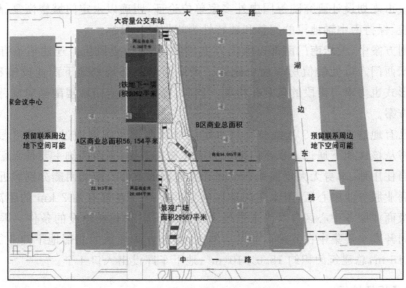

图 4-26　地下空间商业建筑规划

下空间,便捷联系地面、台地、下沉花园、水系岸边等元素,构成地下商业空间在不同层面上的灵动形态。在具体布置上,地下空间沿下沉花园布置主力店,充分利用了下沉花园的长边,使分布在南北两侧的主力店和分布在中部的小型店铺均享有下沉花园的美好景致和便利交通。以商业为中心贯穿南北,两侧设立餐饮、娱乐、MAX 多屏幕影院、健身、休息等空间,用功能完善的室内商业步行街联系各个区块,保证了有效完整的商业空间;注重大型商业营业厅向室内步行街的过渡空间,采用多样的商品展示或者辅以绿化手法,在重要节点设置餐饮、MAX 影院及休息、娱乐场所,使整个地下空间丰富有趣,把开放性下沉广场作为标志性入口并通过室内功能的节奏变化增加场所的可识别性。

由于中轴线两侧地下空间靠近大型体育设施,为不同人流提供服务、餐饮和休闲空间,提供舒适宜人的环境;北部联通奥运村、森林公园等重要场所,赛时成为运动员、观众和官员等不同人流的交流及休闲场所,体现了以人为本的设计理念。整个地下空间规划设计的特点是以纵向地下商业步行街构成南北主要联系带,以横向通道实现东西向直线联系,将商业、服务及交通有机统一,形成了商业气息浓厚、服务功能齐全、交通便捷的完整体系。

2)永定门地区

永定门位于北京传统中轴线的最南端,是北京旧城中轴线南端的标志性建筑,始建于明嘉靖 32 年(1553 年),清乾隆 32 年(1767 年)大修改建成楼。明代为加强都城的保卫作用,在内城的南侧开始兴建外城,外城南面设三门,中为永定门,东为左安门,以求"安定"之义。历史上永定门包括城楼、箭楼和翁城三部分,南部有护城河拱卫。永定门与正阳门遥相对应,是明、清两朝皇室前往南苑团河围猎的主要通道。1957 年永定门城楼被拆除。

规划范围以永定门原址为中心,北起南纬路,南到燕墩及其周边绿地,总长约 1.7km,东、西两侧以现状永定门桥东、西两座跨河桥及天坛外坛坛墙遗址、先农坛坛墙为界,规划用地面积 $46.7 \times 10^4 m^2$。2003 年经日本黑川纪章事务所、法国 AREP 设计公司及北京市城市规划设计研究院等国内外多家单位论证,明确以永定门城楼恢复、保护城市的整体风貌、保持南中轴地段的完整和独特性为规划设计目标。

在规划方案中,天坛南门南部以绿化为主,集中展现历史风貌。迁建佑圣寺,保留观音寺及天坛西门入口处的值房等历史建筑。天坛南门北部规划地下商业设施和下沉广场。绿化形式也力求与南段的景观相协调。同时,确定了永定门城楼南侧翁城、箭楼及护城河设计方案。

该区已有地铁4号线、5号线分别从永定门地区西部及东部通过,地铁8号线及14号线远期将从该区地下通过。永定门地区为南北狭长条形,东西两侧主要是天坛、先农坛以及少量居住用地,本身无大规模地下空间开发建设的条件。南北两侧分别靠近木樨园、前门市级商业服务业中心区,但永定门地区在空间上与二者都有约2 km的距离,并且,这两个市级商业服务中心区自身尚未进行大规模地下空间开发建设的条件。因此,此区的地下空间开发主要集中在北部商业发达地区,综合方案规划的北部地下商业街地下共3层,最深15 m,总建筑面积约18.0×10⁴ m²,地下车库设出入口4个。

4.4.6　交通枢纽地区

北京主要有三大交通枢纽地区,分别布置在东直门、六里桥及动物园地区。

1) 东直门交通枢纽地区

东直门综合交通枢纽地处东直门立交桥东北角,规划范围东起察慈小区西侧路、西至东二环路东直门外北大街,南起东直门外大街北侧,北至规划支路,占地15.4×10⁴ m²,其中建筑用地9.8×10⁴ m²,是一个集交通枢纽、办公、酒店、公寓、文化娱乐、商业及金融为一体的综合性大型建筑群,是典型的城市中心区综合客运交通枢纽。

东直门交通枢纽有环线地铁2号线、城市铁路13号线及机场高速铁路通过。在功能布局上,东直门交通枢纽地区规划内容包括:公交枢纽站、机场快轨、绿化广场、写字楼、酒店、公寓、商场、会展中心、相应的车库和配套附属管理用房等,开发总建筑面积为79.0×10⁴ m²,枢纽总建筑面积约7.3×10⁴ m²。

其中,交通枢纽区划分为交通枢纽换乘大楼、公交站台/换乘区、管理用房、驻车区、地下停车库、地下自行车库和有关机电配套用房。整个交通枢纽区布置在南区,共设有3个主要出入口与周边道路相接。

交通枢纽换乘大楼的地面层设有车站集散大堂,换乘周转区及商店;地下一层为城铁车站集散大堂及商店;地下二层为城铁站台及候车厅。

公交站台/换乘区包含市区公交、近郊公交与市域公交。管理用房布置于枢纽换乘大楼的地面层及地上一层夹层内。驻车区主要设在公交枢纽的北面,在日间提供68个驻车位,在晚上提供118个驻车位。地下停车库设社会停车位400个,分别位于地下二层及三层。自行车库设置约5000个自行车泊车位,设于地下一层的夹层。出租车换乘区布置在枢纽区的西南角,规划35个车位。

因东直门交通枢纽是机场线、城市铁路的终点站,迅速将轨道交通客流分流并尽量缩短换乘距离是枢纽的首要任务,交通枢纽作为综合客运交通枢纽是一个大规模客流转换、疏散中心,在规划时强调了地下空间的利用。在地面空间有限的情况下,较好地利用了地下空间,强调了地面、地上及地下三个层次的利用与协调。

合理利用地下空间,使各种交通流组织有序,各行其道。东直门交通枢纽的换乘大楼是轨道交通方式直接换乘及轨道交通与地面公交之间换乘的中心,几种轨道交通车站自下而上,根据其线路特点布置于其中,轨道交通之间的换乘通过楼层间的自动扶梯实现竖向换乘。地下一层的商场将所有其他建筑区域联系起来,形成一个平面地下连通网,把步行人流从地面以上的区域联系起来。

公交车辆停车场地与公交车站置于同一层,方便运营。地下二层、三层的停车库与坡道按不同服务区域划分,有利于管理。自行车停放于地下一层夹层,由于竖向升降高度差可以被接受,避免自行车地面停车占地及影响景观。

通过地下空间的利用将枢纽与周边建筑及地下空间连为有机整体。通过地下一层商场将所有其他建筑区域联系起来,形成了一个地下平面连通网,把步行人流从地面以上的机场快轨车站、公交车站、出租车站、写字楼、中庭式办公楼等区域联系起来,使地下空间的利用将各部分空间有效衔接。

2) 六里桥交通枢纽

六里桥交通枢纽位于六里桥立交西南角,东距西三环南路 300 m。北距京石高速公路100 m,距北京西站南广场约 2 km,地处交通要地,是进出北京的西南大门,也是北京重要的长途客运枢纽之一。占地面积约 $12.0 \times 10^4 \text{m}^2$,其中,规划建设用地面积约 $7.5 \times 10^4 \text{m}^2$。

在功能布局上,六里桥交通枢纽是以省际长途客运为主的城市综合换乘枢纽,具有省际长途客运、公交、出租、地铁的综合换乘功能,以及行包快件托运和其他综合延伸服务功能。其长途客运功能设置于地面,附属功能设置于地下。旅客换乘采用同一站房内立体换乘模式,其功能配置如表 4-2 所示。

表 4-2　六里桥交通枢纽功能的空间布置

功能区类型	空间层位
省际长途	地上一层主站房南侧
市内出租	地上一层主站房北侧
市内公交	地下一层主站房北侧
行包快件托运	主站房西侧
社会车辆	主站房地下一层
地铁 9 号线	地下二层地铁通道
自行车停车	进出站区各一个存车处
配套服务	地上 25 层、地下三层

长途客运功能为主,设置于地面,附属功能设置于地下作为综合客运公交枢纽,六里桥交通枢纽主要负责西南外埠地区、西南市域与市区之间的衔接换乘。枢纽站以长途客运功能为主,配套服务设施也以为长途旅客服务中心,为长途车辆配备必要的洗修设备。空间布局上将主体功能区长途客运功能设置于地面层,方便车辆出入及人员换乘,而地下空间的利用则主要侧重于社会停车等功能。

长途客运、市区公交与地铁分开设置,层次清晰。以长途客运功能为主体,设置于地面,方便使用。市内公交则设置于半地下层,地铁设置于地下二层,保证了流线与换乘的协调性。

　　3）动物园交通枢纽

　　动物园公交枢纽用地位于北京市西直门外大街南侧,东临京鼎大厦,西至天文馆,北起西直门外大街,南至西直门外南路,东西长约 250m,南北宽约 70m,总用地面积为 $1.5 \times 10^4\,\mathrm{m}^2$。包括公交站台、地下社会汽车停车库、自行车地下停车场、公交管理调度用房、派出所及商业开发。规划公交线路为 10 条,是典型的城市中心区公交枢纽站。

　　动物园公交枢纽建筑结构为地下两层,总建筑面积约 $10.1 \times 10^4\,\mathrm{m}^2$。其中,地上部分首层主要为架空布置的站台和公交车流、人流疏散和换乘部分,东西两侧为站务用房,布置值班、调度、办公、休息、换乘人员专用卫生间和派出所等,建筑面积约 $1.1 \times 10^4\,\mathrm{m}^2$。二层及以上为商业开发部分,包括商铺、餐饮和写字间三类,建筑面积约 $6.0 \times 10^4\,\mathrm{m}^2$。

　　地下部分中,地下一层主要为换乘大厅和地下商业用房,南侧为地下车库和地下自行车库,设置车位 44 个,自行车位 1800 个。南北方向的人流可以穿过换乘大厅和地下通道自由穿行。建筑面积约 $1.45 \times 10^4\,\mathrm{m}^2$。地下二层为社会车辆车库和各种设备用房,停车位有 336 个,建筑面积约 $1.45 \times 10^4\,\mathrm{m}^2$。

　　动物园交通枢纽除公交车站位于首层外,其他停车设施及乘客换乘大厅均设于地下,充分利用了地下空间。但受用地及建设规模的限制,公交站台呈行列式排列,枢纽内 9 个公交站台只有 3 个设置了垂直换乘设备。

习题与思考题

　　1. 什么是城市中心区？有哪些基本属性？中心区如何分级？

　　2. 城市中心区有哪些基本特点？试分析之。

　　3. 什么叫城市地下综合体？它产生的起因是什么？地下综合体通常包括哪些内容？

　　4. 地下综合体具有什么特征？有哪些布置方式？

　　5. 城市地下综合体有哪些开发模式？各有什么条件和特点？

　　6. 城市中心区有哪几种基本形态？试述影响中心区形态的主要因素。

　　7. 试述中心区地下空间规划设计的基本原则与方法。

　　8. 如何确定城市地下空间开发的规模和形态？

　　9. 城市地下空间开发规模、结构和形态是什么关系？试分析之。

　　10. 在进行城市中心区功能规划时,应考虑哪些因素？试分析之。

　　11. 如何实现城市中心区地下空间结构、形态和功能的协调统一？试分析之。

　　12. 城市中心区地下空间开发的动因是什么？地下空间开发要解决哪些主要问题？

　　13. 如何进行地下空间的形态规划？应考虑哪些因素？试分析之。

　　14. 在地下空间规划与设计时,城市中心区科技文化中心与商业中心的环境特性有何不同？如何体现以人为本的规划设计理念？

　　15. 试述地铁交通在城市中心区地下空间规划设计中的作用。

　　16. 如何看待城市地下综合体在城市中心区地下空间规划中的作用和地位？试分析之。

参 考 文 献

[1] 梁江,孙晖. 模式与动因:中国城市中心区的形态演变[M]. 北京:中国建筑工业出版社,2007.

[2] 史北祥,杨俊宴. 城市中心区的概念辨析及延伸探讨[J]. 现代城市研究,2013,(11):86-92.

[3] 黄亚平. 城市空间理论与空间分析[M]. 南京:东南大学出版社,2002.

[4] 姜曼琦. 城市空间结构优化的经济分析[M]. 北京:人民出版社,2001.

[5] 吴明伟,孔令龙,陈联. 城市中心区规划[M]. 南京:东南大学出版社,1999.

[6] 亢亮. 城市中心规划设计[M]. 北京:中国建筑工业出版社,1991.

[7] 吴明伟,孔令龙,陈联. 城市中心区规划[M]. 南京:东南大学出版社,1999.

[8] 西里尔·鲍米尔. 城市中心规划设计[M]. 冯洋译. 沈阳:辽宁科学技术出版社,2007.

[9] 刘立欣. 广州新城市中心区空间形态整体控制研究[D]. 广州:华南理工大学博士学位论文,2012.

[10] 童林旭. 地下空间与城市现代化发展[M]. 北京:中国建筑工业出版社,2005.

[11] 耿耀明,刘文燕. 城市地下综合体开发利用现状及前景[J]. 建筑结构,2013,43(S2):149-152.

[12] 黄莉,霍小平. 城市地下空间利用——地下综合体发展模式探讨[J]. 北京建筑工程学院学报,1999,15(2):89-99.

[13] 查德利,贺红权,吴江. 城市中心区演化与中心商务区形成机理[J]. 重庆大学学报,2003,26(3):110-113.

[14] 金俊,杨俊宴,史北祥. 城市中心区空间形态发展规律探析[J]. 现代城市研究,2013,(1):83-86.

[15] 单国铭,梅广清. 国际大都市及其中心区发展的特点与借鉴[J]. 上海综合经济,2004,(9):21-28.

[16] Besner Jacques. Underground cities for peoples:The humanization of the montreal underground city and its metro[C]// Proceedings of the 13th World Confernece of ACUUS:Advances in Underground Space Development, ACUUS 2012. 2013.

[17] 北京市统计局. 北京统计年鉴 2005[Z]. 北京:中国统计出版社,2006.

[18] 北京交通发展研究中心. 北京市交通发展年报 2005. 2006.

[19] 杨静,毛保华,丁勇. 北京与国际大都市道路交通比较研究[J]. 综合运输,2009,(4):45-48.

[20] 北京市规划委员会,北京市人民防空办公室,北京市城市规划设计研究院. 北京地下空间规划[M]. 北京:清华大学出版社,2006.

[21] 束昱. 地下空间资源的开发与利用[M]. 上海:同济大学出版社,2002.

第5章 城市地下街及步行系统

内容提要：本章主要介绍城市地下街的基本概念、组成、作用及其特点，阐述城市地下街及步行系统规划与设计的基本要求及规划与设计方法。

关键词：城市地下街；基本组成；地下步行系统；规划要求；布局要点；基本原则。

5.1 城市地下街的作用

5.1.1 城市地下街的基本类型

城市地下街，也称地下商业街，属于城市动态交通；同时，又属于城市地下商业的范畴。

1）地下街的定义

顾名思义，地下街与地面街相对应，地下街是布置在城市地下的街道，指在城市地下一定深度范围内，设置地下道路，沿道路全程或大部分路段两侧建有各式地下建筑，设有人行通道、商铺和/或车行道、地下广场及各种市政公用设施的地下道路。

地下街是城市发展到一定程度后导致的土地利用改变，主要体现在通过地下街步行道解决人车混行，实现地面交通流向的改变；通过地下街实现商业功能的补充或延伸；通过地下街实现地下交通如地铁及地下快速公路，解决城市交通拥堵问题；通过地下街提供安全、舒适的购物环境。

地下街的起源可追溯到 1910 年，法国建筑师 Eugene Henard 所提出的多层次街道（multi-level-street），当时提出此概念是为了解决城市中人车混行、相互干扰的问题，获得土地的高度集约化利用[1]。最初的构想是将地面层作为马车和汽车的使用空间，地下一层作为人行步道及电车轨道并有楼梯通往地面层，地下二层为服务性车道，地下三层为城市地铁系统，地下四层则为垃圾及商品运送车道[2]。欧美发达国家或地区的城市中心区的再开发始于 20 世纪 60 年代。第二次世界大战后经济复苏，城市中心区内人地关系矛盾突出，成为城市发展中重点更新与改造之处。地下街是透过城市地下空间的开发而发展起来的，所处城市中心区作为城市功能补充的建筑产物[3]。

地下街的开发受到地面建筑、环境、交通及中心区容积率的影响，地面特性直接影响地下街的规模、平面构成形式与地面开口位置及宽度。国外地下街的发展主要通过城市中心区立体化的再开发、地铁站开发及人员聚集产生商业购物需求而发展。地下街在美国、加拿大、法国及日本等国家得到广泛应用，特别是在用地条件紧张的日本被广泛应用[4]。典型城市地下街开发如表 5-1 所示。日本东京自 1930 年在上野火车站地下步行通道两侧开设商业柜台便形成了地下街之端。日本的地下综合体常被称为地下街或地下商业街(underground shopping mall),由地下车站的通道扩建而成。以后又在桥和银座等建设了地下街。至今,地下街已从单纯的商业性质演变为包括城市交通、商业及其他设施共同组成、相互依存的地下综合体。从 1927 年最早的银座地铁线开始,20 世纪 60 年代快速大量开发,较大规模的地下商业街开发建设则多集中在经济高度发达时期的 20 世纪 50~70 年代。例如,建于 1957 年的有近 $1.6 \times 10^4 m^2$ 的池袋东口地下街,建于 1965 年的总建筑面积达 $6.8 \times 10^4 m^2$ 的八重州地下街,以及建于 1973 年的有近 $3.8 \times 10^4 m^2$ 的新宿歌舞伎町地下商业街等[5,6]。此外,美国费城中心区、加拿大多伦多 Eaton 中心、蒙特利尔地下城地下街开发,均表现为大面积、平面体系化,街道、广场设计于一体,实现商业、地铁、文娱与地下停车等功能的综合化[7]。中国地下街开发利用主要源于人防工程的功能再利用,平时作为商业街补充城市功能,战时作为避难场所,平战结合实现再开发利用[8]。城市中心区的地下街由最初的人防工程发展到地下商业街、交通枢纽、地下娱乐设施等。中心区地下街是地上空间的延伸及功能补充,并与地上协调发展。中国北京及上海等大城市的城市中心区地下街建设也已进入到立体化再开发阶段,通过地铁站点及大型商业广场,逐渐形成集地铁站点、广场、高层建筑地下空间、购物中心于一体、功能综合的多层次地下城[9,10]。

表 5-1　国内外主要城市中心区地下街的开发

用地条件	城市	中心区	街区面积 /km²	主要功能	地面开发强度/ ×10⁴m²	地下街开发强度/ ×10⁴m²
用地开阔	纽约	曼哈顿	22.27	地铁、步行街	7432	19 条地铁线、步行街
用地开阔	蒙特利尔	5 个街区		地铁、步行街、商业、地铁、停车系统等	580	90%商业
用地开阔	巴黎	拉德芳斯	1.6	地铁、步行街、公交换乘中心等	写字楼 250	步行系统 60
		列·阿莱广场地区	—	商业、文娱及交通等	—	>20
平原	北京	中关村西区	0.5	商业、娱乐、共同沟、停车系统等	100	50
平原	上海	人民广场	1.4	大型变电站、地下水库、地铁、商场、地下停车系统等	—	>20
		世纪大都会商圈	0.09	交通枢纽、商业、文化、娱乐、停车系统等	16.4	12

2) 地下街的类型

(1)按规模分类。根据建筑面积的大小和其中商店数量的多少,可分为小型、中型、大型。目前,规模大小没有统一的标准。通常,小型地下街的建筑面积在 $0.3 \times 10^4 \mathrm{m}^2$ 以下,商店小于 50 个,多为车站地下街,大型商业建筑的地下空间,由地下通道互相连通;中型地下街的建筑面积在 $(0.3 \sim 1) \times 10^4 \mathrm{m}^2$,商店为 $50 \sim 100$ 个,多为小型地下街的扩大,从大型建筑的地下空间向外延伸,与更多的城市地下空间连通;大型地下街则指地下建筑面积大于 $1 \times 10^4 \mathrm{m}^2$,商店多于 100 个的地下空间。地下街发展的高级模式是地下城。

（2）按形态分类。根据地下街所在位置和平面形态,可分为街道型、广场型及复合型。其中,街道型多处于城市主干道下,平面形态多为一字或十字形,其特点是沿街道走向布置,在地面交叉口处设相应的出入口,与地面街道及建筑设施连通,也兼作地下人行道或过街人行道,出入口设置与地面主要建筑、小交叉口街道相结合,保证人流上下。广场型多修建在火车站的站前广场或城市中心广场的地下,其特点是规模大、客流量大、停车面积大。上海人民广场地下街如图 5-1 所示。该地下街呈矩形布置,与地铁连通,地下街面积为 $1.0 \times 10^4 \mathrm{m}^2$,停车面积为 $4.0 \times 10^4 \mathrm{m}^2$。

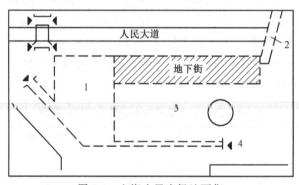

图 5-1　上海人民广场地下街

1. 地下车库;2. 地铁;3. 地下水库及变电设施;4. 出入口

　　与交通枢纽连通的广场型地下街,将与车站首层及地下层相连;在中心广场或站前广场的地下街,一般布置为下沉式。下沉式广场型地下街空间开敞、阳光可进入地下,通过室外楼梯与地面相连,可用于休息、人流分配,空间层次感强。这类下沉式广场型地下街如多伦多 Eaton 中心,巴黎卢浮宫是典型另类改造型下沉式广场。图 5-2 为兰州中心广场地下街。

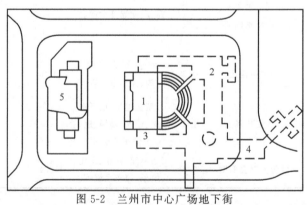

图 5-2　兰州市中心广场地下街

（引自:http://www.docin.com/）

1. 下沉式广场;2. 地下娱乐场;3. 休息室;4. 商场;5. 地面车站

复合型则兼有广场型与街道型地下街的特点,一些大型地下街多属此类。在交通上划分人流与车流,与地面建筑相连,与地面车站、地铁、地下快速道、高架桥立体交叉口相通;在功能上,具有商业、文化娱乐、健身体育、宾馆等功能;在美学环境上与中心广场协调一致;在布局上,以广场为中心,沿道路向外延伸,通过地下通道与地下空间连通,形成整个地下街。图 5-3 为日本横滨地下街规划示意图。

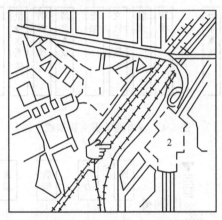

图 5-3　日本横滨地下街规划示意图

(引自:http://www.docin.com/)

1. 戴蒙德地下街;2. 波塔地下街

(3)按作用分类,分为通路型、商业型、副中心型和主中心型。其中,通路型主要是在接驳地铁站体通道的两侧设置商店,因地下街主要的功能还是提供使用地铁的人进行通行,针对人流多无目的性或是快速通行的消费者,因此,贩卖的商品多以一般生活用品为主。商业型地下街主要是强化地面商业机能的延续与扩大,因地面上已经有成熟的商圈,地下街定位就需与地面商圈的贩卖模式有所区别,主要是以独立的特色店及餐厅为主。副中心型地下街常设在车站与车站之间,因交通而产生的地下街,由于在上方与周边往往有着大量的百货与商业建筑,并在入口或通道与其相连,因此,在经营与风格上与地面上的商圈必须具有延续性及统一性。主中心型地下街主要是以各类精品及奢侈品为主,同时地下街本身的功能必需完备,综合衣食住行娱乐等以满足消费者的各项需要,这类型的地下街同时必须与综合体进行配合。

(4)按功能分类,可分为地下商业街、地下娱乐街、地下步行街、地下展览街及地下工厂街。其中,以地下商业街、文化娱乐街及地下步行街最为常见。

5.1.2　地下街的主要组成

地下街由地下步行系统、地下交通系统、地下商业系统、地下街内部设备设施系统及辅助系统等组成,如图 5-4 所示。在地下街中,地下步行系统是其最基本也是最主要的构成,地下交通系统及地下商业系统将在其他地下空间中进行专门的介绍,内部设备设施系统及辅助用房是地下空间中的共性部分。地下街的功能布置及关系如图 5-5 所示。

地下步行系统包括出入口、连接通道、广场、步行通道、垂直交通设施及步行过街等。地下步行系统一般设置在城市中心的行政、文化、商业、金融及贸易等繁华地段或区域,这些区域应有便捷的交通与外相接。区域内各大型建筑物之间由地下步道连接。

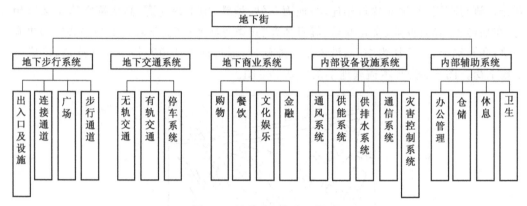

图 5-4　城市地下街主要构成

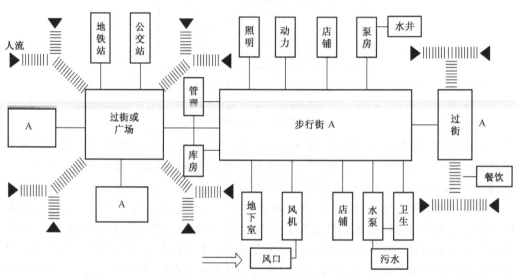

图 5-5　地下街的功能布置及关系

（引自：www.docin.com）

　　地下步行系统按使用功能分类，主要设置于步行人流流线交汇点、步道端部或特别的位置处，作为地下步行系统的主要大型出入口和节点的下沉广场、地下中庭，满足人流商业需求的地下商业街作为连通地铁站、地下停车场和其他地下空间的专用地下道等，地下步行系统分类及构成如图 5-6 所示。

　　地下交通系统包括有轨、无轨交通及停车系统，无轨交通包括机动车地下快速道、地下巴士，有轨交通包括地铁、轻轨及城铁。

　　地下商业系统包括购物、餐饮、文化娱乐、金融与贸易等。

　　地下街内部设备系统包括通风系统、供能系统、供排水系统、通信系统及灾害控制系统。通风系统包括地下通风空调、进风排风网路及风流监测监控；供能系统包括动力及照明变配电、供燃气及供暖；通信系统包括地下无线及有线通信设施等；灾害控制系统包括灾害预警、安全路线指示、中央防灾控制室、备用水源电源用房及防灾救灾设施。

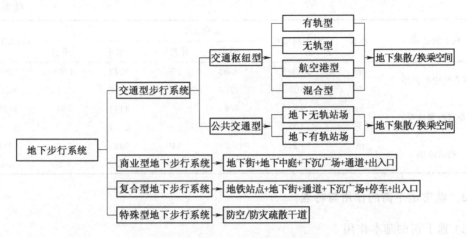

图 5-6　地下步行系统分类及构成

辅助用房包括管理、办公、仓储、卫生及休息等地下建筑。

地下街在规划设计时,各部分的功能与规模之间应协调统一,各部分的规模应满足功能的需求,并具有一定的前瞻性。根据国内外地下街规划设计的经验,在城市发达,人流、车流量大,交通拥挤的情况下,商铺面积 S_a、步行街面积 W_a 及停车场面积 P_a 之间存在如下关系:

$$S_a + W_a \approx P_a \tag{5-1}$$

当城市欠发达,车流少,不设地下停车系统时,则满足以下关系:

$$S_a \leqslant W_a \tag{5-2}$$

地下商业街面积构成如下。

(1)交通面积:为步行街式商铺的厅式商店中两柜台间距减 1.2m。

(2)营业用房面积:步行街式商铺为店铺与街连通时,主要指营业间内的面积。

(3)辅助用房面积:包括仓库、机房、行政管理用房、防灾控制中心用房及卫生间的面积,参考有关建筑标准。

(4)停车场面积:参考地下车库设计相关内容。

据有关统计分析,地下商业街营业面积:交通面积:辅助面积=4:3:1。表 5-2 为日本地下商业街各组成部分的面积比例。从表可知,地下街营业面积平均占总建筑面积的 50.6%,交通面积占总建筑面积的 36.2%,辅助面积占总建筑面积的 13.2%。

表 5-2　日本地下商业街各组成部分的面积比例(引自:http://www.docin.com/)

地下街名称	单位	总建筑面积	营业面积		交通面积		辅助面积
			商店	休息厅	水平	垂直	
东京八重洲	m²	35 384	18 352	1 145	11 029	1731	3326
	%	100	51.6	3.2	31.0	4.9	9.3
大阪虹之町	m²	29 480	14 160	1368	8840	1008	4104
	%	100	48.0	4.6	30.0	3.4	14.0

续表

地下街名称	单位	总建筑面积	营业面积		交通面积		辅助面积
			商店	休息厅	水平	垂直	
名古屋中央公园	m²	20 376	9308	256	8272	1260	1280
	%	100	45.7	1.3	40.6	6.1	6.3
东京歌舞伎町	m²	15 637	6884	—	4114	504	4235
	%	100	44.0	—	25.7	3.2	27.1
横滨波塔	m²	19 215	10 303	140	6485	480	1087
	%	100	53.6	0.8	33.7	2.5	9.4

5.1.3　城市地下街的作用与特点

1）地下街的基本作用

地下街的城市功能主要表现在以下几个方面。

(1)地下街的城市交通功能,起到人车分流的作用;

(2)地下街对城市商业的补充作用;

(3)地下街在改善城市环境上的作用;

(4)地下街的防灾功能。

在以上功能中,改善城市交通是最基本也是最主要的功能。地下街规模不同,功能有很大差异。小型地下街功能单一,往往只具有步行、商业及辅助用房等基本功能;属于地下车站的附属品;大型地下街则通常与地下快速公路、地铁、大型商业、停车系统、防灾及附属用房等联系在一起;超大型地下街则是人流、车流、存车、大型商业与文化娱乐等构成的地下综合体或地下城的重要组成部分。地下街功能分析如图 5-7 所示。

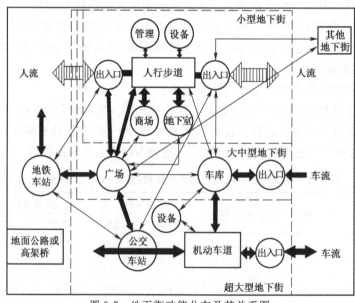

图 5-7　地下街功能分布及其关系图

(引自:http://www.docin.com/)

2）地下街的特点

城市地下街与地面街相比,具有以下特点。

(1)不受自然气候直接影响。地下街位于城市地下空间,属于室内购物环境,不受天气影响,具有冬暖夏凉、自然调节的特点。此外,由于与地铁、地下快速道等交通枢纽紧密连接,让地下街的购物时间得以延长,这是其他购物场所不具备的优势。

(2)人工环境,与自然环境隔离,缺乏自然风光。为了营造更舒适的购物环境,需要对地下街空气流速、温度、湿度等进行调节,并设置城市雕塑、广告和展览等装饰艺术,美化环境,提高视觉效果。

(3)建设难度大,且一般条件下具有不可逆性。地下空间的开发投资成本高、建设难度大,并且具有不可逆性的特点。

(4)形成完全步行的商业空间。地下街通过地下步行系统、地铁、快速道来运输人流,与地下停车场、地下道路空间隔离,创造了人、车完全分流的环境,且地铁强大的运输客流量,又为地下街提供了源源不断的商机。

(5)布置在地下,既增添了神秘感,吸引人流和商机,又具有战时防空功能,安全性高。

(6)地下空间具封闭性,属于人工环境,通风条件不良,防火、防水等防灾困难。

行人流通是城市经济的来源。城市地下步行系统设置的目标是改善地面交通环境,创造便捷、舒适、安全的环境,提高地下空间的商业价值,补充、延伸和完善地面功能,促进商业发展。交通和商业是地下步行街的主要功能。

行人流通指的是行人的多少和流动方向,行人流通本身产生于物理形式的环境中。因此,地下街规划设计应体现对行人流通的模拟,地下形成网络,同时应该是一种大型的、高强度的交换节点,具有多个疏散与聚集的出入口,让行人有选择。在规划地下街时,地下街的主导方向应该与地面人流的主导方向一致,以利于人流的聚集。同时,在次级方向及与地下街主导方向垂直、分支的路径上,应通达地面各交通节点,便于人流的疏散。

5.2　城市地下街规划的基本原理

5.2.1　地下街规划的基本原则

城市地下街规划应遵循以下基本原则。

(1)城市地下街应建立在城市人流集散和购物中心等车站及商业中心地带。主要解决交通拥挤,进行人车分流,满足地下购物及文化娱乐等要求,与地面功能的关系应以对应、互补、协调为原则。

(2)地下街规划应与城市总体规划协调一致,考虑地下人流、车流和交通道路状况。地下街建设应研究城市地面建筑物性质、规模及用途,以及是否拆除、扩建及新建的可能,同时考虑道路及市政设施中远期规划。

(3)地下街规划应按照国家及地方城建法规及城市总体规划进行。

（4）地下街规划应考虑建设范围内历史及古物遗迹的保护。地下街建设应注重加强环境保护,防止地下水和对周围建筑环境的扰动,有价值的街道不能用明挖法建筑地下街道。

（5）地下街规划要考虑其发展成地下综合体或地下城的可能性,进行中长期规划。城市地下街是地下综合体及地下城的初级阶段,随着城市规模的扩大,城市地下街可能发展为地下综合体或地下城。对于不同级别的城市中心,应根据城市发展长远规划考虑地下街的规划建设。

（6）地下街应与城市其他地下设施相联系,建立完整的通风、防火、防水及防震等的防灾、抗灾体系,形成安全、健康、舒适的地下环境。

在竖向和平面上,形成多功能、多层次空间结构的协同统一。在形成地下综合体、促进地面城市的延伸和扩展、扩大功能、提高土地利用效益的同时,应建立完整的防灾、减灾、抗灾体系。加强灾害风险管理、灾害监测预警、灾害救助救援、灾害工程防御及灾害科技支撑等防灾、减灾、救灾体系建设。

5.2.2　影响地下街规划的主要因素

城市地下街规划受许多因素影响和制约。在进行规划设计时,应充分考虑这些影响因素,趋利避害,发挥有利因素,采取合理措施,减少有害因素的制约。影响因素主要包括以下几个方面。

（1）地面建筑、交通及绿化等设施的设置。

（2）地面建筑的使用性质、地下管线设施、地面建筑基础类型及地下室的建筑建构因素。

（3）地面街道的交通流量、公共交通线路、站台设置、主要公共建筑的人流走向、交叉口的人流分布与地下街交通人流的流向设计。

（4）防护、防灾等级、战略地位及规划防灾防护等级。

（5）地下街的多种使用功能与地面建筑使用功能的关系。

（6）地下街竖向设计、层数、深度及在水平与垂直方向的扩展与延伸方向。

（7）与附近公共建筑地下部分及首层、地铁、地下快速道及其他设施、地面车站及交叉口的联系。

（8）设备之间的布置,水、电、风、气等各种管线的布置及走向,与地面联系的进、出风口形式等。

在地下街规划时,应对以下几方面的内容作重点考虑。

（1）明确地上与地下步行交通系统的相互关系。

（2）在集中吸引、产生大量步行交通的地区,建立地上、地下一体化的步行系统。

（3）在充分考虑安全性的基础上,促进地下步行道路与地铁站、沿街建筑地下层的有机连接。

（4）利用城市再开发手段,以及结合办公楼建造工程,积极开发建设城市地下步行道路和地下广场。

5.3　地下步行系统规划布局

5.3.1　地下步行系统规划布局要点

1）以地铁站及交通枢纽为节点

交通枢纽、地铁站点、公交站点及地下快速道的发展给地下空间的开发提供了条件，在进行地下步行系统的规划布局时，应优先利用已有地面及地下交通条件，将地面建筑与地下设施有效结合，解决中心区交通问题，形成地上地下功能互补、协同统一、环境友好、用地效益显著的地下步行系统。在没有地下交通条件时，应根据城市总体发展规划及城市可持续发展要求，对城市中心区地下步行系统进行规划设计。通常，地铁车站是人流与商业设施、服务及公共空间的连接纽带，地下快速道在联系城市巴士上将发挥特有的优势。

2）以地下商业为中心

经济是社会发展的主导因素之一，经济的持续发展为城市建设的发展提供了基础。城市地下步行系统的开发，促进不动产的开发，创造就业机会，繁荣城市经济，特别是在现有的城市中心区，地下步行系统的再开发有助于中心区的振兴与发展，其发展模式为在地铁站台、地下步行道路沿线发展商业，改善封闭通道中枯燥感的同时，还可获得经济效益。例如，加拿大多伦多伊顿中心地下城、蒙特利尔地下城、纽约地下步行街、日本东京及横滨地下街就是这样的例子，整个地下城由地下步行系统形成串联空间，将地铁站点、地下停车库、供货车用通道、地下商场等进行有机连通，扩大了城市交通、商业等设施容量，延长了消费活动时间，创造了更多的就业机会和商业价值，使城市中心区高聚集城市功能得到整合与优化。

3）人流组织与流量

地下街规划设计涉及行人流量及流动方向。地下街由步行道路形成的网络，它规定着人们的行动方向，规划时应尽量考虑将来有多重选择的可能性，行人有权利在所规划的通道中选择行走路线。因此，在商业设施布置时，要重点考虑行人的选择路线。这种选择与地面人流的布局紧密相关。

考虑地下设施入口多，且较分散，一般要避免地面入口太集中，使得人流在地面过于集中。地下空间和一些连接点是联系在一起的，这些连接点多为地铁站、办公室及商店。应充分考虑主街道、地铁站、写字楼及商店人流集散特点与规律，协调地面与地下的关系。

地下步行系统的容量应满足地下行人疏散与集聚的要求。应认真计算地下人行街道网络的人流量吞吐能力，步行街的宽度应有利于分流人群，具有舒适的步行空间，既满足日常交通与商业的要求，又能满足有关安防需要，且不造成大量的空间浪费。

4）力求便捷，经济适用，购物、观景、娱乐休闲一体化

地下步行设施如不能为步行者创造内外通达、进出方便的条件，就会失去吸引力。在高楼林立的城市中心区，应把高楼楼层内部设施如大厅、走廊、地下室等与中心区外部步行设施如地下过街道、天桥、广场等衔接，并通过这些步行设施与城市公交车站、地铁站、

停车场等交通设施连通,共同组成一个连续的、系统的、功能完善的城市交通系统。步行系统应该成为一个网络,它规定着人们的行动方向,在商业设施布置时,要重点考虑行人的选择路线。多伦多 PATH 地下步行系统是目前世界上最大的地下步行系统,拥有 27 km 长的购物通道,营业面积达 37.16×10^4 m^2。在地下共连接 50 幢高层办公楼的地下室,1200 余家商店,20 座停车库,5 个地铁站,2 个大型购物商场,6 座大型酒店。通过地下街,它还可以通达多伦多的不少主要旅游景点,其中包括冰球名人堂(Hockey Hall of Fame)、Roy Thomson 音乐厅、加航中心(Air Canada Center)、加拿大国家电视塔(CN Tower)、Rogers Center 及多伦多市政厅(City Hall)等。在整个系统中,布置了多处花园和喷泉,100 多个地面出入口,使多伦多地下步行系统以庞大的规模、方便的交通、综合的服务和优美的环境闻名于世。

地下街一般应布置在城市金融、贸易、商业和服务最集中的地区,即城市中心。它通常以数幢规模庞大的商业建筑群为主体,集购物、观光、娱乐、休闲于一体,与各类建筑地下、地上步道相连,可直达各功能点。同时,通过城市地铁、地下快速道、地面巴士、城铁等交通与外部连通,十分便捷,经济适用。

5)环境优雅,舒适宜人

充满情趣和魅力的地下步行系统能够使人心情舒畅,有宾至如归之感,特别是布置了休息功能和集散功能的步行设施。通过喷泉、水池、雕塑可以美化环境;花坛、树木可以净化空气;饮水机、垃圾桶可以满足公众之需;电话亭、自动取款机、各种方向标志可以提供游人方便,并且由于地下全封闭的步行环境,将商厦、超市、银行和办公大楼连成一体,街内灯火通明,空气清新,行人可以置骄阳、寒风、大雪于不顾,从容活动,一切自如,为行人提供安全、方便、舒适的步行环境。例如,位于大阪市中心的天虹地下街,上中下三层,街长 1000m、宽 50m、高 6m,街顶离地面有 8m,总建筑面积为 3.8×10^4 m^2,通过 38 个出入口疏散到地面 310 家商店,可同时容纳 50×10^4 人,每天有 170×10^4 人次乘地铁出入,地下街内设有 4 个广场并设有喷泉,其中,彩虹广场喷泉装有 2000 多支喷头,喷射高度 3m。

5.3.2　地下步行系统布局模式

根据地下街在平面上与功能单元的布局方式,可分为步道式布局、厅式布局及混合式布局三种模式。

1)步道式布局模式

步道式布局模式,是指以步行道为主线,组织功能单元的布局。根据步道与功能单元的组合关系,可分为中间步道式、单侧步道式与双侧步道式,如图 5-8 所示。

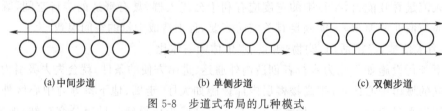

(a)中间步道　　　　　　(b)单侧步道　　　　　　(c)双侧步道

图 5-8　步道式布局的几种模式

步道式布局的特点是步行道方向性强,与其他人流交叉少,可保证步行人流畅通;购物等功能单元沿步道分布,井然有序,与通行人流干扰小。

2) 厅式布局模式

厅式布局模式,是指在某方向并非按同一规则安排各功能单元的分布,没有明确的步行道,人流空间由各功能单元内部自由分割。其特点是组合灵活,在某方向的布局没有规则可循,空间较大,人流干扰大,易迷失方向,应注意人流交通组织和应急疏散安全。图 5-9(a)为厅式步行系统布局模式的示意图,(b)为日本横滨东区波塔地下街布局。

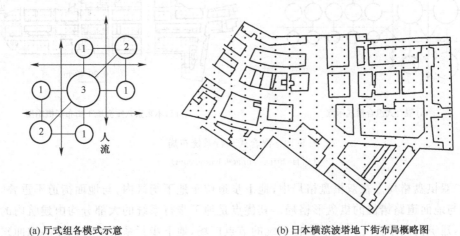

(a) 厅式组各模式示意　　　　　　　　(b) 日本横滨波塔地下街布局概略图

图 5-9　厅式步行系统布局

1、2、3 表示店铺规模

横滨波塔地下街为广场厅式布局的地下街,建于 1980 年,总建筑面积为 40 252m²,设置 120 个商铺,建筑面积为 9258m²,地下二层为停车系统,设有 250 个车位。

3) 混合式布局模式

混合式布局模式,是步道式与厅式的组合模式,也是地下街中最普遍采用的形式。其特点是可结合地面街道与广场布置,规模大,功能多;能充分利用地下空间,有效解决人流、车流问题。混合式布局模式如图 5-10 所示,图中(a)为混合式组合模式示意图,左侧为厅式布置,右侧为步道式布置;(b)为日本八重洲地下街布局概略。

日本东京火车站八重洲地下街建于 20 世纪 60 年代,整个地下空间与东京车站和周围 16 幢大楼相连通,总建筑面积为 6.6×10^4 m²,设置 215 个店铺,建筑面积为 1.84×10^4 m²,570 个车位,地下商业街与地下高速公路连通,是日本至今为止最大的地下商业街之一,设置出入口总数 42 个,每个出入口平均服务面积为 435m²,室内任何一点到出入口的最大距离为 30m。地下建设深度为三层,地下一层以商业街为主,主要为店铺;地下二层布置停车库,停车库被东京高速路分隔成两部分,均通过缓冲车道与高速路衔接,左进左出设置四个衔接出入口,日均停车数量 1500 个;地下三层主要为设备用房。

按照地下街与地面街的对应关系,地下步行系统的布局模式又可分为双棋盘格局和单棋盘格局。

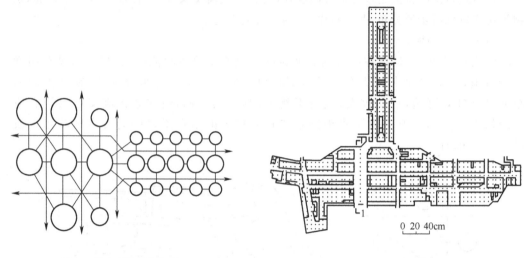

(a) 混合式组合模式示意　　　　　　　(b) 日本东京八重洲地下街布局概略图

图 5-10　混合式步行系统布局

（引自：http://image.baidu.com）

　　（1）双棋盘格局。在双棋盘格局中，地下步道位于地下街区内，与地面街道不重叠，从而形成与地面道路错位的棋盘形格局。其优点是地下步行系统的大部分均由建筑内的步道构成，建筑内的中庭充当地下步行系统的节点广场，地下步行系统的特色跟随地面建筑而自然获得，识别性较强。此种格局适合于街区内的建筑普遍较大、地下多层开发、基础设施完整的新兴大城市中心区。这种模式多见于美国和加拿大的城市。典型的洛克菲勒中心地下步行道系统，在 10 个街区范围内，将主要的大型公共建筑通过地下通道连接起来；休斯敦地下步行道系统也有相当规模，全长 4.5km，连接了 350 座大型建筑物。

　　（2）单棋盘格局。此种格局的地下步道位于街道下，上下对应，形成与地面道路重叠的单棋盘格局。其优点是基础在道路下建设，避免了与众多房地产所有者在用地、施工、使用管理方面的纠纷，且受建筑物类型及基础等的限制较少。缺点是开挖施工对城市交通影响较大，地下步行系统的特色、识别性较难获得。适合于街区内建筑规模较混杂、存在较多零碎基地的城市中心区。单棋盘格局以日本城市为典型，如东京地下步行系统就属于此类布局，如图 5-11 所示。

　　日本采取单棋盘地下步行系统的原因是：一方面，日本建筑基地普遍较小，地下室较小，难以在其中再开辟地下公共步道。同时，同一街区中较多地下室，分属不同业主，街区内开辟公共步道面临更多协调困难。在道路上建设地下街则阻力较小。另一方面，日本政府严格保护私有土地权利。日本地下街大发展之时，也是经济大发展之时，地价涨到很高，东京中心 3 个区内的 3 条高速公路，造价的 92%～99% 用于土地费用。地下公共步道如果穿过私人用地和建筑地下室，政府需支付昂贵的土地费用，迫使地下街只能在公共用地下开发。相对来说，美国的私有土地所有权则是一种相对的权利，政府拥有较多的控制权。对美国、加拿大与日本地下步行系统的特点比较如表 5-3 所示。

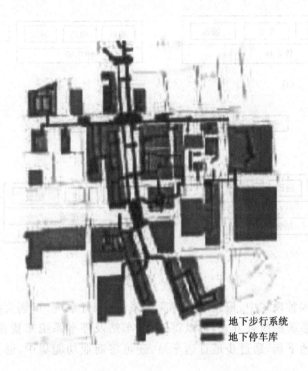

图 5-11　东京地下步行系统的单棋盘布局

（引自：http://image.google.com.hk）

表 5-3　美国、加拿大与日本地下步行系统的特点比较

美国、加拿大地下街	日本地下街
双棋盘格局	单棋盘格局
建筑间直接相连,连接较多	建筑通过地下街间接连接
建筑地下室面积普遍较大	建筑地下室面积普遍较小
与私人建筑兼用,难分彼此	独立的公共设施,界限分明
建筑下	空地下
方向感、识别性好	方向感、识别性差

　　按照步行系统地下建筑的功能及在平面与竖向上的组合方式不同,在平面上的布局有四种模式,在竖向有五种模式,分别如图 5-12 和图 5-13 所示。

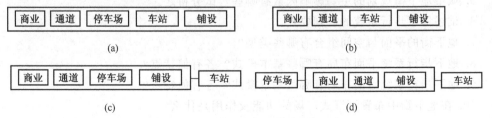

图 5-12　地下街平面布局模式

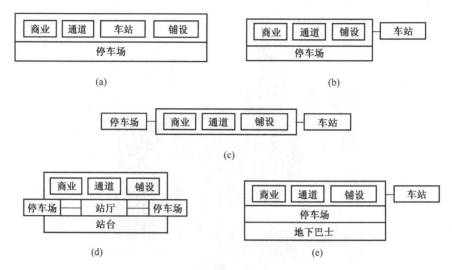

图 5-13　地下街竖向布局模式

在平面布置的四种模式中,根据地下街商业系统、步行系统、车辆交通系统及内部辅助设备设施与辅助系统的组合方式,可以将商业、车站及停车系统布置在地下街内,也可将停车系统设置在地下街,通过步道直达车站,还可将商业功能集中,通过步道到达停车系统和车站。

在竖向布置中,一般而言,商业布置在地下一层,停车系统布置在二层,外部交通系统布置在三层,设辅系统根据需要可在各层布置,而其中主要的基础设施系统如市政管网、动力配备及通风等应安排在深层或同层远离人流活动区域。

此外,还可根据地下步行系统在平面上几何形态或意象进行规划,其布局模式可分为一字形、T 形、十字形、L 型等。例如,日本奥莎地下街为一字形布局,东京八重洲地下步行系统为 T 型。

习题与思考题

1. 何谓地下街? 有哪些基本类型? 各有何特点?

2. 试述地下步行系统的基本组成和作用。

3. 试述地下街规划的基本原则,在地下街规划中应如何体现与地下交通系统的协同?

4. 地下街规划的平面类型有哪几种?

5. 城市地下街规划的主要影响因素有哪些? 试分析之。

6. 试述地下步行系统的规划要点。

7. 地下街的平面与空间组合有哪些类型?

8. 地下步行系统平面布局有哪些基本模式? 各有何特点?

9. 地下步行系统竖向布局有哪些基本模式? 各有何特点?

10. 在地下街中布置下沉式广场的功能及作用是什么?

11. 试分析复合型地下街的特点。

12. 地下商业街的规划布局应考虑哪些因素？

13. 什么叫单棋盘布局？什么叫双棋盘布局？试分析其布局条件和特点。

参 考 文 献

[1] 吉迪恩·S·格兰尼，尾岛俊雄.城市地下空间设计[M].北京：中国建筑工业出版社，2005.

[2] 黄柏铃.隐藏的世界——地下街[M].台北：詹氏书局，1987.

[3] 周云，汤统壁，廖红伟.城市地下空间防灾减灾回顾与展望[J].地下空间与工程学报，2006，2(3)：467-474.

[4] 耿耀明，刘文燕.城市地下综合体开发利用现状及前景[J].建筑结构，2013，43(S2)：149-152.

[5] 颜勤，潘鉴.国内外地下街开发与建设的差异性分析[C]// 多元与包容——2012 中国城市规划年会论文集.昆明：中国城市规划学会，2012.

[6] 刘皆谊，金英红，殷勇，等.城市核心区地下街规划探讨——蚌埠市淮河路地下街方案设计[J].地下空间与工程学报，2012，8(1)：1-8.

[7] 童林旭.地下建筑图说 100 例[M].北京：中国建筑工业出版社，2007.

[8] 童林旭.地下商业街规划与设计[M].北京：中国建筑工业出版社，1998.

[9] 陈志龙，刘宏.城市地下空间总体规划[M].南京：东南大学出版社，2011.

[10] 束昱.地下空间资源的开发与利用[M].上海：同济大学出版社，2002.

第 6 章 城市地铁路网及地下公路交通

内容要点:本章主要介绍城市交通系统中地下轨道交通(track traffic)及地下公路交通规划设计的基本概念,路网的形态规划、选线的基本原则及影响因素,地铁线路及车站规划的基本方法。同时,结合案例进行分析。

关键词:城市地下交通;轨道交通;路网形态;选线;地铁车站;地下快速道。

6.1 城市地铁交通的基本形态

6.1.1 城市地铁路网的基本概念

城市地下交通系统包括地下轨道交通、地下公路交通或快速道、地下停车场系统、地下街及地下过街人行通道。由于地下交通系统设计类型多,内容多,各有特点,在本书中将分章对地下轨道交通、地下街及地下停车系统等主要内容进行介绍。

城市地下轨道交通是城市公共交通系统中的一个重要组成部分,泛指在城市地下建设运行的,沿特定轨道运动的快速大运量公共交通系统,包括地铁、轻轨、市郊通勤铁路、单轨铁路及磁悬浮铁路等多种类型。将城市轨道交通系统——铁路建造于地下,称为地下铁路,简称为地铁、地下铁或捷运等。在英语中称为 subway、underground、metro 或 tube。修建于地面或高架桥上的城市轨道交通系统通常称为轻轨(light rail transit,LRT)。在行业领域内,轻轨与地铁分地下、地面及地上三种纵向布置,为同路网而产生不同的设置方式,是单向客流运量大于 3×10^4 人/h 的城市轨道交通系统。市郊通勤铁路是联系地铁轻轨和城际铁路的过渡段,运行速度比地铁高,一般在 $100 \sim 160$ km/h。

地铁路网主要由线路和车站构成。线路即标准段,也称区间地铁。在平面上,可以划分为直线段和曲线段;在纵断面上由上坡和下坡组成,即采用节能坡的形式。车站分换乘站和枢纽站。地铁车站是联络地上和地下空间的节点,是客流出入口和换乘点,地铁区间段承担轨道交通运输任务,由数条地铁线组成网络,每条地铁线一般长 $20 \sim 30$ km,站的前后设站前或站后折返线,换乘站在两条线路之间设置联络线,联络各地铁车站[1]。

6.1.2 城市地铁路网的基本形态

地铁路网的形态是数条线路和车站在平面上的分布形式。在几何上,是线段之间组合关系的总和。带节点的线段是路网的基本单元,其表现形式为单线或单环。根据线环的组合方式,城市地铁路网可以分为放射形、环形及棋盘形三种基本形态及其组合形态。除此之外,换乘站还有 L、T、Y、Z 等多种形态。随着城市的发展和功能的日益完善,城市地铁网的形态也由简单变复杂,其路网的功能和结构也日臻完善和强大。基本形态是城市地铁路网的初级形式。在基本形态的基础上,将出现多种组合形态,如放射环线形、棋盘环线型、棋盘环线对角形及其他混合形态。各种组合形态是城市地铁路网发展的高级形式。

地铁路网基本形态及其组合如图 6-1 所示。

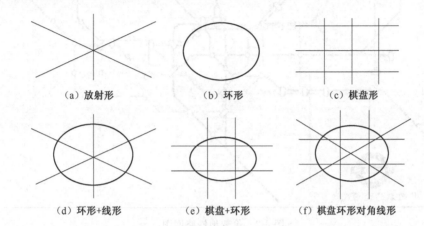

(a) 放射形　　　　　　(b) 环形　　　　　　(c) 棋盘形

(d) 环形+线形　　　　(e) 棋盘+环形　　　(f) 棋盘环形对角线形

图 6-1　城市地铁路网形态与结构

(1)放射形:以市中心为原点,径向线向周围地区发射,形成放射状的形态。放射形是线形的一种组合形态,其特点是通过径向地铁线路和站点,将城市中心区与城市发展圈连接起来,郊区客流可直达市中心,也可通过市中心由一条线路转往另一线路。其缺点是城市各圈层之间不能直接由地铁贯通,线路之间换乘不便,须借助地面公共交通系统。

例如,美国波士顿及英国伦敦地铁路网就属于典型的放射形,伦敦地铁路网如图 6-2 所示。在伦敦地铁路网中,以 Queenway-Chancery 线路为中心,以 Edgware Road-Liverpool Street-Aldgate-Embankment-South Keesington-Bayswater 环行线路为基点,形成向城区四周发散的放射形路网。

此外,纽约、华盛顿地铁路网也是一种典型的放射形路网。纽约地铁路网目前已拥有 27 条线路、722mi[①] 及 468 个车站,路网形态受海湾沿海地形的影响,多数以市中心及海岸为基点向陆岛放射,形成一个形态不规则的庞大而复杂的地下交通系统。华盛顿地铁路网是一种典型的双环多核、环-线结合的放射形式,属于常规单核基点放射形的变异形式。其特点是路网覆盖范围大,可围绕多个中心进行放射,但线路之间转乘比较复杂,如图 6-3 所示。

(2)环形:是以城市中心区为圆心,布置环形线路而形成的路网结构。其特点是路网与城市圈层外延发展相一致,覆盖范围广,不足之处是路网环间缺乏联系,须借助地面交通。这种形态往往出现在地域辽阔的平原地区,且在地理上各向发展均衡的城市。此外,也容易在城市地铁建设的初期出现。随着城市的发展,环形路网通常会发展成环形+线形等复合形式。莫斯科地铁是典型的环形地铁路网,如图 6-4 所示。

_____

① 1mi=1.609 344km。

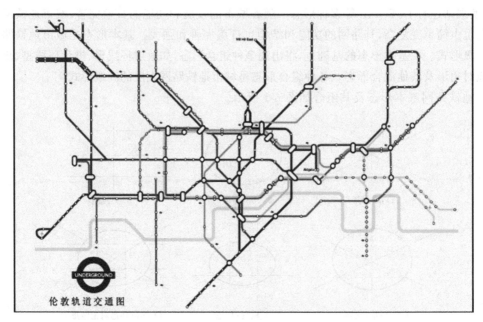

图 6-2　伦敦地铁路网图
（引自：http://image.baidu.com）

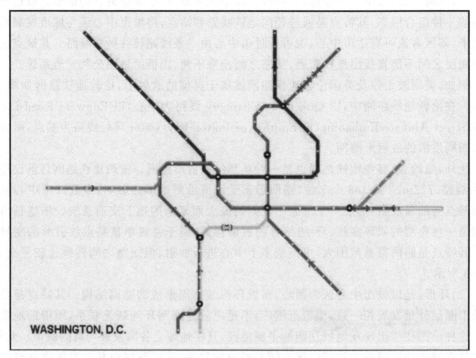

图 6-3　华盛顿地铁路网图
（引自：http://image.baidu.com）

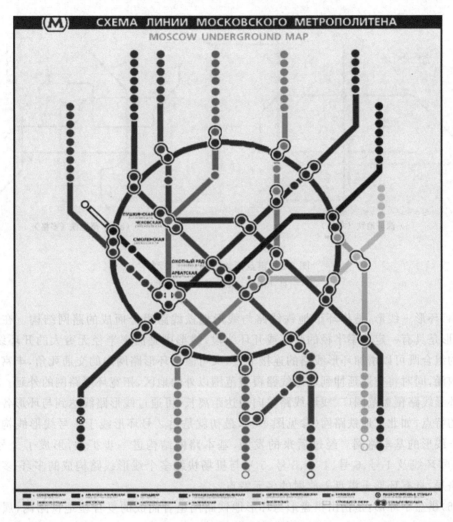

图 6-4　莫斯科地铁路网图

（引自：http://image.baidu.com）

　　整个莫斯科地铁线路以克里姆林宫为中心向四周辐射，连接市中心和郊区的居民住宅区、景点和购物广场，并与铁路客运站相连通，覆盖了整个莫斯科市区和郊区，具有很强的可达性，是一种以环形为基础而发展成的环形＋放射型完美地铁路网。

　　(3)棋盘形：是指由近似相互平行与相互垂直的线形地铁线路构成的路网。棋盘形是线形的另一组合形式，其特点是路网在平面上纵横交错，呈棋盘格局，换行节点多，通达性好，但线路节点相互间的影响较大。许多地铁在建设初期均显棋盘形，根据路网的复杂性，又可分单格棋盘形路网及多格棋盘形路网，前者如深圳地铁路网，后者如广州地铁路网，如图 6-5 所示。

　　棋盘形路网由典型的纵横线路构成，形成棋盘形格局。随着城市的发展，棋盘形也会发展为多种复合类型，如纽约地铁属于非规则型棋盘式路网，具有棋盘＋放射形的特点，北京、上海地铁则具有环形棋盘式路网的特点。

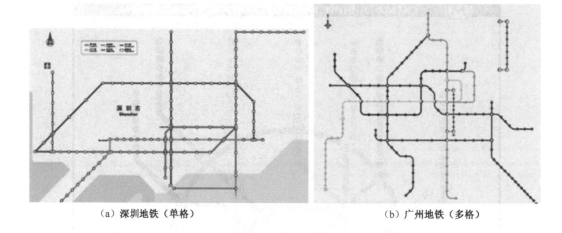

（a）深圳地铁（单格）　　　　　　　　（b）广州地铁（多格）

图 6-5　棋盘形地铁路网的类型

（引自：http://image.baidu.com）

　　（4）环形＋线形：是指环形地铁线路与线形地铁线路组合而成的路网结构。在几何上，环形是具有一定曲率半径的闭环或开环线段，线形则是曲率半径无穷大的开环线段，两者的组合既可以增加环形线路的连接节点，又可激活环形路网内的交通死角，丰富环形路网内涵，同时将交通延伸到环形线路覆盖范围以外的地区，拓宽环形路网的外延。它综合了环形线路覆盖范围广、线形线路单向通达距离长、可通过线形路线达到与环形各向的连通的特点，如北京地铁路网（参见图 4-4），最初就是由 2 号环形线于 1 号线形线构成的环形＋线形的基本路网。经过后来的发展，基本路网结构进一步扩大，形成了 2 号、10 号、13 号环线及 1 号、6 号、4 号、8 号、5 号与机场快线多个线形线路构成的多环-多线形路网格局，具有环形＋棋盘＋放射的多元特点。

　　（5）棋盘＋环形：是指由棋盘形与环形地铁路网组合而成的复合型地铁路网，属于环形与线形组合的另一类型。它具有棋盘形与环形路网的特点，网形规整，覆盖范围大，通达性强。在棋盘形地铁路网中采用复合环形路网，结合对角放射形路网的布局可扩大覆盖范围，减少换乘节点，提高路网的通达效率。例如，伦敦、北京及上海地铁路网是一种典型的棋盘环形路网，如图 6-6 所示。在上海地铁路网中，通过 2 号、10 号、12 号的水平线与 1 号、3 号、7 号、8 号、10 号、11 号的垂直线构成棋盘格局，通过环线 4 号线连通，再通过对角线 5、6、11 及 16 线放射，使地铁网以 4 号环线包络的市中心内环为基点，覆盖整个上海市区。

　　（6）棋盘环形对角线形：是指由棋盘环形地铁路网与对角线形构成的一种地铁路网形式。这种路网除具有棋盘环形路网的特点外，最主要特点是具有贯穿市中心区的对角线形地铁线路，路网覆盖范围大，由市中心达到市区及远郊的换乘站点最少，交通便捷。许多现代化大城市都具有棋盘环形对角线形路网的特点，北京及上海地铁路网是一种典型的棋盘闭环对角线形，我国成都地铁路网则是一种开环与闭环相结合的棋盘对角线形，其路网规划如图 6-7 所示。

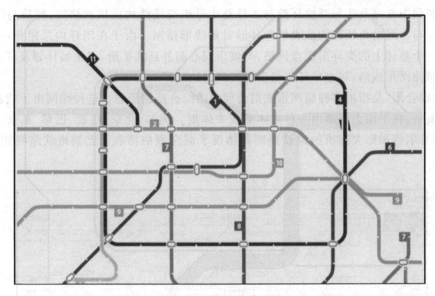

图 6-6　上海地铁路网图

（引自：http://map.baidu.com/subways/）

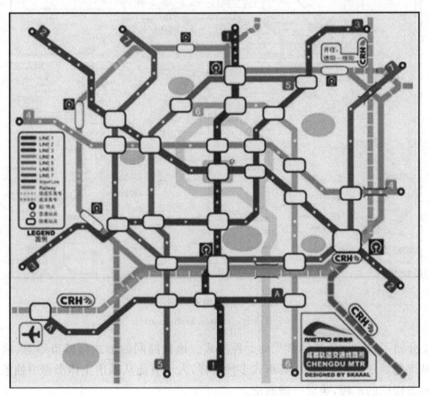

图 6-7　成都地铁路网规划图

（引自：http://map.baidu.com/subways/）

　　该路网由 5 号及 7 号开放环路与 1 号及 4 号正交线路构成棋盘格局,然后与闭合环路及 2 号与 3 号对角线路构成类棋盘环形对角线形路网。由于在闭环内采用开环内嵌,形成了一个整体上的类环形棋盘网格,与城市同心圆外延式扩展、卫星城计划及其发展相一致。该路网形成后,较之单环棋盘形可提高通达效率。

　　(7)混合形:是指由多种路网形式组合而成的综合路网形态。这种路网由于线路和站点错综复杂,在平面上很难用一种主体形式来体现。例如,北京、伦敦、巴黎、东京、纽约、莫斯科、首尔等国际大都市的地铁路网都体现了混合型的特点。巴黎地铁路网如图 6-8 所示。

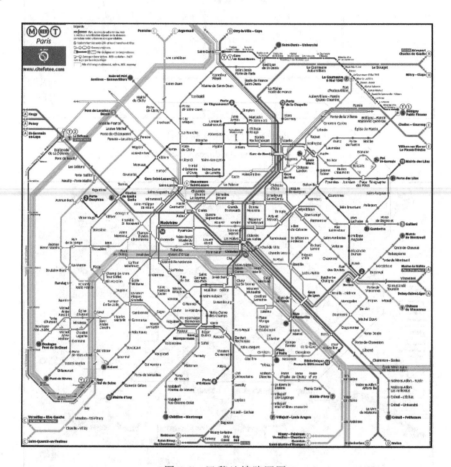

图 6-8　巴黎地铁路网图

(引自:http://image.baidu.com)

　　以上介绍了城市地铁路网常见的七种形式。地铁路网的形式与城市形态、地形地质条件及城市发展规划密切相关,其形式多种多样,人们只能从城市主体形态中抽象出能反映城市形态特征的东西,难以一概而论。

　　但是,随着城市的发展,城市地铁路网的路线及站点增多,覆盖范围增大,通达性越来越强,路网的构成由简单到复杂,很难以一种简单的路网形式出现。因此,也很难对路网的形态进行详尽的分类,往往在一种形式中包含了其他形式,混合形是今后大城市地铁路网发展的必然趋势。

6.2　城市地铁路网规划原则与方法

地铁路网规划是城市全局性的工作,是城市总体规划的一部分。地铁路网规划优劣的本质在于是否充分发挥地铁交通的高效性,主要表现在能否有效解决城市地面交通矛盾,充分发挥地铁高速、大容量运送。地铁线路按其在运营中的作用,分为正线、辅助线和车场线。

6.2.1　地铁路网规划的一般要求

地铁线路的规划一般应满足以下要求。

(1)地下铁道的线路在城市中心地区宜设在地下,在其他地区,条件许可时可设在高架桥或地面上。

(2)地铁地下线路的平面位置和埋设深度,应根据地面建筑物、地下管线和其他地下构筑物的现状与规划、工程地质与水文地质条件、采用的结构类型与施工方法,以及运营要求等因素,经技术经济综合比较确定。

(3)地铁的每条线路应按独立运行进行设计。线路之间及与其他交通线路之间的相交处,应为立体交叉。地铁线路之间应根据需要设置联络线。

(4)地铁车站应设置在客流量大的集散点和地铁线路交会处。车站间的距离应根据实际需要确定,在市区为 1.0km 左右,郊区不宜大于 2.0km。国内外主要大城市地铁交通路网规划如表 6-1 所示。

表 6-1　国内外地铁交通路网规划情况

指　　标		北京	上海	香港	纽约	伦敦	巴黎	东京
市区轨道交通	线网长度/km	700	460	319	398	415	245	292
	线网密度/(km/km²)	0.90	0.77	0.61	0.33	0.26	0.47	0.47
都市区轨道交通	总长度/km	1100	1060	617	1355	3256	1549	1846
	线网密度/(km/km²)	0.67	0.17	0.17	0.51	0.78	0.57	0.84

6.2.2　地铁路网规划的基本原则

地铁路网的规划一般应遵循以下原则。

(1)在城市总体规划中,应先期按市中心和郊区布设,后期由地铁和城市主干道引领城市的规划,将城市建筑限制,如医院、学校、商场、机关、企业及地下空间开发等项目布置在交通线路两侧。

(2)贯穿城市中心区,分散和力求多设换乘点并提高列车的运行效率。分散和力求多设换乘点的目的,一是避免换乘点过分集中,带来换乘点过高的客流量压力;二是尽量缩短人们利用地铁出行的距离和时间。从运营条件合理出发,确定合理的线路长度和时间间隔。一般线路长 20 km,机车车辆进行折返,按 2~3 分钟间隔进行,一条线往返需 16 列左右。

(3)与地面交通网相配合,尽量沿交通主干道设置。沿交通主干道设置的目的在于接收沿线交通,缓解地面压力,同时也较易保证一定的客运量。

(4)加强城市周围主要地区与城市中心区、城市业务区、对外交通终端、城市副中心的联系。地铁线路应尽量与大型居民点、卫星城、对外交通终端如飞机场、轮船码头、火车站等的连接,与地面交通网相配合。在城市人口集散、繁华、交通流量大的区域,应设地下车站与地面交通中心连通。

(5)分期建设同地面整体系统交通网的布局相配套,与现时及远期经济发展规划、施工技术水平及城市建设相一致。

(6)同一定规模的其他地下建筑相连接,如与商业中心地下街、下沉式广场、地下停车场、防护疏散通道等连接。

(7)避免与地面路网规划过分重合。当地面道路现状或经过改造后能负担规划期内的客流压力时,应避免重复设置地下铁路线。

(8)与城市发展规划相适宜。考虑近期(10年)、中远期(25年)城市道路、人口密度、城市经济发展规模等的总体发展趋势,与城市发展总体规划一致,地下交通与地上交通相互协调,形成城市快速、高效的交通综合网络。

(9)同应急状态下的人员运输、疏散及救护相配合。城市地铁路网的规划应充分考虑灾害的防护与地面、地下救灾的配套。

6.2.3 地铁路网规划的基本方法

6.2.3.1 地铁路网规划的基本步骤

地铁路网规划的基本步骤如下。

地铁路网的规划,一般是在城市规划时制定,地铁客流根据城市规划和建设规模进行预算确定,一旦规划完成,客流基本上就已确定,地铁路网将在城市建设中引导客流。OD流量主要用于客流量预算和校验。

(1)调查收集资料。收集和调查城市社会经济指标及线路客流量指标,如城市 GDP、人均收入、居住人口、岗位分布、流动人口、路段交通量、OD 流量(origin destination),为城市交通现状诊断及客流预测提供基础数据。这里,OD 流量是指线路起点到终点的客流量。

(2)交通现状分析。通过对交通线网各路段的交通量、饱和度、车速、行程时间等指标进行统计、计算和分析,对现状交通网进行诊断,确定问题。

(3)客运需求量预测。根据城市社会经济发展规划,对城市人口总量、出行频率、出行距离、交通方式、交通结构等进行调查和分析,以对城市地下轨道交通的客运需求量进行预测。

(4)城市发展战略与政策研究。包括远景城市人口、工作岗位数量及分布、城市规划发展形态及布局、中心区及市区范围的人口密度及岗位密度分布。

(5)城市交通战略研究。从城市交通总能耗、总用地量、总出行时间等角度论证城市地铁交通在不同时期客运份额的合理水平,确定不同时期城市地铁交通的客运目标。

(6)确定发展规模。在现状诊断和需求预测的基础上,结合城市综合交通战略、城市地铁建设资金供给等情况,确定未来若干规划期地铁交通网的发展规模。

(7)编制路网方案。根据地铁交通路网规模,结合客流流向和重要集散点,编制路网规划方案。应考虑重要换乘枢纽的点位,确定平面图,根据城市发展现在或将来的需要,先确定由几条线路组成,包括环线,再进行其他线路的扩展。方案设计与客流预测是相互作用的,在预测过程中需要不断重复上述过程。

(8)客流预测及测试。针对路网方案,利用预测的客流分析结果进行客流测试,获得各规划线路断面和站点的客流量、换乘量及周转量等指标,为方案评价提供基础数据。

(9)建立评价指标体系,对各方案进行定性和定量的分析比较。

(10)确定最优方案,并结合线路最大断面流量等因素确定轨道交通的系统模式。

6.2.3.2　地铁路网规划的基本方法

1) 客流量预测的主要内容

客流输送量预测是城市地铁路网规划的依据。客流需求预测包括以下几个方面:①全线客流,包括全日客流量、各小时段客流量及其所占比例。②车站客流,包括全日、早晚高峰小时上下车客流、站间断面客流量及超高峰系数。③分段客流,包括站间 OD 表、平均运距及各级运距的客流量。④换乘客流,指各换乘站分向换乘客流量。⑤出入口分向客流。

2) 影响客流量的主要因素

城市客流量的大小与城市性质、地位、人口、结构、土地利用规模、形态、城市内外部交通枢纽的分布、吞吐能力及经济、文化生活等密切相关。而且,这些因素不是一成不变的,城市发展会带来许多不确定因素,地铁线路的建设本身也会催生线路及车站周围住宅及商务区等的建设,并导致 OD、公交变化,影响人们出行选择。此外,票价政策等的变化,均会对客流产生严重影响,导致客流量的变化。

3) 客流量预测的基本方法

国内外对客流量预测模型进行了很多研究,如重力模型、概率分担模型、时间序列模型、灰色系统模型等。但其中许多方法由于计算复杂,在工程实际应用中困难较大,大多停留在理论研究阶段。我国现阶段主要采用四阶段交通模型法、三次吸引法、土地利用决定交通需求理论和客流转移理论。四阶段交通模型预测方法是将交通产生、出行分布、出行方式划分和交通分配作为基础,建立数学模型,通过交通网络分配来进行预测的方法。四阶段交通模型是最常见客流量预测模型[2],与其他预测方法相比,四阶段交通模型预测方法更具有系统性、全面性。但该模型是集结模型,假定个别状态的居民出行为群状态,通过交通分区的集合予以描述和推算。由于从抽样调查收集到的数据具有随机性和不确定性,在模型中乘以扩张系数后用以代替全体,在应用统计方法中导出交通分区的相关特性,在数据归组、分类过程中,可能存在因多次均化处理而引发较大的误差。城市客流量影响因素多,关系复杂,同时由于地铁对城市发展、土地利用等有相当大的反作用,这种关系随时间而发生变化,增长规律难以掌握。四阶段模型由于存在上述不足,很难在模型中反映交通环境的变化,容易造成预测偏差。因此,该模型需要进行大规模的交通调查,获得大量的现状数据支持才能实施[3-5]。

三次吸引法的核心是以一条规划线路为研究对象,以各站为中心,划出各站的三次吸引范围。其中,乘客在出发点可步行直接到地铁站的范围为一次吸引范围,出发点需通过自行车或公共汽车换乘地铁的范围为二次吸引范围,出发点需通过其他轨道交通换乘到达的范围为三次吸引范围。由于距地铁站点的远近不同,各站吸引范围内产生的客流总量、被地铁吸引的系数不同。由此,确定地铁各站的进站量。三次吸引法比较适合于单一线路的客流量预测,尤其比较适合于城市外围区域、郊区站点客流的预测。其主要难点是三次范围内吸引系数的确定。

土地利用决定交通需求理论是城市轨道交通客流预测中普遍采用的预测理论,其基本原理是:①从地铁客流本身讲,其出发地不论从家、工作地、商店等到地铁车站,都是在地铁沿线一定范围内产生的,这就引出了地铁客流吸引范围。②从土地利用性质分析,沿线每一地区都是城市的缩影,但由于土地使用的不同,形成了不同的出行强度和吸引率。③从预测的角度讲,未来地铁客流应该是由人口、出行强度构成出行量,再由雏形量、吸引率构成地铁进站量;而从规划角度讲,人口、出行强度、吸引率均应呈增长趋势。这种理论在预测上主要体现在土地使用决定了交通源、土地使用决定了交通流分布和土地使用决定了方式选择三方面,但是各种利用性质的土地能够产生多大的交通需求仍在研究中。

在地铁客流量预测中,迫切需要解决两个问题:一是新的线路建设后,会新增多少客流;二是现状及新增客流将在现状线路和新线路之间如何转移,转移量是多少。

早在 1988 年,英国国家审计委员会曾指出,在交通基础设施项目中,如果适当考虑诱增交通量,可提高评价项目的预测精度[6]。成本诱增理论认为,出行成本的降低会导致诱增客流量的增加,因此,提出了以出行成本的改变来估算客流量的方法。但这一方法没有完全被实践所证实。在基于出行成本的估算中,尽管考虑了出行费用和出行时间等因素,但没有考虑出行效益。因此,有学者提出了采用效用比来衡量出行条件的改变[7]。效用比被定义为出行获得的收益与出行成本之比。但这一方法在进行收益计算时,遇到了难以克服的困难。收益包括物质的,也包括精神的,物质的收益可以量化,但精神上的收益则无法量化。

在客流量转移方面,客流转移理论认为,一种新的交通方式、交通线路实施后,客流量将在不同交通方式之间、不同交通线路之间重新进行分布,原有的客流将在总量上、分布上发生变化,原来的交通方式、交通路线上的客流量将会发生转移。客流转移理论适用于单一公交走廊轨道交通客流流量预测。主要思想是首先将相关线路的现状客流和小汽车流量等向轨道线路转移,得到基年轨道交通线路客流量。然后,按照相关公交线路的历史资料增长规律确定轨道线路客流的增长率,推算远期轨道线路的客流需求;或者从公交预测资料出发,直接预测远期的轨道线路客流。这类方法主要是趋势外推法,在确定轨道客流需求增长率时常采用指数平滑、多元回归、卡尔曼滤波及神经网络数据融合等方法[8,9]。

下面简单介绍四阶段法。

四阶段法预测地铁客流量,通常划分为交通发生与吸引(trip generation and attraction)、出行分布(trip distribution)、出行方式划分(classification of tripmanner)、交通分配(traffic distribution)四个阶段。客流量预测的基本思路是先划出城市总体交通圈,即将其分成若干小区。再将各小区的人口及与人口有关的商业活动、业务活动、教学活动等各种活动量及其配置进行预测,算出年度内的总需求。也就是设定对象范围,将调查目的划分为小区,设定昼间和夜间人口,预测就业、从业和就学、从学人口,预测通勤、通学的OD交通量,预测利用地铁的通勤、通学的OD交通量,并将其交通量分到地铁网络上,预测高峰时的需要,最后设定作为对象的地铁网络。

(1)交通发生与吸引。交通发生与吸引预测的基本思想是合理划分交通小区,预测各个交通小区各种目的的出行量。交通小区的划分就是根据规划区域的用地规模、土地利用性质和规划布局的特点,来确定小区。同时,考虑将来车流在交通网上的分布情况以确定小区边界。最后,在合理的交通小区划分基础上进行发生与吸引量的预测。

常见方法有交叉分类分析法、回归分析法、增长率法及出行率法等,常见模型有增长率模型、原单位法及函数模型法,通常应用原单位法。

原单位法分个人原单位法及面积原单位法。个人原单位法采用居住人口或就业人口每人平均发生的交通发生吸引量来推算出行量,面积原单位法以不同种类用地面积所发生吸引的交通量预测出行量。

规划区的交通总量是由各种交通目的的产生量决定的,各种交通目的产生原单位乘以规划区的将来人口即其产生量。具体方法是,先将各交通小区的将来指标乘以发生、吸引原单位得到各交通小区的发生、吸引比例,并按该比例将规划区各目的的产生总量分配到每个交通小区,再算出各个交通小区各种目的的出行量。

发生吸引预测包括发生吸引总体规模预测、居民分目的的发生吸引量预测及流动人口出行预测。

发生吸引的总体规模预测。计算方法为各种交通目的产生原单位乘以中心区的将来人口。由于经济发展使社会活动增加,产生原单位会在一定的时期内呈现上升倾向,但由于人口老龄化及生活方式的改变,产生原单位将会基本不变或呈现下降的倾向。根据城市现状居民出行特征,确定中心区内人均出行次数。考虑城市范围扩展,预测未来各种目的的居民发生吸引量总规模。

居民分目的的发生吸引量预测。采取总量控制方法进行预测,根据现状居民出行调查,经过类比分析,选择与居民出行相关度高的交通小区进行特征分析,确定分目的居民出行密切相关的特征指标。大量实践和研究表明,小区人口与就业岗位是居民分目的的发生吸引的两个重要特征指标。

通常,就上班而言,发生量可用居住人口进行说明,而吸引量可用就业岗位进行说明;就上学而言,发生、吸引量均可用居住人口进行说明;生活购物及文娱体育等日常生活发生在居住地,可用居住人口进行说明,而吸引量可用居住人口+就业岗位进行说明。其他目的中含有公务,由于考虑将来就业者出行次数会有所增加,所以发生和吸引都以居住人口+就业岗位作为指标。

流动人口出行预测。将流动人口按照出行目的不同,进行分类和预测发生吸引量规模。通常分为对外港站、办公、探亲及旅游等四类。其中,对外港站发生吸引量将根据公路主枢纽规划、铁路枢纽规划及民航规划来获取，其他三类目的的发生吸引量则为流动人口总发生吸引量扣除对外港站总量。

(2)出行分布预测，包括居民出行分布预测、流动人口分布预测及对外港站分布预测。

居民出行分布预测。以现状 OD 调查资料为基础，标定参数，然后将居民出行发生、吸引预测的结果代入模型进行计算，其结果即作为预测 OD 分布。随着城区的开发，城市状况将发生变化。为了在预测模型中反映城市状况的变化，宜采用合适的模型。常见的方法有增长系数法、重力模型法及介入机会法等。常见重力模型基本形式如下：

$$q_{ij} = k\, k_{ij}\, \frac{G_i^{\alpha} A_j^{\beta}}{R_{ij}^{\gamma}} \tag{6-1}$$

式中，q_{ij} 为 i、j 小区间的出行量；G_i 为 i 小区的发生量；A_j 为 j 小区的吸引量；R_{ij} 为 i、j 小区之间的所需时间、距离及费用等阻抗；K_{ij} 为 i、j 小区之间的地区间平衡系数；k 为修正系数；α 为发生交通量参数；β 为集中交通量参数；γ 为所需时间参数。

以上模型后来得到不断修正，比较完善的修正模型是美国公路局模型，也称 BRP 模型[10]。BRP 模型如下：

$$q_{ij} = G_i\, \frac{A_j / R_{ij}^{\gamma}\, K_{ij}}{\sum_{j=1}^{N} A_j / R_{ij}^{\gamma}\, K_{ij}} \tag{6-2}$$

式中，符号意义同上。

流动人口分布预测。大量实践表明，流动人口居住在远离目的地地区的现象比较少见，通常比较集中居住在目的地附近区域。因此，流动人口的出行特征类似于居民出行中就学目的的出行特征。对办公、探亲类流动人口的分布预测采用双约束重力模型，其参数 α 参考居民出行中就学目的的参数。

对外港站分布预测。由于只考虑旅客离开或者到达港站的当次出行，因此，分布发生在港站所在小区，吸引分布根据现状调查所得的各个小区分布比例，通过吸引总量控制分到各个小区。

(3)出行方式划分。城市居民的出行由特定的交通方式来实现。交通方式划分就是按一定的交通方式选择行为准则，将小区之间的居民出行分布量分配给各种交通方式。换言之，交通方式划分是指在出行中采用某种交通方式的出行量在所有交通方式出行总量中所占的比例或份额。两个地区间的交通方式分担比例受各交通方式的服务水平和出行者选择交通方式时所持价值准则有关。影响交通方式划分的主要因素有出行主体的特性、出行特性和交通设施特性。

交通方式划分主要有集计模型和非集计模型。集计模型主要以分区集合模型为基础，非集计模型则主要基于随机效用理论和个人出行最大效用理论。

集计模型所采用的主要方法有分担率曲线法和线性回归法。MNL 模型是非集计模型中较为成熟且应用最为广泛的模型之一。非集计模型的效用(utility)方程可表示为

$$U_{in} = V_{in} + \varepsilon_{in} \tag{6-3}$$

式中，U_{in} 为选择项 i 对出行者 n 所构成的效用值；V_{in} 为选择项 i 对出行者 n 所构成的可确定的效用；ε_{in} 为选择项 i 对出行者 n 所构成的不可确定的效用，这种效用无法明确

计算。

$$V_{nj} = A' \cdot X_n + B' \cdot Z_j + C' W_{nj} \qquad j \in C_n \tag{6-4}$$

式中，V_{nj} 为出行者 n 对 j 选择枝的效用值；X_n 为出行者 n 对选择枝 j 的特性矢量；Z_j 为选择枝 j 的属性矢量；W_{nj} 为出行者特性和选择枝特性交叉变量；C_n 为出行者 n 的选择枝域；A'、B'、C' 为模型参量向量。假定 ε_i、ε_j、L 为相互独立且服从相同的极值分布，那么，

$$P_m = \frac{\exp(b V_m)}{\sum_{j \in c_n} \exp(b V_m)} = \frac{V_m - V_{nm}}{1 + \sum_{j \neq m} \exp(V_m - V_{nm})} \tag{6-5}$$

式中，第 m 项为选择枝项。

（4）交通分配。客流分配是预测在一定的客流出行需求条件下，将划分出的目标年公共交通出行 OD 分配到预置的地面常规公交及轨道交通等公共交通网络的过程。预测结果是公共交通设施规划、设计和评价的基础。

常用的交通分配方法主要有确定型的 01 分配法、增量分配法、连续平均分配法、用户均衡分配法、随机型 STOCH 算法和随机用户均衡分配法，其中，采用较多的是考虑拥挤影响的用户均衡分配法。交通分配模型主要包括用户均衡模型、系统最优模型、组合模型、随机用户均衡模型，针对模型出现了许多新的优化算法，如基于路径流量、量子进化及蚁群算法等求解方法，GIS 及 TransCAD 等技术也已广泛用于交通规划中。

路网分配的基本原则是均衡原则，由 J. G. Wardrop 于 1952 年提出[10]。其基本原理是：①在道路网的使用者知晓路网状态并试求选择最短路径时，网络将达到平衡状态。在考虑拥挤对行走时间影响的网络中，当网络达到平衡态时，每组 OD 的被利用路径具有相等且最小的行走时间，没有被利用的路径行走时间大于或等于最小行走时间。②均衡状态时，系统总的出行时间最短。

符合以上两个均衡状态时被称为用户均衡状态和系统均衡状态。在早期的应用中多采用原理①，即假定分配的结果满足用户均衡状态。但是，达到用户均衡状态是在用户能得到完整信息的情况下实现的。事实上，出行者不可能得到完整的信息，而是在主观和客观因素的影响下进行决策，对路径选择具有很大的随机性。因此，随机均衡模型（SUE）在交通规划中具有更强的适应性。

在随机用户均衡分配中，对从 s 点到 d 点的出行者，选择有效路径 k 的 $P_k^{sd}(t)$，满足：

$$P_k^{sd} = \frac{\exp(-b C_k^{sd})}{\sum_i (-b c_i^{sd})} = \frac{\exp\left[\dfrac{-\beta c_k^{sd}}{c^{sd}}\right]}{\sum_{i=1}^m \exp\left[\dfrac{-\beta c_k^{sd}}{c^{sd}}\right]} \tag{6-6}$$

式中，c_k^{sd} 为路径 k 的实际交通阻抗。

对于 s、d 之间 OD 点的分配到有效路径 k 的交通量 f_k^{sd} 满足：

$$f_k^{sd}(t) = q_{sd} \frac{\exp(-b C_k^{sd})}{\sum_i (-b c_i^{sd})} = q_{sd} \frac{\exp\left[\dfrac{-\beta c_k^{sd}}{c^{sd}}\right]}{\sum_{i=1}^m \exp\left[\dfrac{-\beta c_k^{sd}}{c^{sd}}\right]} \tag{6-7}$$

式中，q_{sd} 为 s 与 d 之间的交通量；β 为无量刚参量，对于一般的城市道路，$\beta = 3.0 \sim 3.5$。

4）地铁车站客流量估算

地铁站客流量的估算，主要需考虑以下几点。

车站圈域内人口及其乘车率，从相接近的交通工具转移的人数，新设路线对沿线的开发效果，人口的自然增长和机械增长。

其后，从各站乘车人数计算出各站相互出发、到达（OD）的人数，并按流向分别整理，计算出一天内各站间的通过人数。在此基础上，可以对输送能力进行规划。

6.2.4　地铁选线

6.2.4.1　地铁选线与城市规划的关系

1）地铁线路的设计必须与城市规划协调一致

地铁线路设计与城市建设规划的合作和配合具有十分重要的作用。地铁是一项多专业、多系统、综合性强而复杂的系统工程。其中，线路是地铁系统中最基本的系统专业，地铁建设首先要确定线路走向和车站分布，才能进行建筑结构工程和各种设计系统的设计和施工。线路走向和车站分布是否合理，也影响到建设期的造价和运营期的效益。

地铁不仅是城市交通的重要组成部分，而且是城市建设和规划中不可分割的重要部分。城市在编制总体规划时，应将地铁、城市快速轨道交通及路网规划列入城市建设总体规划，使地铁建设与城市规划关系更加密切、明确和符合实际。应重点考虑地下空间规划中新线路及城市主干道下可能引入新轨道设施的空间预留问题、与其他地下设施建设结合及综合开发问题、大深度地铁建设浅层空间出入口预留问题等。

2）线路设计与城市规划的关系

地铁选线设计程序中，首要问题是线路走向是否合理，合理的依据是路网规划和客流预测，即对线路走向的评价，从全线总体要看路网，从局部地段要看客流，这些都与城市规划有关[11]。

（1）路网规划和客流预测。依据城市总体规划，对路网进行规划。城市建设的规模和性质决定客流的大小。客流的大小决定地铁的需求规模及形式。

（2）线路型式选定，采用地下、地面或高架。采用何种形式，直接影响地铁工程造价。实践表明，高架线路的造价大约为地下线路的一半，经济效益非常显著。但是，高架线在城市中要占道路位置，对道路交通功能、环境、景观及安全等方面的影响，需要进行综合评价，由线路设计与城市规划研究确定，或者由城市规划做出规定。

（3）线路位置，包括平面位置和纵断面高程。这与城市建设规划关系更为密切、更加具体，但配合难度较大。当线路走向确定之后，如何来确定线路位置，一是要看沿线城市道路、建筑现状和规划要求，二是选用什么施工方法和结构型式。

（4）车站位置。站点选择应在地面客流集散点上，而车站位置选择主要是车站出入口位置，根据有利吸引客流和有利施工的原则确定。选定站位必须与选定出入口位置同时考虑，其次还有车站风亭布局。因为出入口和风亭要出地面，一定要找到位置，这就要与规划配合，要与地下管线、地面建筑及人行过街地道配合，因此，没有出入口就等于没有车站。

此外,车站位置也与选择的施工方法有关。尤其是明挖车站与地下管线及地面建筑的距离关系更大。管线地层的厚度、地面建筑的沉降与安全,结合地质条件,才能确定车站平面位置和埋深。若车站与地面新建楼宇结合,将会更加复杂。

3)线路设计与城市建设相结合

线路设计与城市建设结合,要处理好两个问题:一是结合的内容,二是结合的时间差。与城市规划结合的内容主要有:①线路位置与道路建设相结合。②线路位置与旧城改造结合。③线路位置与铁路火车站结合。④地铁车站出入口与地铁商场结合。⑤地铁车站出入口与地下过街道结合。地铁车站与地下街结合通常有两种形式:一是地铁站厅埋深较浅,直接利用出入口—站厅—出入口作为过街通道;二是车站属暗挖施工,车站埋深较深,若车站附近有较浅的过街地道,车站出入口可与过街地道相接,乘客可通过过街地道出入地面和车站。⑥地铁车站与地面大楼合建。此外,在商业繁华地区的车站位置,应利用地铁明挖施工条件,开辟地下空间。

在城市规划与地铁建设的实践中,有时由于财力等问题,规划与建设不同步,存在时间差,这时,能同步设计就直接结合,并考虑有分步投入实施的可能性;不能同步设计,则各自独立,但留有接口联系。

总之,线路设计与城市规划、建设的密切配合,除了道路和地面建筑外,带有地下管线和绿化要求,会涉及线路平面位置和隧道埋深,需要规划部门协调、市政等单位部门配合。

6.2.4.2　地铁选线的基本原则

地铁选线应遵循以下原则。

(1)在地铁线设计时,线路的方向、长度和建设顺序,地铁站和车库配置的地点,地铁站换乘枢纽和地铁站与铁路火车站的换乘枢纽,以及地铁生产性企业的配置地点应该与城市总体规划、城市交通运输规划及城市地铁路网总体方案一致。

(2)地铁线之间的相交、地铁线与其他形式的交通线之间的相交应规定在纵断面的不同水平上,在个别情况下,有专门任务时才允许组织交叉行驶。地铁线应设计成双轨并靠右行驶。

(3)地铁线的埋置深度与平面曲线的选择,应该考虑地铁站的配置、乘客最短的乘行时间、工程地质及水文地质条件、地貌地形条件、介质的腐蚀性及对周围环境保护的最大可能,按电能消耗为最小的最经济纵剖面、历史文化古迹与建筑保护的规定,以及沿路建筑物对地铁列车引起的噪声和振动的保护进行确定。

(4)地铁线应该设计为地下浅埋或深埋,在非居民区、与河流交汇处、沿铁路线等条件下,技术经济可行时允许建成地面段或高架段。

(5)地铁车站应该配置在客源丰富的位置生成节点,如城市干线的广场、干线交汇点、火车站、河岸码头、公共汽车站、体育场、公园及工业联合企业地铁线汇交处。

(6)在拟定地铁线配置与发展方案时,应该预见到对于浅埋线施工,有一个不小于40m 的技术区宽度。技术区内,在施工结束前不允许建造房屋。

(7)每条线路长度不宜大于 35km,旅行速度不应低于 35km/h;超长线路应以最长交路运行 1h 为目标,旅行速度达到最高运行速度的 45%~50% 为宜。地铁网应与铁路总网相连,每 50~75km 设一个连接点。

(8)车站间距一般应为大于 800m,小于 2000m,通常在 1100m 左右。国外部分大城市地铁站平均间距参见表 6-2。当大于 3000m 时,应在区间隧道中设置紧急出入口。

表 6-2　国外主要城市地铁平均站间距离统计表[12]

城市	居民人口/×10⁴人	地铁路网长/km	区间平均长度/m
伦敦	7.2	421	1300
巴黎	10.2	192	561
纽约	17.8	414	805
东京	25.8	197.6	1080
墨西哥	18	131.5	1110
芝加哥	7.1	143.9	1030
大阪	8.3	86.1	1150

(9)车站站厅出入口的水平标高应高于 1/300 概率的城市暴雨洪水位 1.0m。

此外,地铁建设应遵循经济、环保、安全、高效的原则。在规划设计中,应尽量缩短地铁线的地下运输段距离,预测客流量尽量由地面改造分担,在满足运输量及安全等要求的前提下,使地铁规模小型化。

地铁线的地下部分工程造价昂贵,对于城市来说,地铁线往往贯穿市中心区和城郊,城郊的建筑密度、交通容量等与市中心有很大差别。因此,在城郊或城市中心区某些特定的位置,可以将地下铁路上升为地面或高架铁路,成为地上、地下有机结合的城市地下快速轨道交通系统,而达到减低造价的目的。但对于一座城市来说,地位不同,作用不同,在规划设计时,除经济、环保、高效外,还应考虑其战略地位及其战略安全性。

地铁沿线的客流量是不一致的。一般而言,城市中心区客流量高而郊区低。因此,如以城市中心区高峰时间内的最大客流量作为地铁运营能力的设计标准,有时显得过于保守而浪费。此时,应充分考虑与地面其他交通形式的结合,使其他交通合理分担客流。

地铁规模小型化的途径是使用小型车辆、减小隧道断面面积和适当减小车站规模。

6.2.4.3　地铁选线的基本方法

地铁选线是依据城市建设发展规划,参照路网规划及选线原则,对城市原有地铁路网的进一步细化,选线时应尽量避开不良地质现象或已存在的各类地下埋设物、建筑基础等,并使地铁隧道施工对周围环境的影响控制到最小范围。地铁线路的曲线段应综合考虑运输速度、平稳维修及建设土地费用等对隧道曲率半径的要求与影响,制订最优路线。

在制订地铁隧道纵向埋深时,主要应考虑以下因素。

(1)埋深对造价的影响。明挖法施工,造价与埋深成正比;暗挖法施工,隧道段埋深与造价关系不大,车站段埋深越大,造价越高。

(2)地下各类障碍物对地铁隧道的影响。

(3)两条地铁线交叉或紧挨时,两者之间的位置矛盾与相互影响。

(4)工程与水文地质条件的优劣对地铁隧道的影响。

6.2.4.4 车站定位

车站定位应充分考虑地铁与公交汽车枢纽、轮渡和其他公共交通设施及对外交通终端的换乘,应充分考虑地铁之间的换乘。

车站定位要保证一定的合理站距,原则上城市主要中心区域的客流应尽量予以疏导。地铁车站的规模可因地而易,但应充分考虑节约。

6.3 地铁车站规划

地铁作为大城市的重要交通手段,已广泛地应用于人们的通勤、通学、业务、购物及休闲等方面。地铁车站是供旅客乘降、候车、换乘的地下建筑空间,在感观上和使用上对旅客的影响最大。车站一般由乘客使用空间、运营管理空间、技术装备和生活辅助设施这四大部分构成。乘客使用空间包括出入口、售票厅、候车厅及站台等;运营管理空间包括各类办公室等;技术装备如机房、安检、通风及其他辅助动力设施;生活辅助设施主要包括如厕卫生等空间。

地铁站与周围地下空间相同,是城市空间系统的有机组成部分,其开发利用的规模和布局受城市发展的具体情况影响,处于不同城市区位的地铁车站周边地下空间具有不同的开发模式。总体而言,城市地铁提高了地下空间的可达性和使用价值,促使周围土地开发多层地下空间。按地铁站的埋深可分为浅埋、中埋及深埋三类,以地铁站在地下的轨道标高计算,浅埋一般为地下 7～15m,中埋为地下 15～25m,深埋为地下 25～30m,顶距地面为2～3m。因此,至少可引起周围用地下1～2层空间的开发。由于商业对可达性的要求较高,地铁站周围地区设有地下商业层的建筑明显多于其他地区。同时,由于地铁站在城市交通中的骨干地位,将促使周围的其他换乘设施地下化,地铁站周围地区地下车库、地下车站、地下道路的数量通常多于其他地区。地铁站周围空间的地下化,使城市土地的利用率大大提高。

6.3.1 地铁车站规划的一般要求

地铁车站规划有以下几点要求。

(1)地铁车站设计,应保证乘客使用方便,并具有良好的内、外部环境条件。

(2)设置在地铁线路交会处的车站,应按换乘车站设计,换乘设施的通过能力应满足预测的远期换乘客流量的需要。

(3)地铁车站的总体设计,应妥善处理与城市规划、城市交通、地面建筑、地下管网及地下构筑物之间的关系。

(4)地铁车站应设置在易识别、客流相对集中及易于汇聚的位置。

(5)地铁车站应充分利用地下、地上空间,实行综合开发。

6.3.2 地铁车站的类型

通常,地铁车站按其地理位置、布置方式、埋深、功能结构及站台形式等可以进行不同分类。

按地铁车站在城市中所处的地理位置,可划分为都市中心站、都市副中心站、商业中心站、娱乐中心站、交通枢纽站和普通站。

按地铁车站的线路位置可以分为端点站和中间站,中间站又可根据其是否可以直接换乘其他线路而分为一般中间站和换乘站,换乘站根据功能又可划分为普通换乘站和换乘枢纽站。

按地铁车站的埋深,可分为浅埋、中埋和深埋地铁站。深度的划分参见 2.1.2。

按地铁站的功能与作用,可划分为始发站、普通站、普通换乘站、换乘枢纽站和终点站。

按地铁站的功能及线路位置,可划分为始发站(端点站)、普通换乘站、换乘枢纽站、普通中间站、区域站和终点站(端点站)。

按地铁站站台布置形式,可分为岛式、侧式与岛-侧混合式。基本形式如图 6-9 所示。

岛式车站一般适合客流量大的站台,侧式车站则反之。两者各有优缺点,在使用时应根据实际情况选用。

应在每一条地铁线上设置车库,线长大于 20km 设第二个车库,线长大于 40km 设第三个车库。在论证的基础上,当两条线上车厢为相同类型时,在新线的第一个 10 年期可由一个车库供两条线使用。

地铁与车库必须以双轨支线相连,地铁线与它的一条或两条相交线路由单轨支线相连,在地铁线上,为了组织运营,行驶车辆的储放及列车的回转应该每 5～8km 有一个独头线,在长度至 20km 的线路上,其一条折返线的第一启动区段,应该规定有行驶车辆的技术服务点 IITC,点内设有生产房间和卫生生活房间。超过 20km 长度时,下一个技术服务点配置在 5 年以上使用期的地铁终点站后面,进一步的技术服务点数量由计算确定。在带折返线的车站后面有车库时,可不要求技术服务点,折返线的长度由计算确定,取决于行驶时最大的车厢数量。车辆的晚间存放应该规定在车库线路的回转与存放折返线内。

对于折返式线路而言,位于线路两端的端点站可划分为始发站和终点站。车站的布置形式一般有两种:一种是小半径环线折返站;一种是尽端式折返,尽端式折返站较为常用,见图 6-10。始发站既可布置在市中心,也可布置在郊区,主要取决于最早的客流流向,与城市区工作、生活模式有关。

对于环行闭合线路而言,线路的两个端点重合,始发站和终点站在同一站点,不再区分始发站与终点站。通常,环形线路覆盖的范围比折返线更广,规模一般也比较大。

地铁中间站既有位于城市郊区的郊区站,也有位于城市中心的中心站。车站规模长度一般按一列 6 辆编组,车站长度应大于 20 m/节×6 节＋设备房长度。一般而言,城市中心区的业务,商业活动较为频繁,客流量要求大,车站的规模应大一些,而郊区站客流量相对较少,其规模也应较小。例如,上海地铁 1 号线的中间站人民广场站,由于位于上海城区最中心,商业、旅游活动量最大,所以其车站全长超过 300m,而一般站长仅需 180m 左右。北京西直门是地铁 2 号、4 号及 13 号线的换乘枢纽站,地铁早高峰客流量达 43 700 人/h。其交通建筑面积达 66 661.0 m²,最大换乘时间达 9 min,仅西

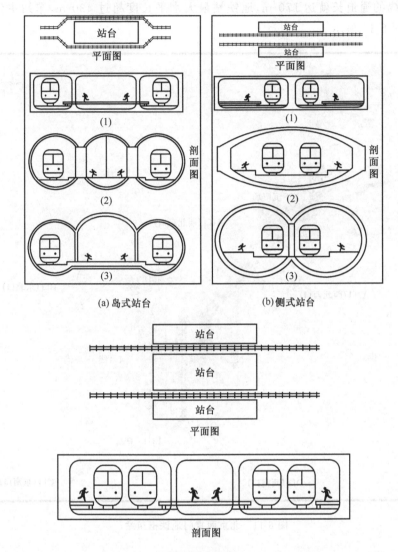

(a) 岛式站台　　　　(b) 侧式站台

(c) 岛–侧式站台

图 6-9　地铁车站常见的站台形式

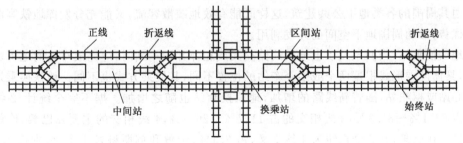

图 6-10　常见折返式地铁线路及站点的构成

北翼 13 号线的通道长就达 170 m,地铁站最大水平长度超过 430 m,车站主体长度达 242 m,如图 6-11 所示。

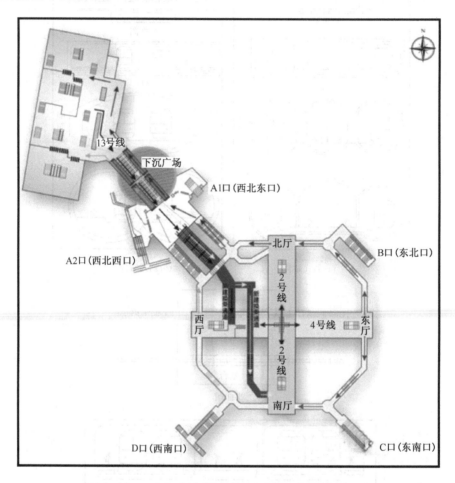

图 6-11　北京西直门地铁枢纽站

　　应对城市中心站附近的交通状况、客流输送要求、集中度及人口分布等进行充分调查,车站的规模、构造和设施应尽量与之相适应,尤其是出入口数量、单位通行分布的合理性。另外,城市中心站是地下空间总体布局的依托,决定周边地下空间的开发模式。应尽量连通其周围的各类地下公共建筑,这样既能有效地疏散客流,又能充分发挥地铁客流量大的优势,带动周围地下空间的开发利用。

　　地铁换乘站,当两条及以上地铁线路交叉或相邻并设车站时,应完成车站的地下联络换乘,具体换乘形式根据两个或多个车站的位置不同,其换乘方式也不同。地铁换乘站也是中心站或枢纽站,随着新线路的增加,地铁换乘站也随之增加。据不完全统计,2 线相交的占 67.1%～88.3%,3 线相交的占 11.7%～26.4%,4 线相交的主要在巴黎、伦敦和莫斯科。在巴黎,共 5 个枢纽为 4 线交叉,占 7.1%;伦敦和莫斯科各 1 个,分别占 1.9% 和 4.8%。极个别为 5 线相交,如巴黎;甚至 8 线相交,如纽约。随着相交线的增多,地铁枢纽站的空间组合关系越来越复杂。

地铁换乘站常见的空间布置模式或组合形式,在平面上分平行换乘、点换乘、通道换乘及混合换乘四种方式。

其中,平行换乘模式又分平面平行型和上下平行型,点换乘方式又分十字型、T 型及 L 型,通道方式又分直接通道和换乘厅两种,混合方式则是以上任意方式的组合模式。它们按照地铁站台的布置方式,分成不同的组合方式。

各种换乘方式的主要功能特点如表 6-3 所示。

表 6-3　各种换乘方式的主要功能特点

换乘方式		功能特点	优点及局限性
平行换乘	平面平行型	共用站厅及站台层	两线平行且站台设于同一深度的换乘模式,但车站占地宽度较大
	上下平行型		换乘便捷,当采用车辆相互进入的运行方式时,可适合集中换乘和全方位换乘
点换乘	十字型	站台与站台直接换乘,辅助于两站厅付费区直接换乘	换乘方便,与周围地区的进出连接便利。适于城市商务办公及商业中心地区等城市功能密集区
	T 型		便利性低于十字型,换乘节点处易拥堵,且一条线的客流密度容易产生不均
	L 型		便利性低于十字型及 T 型,换乘节点处易拥堵,且两条线的客流密度容易产生不均
通道换乘	直接通道	各自为独立车站,通过联络道连接	车站换乘设计受制约因素较小,换乘间接,换乘距离和时间较长
	换乘厅	各自为独立车站,通过换乘厅或公用站厅连接	
组合换乘	由两种或以上换乘方式组合	具有组合各方的特点	客流量大,出入口多,容易造成客流滞留以及方向辨别错误

典型的地铁站平行换乘模式如图 6-12 所示。平行换乘模式包括两线双岛同台双向换乘、一岛双侧换乘、同站台-尽头式换乘及同站台换乘等多种方式。其中,两线双岛同台双向换乘模式可进行同台同向和同台反向换乘,它适合于客流集中的两线路的两车站,线路须在区间交叉,工程量较大,但换乘便捷。在一岛双侧换乘模式中,主客流方向的客流可在同台换乘,其他方向的换乘需要通过连接各站台的下穿式通道,利用扶梯及楼梯连接。同站台-尽头式换乘模式只有在一条线为终点站时使用。

同站台换乘一般适用于两线路平行交叉的岛式站台,乘客换乘时,须穿过站台到达另一侧才能完成换乘。此种换乘方式对线网规划要求严格,工程难度较大,但换乘便捷,被广泛采用。

点式换乘中,十字型换乘模式可划分为岛-岛十字型、岛-侧十字型和侧-侧十字型,如

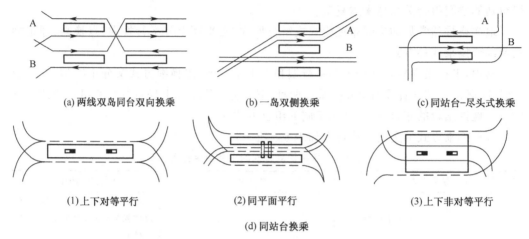

(a) 两线双岛同台双向换乘　　　(b) 一岛双侧换乘　　　(c) 同站台-尽头式换乘

(1) 上下对等平行　　　　　(2) 同平面平行　　　　　(3) 上下非对等平行

(d) 同站台换乘

图 6-12　地铁站平行换乘的几种主要方式

图 6-13 所示。

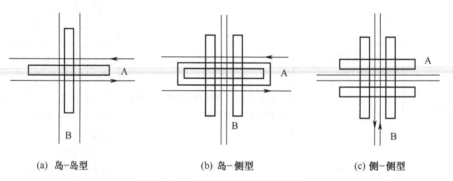

(a) 岛-岛型　　　　　　　(b) 岛-侧型　　　　　　(c) 侧-侧型

图 6-13　地铁站十字型换乘模式

　　其中,岛-岛十字型的换乘客流主要集中在两站付费区的一个点上,且上、下乘客流换乘流线交叉,存在一定干扰。但此型工程量小,换乘距离短,适合于客流不大的情况。岛-侧型的换乘客流由两站付费区的两个结点完成,存在两个交叉区,换乘客流得到分散,减少了换乘拥挤。

　　点式换乘的另一种形式是 T 型和 L 型,如图 6-14 所示。T 型的特点是一条线路的付费区与另一条线车站的端部相交叉,换乘通过楼、扶梯进行付费区之间进行。由于交叉

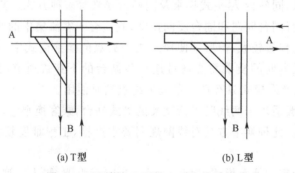

(a) T型　　　　　　　　　(b) L型

图 6-14　地铁站 T 型及 L 型点换乘模式

点干扰较大,通常在两站付费区之间增加一个换乘通道。L 型换乘模式是在两线路端点交叉,换乘是通过两车站付费区的楼、扶梯进行的,换乘空间较小,工程量小,但换乘节点布置复杂,干扰较大。与 T 型相似,可另辟换乘通道减缓换乘客流。

　　常用通道换乘的布置方式如图 6-15 所示。模式(a)为直接通道换乘,由于两车站结构完全脱开,在两线交叉处,一般采用通道和楼、扶梯将两站站厅的付费区连接,实现付费区内直接换乘。此型根据车站站位的布置不同,通常有 T、L 及 H 型等变型。模式(b)为换乘厅换乘,它由两条以上线路的站厅或组合形成统一的换乘大厅,换乘时乘客从站台层到达站厅层,再进入另一站台层实现换乘。

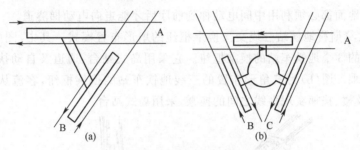

图 6-15　地铁站通道换乘的两种主要方式

图 6-16 是典型的双线地铁枢纽站的组合模式。其中,图(a)为莫斯科地铁站两条地

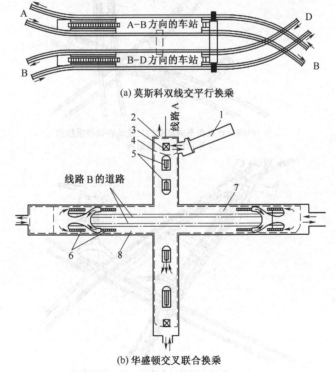

图 6-16　双线换乘枢纽的组合模式

1. 自动扶梯;2. 从站外至高层建筑地下层;3. AB 站台升降梯;4. 回转线路;
5、6. 自动扶梯;7. 上层车站 B 侧站台;8. 下层车站 A 岛式站台

铁线路交叉处两个平行车站的换乘枢纽,是一种典型的双线平行岛式一字型换乘模式。它通过地铁站付费前厅及通道实现换乘。图(b)是华盛顿双线联合型换乘枢纽,其特点是服务于两条相交地铁线,并在相交点上不改变它的路线,组成枢纽的两个车站在平面上成十字型布置,上层车站全高7m,下层车站全高12m,两个车站的拱顶在同一水平面上,在相交处组成十字拱,上层车站的侧式站台与下层车站的分配平台在同一平面上,相互连通。这类枢纽的优点是换乘时间短,换乘电梯多且分散,便于客流分散;枢纽不要求地铁线的线路弯曲,允许在45°~90°内改变两地铁线路的交角而使线路恶化;出入口多,可提供较大的城市服务面积。不足是枢纽占有的地下空间面积大,约为$1.4 \times 10^4 \text{m}^2$,上层与下层车站进出地面都必须利用中间电动梯到前厅后才能走向电动梯隧道。

图6-17为莫斯科地铁站三线交叉换乘枢纽的扇形布置模式。其中,图(a)为不同高度上扇形布置的3个地铁车站的换乘枢纽。它采用岛式站台、通道及自动扶梯实现不同层位线路的换乘。图(b)为三角形布置的三线地铁车站的换乘枢纽,客流从各站付费大厅、换乘通廊及楼、扶梯实现多线之间的换乘,采用岛式站台。

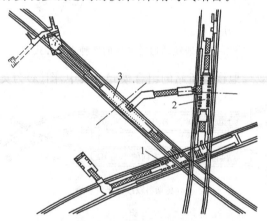

(a)扇形布置在不同高度的三线地铁站换乘枢纽
1.环形线;2,3.折返线

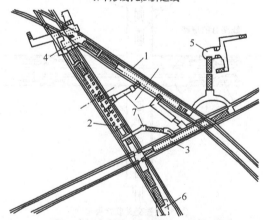

(b)三角形布置的三个地铁车站的换乘枢纽

图6-17　莫斯科地铁三线交叉换乘枢纽扇形布置模式
1、2、3为车站;4、5、6为候车大厅;7为换乘通廊

随着地铁线路的增多，线路之间的换乘也变得越来越复杂，换乘通廊的距离增大，换乘时间增长，地铁枢纽站的规模和结构也显得复杂而庞大。图 6-18 为四个地铁车站构成的换乘枢纽，图 6-19 为多个分离车站地铁枢纽的构成模式。

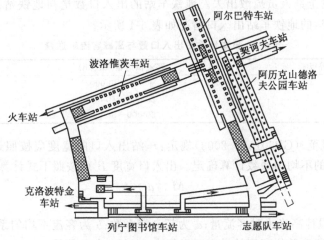

图 6-18　莫斯科地铁四线交叉枢纽换乘模式

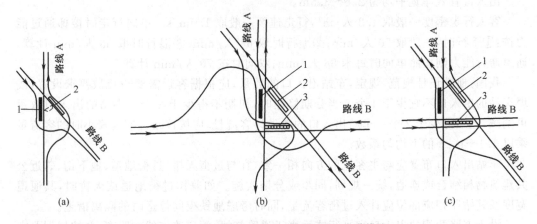

图 6-19　多个分离车站地铁枢纽并行行驶模式

1、2、3 为分离式地铁车站

站台的宽度由乘降人数、升降台阶的位置和宽度等决定。一般的站台宽度，侧式站台为每边 4～7m，岛式站台为 6～12m。

站台的长度由最大列车编组长度决定，一般可通过下式确定：

$$站台长度 = 最大列车编组长度 + 2x \tag{6-8}$$

式中，x 为富余长度，一般取值不小于 5m。

6.3.3　地铁车站的客流量

在地铁车站规划设计时，要针对各种调查分析所得的基础资料，估算地铁车站的规模大小。出入口和升降口的通行能力计算如下。

1）出入口

出入口是连接地面与地铁站内部的通道，应能比较直接地联系地面空间和地铁车站地下空间。每个车站直通地面室外空间的出入口数量不应少于两个，并能保证在规定时间内，将车站内的全部人员疏散出去。地铁车站的出入口数量与地铁站高峰客流输送量有关。日本现营运的地铁车站出入口情况如表 6-4 所示。

表 6-4　日本地铁站出入口数与高峰客流输送量

地铁站等级	客流输送量/（人/h）	出入口数量/个
小	1 000～20 000	3～6
中	20 000～30 000	6～8
大	30 000～50 000	8～12

《地铁设计规范》（GB50157—2003）规定：车站出入口的宽度应按照远期分向客流量乘以 1.1～1.25 的不均匀系数计算确定。出入口宽度 B 可按照下式计算：

$$B = \frac{M \times a \times b}{C \times n} \tag{6-9}$$

式中：M 为车站设计高峰小时客流量；a 为超高峰系数；b 为客流不均匀系数；C 为一定服务水平下出入口断面单位宽度的乘客通过能力；n 为出入口数量。

出入口有效净宽平均为 2.5～3.5m。

客人行走密度一般取 1.2 人/m²，行走速度一般取 1.0m/s。单向行走时楼梯通过能力按：①下行时，一般取 70 人/min；②上行时取 63 人/min；③混行时取 53 人/min 计算。通道通行能力则按照单向时每米 88 人/min、双向时按 70 人/min 计算。

我国《地铁设计规范》规定，车站出入口的数量，应根据客运需要与疏散要求设置，浅埋车站的出入口不宜少于 4 个。当分期修建时，初期不得少于 2 个。小站的出入口数量可酌减，但不得少于 2 个。车站出入口的总设计客流量，应按该站远期高峰小时的客流量乘以 1.1～1.25 的不均匀系数。

车站出入口布置应与主客流的方向相一致，宜与过街天桥、过街地道、地下街、邻近公共建筑物相结合或连通，统一规划，同步或分期实施。如兼作过街地道或天桥时，其通道宽度及其站厅相应部位应计入过街客流量，同时考虑地铁夜间停运时的隔离措施。

设于道路两侧的出入口宜平行或垂直于道路红线，距道路红线的距离，并按规划要求确定。当出入口开向城市主干道时，应有一定面积的集散场地。

地下车站出入口的地面标高应高出室外地面，并应满足当地防洪要求。

车站地面出入口的建筑形式，应根据所处的具体位置和周边建筑规划要求确定。地面出入口可做成合建式或独立式，但应优先采用与地面建筑或风亭合建式。

地下出入口通道力求短、直，通道的弯折不宜超过三处，弯折角度宜大于 90°。地下出入口通道长度不宜超过 100m，超过时应采取能满足消防疏散要求的措施。有条件时宜设自动人行道。

地铁车站出入口的各部分门、厅、楼梯应保证相同的通行能力，并以通行能力最差的数据，作为该出入口的实际通行能力。

2）升降口

升降口是连接站台和上部大厅及出入口的垂直通道，出于疏散和防灾需要，升降口的数量不应少于 2 个,并应使其对旅客的处理能力能满足实际客流需求量的要求。

6.3.4　地铁车站位置

地铁站是建筑于地下的大型地下空间设施。一般地铁站的空间建筑规模为宽 20～ 30m、长 100～200m、高 10m 不等。由于地铁站的客流量大,是地下空间系统中客流量最大的集散点,乘客通过地下空间系统到达目的地提高了集散效率,促使以地铁站为中心的地下空间系统不断向周围地区延伸,地铁站本身就是发展大型地下空间的良好载体。不仅站厅共用区和出入口与周围城市空间广泛连接,使地铁站本身承担了公共空间的作用,而且地铁在城市交通中的核心地位,更促进了步行系统、公共停车及商业等公共空间的地下化。因此,地铁站是地下空间系统的枢纽,为地下空间系统的建设提供了契机。

1) 站位与路口的位置关系

地铁站位与路口的位置关系主要有四种类型,如图 6-20 所示。

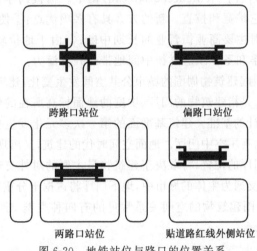

图 6-20　地铁站位与路口的位置关系

(1)跨路口站位:车站跨主要路口,在路口各角均设有出入口,乘客从路口任何方向进入地铁不需穿马路,换乘方便。由于路口处往往是城市地下管线集中交叉点,需要解决施工冲突和车站埋深加大的问题。乘客目的地有三类,即地铁紧邻的活动节点如交叉路口街角往往建有大型办公及购物中心、地铁站周围换乘设施如停车场与公交车站及地铁站周围较远活动节点。此时,为解决因车站埋深加大而导致的乘客不便问题,地铁站规划设计应与这些活动节点的地下层相同。因此,在进行地铁站规划设计时,应将跨路口站位与周围城市空间进行综合设计,以确保跨路口站位获得最大城市效益。跨路口站位对于解决城市空间密集问题、促进地下空间发展较为有利。

(2)偏路口站位:车站偏路口一侧设置。车站不易受路口地下管线的影响,减少车站埋深,方便乘客使用,减少施工对路口交通的干扰,减少地下管线拆迁,工程造价低。但车站两端的客流量悬殊,无站口道路一侧换乘不便,降低了车站的使用功能。如果将出入口伸过路口,获得某种跨路口站位的效果,可改善其功能。上海地铁 1 号线的车站多为偏路口站位。此外,有些车站在建设初期只考虑开放一侧路口,如北京地铁 8 号线林萃桥站等。

(3)两路口站位：当两路口都是主路口且相距较近(小于 400m)，横向公交线路及客流较多时，将车站设于两路口之间，以兼顾两路口。

(4)贴道路红线外侧站位：一般在有利的地形地质条件下采用。基岩埋深浅、道路红线由空地或危房旧区改造时，可少破坏路面，少动迁地下管线，减少交通干扰。

2）站位与主要街道的关系

地铁与城市结构是一种互动的关系。通常，城市中最初的几条地铁线必须解决较为迫切的现状问题，可选择在客流量较大的主要街道下，而较后建设的地铁线则可选择在能够引导城市发展的区位上。

例如，蒙特利尔地铁的开发中，原先有地铁部门所做的规划，强调交通功能，将大部分线路设置在中心区最繁忙的商业街——圣·凯瑟琳街(St. Catherine)下面，以尽可能吸引现有客流。后来，巴黎运输局对此提出了修正方案，将地铁的干线移至与圣·凯瑟琳街平行并相隔一条街的梅梭内孚(Menceau Niveau)街下。梅梭内孚街原是一条蜿蜒的小街，市政府原就希望将它扩宽和拉直。新的方案具有多项优点：①使地铁建设与道路改造相结合；②避免了施工对主要商业街营业的长期中断；③由于地价较低，地铁站建设成本降低；④增加了梅梭内孚和圣·凯瑟琳街中间地带的开发潜力。

地铁站的出现，将引起建筑物周围的城市公共空间发生变化，建筑物的基准面进一步呈现多元化。建筑基准面，是指建筑物的门厅、中庭的地面标高所在的位置，它是建筑物的内部和外部一系列空间设计的基准。建筑基准面的第一次多元化发生在高层建筑诞生以后，在传统地面门厅之外，出现了空中门厅。地面空间时代的建筑，又出现了地下门厅这种新的形势。今天的建筑，主门厅的位置，将取决于建筑物最主要的对外交通层面是位于地下、地上还是空中。在以地铁交通为主体的城市中，地下门厅将占据十分重要的地位。

地铁站出入口与周围建筑物的空间关系常见的有四种类型：建筑外、建筑侧、建筑下及建筑内，如图 6-21 所示。

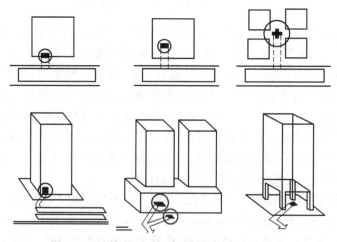

图 6-21 地铁出入口与建筑物的空间关系模式

(1)建筑外，指地铁站的出入口与建筑分离。

(2)建筑侧，指地铁站的出入口与建筑物紧贴，当上部用地紧张，建筑地层面积小，且车站客流量级别较低时采用。

（3）建筑下，指地铁站的出入口位于建筑物的底层架空处，一般当车站的设计客流量较大、地铁出入口需要较大的缓冲空间、地面用地又比较局促时采用。

（4）建筑内，指地铁站的出入口由地铁站的地道分叉出一条进入建筑内部，接建筑物地下室或地下中庭，而另一条接城市出入口，一般当周围建筑规模较大时采用。

地铁出入口与建筑的良好空间关系，可以产生多方面的优点：吸引更多乘客搭乘地铁；使地面建筑成为地铁出入口的标志，提高地铁站的外部识别性；增强城市交通的疏散作用，使大量客流不需溢出地面就可快速集散，缓解地面交通状况；提高建筑的可达性和空间价值，支持高强度开发和城市功能的地下化。

3）地铁车站与商业设施的空间关系

商业是地铁站与其他城市功能之间良好的过渡功能，善于利用，可达相互促进之效。与地铁站连接的商业可分为地下商业和地面商业两类。

地下商业按其与地铁站的位置关系又分为站内和站外两类。地铁站内分为付费区和非付费区，非付费区可供自由通行，也称城市公用区。站内商业通常设置在扩大的公用区内，主要供乘客顺路购物和等待时购物，建筑结构上属于地铁站的一部分，由地铁站统一管理。站外商业实质是指在地铁站结构体以外的商业，与地铁站分开管理，一种形式是在地铁站通过其他建筑物之间的地下步道两边开设店铺，由于过多的商业客流将使步道拥挤，因此商业一般进深不大；另一种是与地铁站直接相通的周围建筑物的地下商业空间，规模可较大。多伦多、蒙特利尔的一些主要商店，如著名的伊顿、布鲁尔商业中心，地铁站均与大型商业中心的地下连通，购物、交通及娱乐设施庞大，非常便利。

地面商业是指地铁站地面出入口紧邻地面商业空间[1]，既可作为单一的商业建筑，也可作为高层办公建筑的低层商业部分。美国纽约、波士顿及华盛顿及中国北京、上海的很多地铁站都与商业联系紧密，一般地铁站附近的大型商业办公建筑，都有 1～2 层地下商业和地上多层的商业空间。

6.4　城市地下公路交通规划

6.4.1　地下公路交通规划的类型

按地下公路的位置及特点，地下公路交通规划可分为以下几个主要类型。

（1）城市地下快速公路，指布置于城市地下的快速机动车道。当地面空间难以满足新的动态交通用地、地面交叉路口多且影响交通、地形复杂、地面空中交通体系难以满足要求及其他因素影响时，应考虑修建地下快速道。通常，地下快速道具有以下优点：干扰少，速度快，行车效率高；可实现与地下其他空间的多功能利用，改善地面环境和景观保护。

（2）地下立交公路，指建设于地下的立体公路交通。当地面公路与铁路相交、两条或多条公路交叉且需要快速大容量交通及其他须避免平面交叉时，均应考虑地下立体交通。

（3）越江越海公路。当城市中有需要跨越的江河湖海等大面积水体，修建桥梁难度大、环境影响大时，应考虑地下公路隧道。

(4)半地下公路,指半埋于地下的公路,通常是城市快速道的一部分。按其结构形式,分堑沟式和 U 形挡墙式两种。其特点是减少噪声对周围环境的影响,并不失开阔的上部自然空间,能与周围环境和谐共存。缺点是易受极端天气影响,排水、除雪不易。

按地下公路出口的设置,可分为无出口地下快速公路和有出口地下公路。

按车辆允许行驶速度的设置,可分为地下快速道和地下普通道。一般地下快速道上的运行速度应低于地面,专用地下快速道的车速以 60km/h 为宜。

6.4.2　城市地下公路交通规划的基本步骤

地下公路交通规划的基本步骤如下。

(1)以城市地面、上部、地下空间立体开发,对城市快速交通网络和城市现状进行全面分析,优化原有城市交通网络体系,找出其中适宜或只能利用地下空间的部分。

(2)对选定的地下道路段工程地质和水文地质条件进行分析,初步评价环境影响及适宜性。

(3)对选定路段的地下管线布置与埋设、构筑及建筑物等地下空间利用现状的制约因素进行研究,确定适合于道路的有利地段。

(4)对选定路段的经济可行性进行研究,估算投资规模、投资效益及资金来源等。

(5)进一步考察国家和城市对当地建设的政策、方针及民风民俗等,使初步制定的城市地下快速交通规划与之适应。

(6)协调建设、交通各部门等的意见,进一步优化方案,组织实施计划。

在进行地下公路交通规划设计时,应协调地面、地上空间的交通体系,与地面路网、高架道路形成协调统一的有机联系;加强地下隧道中的通风、防灾、出口滞留和在隧道中行驶舒适性问题的解决。将无出口地下快速公路系统与有出口地下公路系统分开设置,前者可直接进行市区内、外客流在交通枢纽之间的快速输送,后者则与市区内主要商业中心、文娱体育中心、办公商务中心等主要地下空间连通,与地面、地上高架、地铁等交通形式实现三位一体,解决中心城区的客流输送问题。

城市地下公路交通的规划应充分考虑技术、经济及环境等因素,在现阶段通常采用地铁与街道公路立交的形式,公路在上,地铁下穿。

6.5　北京城区地铁规划设计案例分析

6.5.1　轨道交通规划路网

地铁路网是北京城区地下空间开发利用的主骨架,在规划中以地铁线为地下空间开发利用的发展轴,对地下空间的功能布局进行组织和安排,将地下空间联系成为一个整体。北京城区的轨道交通线网由 22 条线路组成,其中,16 条为地铁线路,6 条为轻轨线路,规划总长度为 691.5km,其中,地铁 M1、M2、M3、M4、M5、M10 及 M11 线为主骨架线路。地铁主要由 M1～M12 线、M14 线及 M16 线构成,形成环形-棋盘-放射综合型的路网结构,地下轨道总长度为 311km。

6.5.2　车站规划

车站的布局和功能定位是城市轨道交通规划的重点。它包括线路端点站、换乘车站和一般车站。

(1)线路端点站。在地铁线路的终端车站以交通功能为主进行开发。考虑 P&R 方式,安排大规模的机动车和非机动车停车场,方便私人汽车与自行车停放以换乘公共交通进入城市中心区,减少私人小汽车在城市中心区内的使用,缓减交通压力;为出租车提供一定规模的停靠站,以满足部分居民对此出行方式的需求;与地面公交首末站结合,实现公共交通之间的换乘功能。此外,地铁线路的终端车站大多位于城市中心区外围,建设用地相对宽松。因此,为方便人们换乘时购物,可以修建较大型的超级市场或综合商场,同时使出入口与商场的地下空间连通。

(2)换乘车站。在北京城区地铁规划中,布置了 4 个 3 线及以上的换乘枢纽站,分别位于东直门、西直门(参见图 6-11)、前门及宋家庄。将此 4 个枢纽车站开发为集人流集散、商业、停车、娱乐和餐饮为一体的功能强大的综合体,以加强区域经济活力,促进地区发展。

(3)一般车站。一般车站是地铁线路的换乘中间站,集中于城市中心区,开发以交通功能为主,结合地面土地利用性质进行开发。规划重点是步行交通、自行车交通与其他公用交通之间的换乘。

6.5.3　交通枢纽地下空间开发利用

1) 交通枢纽地下空间利用原则

(1)客运交通枢纽地下空间利用必须以交通功能的设置为前提,在保证交通流线畅通的情况下考虑地下空间利用。

(2)客运交通枢纽作为多种交通方式的汇聚点,换乘客流、集散客流较大,在地下空间利用中,须重点考虑内、外部交通体系的协调性,强调区域规划的整体性。

(3)针对不同的交通枢纽性质,在地下空间开发利用模式、功能设置上均有不同考虑,须强调地域性、功能性。

2) 客运交通枢纽的规划

根据北京交通枢纽的功能,将北京的交通枢纽进行三类规划。

(1)综合客运枢纽。综合客运枢纽是指由城市地铁、铁路等多条城市轨道交通线路交会,且与市区多条地面公交线路及出租车、船舶等形成良好的衔接关系的、客流量的客运换乘站或中心。它位于铁路客运站及轨道交通线路交会点或是主要客运走廊的交会点。北京规划的地铁交通枢纽站设置为东直门、西直门、四惠、北京站、北京西站、北京南站。这些枢纽站的规划重在强调各种交通方式之间的良好换乘,根据各种交通方式的条件分布在不同层次,以最短路径、最直接的换乘厅及通道进行换乘。

(2)长途客运枢纽。长途客运枢纽是指由多条外埠公路长途客运线的起讫点,与市区交通线路、多条地面公路线路及出租车、船舶等构成良好的衔接关系,进出市区客流交换量大的客运换乘中心。枢纽的位置一般位于快速路和城市对外放射路交会点附近。在北京地铁交通规划中,六里桥、望京西站、祁家豁子为长途客运枢纽。其主要功能是长途客运,其次是与市区交通衔接,它强调长途客运功能使用的方便性,以及其他空间功能的层次布置。

(3)公交枢纽站。公交枢纽站是指由不同方向多条公交线路衔接或局部区域多种交通方式衔接的换乘中心。在北京交通规划中,动物园、一亩园为公交枢纽站。它先强调公交站台的合理布置及之间的换乘,再考虑社会停车、商业等其他功能。

习题与思考题

1. 地铁路网有哪几种基本形态? 谈谈你对这些基本形态的理解,试举例说明。

2. 试述地铁路网规划的基本原则。

3. 试述地铁路网规划的基本方法和步骤。

4. 客流量预测有哪些方法? 影响客流预测的因素有哪些?

5. 何谓四阶段法? 谈谈你对四阶段法的理解,试分析四阶段法的不足。

6. 地铁选线的应坚持哪些基本原则,受哪些因素影响? 试分析之。

7. 如何确定地铁线路的端点站及中间站?

8. 如何确定地铁车站的位置,受哪些因素影响? 试分析之。

9. 地铁车站有哪些基本类型,如何确定地铁车站的形式和规模?

10. 地铁车站出入口的形式和数量受哪些因素影响? 在城市商业中心区如何设置地铁出入口? 试结合案例进行分析。

11. 地铁枢纽站的线路换乘有哪些基本形式,各有什么特点? 试分析之。

12. 试述地铁线路规划编制的主要内容和步骤。

13. 在城市规划中为什么要路网规划先行,以路网规划带动城市其他建筑规划与建设? 试分析之。

参 考 文 献

[1] 施仲衡. 地下铁道设计与施工[M]. 西安:陕西科学技术出版社,1997.

[2] 曹尧谦,李夏苗. 基于改进四阶段法的武广客运专线客流预测[J]. 铁道科学与工程学报,2010,7(3):109-113.

[3] 叶霞飞,顾保南. 城市轨道交通规划与设计[M]. 北京:中国铁道出版社,1999.

[4] 全永燊.城市交通客流预测的若干问题[J]. 城市交通,2008,6(6):5-8.

[5] 沈景炎.城市轨道交通客流预测内容和应用[J]. 城市交通,2008,6(6):9-20.

[6] 诸连才. 轨道交通规划中诱增交通量的若干问题[J]. 城市轨道交通研究,2005,(4):18.

[7] 杨超,杨耀. 城市轨道交通规划中诱增交通量预测分析[J]. 城市轨道交通研究,2006,(4):31-33.

[8] 姚智胜,董春娇,熊志华. 城际轨道交通转移客流量预测方法研究[J]. 交通运输系统工程与信息,2012,12(1):119-123.

[9] 李存军,邓红霞,靳蕃. 基于数据融合的地铁客流量预测方法[J]. 铁道学报,2004,26(1):116-119.

[10] 陆化普,黄海军. 交通规划理论研究前沿[M]. 北京:清华大学出版社,2007.4

[11] 王淑兰. 浅谈地铁选线与城市建设规划[J]. 地铁与轻轨,1995,23(4):13-16.

[12] 钱七虎. 俄罗斯地铁建设考察[C]//钱七虎院士论文选集. 北京:科学出版社,2007.

[13] 于东飞,乔木,王涛,等. 西安地铁线网规划及其对城市空间的影响[J]. 西安建筑科技大学学报,2012,44(5):707-713.

第7章 地下停车场

内容提要:本章主要介绍城市地下停车场的基本类型、特点、结构形态、整体布局、规划设计的基本原则、方法及智能交通系统。围绕单建式和附建式地下停车场,阐述地下停车场的构成要素及其关系、地下停车场与其他建筑的衔接、停车场内部交通流线设计及智能交通系统的基本组成和工作原理,并结合案例进行分析。

关键词:地下停车场;单建式停车场;附建式停车场;构成要素;衔接及交通流线设计;智能交通系统。

7.1 概　述

地下停车场,也称地下停车库,是城市地下空间利用的重要组成部分。由于城市汽车总量在不断增加,建筑物地面停车空间严重不足,停车难、行车难现象普遍,应充分利用地下空间建设停车场以缓减城市交通拥挤。因此,大规模地下空间的开发均须进行停车场规划。

地下停车场出现于第二次世界大战后,当时主要是出于战争防护、战备物质储存及物质输送方面的需要,此时的地下空间是地下停车场的雏形。到20世纪50年代后期,欧美等国家和地区经济迅速崛起,私用汽车数量大增,原地面建筑的规划空间有限,停车设施严重不足,问题初显端倪。应时之需,迫切需要建造大规模的地下停车场。例如,1952年建造的洛杉矶波星广场的地下停车场,共3层,4个地面进出口,6个层间坡道,拥有停车位2150个。法国于1954年开始规划地下交通网,拥有41座地下停车场,5.4×10^4个车位。日本于20世纪60年代进行地下停车场规划,到70年代,在主要大城市进行了公共停车场规划,共拥有214座,车位总容量达4.42×10^4个。

中国地下停车场的规划建设始于20世纪70年代,主要是出于民防的需要。随着科技水平的迅速发展和城市机动化水平的提高,汽车已逐渐成为人们生活中的必需品,城市汽车保有量迅速增加。据商务部发布的信息,中国已经成为世界上最富有成长性的汽车销售市场,并正以惊人的速度进入汽车社会。2006年中国已超过德国,仅次于美国、日本,成为世界第三大汽车生产国。有关统计数据显示,2013年中国机动车保有量为2.5×10^8辆,其中,汽车1.37×10^8辆,扣除报废量,净增加1651×10^4辆,增长了13.7%。预计到2020年中国汽车保有量将超过2×10^8辆,由此带来的城市交通拥堵、能源安全和环境问题将更加突出。以北京为例,2013年全市机动车拥有量为543×10^4辆,按小型机动车停车面积为$18 \sim 28 m^2/$辆,若70%为小型车,则所需停车面积达到$6841 \sim 10\ 642 \times 10^4 m^2$。由于车辆处于非行驶状态时都需要足够空间停放,所以,城市中车辆的增多直接导致停车空间需求量的增长。

随着经济的发展,作为城市静态交通主要内容的停车设施有了较大的发展,但路内、路外停车设施布置及其停车饱和度反差却很大。当前城市停车仍以地面停车为主,而地面停车又以路边停车为主,地下停车库停车所占的比例仍然很低。

据有关部门不完全统计,北京路外停车设施中,地面停车占75.36%,停车楼塔占9.96%,地下停车仅占14.67%。根据城市区域的不同,城市中心区与非中心城区停车设施类型、性质与分布有很大的差异。对于旧城而言,地面停车设施严重不足,一般在路内辟出停车场以缓解停车场的严重不足。北京市中心城区二环以内地面停车设施占27.74%,地下停车库占32.12%,见表7-1。其中,二环以内中心城区路内公用停车场占39.00%,路外公用停车场占61.00%;二环至四环的区域内,路内公用停车设施占54.00%,路外公用停车场占46.00%;四环以外区域,由于城市规划建设相对较晚,停车设施布置相对合理,路内公用停车设置相对较低,约占13.00%,路外公用停车场占相对较大的比例,为87.00%。

表 7-1　北京市中心区各种停车设施的比例

停车设施类型	二环以内区域	二环至四环
地面停车场/%	27.74	88.86
停车楼或塔/%	40.14	0.00
地下停车库/%	32.12	11.14

在路内公用停车设施中,主要设置分为占用车行道、人行道、桥下及规划红线内不占道四种类型,路内公用停车设施是解决旧城停车空间不足和充分利用新城规划道路中宽阔空间的通常做法,对高效利用地面空间解决交通拥挤和富余交通空间发挥了重要作用。北京市中心区路内公用停车场的设置比例如表7-2所示。

表 7-2　北京市中心区路内公共停车场设置比例

停车场设置位置	占用车行道	占用人行道	规划红线内、不占道	桥下
路内所占比例/%	39.87	30.98	25.68	3.53

可见,在中心区路内公用停车空间中,70.85%的停车空间依靠占用车行道和人行道,这部分占了北京市中心区停车空间的27.63%。由于中心城区规划建设早,道路相对狭窄,交通流通能力差,地面停车空间有限,地下停车规划开发度低。很显然,在路内开辟停车空间会阻碍交通流的畅通,恶化中心城区道路交通。要解决城市中心旧城区的停车空间问题,除进行旧城规划改造,扩大地面交通和加强地下交通空间开发外,对旧城内绿地、公园的地下空间开发是一条有效解决途径。

城市公用停车空间不足与停车空间占用率低是一对矛盾。一方面,大的汽车保有量要求有足够的公用停车设施为车辆的出行提供足够的停车空间;另一方面,公用停车空间的利用率在高峰时段和非高峰时段具有很大的差异。根据北京市有关部门的调查,北京市中心区路外停车场在高峰时段处于饱和或超饱和状态的达63.00%,路内停车场则达51.00%,地面停车场在高峰时段49.00%处于超饱和状态,如表7-3所示。

表 7-3　北京市中心区路内、路外停车场高峰时段饱和度

类型	占用率	<50%	50%～60%	60%～70%	70%～80%	80%～90%	90%～100%	>100%
路外停车场	饱和度/%	0	4	11	11	11	21	42
路内停车场	饱和度/%	7	3	8	12	19	44	7

地面停车饱和度依区域不同,有所变化。在二环以内区域,停车场经常处于饱和状态的占 40.00%～51.00%,偶尔处于饱和状态的占 36.00%～40.00%,而有 13.00%～20.00%从未达到饱和。在二环至四环区域,经常处于饱和状态的占 48%～80%,偶尔处于饱和状态的占 18.18%～42.00%,从未达到饱和的占 10.00%左右,如表 7-4 所示。

表 7-4　北京市中心区公共停车场全饱和状态

类型	发生区域\发生频率	经常	偶尔	从未
路外停车场	二环以内/%	40.00	40.00	20.00
	二环至四环/%	80.00	18.18	0.00
路内停车场	二环以内/%	51.00	36.00	13.00
	二环至四环/%	48.00	42.00	10.00

其他大城市也有类似的情况。例如,上海中心区的公共停车场饱和度不到 30%,低的甚至不到 5%[1]。由此可见,在公用停车场的规划利用上还有很大的开发空间。如何合理布置停车场的位置和空间规模,使之满足高峰时段停车需要的同时,尽量发挥非高峰时段停车设施的利用效率是今后值得研究的问题。

随着一个国家经济和社会的发展,小汽车将成为大多数家庭的生活必需品,汽车保有量将持续增长。城市未来的土地资源、空间资源、城市环境及规划建设将面临新的挑战。在充分利用城市地面、地上空间解决快速增长的动、静态交通需要的同时,还须通过地下空间资源的开发利用,加强地下交通规划建设,优化城市空间结构,整合城市空间资源,动态使用路内停车设施,并发挥经济的杠杆作用,调整停车收费政策,提高地下停车的便捷性。

地下停车的高代价及不便捷性是停车问题的两个技术瓶颈。对于地下停车的高代价问题,应根据城市等级进行政策性调整。对于都市级大城市,城市交通问题涉及政治、经济及社会等多个方面,应鼓励地下停车,以减少路内停车,缓减交通压力。应加强大都市公用地下停车设施的运营、维护成本等方面的经济调查,研究在中心区地下停车采用政策性补贴的可行性,使地下停车费用低于地面停车的费用。地下停车场使用不便问题可以通过停车设施系统的综合规划加以有效解决,优化出入口设置,减少步行距离,缩短地下停车出入库时间,同时把静态交通视为城市大交通的一个子系统,在城市化的进程中与动态交通系统相协调,将动、静态交通相结合,在综合解决城市交通问题的大背景下,解决停车问题。正确处理地面与地下关系、主体与出入口布置等地下空间规划和设计中的问题,有利于地下车库平战结合,利于地下空间合理利用,可把宝贵的地面空间让给住居地面建筑和绿地[2]。

7.2 地下停车场的分类与特点

7.2.1 地下停车场的基本类型

地下停车场是指在城市某个区域内,具有联系的若干个地下停车位及其配套设施所构成的停车设施的总体。地下停车场具有整体的平面布局和停车、管理、服务及辅助等综合功能。

根据车辆进出停放的运行状态,停车方式基本可划分为自行式停车方式和机械式停车方式两大类。

(1)自行式停车方式是指驾驶员将车辆通过平面车道或多层停车空间之间衔接通道直接驶入/出停车泊位,从而实现车辆停放目的。自行式停车方式具有停车方便的优点,但行驶通道占用了一定的空间。

(2)机械式停车方式是指利用机械设备将车辆运送且停放到指定泊位或从指定泊位取出车辆,从而实现车辆停放目的。机械式停车方式具有减少车道空间、提高土地利用率和人员管理方便等优点。

按照地下停车场建造位置及与地面建筑的关系,可分为单建式地下停车场、附建式地下停车场及混合式地下停车场。

(1)单建式地下停车场,指地下停车场的地面没有建筑物,独立建立于城市广场、道路、绿地、公园及空地之下的停车场。其特点是柱网、外形轮廓不受地面建筑物的限制,可根据工程地质条件按照行驶和停放技术要求,合理优化停车场形态与结构,提高车库面积利用率。单建式地下停车场的布置形式如图7-1所示。

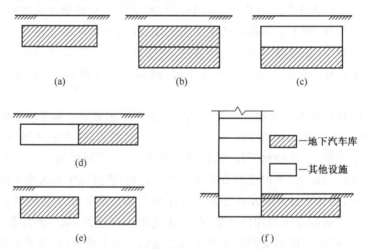

图 7-1　单建式地下停车场的布置形式

图7-2是日本大阪典型的单建式地下停车场。它利用长1100m的旧河道修建了3个地下车库,泊位量为750个。在规划中,地面修建双车道,并开辟了地面停车场,使地上、地下合理利用。同时,工程中开挖土方与回填方量基本平衡,无须堆排土石方,工程省。

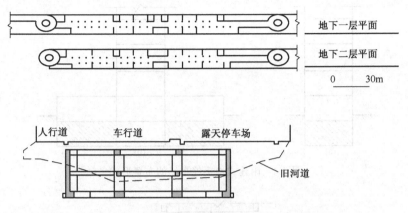

图 7-2　单建式地下停车场(日本)

图 7-3 为上海人民广场单建式地下停车场的平面布置图。该地下停车场位于人民广场西南侧,东连香港名店街、地铁人民广场站,采用地下两层无梁盖结构、中心岛开挖方案。工程长 176m、宽 145m、深 11.2m,总建筑面积为 $8.0 \times 10^4 m^2$。

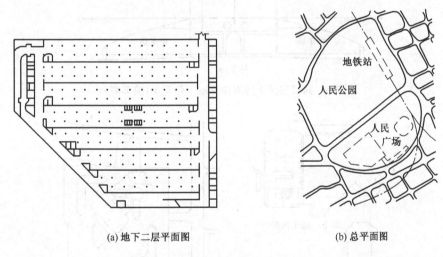

(a) 地下二层平面图　　　　　　　　　　　　(b) 总平面图

图 7-3　上海人民广场单建式地下停车场

(2)附建式地下停车场,指地面建筑物下的地下停车场。其特点是新建停车场须同时满足地面建筑、地下停车场使用功能的要求,柱网的选择及停车场形态、结构等受建筑物承载基础的限制。通常利用大型公共建筑高低层组合特点,将地下停车场布置在较大柱网的低层地下室,把裙房中餐厅、舞厅、商场、活动室、动力房及中水处理设施等使用功能与地下停车场相结合。附建式地下停车场的布置形式如图 7-4 所示。

图 7-5 是前苏联典型的高层建筑下的附建式地下停车场。其主要特点地下停车场建造于建筑物地下和两侧,与建筑物主轴两翼对称。

图 7-6 为北京某高层建筑单侧式专用地下停车场。其特点是地下停车场分布于建筑物的一侧地下,与地面设施配套设置。

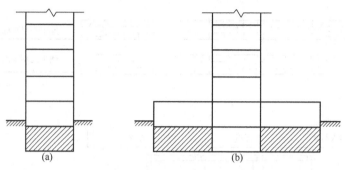

图 7-4　附建式地下停车场的布置形式

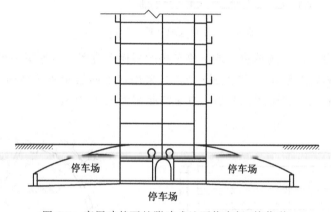

图 7-5　高层建筑下的附建式地下停车场（前苏联）

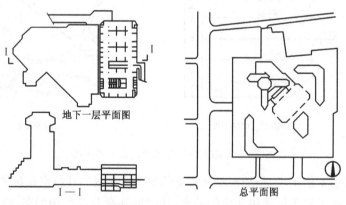

图 7-6　北京某高层建筑单侧式专用地下停车场

随着城市的发展,大城市的住宅小区对地下停车场的需求将越来越大。这些居住区的地下停车场通常都属于附建式停车场,大部分位于建筑物及住宅小区空地下方。

（3）混合式地下停车场,指单建式与附建式相结合的地下停车场。其特点是在位置上建筑物与广场、公园、空地等毗邻,且建筑物内办公、购物等活动与公共交通均具有大的静态交通需求。混合式地下停车场的布置形式如图 7-7 所示。

按照使用性质与功能特点可以分为公共地下停车场、配建停车场和专用地下停车场。

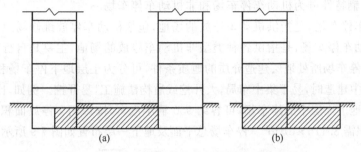

图 7-7 单建与附建混合式地下停车场的布置形式

(1)公共地下停车场,是指为社会车辆提供停放服务的、投资和建设相对独立的停车场所。主要设置在城市出入口、广场、大型商业、影剧院、体育场馆等文化娱乐场所和医院、机场、车站、码头等公共设施附近,向社会开放,为各种出行者提供停车服务,服务于社会大众。

(2)配建停车场,是指在各类公共建筑或设施附属建设,为与之相关的出行者及部分面向社会提供停车服务的停车场。

(3)专用地下停车场,是指服务于专业对象的停车场所,如地下消防车库、救护车库等。

图 7-8 为北京某地下消防车库专用停车场的布局。该地下车库为附建式地下停车场,其特点是车库进车和出车分开设置,互不干扰;车库距离工作人员近,地下建筑内部电梯直达车场,容易迅速出车。

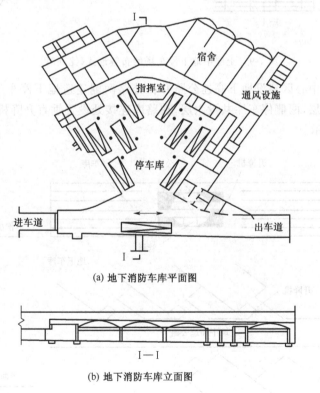

(a) 地下消防车库平面图

(b) 地下消防车库立面图

图 7-8 北京某地下消防车库的布局

按停车车辆特性分为机动车停车场和非机动车停车场。

（1）机动车停车场，是指供机动车停放的场地，包括机动车停放维修场地。

（2）非机动车停车场，是指供各种类型非机动车停放的场地，主要是自行车停车场。

按照地下停车场所处地层建造介质的地质条件，可分为土层地下停车场和岩层地下停车场。在土层中建造时，易于集中布局，大开挖或盾构法施工，易开挖。例如，比利时布鲁塞尔建造于广场地下土层中的停车场，可容纳 950 辆小汽车，按每辆车停放面积 $32.8m^2$ 规划修建，停车面积需 $3.116 \times 10^4 m^2$。停车场总平面及地下一层布置如图 7-9 所示。

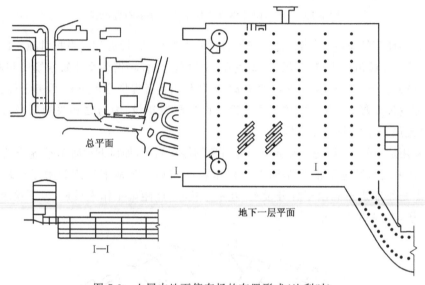

图 7-9　土层中地下停车场的布置形式（比利时）

英国伦敦市中心区建设地下高速公路并在公路两侧建造地下停车库，公路采用圆形截面，分上、下两层，两侧停车库共设六层，在路库连接处设置垂直升降机运输汽车出入车库，如图 7-10 所示。

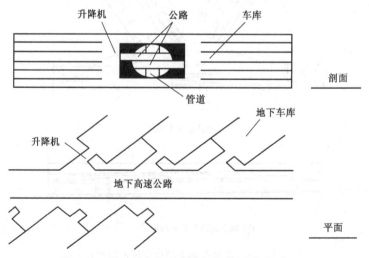

图 7-10　深土层中地下停车场的布置形式（英国）

在一些地区,土层很薄,地下停车场须建造在岩层中。在岩层中布置时,停车场的特点是条状通道式布局,洞室开挖走向灵活,矿山法开挖。芬兰是世界上在岩层中建造地下建筑比较典型的国家,一些体育场馆也建造于地下岩层中。图 7-11 是修建于地下的停车库,平战结合,可容纳 138 辆小汽车,战时可供 1500 人防空掩蔽。

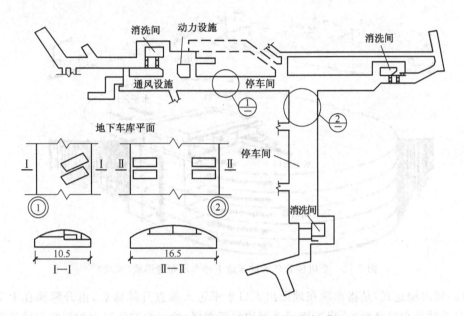

图 7-11 岩层中的地下停车场布置形式(芬兰)

按停车方式分为坡道式、机械式和坡道-机械式。坡道式地下停车场的优点是造价低,运行成本低,进出车速快,不受机电设备运行状态影响。不足之处是交通运输使用面积占整个车场面积的比重大,为 0.9:1,通风量大,管理人员多。图 7-12 为德国汉诺威广场下坡道式停车场。地下二层可停放小汽车 350 辆,每辆占用停车面积 33m²。

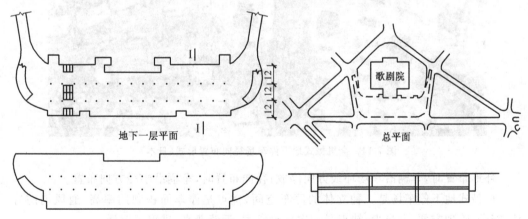

图 7-12 坡道式地下停车场布置形式(德国)

根据车辆输送方向与停车泊位的关系,机械式地下停车场分环形输送和径向输送两种。

(1)环形输送式,是指车辆在地面出入口水平进入垂直升降梯后,由升降梯自动选择泊位并运送到泊位所在层,然后在泊位层由水平环形输送带输送到所在泊位停车。图7-13为瑞典全机械式环形输送地下停车场布置形式。该停车场共6层,拥有600余个泊位,平战结合,可供10 000人掩蔽。

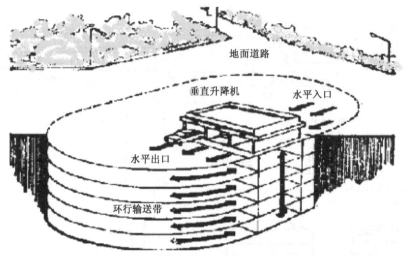

图 7-13　全机械式环形输道地下停车场布置形式(瑞典)

(2)径向输送式,是指车辆在地面出入口水平进入垂直升降梯后,由升降梯在上下各层间自动转换和选择泊位,将车辆运送到泊位所在层,然后在泊位层由倾斜径向输送平台输送到所在泊位停车。图7-14为日本东京某办公楼地下停车场,共设5层,拥有155个泊车位。

图 7-14　全机械式地下停车场径向布置形式(日本)

环形布置时,车辆沿车场环线方向停放;径向布置时,车辆沿半径方向布置。

机械式地下停车场是一种立体的停车空间,优点是停车面积利用率高,通风消防容易、安全,管理方便,人员少;缺点是一次性投资大,运营费高,进出车速慢。

坡道-机械式是一种坡道式与机械式结合的半机械式地下停车场,其特点是没有垂直升降梯,采用坡道进出地下停车场,当车辆由坡道驶入停车单元后,通过电动伺服的水平输送带定位到所泊车位,然后通过垂直升降到停车场地面水平,车辆驶入输送带,再通过输送带垂直升降,将所停车辆停放到指定泊位。

由于半机械化停车场一般采用双层布置,因此,大大提高了地下空间的利用效率。其不足之处是初期投资大,受数字自动化水平的限制,通常需要有专门的停车调度人员操作完成停车过程。

此外,还可以按照地下停车场的结构特点及在平面上的布置形式等进行分类。参见7.3.5 及 7.3.6。

7.2.2　地下停车场的基本特点

地下停车场具有以下基本特点。

(1)提供车位多,节约地面空间,经济效益显著。

(2)地下汽车库位置受限较小,能在地面无法容纳下满足停车的合理服务半径。

(3)解决机动车停车难的问题。

(4)综合效益明显,安全、可靠、不影响城市交通。地下停车设施在社会、环境、防灾等方面发挥综合效益。地下汽车库与地下商业设施综合布置,以商业高利润弥补停车收入。

(5)地面车库与地下车库造价之比为 1∶2.6~1∶2.8,投资回收期约 16 年。以北京为例,如地面需付土地使用费,地面车库是地下车库造价的 8 倍。

7.3　地下停车场规划设计方法

7.3.1　地下停车场的规划步骤

地下停车场规划应遵循以下基本步骤。

(1)城市现状调查。内容包括城市性质、人口、道路分布等级、交通流量、地面地下建筑分布及其性质、地下设备设施的分布及其性质等。

(2)城市土地使用情况。内容包括土地使用性质、价格、政策、使用类型及其分布等。

(3)机动车发展预测、道路发展规划、机动车发展与道路现状及发展的关系。

(4)原有停车场和车库的总体规划方案、预测方案。

(5)停车场的规划方案编制与论证。

7.3.2　地下停车场规划要点

在进行单建式地下停车场规划时,应注意以下几点。

(1)结合城市总体规划,重点以市中心向外围辐射形成综合整体布局,考虑中心区、副中心区、郊区道路交通布局及主要交通流量规划。

(2)停车场地址选择交通流量大、集中、分流地段。注意地段公共交通流及客流,是否有立交、广场、车站、码头、加油站及宾馆等。

(3)考虑地上、地下停车场比例关系。地下空间造价高、工期长,尽量利用原有地面停车设施。

（4）考虑机动车、非机动车比例。预测非机动车转化为机动车、停车设施有余量或扩建的可能性。

（5）结合旧区改造规划停车场，节约使用土地，保护绿地，重视拆迁的难易程度等。

（6）规划应注意停车场与车库相结合，地面与地下停车场、原停车场、建筑物地下车库相结合。

（7）尽量缩短停车位置到目的地的步行距离，最大不要超过 0.5km。

（8）应考虑地下停车场的平战转换及其作为地下工程所固有的防灾、抗灾功能，将其纳入城市综合防护体系规划。

7.3.3　地下停车场的选址原则

城市干线道路、铁路网络、交通枢纽、城市绿地等构成了城市的基本骨架，其空间位置是地下停车场选址的主要依据[3]。中心区交通枢纽附近通常聚集了许多商业设施，相应地产生了更多的停车需求，而中心区交通枢纽地下化成为地下停车场建设的契机。

对于附建式地下停车场，由于建造于地面建筑下，其位置由地面建筑的总体布局确定，一般不存在选址问题，只需满足地面建筑和地下停车两种功能要求，把裙房中餐厅、商场、楼前广场等功能与地下停车相结合即可。

这里，主要介绍单建式地下停车场选址应遵循的原则。

（1）根据城市总体规划及道路交通总体规划，选择道路网中心地段、人流集散中心及地面景观保护地段，如城市中心广场、站前广场、商业中心、文体娱乐中心及公园等。

（2）保证停车场合理的服务半径。公用汽车库 $r \leqslant 500\text{m}$，专用车库 $r \leqslant 300\text{m}$，停车场到目的地步行距为 $300 \sim 500\text{m}$。

（3）工程地质及水文地质条件良好，避免地下水位过高、工程地质及水文地质复杂的地段。

（4）不宜靠近学校、医院、住宅等建筑。

（5）地下停车场设置在露出地面的构筑物如出入口、通风口及油库等位置时，应符合防火要求，与周围建筑物和其他易燃、易爆设施保持规定的防火间距，避免排风口对附近环境造成污染，并保持停车场与附近建筑的卫生距离。

汽车停车场的防火间距按《汽车库、修车库、停车场设计防火规范》（GB50067—97）确定[4]，如表 7-5 所示。地下停车场与其他建筑物的卫生间距，见表 7-6。

（6）停车场与地下街、地铁车站、地下步行道等大型地下设施相结合，充分发挥地下停车场的综合效益。

（7）考虑专业车库及特殊车库的特殊性。例如，消防车库对出入、上水要求高，防护车库要考虑三防要求。

（8）避开已有地下公共设施主干管、线及其他地下工程。

（9）岩层车库应考虑岩性、岩层厚度、性质、产状、边坡、地下水位及洪水位。地基所在的山体厚度应满足最小自然保护层的要求，一般为 $20 \sim 30\text{m}$；大型洞室宜沿山脊布置，其岩层岩性均匀、整体性好，风化程度低或难风化，强度高；不存在区域性大断裂、岩溶及暗河；整个工程的地面应保持在稳定的地下水位以上，洞口边坡稳定，按 $50 \sim 100$ 年一遇洪水位确定合理的洞口高程 。

表 7-5　汽车停车场的防火间距　　　　　　　　　　　　　（单位：m）

建筑物名称和耐火等级		停车场、修车场、厂房、库房、民用建筑		
汽车库名和耐火等级		一、二级	三级	四级
停车库	一、二级	10	12	14
修车库	三级	12	14	16
停车场		6	8	10

表 7-6　停车场与其他建筑物的卫生间距　　　　　　　　（单位：m）

名称\车库类别	I、II	III	IV
医疗机构	250	50～100	25
学校、幼托	100	50	25
住宅	50	25	15
其他民用建筑	20	15～20	10～15

7.3.4　地下停车场的布局原则

地下停车场布局应遵循以下原则。

(1)附建式地下停车场原则上在主体建筑用地范围之内。

(2)出口、入口分开布置，宜布置在次干道或支路上，距离服务对象不大于500m，距离城市道路规划红线不应小于7.5m，并在距离出入口边线内2m处视点120°范围内至边线外7.5m以上不应有遮挡视线的障碍物，如图7-15所示。当无法避开主干道时，应设专门的停车辅路引至出入口并尽量远离道路交叉口。

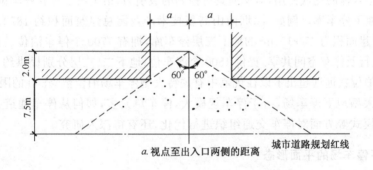

a. 视点至出入口两侧的距离

图 7-15　地下停车库车辆出入口通视要求

(3)停车场库址的绿化率不低于30%，车辆出入口应遵循以下规定：车位指标大于50个的地下车库的出入口不少于2个；特大型地下停车场(大于500辆，一、二级地下车库)的出入口不少于3个，并设立独立的人员专用出入口；两出入口的净间距大于15m，转弯半径不小于13m，双向行驶时出入口宽度不小于7m，单向行驶时不小于5m；纵坡不宜大于8%。按照《汽车库建筑设计规范》(JGJ100—98)，汽车库建设规模宜按汽车类型和容量进行分级，如表7-7[5]所示。

表 7-7　汽车库分类

规模	特大型	大型	中型	小型
停车数/辆	＞500	301～500	51～300	＜50

对于地下汽车库建筑设计,由于大型车不宜停放地下,一般只对中小车型地下停车场/库规模等级进行划分,如表 7-8[6] 所示。

表 7-8　不同车型地下停车场/库规模等级

规模等级\汽车类型	小型车地下车库/车位数	中型车地下车库/车位数	出/入口数/个	出/入口车道数/个
一级	>400	>100	≥5	≥7
二级	201～400	51～100	≥3	≥3
三级	101～200	26～50	≥2	≥3
四级	26～100	10～25	≥1	≥2

地下停车场的等级划分涉及系统的出入口和车道设置数量、出入口连接段交通组织方式等相关设计参数。一般而言,对于一级地下停车场,出、入口数均应不小于 5 个,出、入口车道数均不小于 7 个;对于二级地下停车场,出、入口数均不小于 3 个,出、入口车道数均不小于 3 个;对于三级地下停车场,入口数不小于 2 个,出口数不小于 1 个,入口车道数不小于 3 个,出口车道数不小于 2 个;对于四级地下停车场,出、入口数均不小于 1 个,出、入口车道数均不小于 2 个[7]。

(4)考虑停车安全及排水的需要,停车坪坡度一般在 0.2%～0.3%。

值得指出的是,随着经济与技术的发展,城市规模日益扩大,伴随着大量城市综合体的建设。城市综合体承担办公、居住、商业等多种功能及具有节约土地、提高效率、改善景观等优势。城市综合体的建成使用,对交通具有强劲的吸引力,衍生出了配套停车位数以千计的超大型多层地下停车库。例如,深圳南山高新技术产业园总建筑面积约 187 ×10⁴ m²,无地面停车场,配建面积为 47 ×10⁴ m² 的地下三层停车库,拥有 7700 个停车泊位。其中,地下一层由商业、人行及停车空间共享,提供 1500 个停车位;地下二、三层分别提供约 3100 个停车位[8]。停车泊位数远远超出了以往规范中有关特大型停车场泊位数>500 的限制。

对于超大型地下停车场,由于停车规模大,停车单元多,如何从停车通道、停车位布局及交通组织模式等方面对停车交通组织进行优化,还有待深入研究。

7.3.5　地下停车场的平面形态

地下停车场的平面形态可分为广场式矩形平面、道路式长条形平面、竖井环形式及不规则平面。

(1)广场式矩形平面。地面环境为广场、绿地,在广场道路的一侧设地下停车场,可按广场的大小布局,也可根据广场与停车场规模来确定。地下停车场总平面一般为矩形等规则形状。例如,日本川崎火车站前广场地下停车场设在广场西南路边一侧,上层为商场,下层存车 600 辆,入口设在环路一侧。

(2)道路式长条形平面。停车场设在道路下,基本按道路走向布局,出入口设在次要道路一侧。此类停车场把地下街同停车场相结合,即上层为地下街,下层为停车场,停车场的柱网布局与商业街可以吻合,平面形状为长条形。

(3)竖井环形式。竖井环形式是一种垂直井筒的地下停车场,通常采用地下多层,环绕井筒四周呈放射形布置泊车位。一般竖井采用吊盘,竖井直径 6m,停车场外径 20m,每层可布置 10 个泊位,可供机关、商场及住宅等使用。多个竖井式可通过底部地下停车场等联通。

(4)不规则平面。附建式地下停车场受地面建筑平面柱网的限制,其平面特点是与地面建筑平面相吻合。不规则平面的地下停车场是停车场的特殊情况,主要是地段条件的不规则或专业车库的某些原因造成的。岩层中的地下停车场,其平面形式受施工影响会引起很大变化,通常是以条状通道式连接起来,组成 T 形、L 形、井形或树状平面等多种形式。

7.3.6　地下停车场的整体布局形态

城市空间结构与城市路网布局,既相辅相成,又互相制约,而城市的路网布局决定了城市的行车行为,进而决定了城市的停车行为。所以,地下停车场的整体布局必然要求与城市结构相符合。城市特定区域的多种因素,如建筑物的密集程度、路网形态、地面开发建设规划等,也对该区域地下停车场的整体布局形态产生影响。

根据城市结构的不同,地下停车场的整体布局形态可分为脊状布局、环状布局、辐射状布局和网状布局四种。

(1)脊状布局。在城市中心繁华地段,地面往往实行中心区步行制,即把车流、人流集中,地面交通组织困难的主要街道设为步行街。这些地段通常商业发达,停车供需矛盾较大。实行步行制后,地面停车方式被取消,停车行为一部分转移到附近地区,更多的会被吸引入地下。沿步行街两侧地下布置停车场,形成脊状的地下停车场,如图 7-16 所示。出入口设在中心区外侧次要道路上,人员出入口设在步行街上,或与过街地下步道相连通。

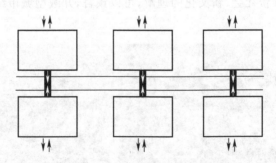

图 7-16　脊状地下停车场系统示意图

(2)环状布局。新城区非常有利于大规模的地上、地下整体开放,便于多个停车场的连接和停车场网络的建设。可根据地域大小,形成一个或若干个单向环状地下停车场。

北京中关村西区在地下一层建有逆时针单向双车道的地下环形车道——地下环廊,呈扇形环状管道,全长近 2km。地下环廊共设置 13 个地下车库,10 个出入口,分别为 6 入 4 出,与地面道路连通,形成四通八达的地下交通网路。图 7-17 为中关村地下停车场布置图。

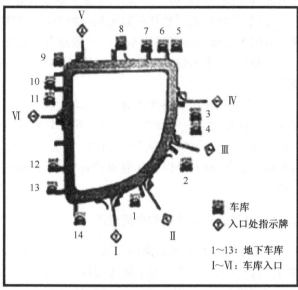

（a）环廊与地面道路的关系　　　　　（b）地下停车系统出入口布置

图 7-17　中关村地下环形式停车场

（引自：http://image.baidu.com）

（3）辐射状布局。开敞空间（open space）是当今城市规划与建设中最重要的一种空间类型，它具有人文或自然特质、一定的地域和可进入性。开放空间不仅是一种生态和景观上的需要，也是社会与文化发展的需要，所以这些广场、公园或绿地往往成为城市的政治、经济或体育中心，如伦敦的海德公园、北京的奥林匹克体育公园、上海的人民广场等。城市的开放空间既是一种交流，包括社会活动空间，也是一种人际关系与空间场所的叠合，同时它还反映了对新社会、新文化的理解，可以预言，开敞型城市结构将更广泛地被接受，如图 7-18 所示。

图 7-18　一种开敞型城市中心的布局

（引自：http://image.baidu.com）

　　开敞的广场或绿地为修建大型地下公共停车场提供了条件,这使得地下停车可以成为中心区的主要甚至是唯一的停车方式。大型地下公共停车场与周围的小型地下车库相连通,并在时间和空间两个维度上建立相互关系,形成以大型地下公共停车场为主,向四周呈辐射状的地下停车场,如图 7-19 所示。

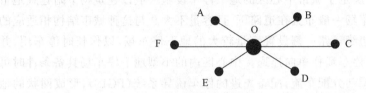

图 7-19　辐射状地下停车场的布局
A 为大型公共停车场;B、C、D、E、F、G 为小型停车场

　　地下公共停车场与周围建筑物的附建式地下停车场在空间维度上建立一对多的联系,即公共停车场与附建式停车场相连通,而附建式停车场相互之间不作连通。在时间维度上建立起调剂互补的联系,即在一段时间内,公共停车场向附建式车场开放,另一段时间内各附建式车场向公共停车场开放。例如,在工作日公共停车场向周围附建式的小型停车场开放,以满足公务、商务的停车需要,在法定假日附建式小型车库向公共停车场开放,以满足娱乐、休闲的停车需要。

　　(4)网状布局。团状城市结构一般以网格状的旧城道路系统为中心,通过放射型道路向四周呈环状发展,再以环状路将放射型道路连接起来,图 7-20 为由快速道与主干道形成的北京城区主要路网结构。

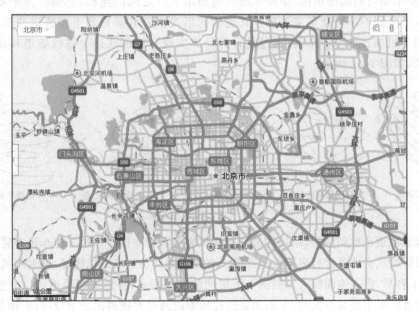

图 7-20　北京城区路网结构

　　我国部分历史悠久的大城市如北京、天津、南京等,城区面积较大,有一个甚至一个以

上的中心或多个副中心,街区的分割与日本的城市有些相似,与欧美的城市相比有着路网密度大、道路空间狭窄、街区规模小的特征。道路空间的不足,以及商业、办公机能的城市中心集中化、居住空间的郊外扩大化,导致了对交通、城市基础设施的大量需求。这些需求推动了地铁、共同沟、地下停车场及地下街等的建设。

团状结构的城市布局决定了城市中心区的地下停车设施一般以建筑物下附建式地下停车库为主,地下公共停车场一般布置在道路下,且容量不大。与这种城市结构相适应的地下停车场,宜在中心区边缘环路一侧设置容量较大的地下停车场,以作长时停车用,并可与中心区内已有的地下停车场作单向连通。中心区内的小型地下停车场具备条件时可个别地相互连通,以相互调剂分配车流,配备先进的停车诱导系统(PGIS),形成网状的地下停车场。

7.3.7　地下停车场衔接设计

地下停车场的衔接设计包括地下停车场与地面建筑、地面交通、地下商业街、地下商业中心、地下文体中心、人防工程及地铁站、地下公交枢纽、地下步行系统等地下交通系统的衔接。附建式地下停车场主要与地面建筑物及地面交通系统连接,单建式及混合式除与建筑物连接外,还与地下商业及其他交通系统连接。地下停车场通过专用通道实现与衔接对象的连接。

根据地下停车场与衔接对象的不同,衔接类型也有多种。总体上,可以将地下停车场的衔接分成两大部分:第一部分为停车场与地面出口的衔接;第二部分为停车场库内的衔接。

(1)停车场与地面的衔接,指停车场与地面出入口之间的连接,它通过停车场水平与地面出入口之间的车行通道来连接。其连接的形式主要有垂直通道和坡道两种,垂直通道主要用于机械式地下停车场,通过垂直升降梯实现。坡道联接分直线坡道和曲线坡道两种形式,如图 7-21 所示。

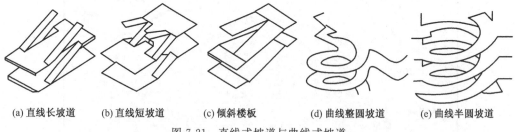

　(a) 直线长坡道　　　(b) 直线短坡道　　　(c) 倾斜楼板　　　(d) 曲线整圆坡道　　　(e) 曲线半圆坡道

图 7-21　直线式坡道与曲线式坡道

直线式坡道也称斜坡道,指层间采用直线式坡道进行连接。在地下停车场布置多层时,可以采用折返式斜坡道进行多层之间连接。直线式的特点是坡道视线好,可视距离长,上下方便,施工容易,但占地面积大。根据上下层间的连接形式,折返式斜坡道可以分连续折返和分离折返。采用连续折返时,车辆无需经过场库内通道直接进出上下分层;采用分离式折返时,车辆需经过场库内部行车道出入上下分层。连续式折返的结构紧凑,行车距离短,但干扰大。分离式折返各层之间的直线坡道相互独立,干扰小,但行车距离较长。

曲线式坡道又称螺旋式斜坡道,指层间采用一定曲率半径的弯道进行连接。根据弯道在平面上的投影,又分为整圆坡道和半圆坡道,整圆及半圆形螺旋道的特点是在弯道全程上的曲率和半径不变。当曲率半径改变时,其在水平面上的投影为椭圆形。曲线型坡道的特点是视线效果差,视距短,进出不方便,但占地小,适用于狭窄地段。折返式和螺旋式斜坡道在地质资源开采、核废深埋及其他深部地质的井巷工程中作为开拓运输道被广泛采用[9,10]。

(2)停车场库内的衔接,指停车单元之间、停车场与建筑物内部及周围之间衔接关系的总和。这里主要介绍库内的衔接形式。如图 7-22 所示,(a)所示的系统中,停车单元通过系统内部次要通道②与内部主要通道①相连;(b)所示的系统中,停车单元之间通过系统内部通道③直接相连;(c)所示的系统中,系统内部主要通道①直接穿越停车单元内部,也就是说单元内部通道④同时起到系统内部主要通道的作用。

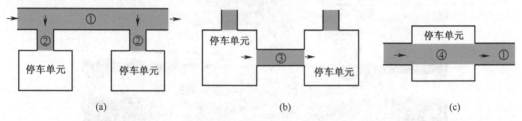

图 7-22 系统内部通道与停车单元衔接的基本形式

衔接设计的基本原则是场内交通流向一致,进出线路简单,行驶线路距离短,与其他地下设施连接方便,步行距离短,安全高效。地下停车场与地下步行道路的联系最为紧密,也较容易实现。地下车库的人员出入通道可与地下步行道路相连通,从而借用其出入口,跨越主要机动车道,方便了车库与停车目的地之间客流的组织。

(3)停车场与其他地下空间的衔接。地下停车场与地下商业街、地铁站结合建设已成为当今地下空间综合开发的主流,三者资源共享,并带动地面商业的发展,在城市的某一区域发挥了很好的综合效益。图 7-23 是加拿大蒙特利尔地下停车场与其他交通的连接。

图 7-23 广场与其他交通的连接(加拿大)

(引自:http://image.baidu.com)

常见的实例是负一层设地下商业设施,负二层作停车用,利用公共道路下的隧道或延伸的月台连接附近的地铁车站,或者地下街与地铁站结合建设,再与地下公共停车场用地下步行系统相连。例如,日本名古屋中央公园地下公共车库,与地下街合建,地下街与周围街区之间设置了许多地下步道和出入口,使用十分方便,体现了公共空间的中介作用。加拿大蒙特利尔的一些主要商店,如著名的伊顿中心,店方出资在店内分隔出一角,修建了一个地铁的出入口,方便换乘的同时也吸引了客流。图7-24是地下停车场与地下商业街及地铁的连接。

图 7-24　地下停车场与地下商业街及地铁等的连接
(引自:http://image.baidu.com)

7.4　地下停车场交通组织

7.4.1　停车场交通要素之间的关系

　　停车场交通涉及停车位、行车通道、坡道、出入口或机械提升设备间、洗车设备及调车场等要素。停车位是汽车的最小储存单元;行车通道、坡道提供车辆行驶的路径;出入口是车辆进、出地下车库和加入地面交通的哨口或门槛。停车场交通组织就是协调各要素之间的关系,确定合理的路径轨迹。

　　(1)行车道与停车位的关系。根据行车道与停车位之间的位置关系,可分为一侧通道一侧停车、中间通道两侧停车及环行通道等多种形式,如图7-25所示。

　　图7-25(a)为一侧通道、一侧停车;(b)为中间通道、两侧停车;(c)为两侧通道、中间停车;(d)为环形通道、四周停车。按照车位长轴线与行车通道轴线交角之间的关系,可分为平行式、垂直式及斜交式。斜交式的相交角度常见的有 30°、45°及 60°。

　　其中,采用中间通道、两侧停车的位置关系时,车辆可以在行车通道的两侧找到位置,而行车通道同时为道路两侧的车辆提供通行空间,利用率高。

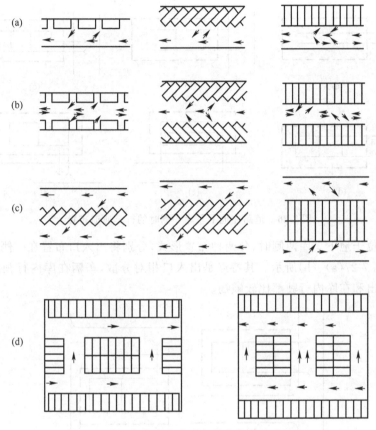

图 7-25　库内行车道与停车位的关系

采用两侧通道、中间停车的位置关系时,可以从双侧道路进出车位,一侧顺进,一侧顺出,进出车位安全、快速,适合于要求紧急出车的专用车使用。其不足之处是通道占用空间大,在停车场有效面积中,停车位面积与通行道路面积比相对较低,空间利用率较低。

采用环形通道时,线路流畅,但须保证必要的转弯半径和通视距离。一般要求中型车车库为 50～80m,小型车车库为 30～40m。

(2)行车通道与坡道及出入口的位置关系。行车通道与坡道、出入口之间的位置关系取决于地下车库布置及与地面道路的关系。根据道路与地下车库的相对位置关系,通常可分为地下车库的一侧、两侧、两端和四周,并据此确定出入口的位置。

如图 7-26 所示,当道路在地下车库一侧布置时,有六种基本的位置关系。(a)为小型地下车库,只有一条直线行车通道和一个出入口,车辆直进直出,比较简单,如四级及以下地下车库。(b)～(f)为较大型地下车库,行车通道多采用一组直线通道,由环行通道并联布置,两个出入口。根据出入口与车场的位置关系,出入口可分散布置在车库两端,如(b)及(e);也可集中布置在车库一端,如(c)及(f)。此外,出入口布置的外部条件受到限制时,将改变出入口及坡道设置。如(d)所示,因不能布置直线坡道,采用了直线加曲线相互交错的两条坡道;(f)由于外部条件受限,造成出入口不能分散布置,而将出入口集中布置。出入口集中布置时,车流在库内的行车路线长,出入口容易造成车辆集中和交通堵塞。

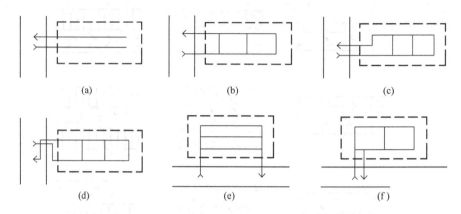

图 7-26　道路在地下车库一侧时的行车通道布置

当道路位于地下车库两侧时,分两种布置形式,分别将出入口布置在一侧道路或两侧道路上,如图 7-27(a)、(b)所示。其特点是出入口相对分散,车辆在库内行驶路距比较合理,车辆进、出和在库内行驶都比较顺畅。

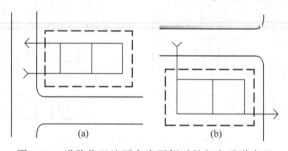

图 7-27　道路位于地下车库两侧时的行车通道布置

当道路在地下车库两端时,行车通道的布置分三种方式,如图 7-28 所示。(a)为直进直出式,出入口设于车库两端道路,通常为小型车库采用;(b)为直线并联环行式,在车场两端道路各设置两个出入口,库内、外行车方便,通常为大型地下停车场采用;(c)为环行直通式,与(a)相比,增加了环行通道,一般适合于较大型的停车场。

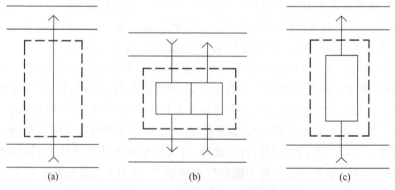

图 7-28　道路位于地下车库两端时的行车通道布置

当道路在地下车库四周时,行车道出入口的数量及布置取决于停车场规模的大小及地面交通情况。大型地下车库出入口的设置尽可能与四周道路连通。常见行车道的布置方式如图 7-29 所示,(a)在三个方向设置出入口,(b)在四个方向均设有出入口。

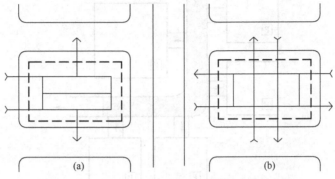

图 7-29　道路位于地下车库四周时的行车通道布置

当地下车库位于城市道路下方时,由于地下车库为狭长条形,左右两组出入口均处于道路中央,库内形成两个环行通道,如图 7-30 所示。

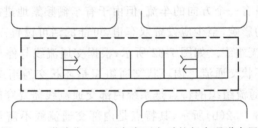

图 7-30　道路位于地下车库下方时的行车通道布置

停车间内一般不单设人行通道。大面积停车间在行车通道范围一侧划出宽 1m 左右人行线,行人利用停车位空间暂避。供人使用的楼梯、电梯应满足使用、安全疏散要求。单建式地下车库超过四层时应设电梯,附建式地下车库内的电梯可利用地面建筑电梯延伸到地下层,为行人提供存、取车便利。

7.4.2　停车场内部交通流线设计

停车场交通组织是指在停车场内组织车流的行驶路线和方向,使车辆在停车间内的进、出、上、下和水平行驶,使车辆行车路线短捷、出入顺畅的过程。

根据地下停车场整体布局形态,停车场内水平交通组织可分为脊状布局交通流组织、环状布局交通流组织、辐射状布局交通流组织及网状布局交通流组织。

(1)脊状布局交通流组织。它是地下停车场系统内部流线组织的基本方式,车流经入口进入停车场内部主要通道,再经由次要通道向各个停车单元分流;而驶离系统的交通流则从各个停车单元经由次要通道汇聚到主要通道,沿着进入流的方向从出口流出,如图 7-31 所示。

组织方式的特点是交通流单进单出,有利于车辆快捷通畅地进出系统。由于系统内部次要通道上一般都有两个方向的车流,因此,要根据与该通道相连的停车单元的规模,

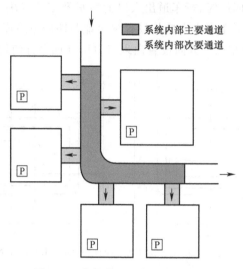

图 7-31　脊状布局形态下的交通流

确定通道需要共同设置一条还是多条双向车道,或分开设置两条还是多条单向车道;系统内部主要通道上虽然只有一个方向的车流,但由于有车辆频繁地进出各停车单元,为避免转向车流对直行车流的影响,至少应设置双车道,可能的话可设置三或四车道。

(2)环状布局交通流组织。如图 7-32 所示,根据交通流线与停车单元形成流线形态,分内环状交通流和外环状交通流。内环状交通组织是环状交通组织的基本形态,如图 7-32(a)所示。内环状交通流组织的特点是系统内部交通流线需要穿越每个停车单元内部。外环状交通流组织如图 7-32(b)所示,其特点是内部交通流线不需要穿越停车单元内部,完全由地下通道进行组织。

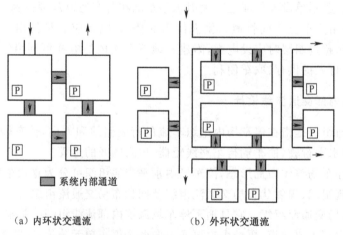

(a)内环状交通流　　　　　　　　(b)外环状交通流

图 7-32　环状布局形态下的交通流

就系统内部交通流线组织方式来看,外环状系统可以分解为两个或多个脊状系统,其内部流线组织方式基本类似。只是由于外环状系统的内部通道形成了闭合回路,其内部流线组织更为复杂,因此,需要加强标识系统设计。

（3）辐射状布局交通流组织。如图 7-33 所示，(a) 为辐射状流线组织的基本形态，其特点是围绕某个停车单元布置系统内部通道，并分别与其他各个停车单元相连通。(b) 为辐射状流线组织的组合形态，当仅将系统内部通道连通时，与辐射状系统内部流线组织基本方式类似。若将①、③两条预留通道也连通，则单就系统内部交通流线组织方式来看，可分解为两个内环状系统，其内部流线组织方式与内环状系统的相类似。如果再将②也连通，则其内部流线组织方式与图 7-33 所示网状系统的内部流线组织方式相类似。

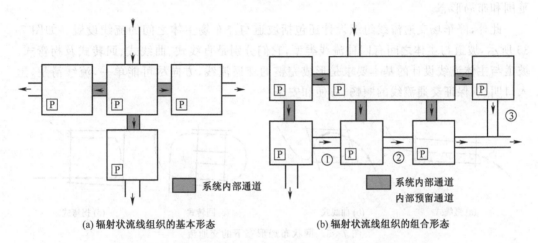

(a) 辐射状流线组织的基本形态　　　　　(b) 辐射状流线组织的组合形态

图 7-33　辐射状布局形态下的交通流

（4）网状布局交通流组织。如图 7-34 所示，网状系统与图 7-33(b) 系统相类似，就其内部交通流线组织方式来看，可看作是两个内环状系统内部交通流线的统一组织。在图 7-34(b) 的系统中，就其内部交通流线组织方式来看，可看作是辐射状系统和内环状系统内部交通流线的统一组织。

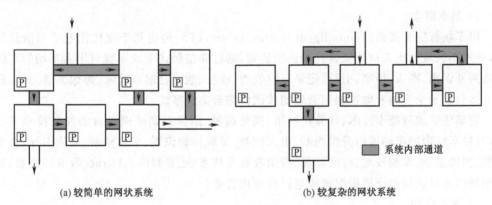

(a) 较简单的网状系统　　　　　　　(b) 较复杂的网状系统

图 7-34　网状布局形态下的交通流

从系统内部交通流线组织方式来看，不同布局形态的地下停车场系统的组织方式之间存在着联系，并且在特定条件下可以由一种组织方式向另一种组织方式转换，而转换的关键就在于系统内部通道的设置。对于大型地下停车场而言，由于停车场平面结构、停车单元及布局形态的多样性，考虑与地面交通流线方向的一致性，停车场内交通流线组织可以采用整场统一的流线,也可以数个停车单元构成独立的交通流组织。因此,在大型停车系统中,可能同时存在上述不同的交通流线组织。

在进行地下停车场内部交通流线组织时,要根据实际情况的需要,最大限度地简化系统内部流线,加强系统内部通道的导向性,兼顾进一步发展的需要,为今后可能的系统扩建做好准备。例如,为实现停车单元连接方式的多元化而在每个单元内预留一定数量的通道连接口,并且在总体设计阶段将可能增设的停车单元考虑进去,并规划出二期工程的范围和布局形态。

此外,停车场交通流线组织设计还包括坡道与停车场主体之间的流线设置。如图 7-35 所示,坡道与主体之间有四种流线类型,它们分别是直线式、曲线式、回转式及拐弯式。坡道与主体流线设计的基本要求是形成完整的交通流线,方向尽可能单一,流线清楚,出入口明显,保证交通流线的顺畅、方便和安全。

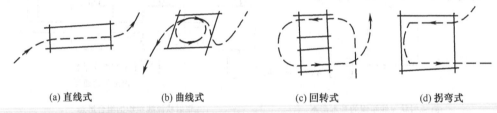

(a) 直线式　　　　(b) 曲线式　　　　(c) 回转式　　　　(d) 拐弯式

图 7-35　网状布局形态下的交通流

7.5　地下停车场智能交通系统

7.5.1　智能交通系统的基本类型

1) 基本概念

停车场智能交通系统(intelligent traffic system,ITS)是指基于现代化电子与信息技术,在停车区域的出入口处安装自动识别装置,通过非接触式卡或车牌对出入车场的车辆实施判断识别、准入/拒绝、引导、记录、计/收费、放行、数据存取与检索、影像回放,对车辆出入运行和安全实施有效控制和管理的软硬件综合集成系统。

它集感应式智能卡技术、计算机网络、视频监控、图像识别处理及自动控制技术于一体,对停车场内的车辆进行身份判断、出入控制、车牌自动识别、车位检索、车位引导、会车提醒、图像显示、车型校对、时间计算、费用收取及核查、语音对讲、自动取/收卡等流程,对停车场出入口及场内交通组织流线进行自动化管理。

2) 基本类型

按停车场智能交通系统的功能,可分为管理型停车系统、收费型停车系统及管理-收费型停车系统。从国内外大多数用户的需求分析,管理型停车场多用于高档小区、私家花园、机关部门等一些禁止外来车辆进入或外来车需要登记的场所,此类停车场系统对卡片的操作机会相对比较少,且通常都是长期用户。收费型停车场系统则多用于对外开放的一些停车场,如商场、办公楼、住宅小区、广场、公园及文体中心等公共停车场。

按信息载体的形式,分 IC 卡智能交通系统和 ETC 智能交通系统。根据载体介质和感应距离,IC 卡又分磁卡、接触式 IC 卡和非接触式 IC 卡。非接触式 IC 卡是 IC 卡智能交通系统中的高级形式。目前,非接触式 IC 卡和 ETC 是地下停车场智能交通系统中的两种主要形式。

按进出车场的出入口结合形式,可分为一进一出式和进出口分离式,前者的入口和出口并联在一起,系统结构紧凑、但出入车辆存在一定的干扰。后者的入口和出口分离,出入行车相互独立,干扰少。

按进出口数量及形式,智能停车系统可分两进一出式、一进两出式及多进多出式。

此外,按停车场管理的自动化程度,可分为半自动化和自动化两种。半自动化停车场收费管理系统,只是收费需要人工操作,其他所有功能都是自动化完成。目前,停车场普遍采取的接触式 IC 卡收费管理方式就属于这一类。而全自动化停车场收费管理系统则设立自动收费装置,无需操作员即可完成收费管理工作。

7.5.2　地下停车场 IC 卡智能交通系统

1) 系统基本组成

出入口管理系统由出入口管理控制机、数字式双路车辆检测器、出入口自动道闸、出入口车辆管理软件、图像捕捉系统、图像对比系统及控制中心组成。控制中心的电脑控制系统可自动完成图像对比、收费、存储及查找等功能。

入口系统的主要技术构成包括满位信号装置、入口票务控制机、车辆入场检测器、电动道闸、图像抓拍系统及有关软件,出口系统由出口票务控制机、收费亭、车辆检测器、电动道闸、图像抓拍系统及有关软件组成,见图 7-36。图 36(a)、(b)分别为入口、出口系统的基本组成。

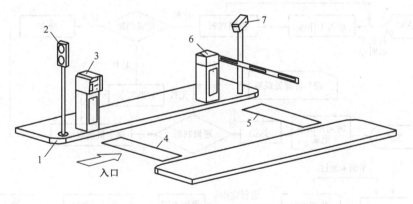

（a）入口系统的基本组成

1. 混凝土安全岛;2. 满位信号灯;3. 入口控制机;4. 车辆检测器 1;
5. 车辆检测器 2;6. 电动道闸;7. 摄像机

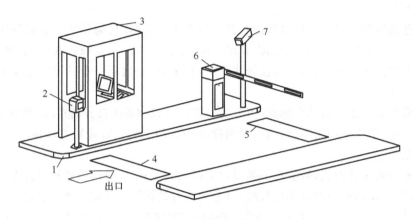

（b）出口系统的基本组成

1. 混凝土安全岛；2. 出口控制机；3. 收费亭；
4. 车辆检测器1；5. 车辆检测器2；6. 电动道闸；7. 摄像机

图 7-36 地下停车场 IC 卡智能交通出入口的基本组成

2）工作原理

地下停车场 IC 卡智能交通系统车辆入库的逻辑关系如图 7-37 所示。当车辆进入停车场区域后，根据停车场引导系统满位信号提示，判断有无泊位，有泊位时车辆驶入工作区，车辆越过检测器 1，系统开始检测并读取车辆有关信息，对有卡或无卡状态进行判断，无卡车辆取卡，对信息的有效性进行判断，有效则车辆准入，开启道闸，系统记录入库时间并启动抓拍图像信息，车辆驶过检测器 2，并驶离工作区，进入停车场内部区域，按照库内引导进入停车单元泊车。当持卡信息无效时，系统报警，由车管人员处理。当道闸开启但车辆未正常驶离时，系统自动检测进入防砸处理流程。

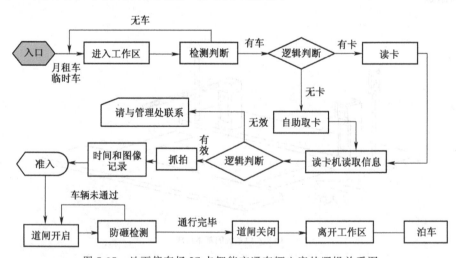

图 7-37 地下停车场 IC 卡智能交通车辆入库的逻辑关系图

地下停车场 IC 卡智能交通系统车辆出库的逻辑关系如图 7-38 所示。车辆从泊位驶离，根据库内引导指示进入出口工作区。车辆越过检测器，出口控制机对车辆信息进行判断,系统根据入库信息自动计算停车费用,临时卡用户缴费,有卡用户自动计费,缴费完成后,道闸启动,车辆越过检测器 2,车辆出库驶离,关闭道闸。系统防砸流程与入库相似。

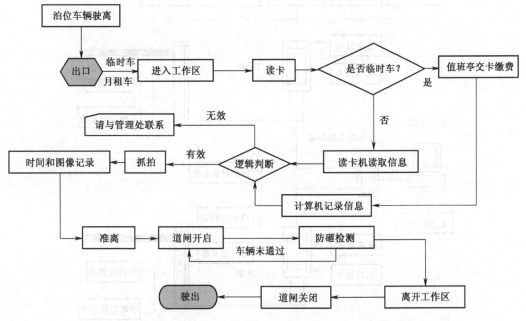

图 7-38　地下停车场 IC 卡智能交通车辆出库的逻辑关系图

图 7-39 为一进一出式地下停车场智能系统示意图。由图可知,这种形式的基本构成及工作原理与前述 IC 卡智能交通系统没有区别,其特点是将出入口合并,缴费岗亭和控制机集成布置在隔离的安全岛上,岗亭操作人员机动灵活,可减少人员数,提高效率。

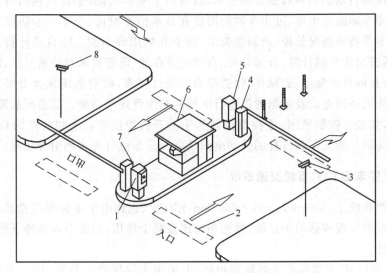

图 7-39　一进一出式地下停车场智能系统示意图

1. 入口控制机;2. 车辆监测器;3. 入口摄像机;4. 入口自控道闸;
5. 出口控制机;6. 缴费岗亭;7. 出口自控道闸;8. 出口摄像机

一进一出式地下停车智能交通系统的拓扑关系如图 7-40 所示。

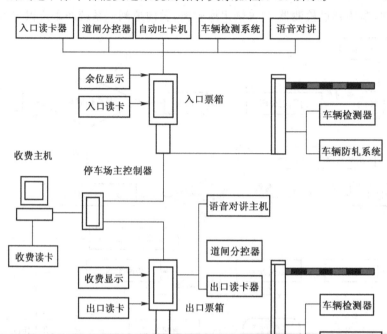

图 7-40　地下停车系统一进一出网络拓扑图

3）基本功能

地下停车场智能交通系统由于采用了先进的传感技术、数据通信与布线技术及高清数字图像处理等自动识别和数据分析技术，具有以下基本功能：①自动判断与识别功能，包括自动检测车辆的进出库、进出车辆的图像和基本信息对比、一车一卡防反复进出场、误操作及丢卡等特殊情况处理、辨别丢失卡、伪卡和禁用等功能。②自动计费、计数和提示功能，包括进出库车辆计数、分类计费、自动记录存储、语音提示与计费显示，时租、月租和满/空位信息的自动显示，班操作、收费报表和统计报表，收费系统现金查帐、各出入口收费管理系统的联网查询及根据通道进行区域的车位管理等功能。③道闸故障时进行多种道闸开启，如独立控制道闸、遥控器控制和手动开关控制等。④临时车的自动吐卡功能。⑤车辆防砸功能及车辆过杆的自动落闸功能。⑥车位灯光自动引导功能。

7.5.3　地下停车场 ETC 智能交通系统

电子收费系统（electronic toll collection，ETC），也称电子不停车收费系统，是 ITS 系统中技术发展比较成熟的子系统，最先在高速公路上使用，后来引入到地下停车场交通的智能化管理。

ETC 系统与 IC 卡智能系统的原理相似，但采用无线接收车载器对 IC 卡进行存取。位于停车场出入口的微波天线使用专用短程通信技术（dedicated short range communication，DSRC）与车载电子标签通信，将电子标签中的车辆、征费状态等信息读取到计算机上，然后利用联网技术进行银行自动结账处理，从而达到车辆通过时不停车而缴费的目的。据统计，ETC 处理一辆车耗时约 3 秒钟。而人工收费，车辆进入车道经减速、停车、付费、找零、起步等程序，约需 30 秒钟。由此可见，ETC 能大大提高通行能力[11]。

采用 ETC 系统，须事先购置车载电子标签，交纳储值费用，由发行系统向电子标签输入车辆识别码(ID)与密码，并在数据库中存入该车辆的全部有关信息：识别码、车主姓名、联系电话、车牌号、车型、颜色、储值金额等。

ETC 的工作原理如图 7-41 所示。分入库与出库两个过程。

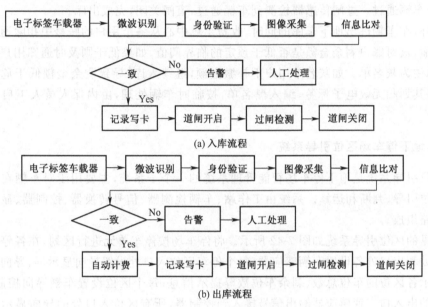

(a) 入库流程

(b) 出库流程

图 7-41 ETC 出入库工作原理

1) 入库流程

ETC 系统车辆入库流程如下。

(1)自动身份识别。车辆进入地下停车场，入口地感线圈检测到车辆通过，发出信号激活微波天线 LI 与车载器进行通信，电子标签中的车辆信息以微波方式传送至计算机进行身份验证。

(2)图像采集。在触发地感线圈后，计算机系统将监视入口摄像机拍摄的车辆图像进行抓拍，并将抓拍图像作为一个文件保存下来。

(3)信息比对。计算机利用车辆自动识别技术（automatic vehicle identification，AVI)从抓拍的图像中得到车牌信息，并与电子标签中相应信息进行比对。若比对结果一致，则计算机记录车辆入库时间等相关信息并与电子标签交互，开启道闸；若不一致，进行告警等相关操作。

(4)车辆通过。过栏传感器检测到车辆通过，道闸关闭，完成入库。

2) 出库流程

ETC 系统车辆出库流程如下。

(1)自动身份识别。车辆进入出口工作区，车道地感线圈检测到车辆通过，发出信号激活出口微波天线 LI 与车载器进行通信，电子标签中的车辆信息以微波方式传送到计算机进行身份验证。

（2）信息比对。计算机根据电子标签上的标识信息，通过网络自动调出该车进入时间、车牌、车型等入库信息，并与自动车型分类（automatic vehicle classification, AVC）系统判断的车型、从摄像机抓拍到的车辆图像中识别出的车牌进行比对。

（3）缴费。若比对结果一致，计算机记录车辆离开时间，并计算费用进行自动结账处理，再与车载器电子标签进行交互，开启道闸；若不一致，进行告警等相关操作。

（4）车辆通过。过闸传感器检测到车辆通过，道闸关闭，完成出库。

此外，在车辆进出地下车库的同时，收费结算中心从各个用户的账号中扣除通行费和算出余额，核对账户剩余金额是否低于预定的临界阈值，如果低于则及时通知用户补缴费用，并标注为灰名单。如灰名单用户不补缴金额，继续入库，导致剩余金额低于危险门限值，则将其划归无效电子标签，编入黑名单，按临时车辆处理，由内保人员人工启动相应流程。

7.5.4　地下停车场区位引导系统

区位引导系统是地下停车场智能管理系统的一个子系统，主要用于对车辆在停车场内的车位引导、判断和运算。系统由工作站、车辆检测器、信号转换器、控制器、显示屏及相应网路组成。

常见的区位引导系统如图7-42所示。将停车场按停车单元进行区划，在各停车区位的入口处和出口处各设置车辆感应器，每个停车区位入口处设置导向显示屏，导向显示屏动态显示各区位的车位总数、剩余车位数等提示信息；每个区位设置车辆导向控制器，每个区位的出入口车辆感应器输出信号接入到控制器，所有区位入口处的导向显示屏均由对应区位的控制器驱动；当控制器检测到区位入口车辆感应器有信号输入时，作加1运算；当控制器检测到区位出口车辆感应器有信号输入时，作减1运算；控制器将加、减运算通过与之相连的导向显示屏显示车位信息。

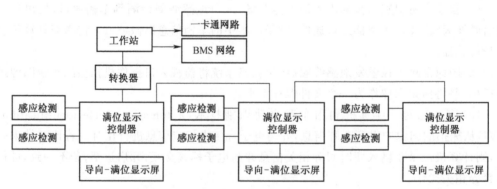

图7-42　地下停车场区位引导系统的基本构成

导向系统的基本工作流程如下。

（1）车辆驶至地下车库主入口时，根据显示屏车位显示，决定是否入库停车。

（2）当车驶入车场时，通过检测器感知该车已进入并告知区域控制器，区域控制器将做出判断，同时在屏幕上显示。

（3）车辆根据显示可直接按照导向指示进入到有空位的区域泊车，区域控制器进行车位计数运算，将在各自入口处的显示屏上在已停车辆数量中增加一个，同时将空余车位数减去一个。此外，当车辆行驶至车库某停车区域时，也将从该区位入口处的显示屏上得到提示：当前区域是否有空车位以决定是否停车；如果该区域已停满车辆，则行驶至下一区域，直到找到有空位的区域，并停放车辆。

（4）当车辆从停放车辆的区域驶出时，检测器检测到此信息并通知区域控制器，区域控制器将在各自入口处的显示屏上在已停车辆数量中减去一个，同时将空余车位数量加一个，以保证正确显示车位信息。

智能交通系统可以有效提高收费通道的通行能力，从而提高地下停车系统的交通流线组织水平。智能停车场管理系统已经成为当今交通管理发展的主要方向，它是以一种高效、公正准确、科学经济的停车场管理工具，能实现停车场车辆动态和静态的综合管理。系统以感应卡为载体，通过感应卡和车牌识别记录车辆进出信息，利用计算机管理手段确定停车场的计费金额，结合工业自动化控制技术控制机电一体化外围设备，从而管理进出停车场的各种车辆。由于科技的日新月异，车牌识别技术正在不断地成熟，并应用在各大商场和小区，且取得了令人满意的效果。

习题与思考题

1. 人们对停车场的选择受哪些因素影响？如何实现地面与地下停车的优化配置？

2. 地下停车场分哪几种类型？何谓单建式地下停车场？何谓附建式地下停车场？各有何特点？

3. 试述单建-附建混合式地下停车场的布局条件，如何才能较好地发挥停车场的综合效益？

4. 单建式地下停车场的规划原则涉及哪些内容？试分析之。

5. 地下停车场有哪些基本特点？

6. 地下停车场有哪些平面形态？各有何特点？

7. 试述地下停车场规划的基本步骤及各步骤所包括的内容和要求。

8. 试述单建式地下停车场的选址原则，附建式地下停车场的建造应考虑哪些因素？

9. 地下停车场出入口的布置受哪些因素影响？试分析之。

10. 机械式地下停车场有何特点？试述机械式停车场规划的条件及应用前景。

11. 地下停车场有哪些布局形态？各有何特点？

12. 地下停车场的布局要考虑城市的哪些布局特点？

13. 地下停车场的构成要素包括哪些？它们之间有什么关系？

14. 地下停车场内部交通流线有哪些布置形式，如何规划？

15. 停车场内部行车通道与停车单元及建筑有哪些衔接形式？

16. 试阐述地下停车场智能交通系统的工作流程，一个完整的停车引导系统应包括哪些内容？试设计系统的逻辑关系图。

参 考 文 献

[1] 陈志龙，刘宏. 城市地下空间总体规划[M]. 南京：东南大学出版社，2011.

[2] 刘悦耕. 地下车库规划和设计中的几个问题[J]. 地下空间，1993，13(2)：105-109.

[3] 陈志龙，姜毅，茹文. 城市中心区地下停车系统规划探讨[J]. 地下空间与工程学报，2005，1(3)：343-347.

[4] 中华人民共和国建设部.中华人民共和国国家标准：汽车库、修车库、停车场涉及防火规范（GB 50067-97）[S]. 1997.

[5] 中华人民共和国建设部.中华人民共和国行业标准：汽车库建筑设计规范（JGJ100—98）[S]. 1998.

[6] 童林旭. 地下汽车库建筑设计[M]. 北京：中国建筑工业出版社，1996.

[7] 张平，陈志龙，郑苦苦. 城市地下停车场系统等级划分研究——张家港购物休闲公园地下停车场系统[J]. 工业建筑，2011，41：33-38.

[8] 张小涛. 超大型多层地下停车库交通组织研究[J]. 应用科技，2013，(21)：291-292.

[9] 解世俊. 金属矿床地下开采(第二版)[M]. 北京：冶金工业出版社，2008.

[10] 卢义玉，康勇，夏彬伟. 井巷工程设计与施工[M]. 北京：科学出版社，2010.

[11] 修华卫，张楠，张海燕. ETC在地下停车场系统中的应用[J]. 计算机与数字工程，2009，37(5)：103-105.

[12] 孙月兰. 地下停车库智能管理系统的设计[J]. 自动化技术与应用，2009，28(2)：95-97.

第8章　地下综合管廊

内容提要：本章主要介绍城市地下综合管廊的主要形式、基本组成、类型、作用及地下综合管廊总体规划原则、规划方法。阐述了综合管廊规划布局形态、管线收容规划、线型与结构形式规划及安全规划的基本原则，并结合案例进行分析。

关键词：地下综合管廊；管网形态；管线收容；线型与结构形式；安全规划；附属设施。

8.1　概　　述

地下综合管廊，又称共同沟，是指将不同用途的管线集中设置，并布置专门的检修口、吊装口、检修人员通道及监测与灾害防护系统的集约化管网隧道结构。主要适用于给水、排水、电力、热力、燃气、通讯、电视、网络等公用类市政管网，以及交通流量大、地下管线多的重要运输通道的管线集中布置。它是实施市政管网的统一规划、设计、建设，共同维护、集中管理，所形成的一种现代化、集约化的城市基础设施。

综合管廊已经存在了一个多世纪。早在 1833 年，巴黎为了解决地下管线的敷设问题和提高环境质量，兴建了世界上第一条地下综合管廊，随后在欧美等国得到广泛推广和应用。至目前为止，巴黎已经建成总长约 100km、系统较为完善的综合管廊网络。英国伦敦 1861 年就开始兴建宽 3.66m、高 2.32m 的半圆形共同沟，综合管廊内容纳了自来水、通信、电力、燃气管道、污水管道等市政公用管道。1893 年，德国建造了布佩鲁达尔综合管廊，总长约 300m，断面净宽为 3.40m，高 1.80～2.30m，综合管廊内容纳了自来水、通信、电力、燃气管道、污水管道、热力管道等市政公用管道[1]。目前，在德国，各城市都成立了由城市规划专家、政府官员、执法人员及市民等组成的公共工程部，统一负责地下管线的规划、建设及管理。所有工程的规划方案，必须包括有线电视、水、电力、煤气和电话等地下管道的已有分布情况和拟建情况，同时还要求做好与周边管道的衔接。对于较大工程，还必须经议会审议。议会审议采取听证会的形式，只有经过听证会同意，工程才能被审批通过。1933 年，前苏联在莫斯科、列宁格勒、基辅等地修建了地下综合管廊。1953 年西班牙在马德里修建了地下综合管廊，其他如斯德哥尔摩、巴塞罗那、纽约、多伦多、蒙特利尔、里昂、赫尔辛基、奥斯陆等城市，也都建有较完备的地下综合管廊网络系统[2]。

1926 年，日本开始建设地下综合管廊，遍及 80 多个城市，总长超过 1000km，目前仍以每年 15km 的速度增长[3]。1963 年，日本政府还制定了关于设置综合管廊的特别措施，1968 年建成的东京银座支线综合管廊，将电力、电信、电话电缆、上下水、城市燃气管道、交通信号灯及路灯电缆等集成于综合管廊。国外地下综合管廊的主要形式如图 8-1 所示。

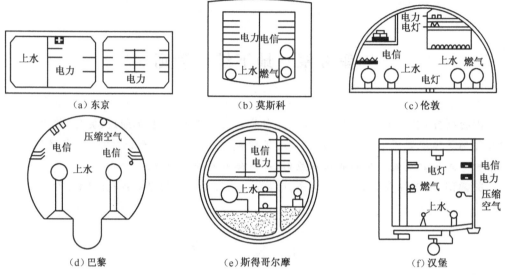

（a）东京　　　　　　　　（b）莫斯科　　　　　　　　（c）伦敦

（d）巴黎　　　　　　　（e）斯得哥尔摩　　　　　　　（f）汉堡

图 8-1　国外地下综合管廊的主要形式

中国主要采用直埋式布置管线。以北京为例，市政管线主要分布于城市道路下 10m 内的范围，仅有很少部分采用了市政综合管廊的方式，不到五环路内道路长度的 0.5%。直到 1958 年，我国才开始修建综合管廊。1959 年在北京建成第一条地下综合管廊，长 1.07km。从 1958 年到 2000 年的 42 年，全国修建综合管廊总长度不到 23.0km。1994 年，上海浦东新区张杨路综合管廊投入使用，截至 2005 年共建成综合管廊约 11.0km，断面为 2.4m×2.4m。供水、电力、燃气、通信、广播电视、消防等管道和电缆都以层架形式进入综合管廊，综合管廊内留有足够通道空间供维修检测人员走动和工作。此外，北京的中关村西区、王府井地下商业街及国贸 CBD 核心区、广州大学城、武汉王家墩、昆明昆洛路、佳木斯林海路，以及西安、大连、青岛、珠海、佛山等城市相继修建了综合管廊[4,5]。

台北的综合管廊建设是在吸取其他国家综合管廊建设经验的基础上，经过科学的规划而有序发展的。在建设模式上非常重视与地铁、高架路及道路改造等大型城市基础设施的整合建设。台北于 1991 年开始综合管廊建设，拥有干支管廊总长约 30km。例如，东向快速道综合管廊的建设，全长 6.3km，其中，2.7km 与地铁整合建设，2.5km 与地下街、地下车库整合建设，独立施工的综合管廊仅 1.1km，极大地降低了综合管廊的建设成本，推动了综合管廊的发展。

在城市开发中，市政管线多以直埋式布置于地下，管线与地体近似为刚性连接，受地质体各种自然营力、地下水及外部荷载作用，容易产生土体变形、位移及腐蚀破坏。此外，由于城市改、扩建及维修等，需要反复开挖管线，城市地下管线成了拉链工程。经常造成路面或绿地破坏，不仅造成很大的经济浪费，而且给车辆、行人及居民造成不便。另外，在城市各类管网管理模式上，各自为政、管线布局失序，管线档案缺失，信息难以共享，以至施工、维修中相互干扰和破坏。有关统计表明，仅给水管网全国平均每 5 天爆裂一次，年漏失自来水量达 $100 \times 10^8 m^3$，已超过南水北调中线的年输水量。每年因施工引发的管线事故所造成的直接经济损失达 50×10^8 元，间接经济损失超过 500×10^8 元[3]。采用市政综合管廊,将管线分层布置在管廊内,既相互独立又组织有序,管线与管廊内壁为柔性连接,基本不受土体位移的影响,而且维修、检查及更换方便,对管廊地面交通无影响。

地下综合管廊已成为综合利用地下空间的一种重要手段,一些发达国家已实现了将市政设施的地下供、排水管网发展到地下大型供水系统、地下大型能源供应系统、地下大型排水及污水处理系统,并与地下轨道交通和地下街相结合,构成完整的地下空间综合利用系统。

城市是复杂的大系统,需要系统工程的理论和方法指导。运用系统工程理论,采用层次化和模块化的综合管廊规划设计方法[6],分析综合管廊与城市系统之间的相互影响,改进市政管线的敷设方式,克服城市规划与市政管线发展变化之间的矛盾,有利于城市规划的有效实施,提高城市建设的效率,有利于促进城市的可持续发展。

8.2 综合管廊的组成和分类

8.2.1 综合管廊的组成

地下综合管廊通常由综合管廊本体、管线、通风系统、供电系统、排水系统、通讯系统、监测监控与预警系统、灾害防护及其标示系统及地面设施组成。

1) 综合管廊本体

地下综合管廊的本体是以钢筋混凝土为材料,采用现浇或预制件建设的地下构筑物,其主要作用是为收容各种市政管线提供物质载体,管廊形制与规模根据城市需要来确定。图 8-2 是典型地下综合管廊本体。

（a）矩形地下管廊　　　　　　　　　　　（b）圆形地下管廊

图 8-2 典型地下综合管廊本体

图 8-2(a)为矩形断面,图 8-2(b)为圆形断面。其本体为混凝土砌筑或整体浇注,本体一般建设在浅层土体中,目前最大深度为地下 50m 左右,土体的建设应根据城市性质及战略地位,考虑地震、滑坡、地面沉降等潜在地质灾害,洪水、冰雪等极端天气灾害及战争等人为灾害进行防御设计,满足修建运营过程的稳定和安全要求。

2) 管线

地下综合管廊是各种市政管线的载体,主要收容包括电力、电信、电视、网络、燃气、供水、排水及暖通等各种管线,原则上各种城市管线都可以进入综合管廊。对于雨水管、污水管、给排水管等各种重力流管线及燃气管线与电力电信管线在同一管廊中布置时,要充分考虑水管渗漏、爆裂、燃气爆炸等事故,强、弱电线缆之间的电磁干扰,电与燃气输送管道的安全距离等影响因素,优化层架布置顺序及采取合理的绝缘与隔离措施,以降低管线间的相互排斥影响,避免线路腐蚀、泄漏电及水淹等事故,确保管网安全及故障有效排除。欧洲国家多将管线集中布置,把污水、自来水、热力、燃气、通信、电力等管线从下到上分层布置于同一廊道内,如图 8-3 所示。

图 8-3　不同特性管线在同一管廊中的布置

(引自:http://image.baidu.com)

3) 通风系统

为延长管线的使用寿命,保证综合管廊的运营安全和管线布置、施工及维检,在综合管廊内设有通风系统,一般以机械通风为主,当地形条件许可时可采用自然通风。

4) 供电系统

为综合管廊的正常使用、检修、日常维护等所采用的供电系统和用电设备包括通风设备、排水设备、通信及监控设备、照明设备、管线维护及施工的工作电源等,供电系统包括供电线路、光源等,供电系统设备宜采用本安标志的防潮、防爆类产品。

5) 排水系统

综合管廊内渗水、进出口位置进水及其他事故,将造成综合管廊内积水。因此,综合管廊内应设置排水沟、集水井和水泵房等组成的排水系统。

6) 通讯系统

联系综合管廊内部与地面控制中心的通讯设备,包括音频固定电话、语音对讲及广播系统等,主要采用有线系统。

7) 监测监控与预警系统

为保证综合管廊的运行安全,需对廊内温度、湿度、碳氧化物、氮氧化物、煤气、烟雾、水、风流及人员进入状况等进行全天候监测监控和预警,由相应用途的各类传感器、接口、线路、放大器、应变仪、视频摄像系统及其软件构成监测监控系统。监控信号通过专用线缆传入综合管廊地面监控中心设备,监控中心采取相关的措施。

8）灾害防护及标示系统

为了便于管线及设备设施的检修、维护及应急处理,应在地下综合管廊建立灾害防护及其标示系统。灾害防护系统为综合管廊的施工及运营提供安全保护,防灾标示系统标明廊道内部各种管线的管径、性能、联接处、阀、主要设备设施的应急处理方法、各种出入口的位置指示及其在地面的位置等情况。灾害防护及防灾标示系统在综合管廊的日常维护、管理及事故处理中具有非常重要的作用。

9）地面设施

地面设施包括地面控制中心、人员车辆出入口、通风井及材料投入口等。

8.2.2　地下综合管廊的分类及作用

1）综合管廊的分类

按综合管廊在城市市政设施中的地位和功能可分为干线综合管廊、支线综合管廊、混合式管廊及线缆类综合管廊。

干线综合管廊主要收容城市各种供给主干线,但不直接为周边用户提供服务;而支线综合管廊主要收容城市中各种供给支线,与用户直接相连并为周边用户提供服务;混合式管廊是指将干线和支线共同布置,同时具有干管和支管功能的综合管廊;线缆类综合管廊主要收容各种电力电缆、通信光缆、军警特种通行光缆等各种信息传输光缆。

在建设位置上,干线综合管廊一般设于城市道路中央机动车道的下部,支线综合管廊、混合式管廊及线缆类管廊大多设置于道路两侧的非机动车道或人行道的下部。

按照管廊地域分布,可划分为城市综合管廊与非城市综合管廊。城市综合管廊主要针对城市市政管线,沿城市道路干线、支线、街道、建筑群,以及商业、文体、广场等重要功能中心布置,其规模大,应用广。非城市综合管廊主要指城市以外跨区域的重要管线布置,如沿干线铁路、公路等布置电力、电信及专用通讯电缆等综合管沟。

根据开挖方法的不同,综合管廊又可分为暗挖式综合管廊和明挖式综合管廊。

暗挖式综合管廊是在综合管廊的建设过程中,采用盾构、钻爆等施工方法进行施工,其断面形式一般采用圆形或椭圆形,如图 8-4 所示。暗挖式综合管廊本体造价较高,但其施工过程中对城市交通的影响较小,可以有效地降低综合管廊建设的外部成本,如施工引起的交通延滞成本、拆迁成本等。一般适合于城市中心区或深层地下空间开发中的综合管廊建设。

明挖式综合管廊是采用明挖法施工建设的综合管廊,其断面形式是一般采用矩形,如图 8-5 所示。明挖式综合管廊的直接成本相对较低,适合于城市新区的综合管廊建设,或与地铁、道路、地下街、管线整体更新等整合建设。明挖式综合管廊一般分布在道路浅层。

根据管廊支护壁的施工方式,分混凝土现场浇注、混凝土衬砌及预制拼装式综合管廊。现场浇注法是在隧道空间开挖后采用现场装模、灌注混凝土浆、拆模成型形成本体;混凝土衬砌则是将隧道空间开挖后,采用混凝土砌块砌筑形成本体;预制拼装即将综合管

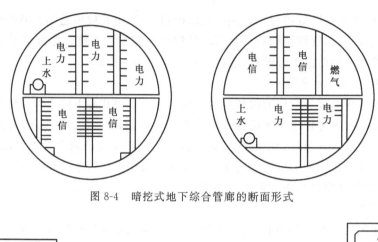

图 8-4　暗挖式地下综合管廊的断面形式

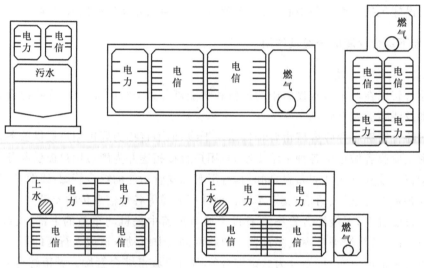

图 8-5　明挖式地下综合管廊的断面形式

廊的标准段在工厂进行预制加工,而在建设现场现浇综合管廊的接出口、交叉部特殊段,并与预制标准段拼装形成综合管廊本体。预制拼装式综合管廊可以有效地降低综合管廊施工的工期和造价。

　　根据综合管廊的断面结构形式,分圆形断面、矩形断面、半圆形断面、半圆拱形断面、多圆拱断面及马蹄形断面等多种形式。其中,圆形、半圆形及拱形断面多采用暗挖法施工,矩形和马蹄形断面多采用明挖法施工。

　　2) 综合管廊的作用

　　综合管廊的实施有利于保障城市健康运行,城市地下空间的综合利用可满足对通道、路径持续增长的需要,便于统一集约化管理,提高城市环境和市民工作生活质量。从国内外城市的发展来看,综合管廊的开发利用将促进城市发展方式的转变,对城市的建设和发展产生积极的作用和深远的影响,可以促进城市地下空间从零散利用型向综合开发型转变,城市建设从资源环境粗放型向环保节能集约型转变,城市发展理念从建设城市向管理城市转变。归纳起来,建设城市地下综合管廊具有以下作用。

　　(1)管线集中布置,人员设备可进入廊道安装、维检,在城市改扩建等活动中,避免埋设、维修管线而导致道路反复开挖,减少环境影响有利于道路交通畅通,确保道路交通功能的充分发挥,并提高路面使用寿命。

(2)根据远期规划容量设计与建设综合管廊,从而能满足管线远期发展需要,有效、集约化地利用道路下的空间资源,为城市发展预留宝贵空间。

(3)管线增设、扩容方便,管廊一次到位,管线可分阶段敷设,建设资金可分期投资。

(4)综合管廊内的管线因为不直接与土壤、地下水、道路结构层的酸碱物质接触,可减少腐蚀,延长管线使用寿命。

(5)综合管廊结构具有坚固性,管线与廊道柔性布设,能抵御一定程度的冲击荷载,具有较强的防灾、抗灾性能,尤其在战时,保证水、电、气、通讯等城市生命线的安全。

(6)由于架空线能进入综合管廊,可以有效地避免电线杆折断、倾倒及由此造成的二次灾害。发生火灾时,由于不存在架空电线,有利于迅速灭火施救,有效增强城市的防灾抗灾能力;改善了城市景观,提高城市的安全性,避免了架空线与绿化之间的矛盾,提高了城市的环境质量。

(7)排水和雨水集成于综合管廊,为城市内涝、中水利用及缓解缺水等问题的解决提供先期条件。

(8)综合管廊为利用先进的监测监控与预警系统对各种管线进行综合安全管理提供了可能,可及时发现隐患和维护管理,提高管线的安全性和稳定性。

目前,北京地下水、气、电、热、通信等七大类管线超过 9.3×10^4 km。同时,拥有10kV 以下配电电缆、电车供电线缆及城市道路照明供电线缆等架空线路长超过 6×10^4 km。北京计划在 2015 年完成市区五环以内主次干路、重点地区和新城地区的架空线入地工作。无疑,城市地下综合管廊的建设为解决架空线入地提供了有利条件,也使北京地下综合管廊的利用更加趋于合理和高效。

8.3　地下综合管廊的规划方法

8.3.1　总体规划原则

综合管廊规划是城市各种地下市政管线及非城市重要工程管线的综合规划,因此,其线路规划应符合各种市政管线布局的基本要求,并应遵循如下基本原则。

(1)综合原则。综合管廊是对各种市政管线的综合,因此,在规划布局时,应尽可能地将各种管线纳入管廊内,以充分发挥其作用。

(2)长远原则。综合管廊规划必须充分考虑城市发展对市政管线的要求。综合管廊规划是城市规划的一部分,是地下空间开发利用的一个方面。综合管廊规划既要符合市政管线的技术要求,充分发挥市政管线服务城市的功能,又要符合城市规划的总体要求。综合管廊的建设要为城市的长远发展打下良好基础,要经得起城市长远发展的考验。综合管廊可以适应管线的发展变化,但其本身不能轻易变动,这是综合管廊的最大特点。作为基础性设施,长期规划是综合管廊规划的首要原则,是综合管廊建设的关键。

(3)协调原则。综合管廊是城市高度发展的必然产物,一般来说,建设综合管廊的城市都具有一定的规模,且地下设施也比较发达,如地下通道、地铁或其他地下建筑等,可以说地下是一个复杂而密集的空间,需要在规划上进行统一和全面的考虑[7]。在进行综合管廊的规划设计时,管廊的平面布置、标高布置及其与地面或建筑物的衔接,如出入口、线路交叉、综合管廊管线与直埋管线的连接等,规划中应尽量考虑合建的可能性,并兼顾各种地下设施分期施工的相互影响。综合管廊需要与其他地下设施如地铁、地面建筑及设施如道路的规划等相协调,且服从城市总体规划的要求。

(4)结合原则。综合管廊应与地铁、道路、地下街等大型基础设施建设相结合,综合开发城市地下空间,提高城市地下空间开发利用的综合效益,降低综合管廊的造价。

(5)安全原则。综合管廊中管线的布置应坚持安全性原则。尽量避免有毒有害、易燃及爆炸危险等管线与其他管线共置,避开强电对通信、有线电视等弱电信号干扰,以及强电漏电、火灾等对燃气管道等的危害。

表 8-1 为一般综合管廊相关条件分析[8],建议规划、建设主管部门成立管廊主管机构确定城区综合管廊的中长期发展计划,根据综合管廊不同的规格与要求拟定城区各地区发展方向。

表 8-1 不同类型综合管廊规划要点

	干线综合管廊	支线综合管廊	缆线综合管廊
主要功能	负责向支线综合管廊提供配送服务	干线综合管廊和终端用户之间联系的通道	直接供应终端用户
敷设形式	城市主次干道下	道路两旁的人行道下	人行道下
建设时机	城市新区、地铁建设、地下快速道、大规模老城区主次干道改造等	新区建设、道路改造	结合城市道路改造、居住区建设等
断面形状	圆形、多格箱型	单格或多格箱型	多为矩型
收容管线	电力(35kV 以上)、通信、光缆、有线电视、燃气、给水、供热等主干管线;雨、污水系统纳入	电力、通信、有线电视、燃气、热力、给水等直接服务的管线	电力、通信、有线电视等
维护设备	工作通道及照明、通风等设备	工作通道及照明、通风等设备	不要求工作通道及照明、通风等设备,设置维修手孔即可

8.3.2 综合管廊网路系统的规划布局

综合管廊作为城市管线埋设的集约化模式,管廊网路系统对一个城市的市政管廊建设乃至整个地下空间的开发利用都具有特别重要的意义。网路系统规划应结合城市建设与经济发展的实际需要,根据综合管廊收容管线的标准与技术要求,进行可行性分析,确定综合管廊应收容的内容和合适的建设规模,并注意近期建设规划与远期规划的协调统一,使得网路系统具有良好的扩展性。综合管廊的规划首先应从总体网络系统上考虑,确定综合管廊的规划线路、所收容的管线种类。然后根据规划沿线的现场条件设计合适经济的线型,根据收容管线的容量确定综合管廊标准断面尺寸及断面型式,从而进一步确定特殊部结构及其设置位置。最后,规划建设配套设施以保证综合管廊的正常运营及维护管理。

地下综合管廊规划的可行性主要包括四个方面：①城市的社会和经济发展水平，这决定着城市是否具备规划建设地下综合管廊的技术经济能力；②城市对地下综合管廊建设的需求；③规划的法定依据，这是地下综合管廊是否与城市总体规划、专项规划相衔接，体现其规划科学与合理的重要因素；④规划、设计、施工、运营和管理各市政部门之间的协调，是衡量地下综合管廊规划设计与建设可操作性的重要标志。

在规划布局时，应明确设置目的及条件，进行需求分析和可行性评估，确定建设时机，并根据规划原则，进行网路系统的规划。道路级别对综合管廊网路系统规划具有重要的指导意义，根据道路级别确定是否纳入规划网路，以及选取合适类型的综合管廊。一般而言，城市快速道宜优先规划建设干线管廊以减少对交通动脉的影响，并形成综合管廊网路的主体框架，以利于网路的延伸与拓展。

综合管廊是城市市政设施，其布局与城市的形态有关，与城市路网紧密结合，其主干综合管廊主要设置在城市主干道路下，最终形成与城市主干道相对应的综合管廊布局形态。在局部范围内，支干道综合管廊布局应根据该区域的情况合理进行布局。综合管廊布局形态主要有下面几种。

1) 树枝状

综合管廊以树枝状向其服务区延伸，其直径随着管廊的扩展逐渐变小。树枝状综合管廊总长度短、管路简单、投资省，但当管网某处发生故障时，其下游部分受到的影响大，可靠性相对较差。而且，越到管网末端，服务范围越小，管网规模越小。这种形态常出现在城市局部区域内的支干综合管廊或综合电缆管廊的布局。

2) 环状

环状布置的综合管廊干管相互联通，形成闭合的环状管网，在环状管网内，任何一条管道都可以由两个方向提供服务，因而提高了服务的可靠性。环状网管路长、投资大，但系统的阻力减小，降低了动力损耗。

3) 鱼骨状

鱼骨状布置的综合管廊，以干线综合管廊为主骨，向两侧辐射出许多支线综合管廊或综合电缆管廊。这种布局分级明确、服务质量高，且网管路线短、投资小、相互影响小。

8.3.3　规划设计基本原则

8.3.3.1　管线收容规划

原则上，一切城市市政管线均可收容进入综合管廊内，考虑综合管廊的安全性，对一些易燃、易爆及有毒物质的管线不收容而单独设置，除非采取可靠的隔离措施，保证管网安全时方可同时收容。俄罗斯曾明确规定煤气管不进入综合管廊内，我国已建的上海张杨路和北京中关村西区综合管廊也都将煤气管独立设置在管廊一侧[9]，但日本、台湾等却一直将燃气管道一同收容于综合管廊。

综合管廊内收容的管线因管理、维护及防灾上的不同，应以同一种管线收容在同一管道空间为原则，但碍于断面等客观因素的限制必须采取同室收容时，必须采取妥善的防护措施。各类管线收容原则具体如下。

(1)电力及电信:电力、网络、电话及电视等电信管线可兼容于同一室,但需采取隔离防护措施,预防强电的电磁感应干扰问题。

(2)燃气:于综合管沟内独立一室隔离设置,必须进行防灾安全的规划设计。

(3)各类水管热力管:自来水管线与污水下水道管线也可收容于同一室,上方设置供水管,下方布置污水管,收容时必须考虑施工、维修管理、管线材料换装等问题,尤其是因压力管线水流冲击所产生的管压不均衡问题,应详加分析规划。热力管可单独设置,也可与供水管共置一室,位于供水管之上,在综合管廊中,也按此顺序布置。

(4)雨水下水道:在综合管沟内设置雨水下水道(含集尘管线)时,雨水下水道纵坡应与综合管廊纵坡一样或与下水道渠道综合管廊共构,一般可将污水下水道管线(压力管线)与集尘管(垃圾管)共同收容于一室内。

(5)警讯与军事通信:因警讯与军事通信涉及机密问题,对于是否收于共同沟内,需与相关单位磋商后,再决定单独或共室收容。

(6)路灯及交通标志:根据断面容量,可一并考虑共室于电力、电信隔道内,如果电力、电信容量大,无适当空间,可收容共室处理。

(7)油管或输气管:原则上油管是不允许收容于综合管廊内,需独立设置。其他输气管若非民用生命管线,也不收容。但若经主管单位允许,则可设单独洞道收容,参照燃气管线收容原则规划设计。

8.3.3.2 线型与结构形式规划

1)平面线型规划

干管平面线型规划,原则上设置于道路中心车道下方,其中心线平面线形应与道路中心线一致,干管和邻近建筑物的间隔距离一般应维持在 2.0m 以上。干管断面受收容管线的多寡或特殊部位变化的影响,一般需设渐变段加以衔接,渐变段的纵横比为 3∶1。干管做平面曲线规划时,管线曲率半径的大小与管径及其材料特性有关,应充分了解收容管线的曲率特性及曲率限制。

支管各结构体上方若以回填土方式来收容燃气管时,回填土沟盖板原则上应设置于人行道上,但因特殊原因在不影响道路行车安全及舒适时,也可设置于慢车道上。

缆线类管廊原则上仍设置于人行道下,其人行道的宽度至少要有 4.0m,其平面线形应与人行道线形一致。缆线类管廊因沿线需拉出电缆接户,故其位置应靠近建筑线,外壁离建筑物至少应有 30 cm 以上的距离以利于电缆布设。

2)纵断线型规划

通常,综合管廊与城市地铁、主干道改造、地下街相结合建设。若与地铁建设相结合,一般在地铁隧道上部与地铁线整合在一起考虑;若与城市主干道改造结合建设,一般干线综合管廊在城市主干道中央的下部,支线综合管廊或综合电缆管廊在城市主干道的慢车道或人行道下部,如图 8-6 所示。若与地下街建设相结合,一般在地下街的下部或一侧[9]。

当综合管廊与城市地下快速道、地下公交相结合建设时,各种材料入口、人员及车辆的出入口可与地下快速道及地下公交等地下交通统一建设,同时应保证在一定安全距离

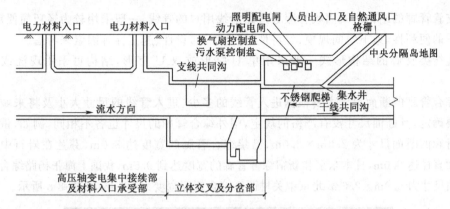

图 8-6　地下管线综合管廊与城市道路的关系

内设置安全出口和通风口,安全应急出口的数量和通风口的大小等应满足防灾救灾的有关要求。

　　管廊纵断面线形应视其上覆土层深度而定,一般标准段应保持在 2.5m 以上,以利于横越其他管线或构造物通过,特殊段的硬土深度不得小于 1.0m,而纵向坡度应维持 0.2% 以上,以利于管道内排水,规划时应尽量将开挖深度减到最小,干管与其他地下埋设物相交时,其纵断面线形常有很大的变化,为维持所收容各类管线的弯曲限制,必须设缓坡作为缓冲区间,其纵向坡度即垂直与水平长度比,不得小于 1:3[10]。

　　3) 断面结构形式规划

　　综合管廊干管的断面结构形式,因施工方法不同或受外在空间因素影响及收容管线特性不同,而有不同形式,其结构外型依道路宽度、地下空间限制、收容管线种类、布缆空间需求、施工方法、经济安全等因素而定,若采用明挖法和预制装配式施工,其结构形式以箱型/矩形为主,如图 8-7 所示。若采用暗挖盾构法则以圆形为主;采用钻爆法时,以拱形为主。

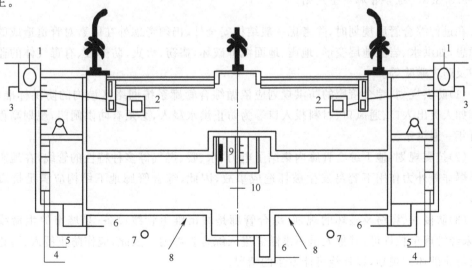

图 8-7　矩形综合管廊断面示意图

1. 燃气管;2. 雨水管;3. 住户接水管;4. 梯子;5. 供应管道;6. 给水井;7. 污水管;8. 支线管;9. 通信;10. 干线管道

　　支管管廊的结构形式因收容服务道路沿线用户的管线,一般采用较为轻巧简便形式,从接户的便利性、地下空间规模、经济性、安全性、布设性、施工性等因素来考虑。

　　缆线类管廊的结构形式一般采用单 U 字形或双 U 字形,结构可采用现浇或预制方式。

　　综合管廊的断面尺寸主要根据进入管线的多少、进入管线的尺寸大小及将来城市发展需要确定,其断面尺寸没有严格的规定,国外综合管廊的尺寸也各不相同,例如,俄罗斯综合管廊的断面尺寸为 2.0m×2.0m,巴黎综合管廊的宽度达 8.0m,芬兰在岩石中的综合管廊直径达 8.0m,日本东京和新宿综合管廊的宽度达到 9.5m,我国上海张杨路综合管廊的断面尺寸为 5.9m×2.6m,北京中关村西区综合管廊宽度为 13.6m,如图 8-8 所示。

图 8-8　中关村西区综合管廊
(引自:http://image.baidu.com)

8.3.3.3　综合管廊安全规划

　　在进行综合管廊规划时,除考虑一般结构安全外,仍须考虑外在因素对管道造成的安全隐患,如洪水、岩土地层变形、地震、地面沉降破坏,盗窃、火灾、防爆破、有毒气体的监测防护及防灾避险等。

　　(1)防洪规划:综合管廊的防洪规划应依循综合管廊系统网络区域内的防洪标准,开口部如人员出入口、通风口、材料投入口等为防止洪水浸入,必须有防洪闸门,规划高程为抗百年一遇洪水。

　　(2)抗震规划:地下综合管廊内集结了电力、水、暖、燃气等多种特性的管线,在地震及炸弹爆炸等外力作用下容易发生破坏造成事故,因此,综合管廊地下结构应满足抗震的要求。

　　(3)防侵入、盗窃及破坏的规划:综合管廊是城市维生管线设备,是城市的生命线工程,未经管理单位许可,其他人员不准随意进入综合管廊内。因此,应作防止侵入、防止窃盗及防止破坏的规划,以杜绝可能发生的情况。

　　(4)防火规划:为防止综合管廊内收容管线引发的火灾,除要求器材及缆线必须使用防火材料包覆外,强电之间、强电与燃气管道之间应保证足够的安全距离,同时,应规划防火及消防设施。

(5)防爆规划:地下综合管廊遇到特殊地层地质条件时会产生沼气,燃气管道存在泄漏的可能,为防止沼气等可燃气体爆炸,必须进行防爆规划,如采用防爆灯具及电源插头等本安设施。

(6)管道内含氧量及有毒气体监测规划:对于综合管廊内含氧量、风速及有毒有害气体监测在规划阶段均按照相关安全生产法令法规进行设计,以保证管道内作业人员的安全。

(7)安全避险与防灾救灾规划:为了保证地下综合管廊的安全运行及事故发生后人员逃生和防灾救灾的需要,地下综合管廊应进行安全避险和防灾救灾规划与设计,应有相应的安全避险与救灾应急预案。

8.3.3.4　综合管廊附属设施规划

附属设施是指用于维护管廊正常运行的排水、通风、照明、电气、通信、安全监测及防灾救灾系统。其规划应包含以下主要内容。

(1)电力配电设备:包括变电站、所以,及紧急发电设备、配电设备、电线、电力分电盘等。

(2)照明设备:包括一般照明灯、紧急用保安灯、出入口指示灯等。

(3)换气设备:包括换气电风扇、消音设备、控制设备。

(4)给水设备:是出入口部位设置消防设备之一。

(5)防水设备:包括防水墙、防水台阶等。

(6)排水设备:包括排水泵以及综合管廊外相连的排水管、集水井。

(7)防火、消防设备:指出入管道的紧急管理机器及通讯设备。

(8)防灾安全设备:指出入管道的紧急管理机器及通讯设备。

(9)标志辨别设备:指标明设备位置、设备使用及路线指示等设备设施。

(10)避难设施:指用于管廊发生灾变时人员避险逃生自救等设备设施。

(11)联络通讯设备:指管廊内及与外界联络的通讯设备。

(12)远程监控设备:指中心控制室。

8.3.4　综合管廊特殊部位

综合管廊与综合管廊交叉,以及在综合管廊内将管线引出是比较复杂的问题,它既要考虑管线间的交叉对人行通道等整体空间的影响,又要考虑防渗漏、出口井的衔接等出入口的处理。无论何种综合管廊,管线的引出都需要专门的设计,一般有以下两种模式。

1) 立体交叉

立体交叉是指管线与管线在不同水平面上相互交叉的一种连接方式,根据不同平面之间管线连接路径的方式,可分垂直相交式、直线倾斜式和曲线斜坡道式三种基本的连接方式。由于管线安装等方面的原因,常采用侧线斜坡道和螺旋式斜坡道连接方式。采用螺旋式斜坡道连接时,管廊曲率半径受主干管线及支路的规格大小影响。在工程应用中,采用类似于立交道路匝道的连接方式将管线引出,在交叉处或分岔处,综合管廊的断曲要加深加宽,直线管线保持原高程不变,而拟分叉的管线逐渐降低高度,在垂井中转弯分出,如图 8-9 所示。

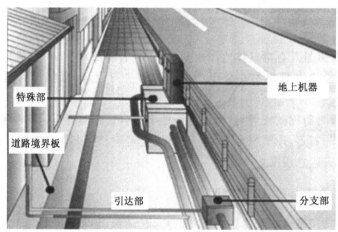

图 8-9　综合管廊特殊部位的立体交叉示意图

2) 平面交叉

平面交叉是指管线与管线在同一水平面上的交叉连接方式。按管廊连接的平面形态,通常分 T 形、Y 形、十字形、X 形、错位、环形等连接形式,具体取决于管廊的空间形态与布局。

规划特殊部位时,必须确定设置各种管线的数量所必要的内部空间与维修作业的空间、电缆散热、管线的曲率半径、规范及准则[11],同时必须考虑邻接既有的或将设置构造物的形状、尺寸等条件。特殊部位的种类与基本项目,见表 8-2。

表 8-2　综合管廊特殊部位的种类及基本工程项目

区分	特殊部位名称	基本工程项目
埋设物方面	电线电缆分支部位	分支位置、数量、管径大小、配管及电缆最小弯曲半径、作业空间
	电缆接续部位	接续间隔、大小、最小弯曲半径、作业空间
	供排水及中水管路、阀、闸的设置	阀的形状、大小、作业操作空间、最小弯曲半径
	燃气管伸缩部位	设置间隔、伸缩量、形状、作业空间
	管线器材出入口部位	设置间隔、管线长度、输送方法、作业空间
	电缆的接引入口部位	设置间隔、接引方法、位置、接引口形状及大小
管理方面	出入口兼自然通风口部位	设置间隔、通风口大小、阶梯及楼梯的设置空间、操作盘设置空间、作业空间
	强制通风部位	设置空间、通风扇的形状及大小、设置空间风量
	排水井部位	排水设备的设置空间、配管空间

8.3.5　综合管廊与其他地下设施交叉

综合管廊与地下设施交叉包括与既有市政管线交叉,以及与地下铁路、地下道路、地下街及桥梁基础等地下空间的交叉,如果处理不当,势必造成综合管廊建设成本的增加和运行的不可靠,原则上可以采取以下措施解决以上问题。

(1)合理地统一规划地下各类设施的标高,包括主干排水干管标高、地铁标高、各种横穿管线标高等。确定标高的原则是综合管廊与非重力流管线交叉时,其他管线避让综合管廊;当与重力流管线交叉时,综合管廊应避让重力流管线;与人行地道交叉时,在人行地道上部通过,管廊交叉示意如图 8-10 所示。

图 8-10　综合管廊交叉示意图

(2)整体平面布局。在布置综合管廊平面位置时,充分避开既有各种地下管线和构筑物,如地铁站台和区间线等。

(3)整合建设。可以考虑综合管廊在地铁隧道上部与地铁线整合建设,或在其他城市地下空间开发时,其上部或旁边整合建设,也可以考虑在高架桥下部与桥的基础整合建设,但必须考虑和处理好沉降的差异。

(4)与隧道或地下道路整合建设,包括公路或铁路隧道的整合建设或地下道路整合建设。日本在规划未来城市地下空间开发时,地下 50～100m 就包括地下道路和综合管廊的整合建设。

8.4　中关村西区地下综合管廊规划设计

8.4.1　背景条件

中关村西区位于北京海淀区,规划范围东起白颐路,西至彩和坊路,北以北四环路为界,南临海淀南街,规划总用地面积为 $51.44 \times 10^4 m^2$,其中,建筑用地面积为 $38.54 \times 10^4 m^2$,除保留现状海龙大厦和四通大厦 2 个地块外,其余用地主要以城市道路为界被划分为 25 个地块,地上规划建筑面积约 $100 \times 10^4 m^2$。

中关村西区规划用地相对较小,现状建筑物稠密,拆迁安置量大,土地价格高。在这样一个局限的空间里,为了既能补偿高投入带来的高地价,又能增强项目的整体活力,在适度提高地上建筑密度和高度的同时,为提高和改善项目的整体环境品质,尽可能多地提供地上绿化空间,就必须提高对该地区地下空间的综合开发利用强度,这是解决西区配套设施用地不足的重要环节之一。

中关村西区地处海淀文教区的核心地带,其附近有近40条公交运营线路。另外,根据北京市区轨道交通线网规划调整方案,沿白颐路和知春路分别规划有轨道交通线路和车站。以上这些交通线网构成了西区外综合交通体系的主要元素。为疏解西区高峰时段交通流量,给区内创造安静舒适的良好环境,就必须在西区内部建立起高效的综合交通体系,并与区外综合交通体系进行有机衔接。

但是,按照传统地面交通组织方式已不能解决西区内部与外部和各地块之间的机动车、非机动车、人行系统相互交叉干扰的矛盾,也不能给区内创造安静舒适的环境。因此,充分利用城市道路地下空间资源,建立起地上二层、地面、地下协调统一的分层立体交通网络,使交通组织方式立体化,就成为解决西区内部交通的必然选择,也能使城市道路地下空间的综合利用效能最大化。

长期以来,北京的市政管线建设一直是采用传统的平铺直埋敷设方式。从平面布置看,各条市政管线需要一定的水平间距才能满足管线敷设和日后维护、检修、更新的需要。即便是搞集中建设,与道路一并同期实施,也需要占用较宽的道路用地;若是分散建设,占地会更大。在道路红线不宽、等级为次干路或支路的情况下,绝大部分市政管线被敷设在有柏油铺装的机动车车道下面。从埋深看,绝大部分市政管线的埋深在5~6m以内,在这个高程范围内,基本上被各种市政管线的干线、支线及检查井、室等充满。在用地权属上,城市道路地下空间一直是市政工程建设的专属空间,一般不允许建筑的地上、地下结构和附属设施侵入道路红线范围内。

各种市政管线的自身特性决定了其敷设、维护、检修特征不尽相同。雨水、污水等重力自流管线对纵坡要求比较严格,管道不能弯曲,而压力流管线和电缆管线等相对有较大的灵活性。通常情况下,根据用户需求的发展变化,电力、电信部门经常要向已敷设好的管道内增设电缆数量。自来水、燃气部门需要增埋支、户线,或者一旦发生漏水、漏气事故,还要挖路抢修。热力管线一般每年需要大修1次,约需1周时间,每季度还需要维护、检修1次,需1~2天时间。这些活动均对交通有较大的影响。而市政干管、干线维修量相对较小,支线、配线维修量相对较大,特别是在管道更新、出险抢修和市政增容时,掘路的机会较大,对交通的干扰也最大。

然而,西区的开发采用的是两级开发方式,即一级开发商主要负责平整土地和基础设施建设,二级开发商负责各地块的建设。而二级开发建设难以与一级开发同步,各地块二级开发的市政也需求各异,其对市政设施增容需求会不断提出新的要求,市政管线传统的平铺直埋敷设方式难免造成重复开挖道路,给交通组织和百姓出行带来不便,也增加了工程成本。因此,建设市政综合管廊就成为解决这一矛盾的首选方案。

采用综合管廊的优点是:①避免了敷设和维修地下管线反复挖掘路面而对交通和居民出行造成的影响和干扰,且能大大减少道路的杆柱及各市政管线的检查井、室等,保持路容的完整和美观。②降低了路面的翻修费用和市政管线的维修费用,增加了路面的完整性和工程管线的耐久性。③方便各种市政管线的敷设、增容、维修和管理。④由于综合管廊内市政管线能够进行合理地紧凑布置,可腾出道路下的部分地下空间,用于开发其他功能。

8.4.2　综合管廊建设方案

在西区土地资源极为有限的情况下,既要增加道路通行能力,解决该地区的交通疏导问题,又要减少市政管线常规敷设方式带来的诸多问题,还要使各地块能够有机地连通,实现部分功能共享。这些功能上的需要使得单一的市政管线综合管廊不能满足要求。经多方案比选,确定了设计建设地下环形车道+地下综合开发+综合管廊的综合管廊模式,并选择以西区 1 号路、4 号路、5 号路围合形成长度为 1.48km 的"D"型内部环路(参见图 7-17)。通过此环路将各地块联系起来,把上述三种功能融合在一起,相互借助,使西区地下空间能流动起来。这种多功能的综合管廊敷设方式,大量节约了城市道路下的空间,为其他功能的融入提供了可能,为充分发挥土地资源的潜能创造了条件,将以往单一用途的地下空间向多功能、多用途开发进行了有益的转变。

根据各种市政管线特性,除重力流管线外,其余市政管线均组织在同一个管廊断面内。考虑各专业管线管理体制的现状,也可以分成几个相对独立的隔间,性质相容的管线同处一室,而相互排斥的管线分室安排,并应留有增加管线数量的余地。经西区土地一级开发商与各专业管线管理公司及相关专业设计单位反复协商和磨合,最后确定天然气、电信、上水、中水、电力和热力等六种管线敷设在综合管廊内,并被安排在四个相对独立的格室,其中,上水与中水两种管线同处一室。根据各专业管线的规格要求及相应的专业设计规范,协商确定每个隔室的断面尺寸。在综合管廊内敷设市政管线干线,为保障各地块的接用还必须修建支线,从安装和维护角度考虑,市政管线支线设置于综合管廊上方。

地下环行车道被设计成逆时针单向行驶,同时,设置与地面交通联系的进出口及与周围地块地下二层车库联系的支通道。此外,根据土地一级开发商的要求,各地块的地下空间相互连通。

为了既能处理好综合管廊的干线、支线、地下环行车道的主通道、支通道及综合管廊的埋深与地面道路纵坡等高程的衔接关系,又能解决好综合管廊与地面周边建筑、二级开发商地块的地下空间之间的连接,同时为二级开发地块的地下空间预留相互连通的空间,综合管廊最终被设计为 3 层,地下一层为地下环行车道的主通道(参见图 7-17);地下二层为多功能共同层,该层为二级开发商地块市政接入条件的多种管道支线、地下一层机动车环行主通道与地下二层车库联络的支通道和地铁站地下通道提供空间,未被占用的空间将对二级开发商开放,可用于开辟地下停车库、地下商业街等;地下三层为市政综合管廊的主管廊,如图 8-11 所示。雨、污水和可回用废水三种重力自流管道受自身特性和下游现状出口的制约,仍然采用传统的直埋敷设方式而不纳入到综合管廊内,以避免因增设泵站而产生占地和经常管理维护费用增多的问题。

西区综合管廊的这种特殊设计形式,使得设计断面相当巨大,为了节约资金,这个巨大的管廊需要随地面道路设计纵坡以最小覆土进行敷设,而且不能因避让重力流管线而加大坡度和埋深,因此,它与雨水、污水和可回用废水三种重力流管线的高程矛盾也变得更为突出。综合管廊的环行布置将西区的地下分成了内外两个区域,原来规划设计的排

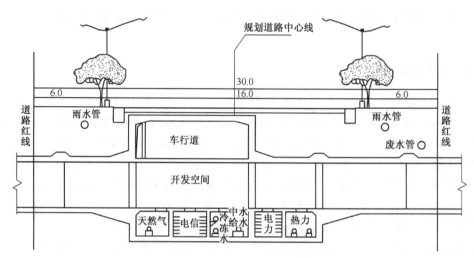

图 8-11　中关村西区综合管廊断面示意图

水系统与之多次交叉,高程矛盾点很多。为了减少矛盾点,将环外区域的雨、污水管线调整成放射状,向外围就近与周边的现状管线连接。而环内区域的雨、污水管线形成一个系统,集中到一个关键点,由管廊的地下二层空间内穿过,考虑雨、污水管线下游出路的现状高程条件,最终决定经由海淀中路与北四环路的现状管线连接。雨、污水管线穿越管廊时,采用雨、污水管线同高程敷设,管线基础置于地下二层的结构底板上,使底板结构能直接担负管线的荷载,管线上方应留有足够的施工安装空间,若空间不足,可将雨水管线改成两条或者方涵,并建议对管线和管廊分别做防水处理。穿过管廊后,污水管线做跌水井,高程再与雨水管线错开,分别与下游现状管线衔接,并以北四环路现状雨、污水管线为控制条件反推管廊的高程,进而确定地面道路高程。

在可回用废水收集处理系统中,处理站被安排在环内区域,废水管线系统要与管廊多次交叉,为减小对管廊的影响,废水管线穿越管廊需尽量服从管廊的高程要求,考虑废水管线还要与地下环行车道的支通道交叉。因此,建议废水管线由管廊地下二层空间的上部穿越,采用 PVC 新型管材,悬吊于管廊地下二层上部结构上,在留足施工安装空间的基础上,尽量贴近地下二层上部结构。

通过综合协调和平面位置安排,除个别地段外,综合管廊和重力自流管线在道路红线范围内各得其所。在高程协调上,设计综合工作改变了传统的以重力流管线为主导的管线综合方式,使之更好地服务于西区建设的总体要求。

习题与思考题

1. 城市地下综合管廊有哪些基本类型,由哪些部分组成?

2. 城市地下综合管廊的选线应考虑哪些因素? 干线管廊与支线管廊的连接有哪些方式? 各有何特点?

3. 试述综合管廊各类管线的收容原则,并分析强电、弱电线缆同管布置时应注意的问题。

4. 燃气管道与电线电缆同廊布置时,应考虑哪些影响因素,有何具体措施?

5. 综合管廊干(支)管纵坡设计有何要求？

6. 综合管廊有哪些结构形式？如何根据收容管线的特性进行结构形式的规划？

7. 为什么说城市综合管廊的规划应与城市总体规划协调一致？试举例说明之。

8. 试分析影响城市地下综合管廊安全的因素，阐述安全规划的主要内容。

9. 在城市地下综合管廊内为什么要布置廊内排水沟，排水沟的规划设计要考虑哪些因素？

10. 试谈谈你对城市地下综合管廊规划设计思想的理解，分析城市主干管网、支干管网及用户管网之间的规划布局关系。

参 考 文 献

[1] 钱七虎,陈晓强. 国内外地下综合管线廊道发展的现状、问题与对策[J]. 地下空间与工程学报,2007,3(2):191-194.

[2] 李德强. 综合管沟设计与施工[M]. 北京:中国建筑工业出版社,2009.

[3] 陈馈,蔡建林. 城市地下综合管廊发展现状与对策[J]. 建筑机械化,2012,(10):53-55.

[4] 苏云龙. 综合管廊在中关村西区市政工程中的应用与展望[J]. 城市道桥与防洪,2007,7(2):24-28.

[5] 钟雷,马东玲,郭海斌. 北京市市政综合管廊建设探讨[J]. 地下空间与工程学报,2006,2(8):1287-1292.

[6] 胡敏华,蔺宏. 市政共同沟规划原则及系统规划方法[J]. 深圳大学学报,2004,21(2):173-177.

[7] 钱七虎. 利用地下空间建设花园城市[J]. 地下空间,2003,23(3):302-305.

[8] 陈志龙,刘宏. 城市地下空间总体规划[M]. 南京:东南大学出版社,2011.

[9] 梁荐,郝志成. 浅议城市地下综合管廊发展现状及应对措施[J]. 城市建筑,(14):286-287.

[10] 陈寿标,王水宝,王漩. 共同沟规划的基本思想及相关原则[J]. 地下空间,2004,24(5):659-663.

[11] 中华人民共和国住房和城乡建设部,中华人民共和国国家标准:城市综合管廊工程技术规范(GB50838—2012)[S]. 北京:中国计划出版社,2012.

第9章 防空地下空间

内容提要：本章主要介绍防空地下空间规划与设计中的基本概念，民防工程的主要类型、等级、建设的基本原则、要求，重点介绍民防工程规划的原则、基本内容和方法。

关键词：人民防空；民防工程；民防工程分类与等级；总体规划；分区规划；详细规划。

9.1 防空的作用、目的和意义

防空是根据国防需要，为战时防范和减轻空袭灾害，提供警报、疏散、避难、避险、救助所采取的组织、行动及防护措施的总和。

人民防空是指动员和组织民众防备敌方空中袭击、消除空袭后果所采取的措施和行动，简称人防。人民防空同国土防空、野战防空共同组成国家防空体系，是现代国防的重要组成部分。其目的是保护人民生命、财产的安全，减少国民经济损失，保存战争潜力。国外通常也把战时保护民众安全与平时抢险救灾的行动统称为民防。

民防工程是指战时掩蔽人员、物质及保护民众生命和财产安全的场所，包括保障战时人员与物质掩蔽、防空指挥及医疗救护等而单建或附建的地下防护建筑、构筑物及地下室。

根据《1949 年 8 月 12 日日内瓦第四公约关于保护国际性武装冲突受难者的附加议定书（第一议定书）》（1977 年 6 月 8 日订于日内瓦）对民防的规定[1]：民防是指在保护平民居民免受危害和帮助平民居民克服敌对行动或灾害的直接影响，并提供平民居民生存所需的条件的某些或全部下列 15 项人道主义任务：①发出警报；②疏散；③避难所的管理；④灯火管制措施的管理；⑤救助；⑥医疗服务，包括急救和宗教的援助；⑦救火；⑧危险地区的查明和标明；⑨清除污染和类似的保护措施；⑩提供紧急的住宿和用品；⑪在灾区内恢复和维持秩序的紧急资助；⑫紧急修复不可缺少的公用事业；⑬紧急处理死者；⑭协助保护生存所必需的物体；⑮为执行上述任务，包括但不限于计划和组织的补充活动。

为减少居民在未来空袭斗争中的生命财产损失，在人民防空方面常采取以下措施：①规定人民防空接受军地双重领导，保证居民能尽快获得空袭信息，并参加联合防空袭斗争。②建立人防警报通信系统，及时指导居民开展防护。③建立民防工程。人民防空或疏散基地，保证居民的安全隐蔽。④组织和训练人防专业队伍，及时消除空袭后果。⑤普及人防知识和防护技能，提高居民的自救互救能力。⑥人防机构协助社区、企业等制订防空袭、防灾害预案，保证一旦遭受敌空袭或灾害，能够立即组织居民进入防护状态。

随着高技术空袭兵器的发展，空袭对地面打击破坏效能迅速提高，影响的广度和深度也越来越大,空袭已成为高技术强敌制胜的主要手段,从而使防空不仅越来越困难,而且越来越重要。

首先,防空能有效地保存国家经济潜力和稳定社会。防空的重点是国家政治经济中心、生命线工程及重大工程基础设施。城市中的重要交通、通信、电力、水力、仓库及其他与生命线工程等有关的基础设施,是国民经济的支柱,也是战时民众生活和社会稳定的重要保障。加强防空建设,严密组织防护,对于提高目标的生存能力无疑将发挥重要作用。高技术空袭虽然难以彻底防范,但通过合理的分散布局、地下防空和隐蔽防护,可降低空袭损失。

然后,防空能有效保存人力资源、稳定民心士气。人力资源是战争潜力的重要组成部分,是维持战争能力的源泉。防空以保护人民生命和财产安全为重要任务,强调通过民防教育和训练,提高民众的防空意识和防护技能,注重修建规模合适的人员防护工程和人口疏散地域,力求战时快速救治,这必将在未来保存人力资源方面发挥巨大作用。防空能稳定民心士气。高技术空袭一旦发生,大量建筑物被毁,居民生活环境恶化,生命财产受到严重威胁,极易引起心理恐慌和行动失措,动摇民心士气。对此,只有通过平时的民防教育,战时广泛深入的民防动员及切实有效的防空措施,才能使广大人民群众做好心理准备,增强防护信心,处乱不惊,始终保持旺盛斗志。

最后,防空在城市建设中有多重作用。城市是民防建设的载体。加强民防建设,能够在满足战时需要的同时,增强抗震抗损毁的能力,减轻各种灾害事故的破坏程度,是建设安全型城市的需要。民防建设在提高城市土地利用效率、缓解城市中心密度、促进人车立体分流、扩大基础设置容量、减少环境污染、改善城市生态、完善城市功能等方面有着独特的作用。

9.2 民防工程建设的基本要求

民防工程建设是指民防工程及其配套的地面附属设施的新建、扩建、改建、续建、加固改造及有关工作,是国家防空防护体系建设的重要内容,也是民众保障自身安全的可靠手段。

9.2.1 民防工程建设的基本原则

广义地讲,民防工程是为抵御战争空袭和自然灾害而修建的单建或附建式防护建筑、构筑物或其他用于防护的地下空间。狭义地讲,民防工程主要是抵御战争空袭而修建的单建或附建式地下防护建筑、构筑物及用于防护的地下室。我国《人民防空法》明确规定[2]:人民防空实行长期准备、重点建设、平战结合的方针,贯彻与经济建设协调发展、与城市建设相结合的原则。这一方针、原则是统揽人民防空建设事业,具体组织与实施人民防空建设的基本依据和行动指南。长期准备就是在和平时期,居安思危,有计划、有步骤地实施人民防空建设;重点建设,就是在服务经济建设大局的前提下,区分轻重缓急,有重点、分层次地实施人民防空建设;平战结合,就是人民防空建设要在平时和战时发挥作用,实现战备效益、社会效益和经济效益的统一。

我国防空建设的基本原则是:走中国特色的建设之路,坚持人民防空建设与经济建设相协调,与城市建设相结合;坚持人民防空与要地防空、野战防空相结合;坚持战时防空与平时防灾减灾救灾相结合;坚持长远建设与应急建设相结合;坚持国家建设与社会、集体、个体建设相结合。做到着眼全局、统筹规划,同步建设、协调发展,突出重点、分步实施,科技强业、注重效益,依法建设,依法管理。

9.2.2 民防工程建设的目标和要求

民防工程建设包括民防指挥工程、公用人员掩蔽工程、疏散干道工程的建设及医疗救护、物质储备等专用工程建设,民用建筑防空地下室建设、城市地下交通干道及其他地下工程的民防配套设施建设。

9.2.2.1 建设目标

民防工程建设的总体目标是:总体布局合理,种类配套齐全,比例协调,平战转移措施完善。经过建设,使防空重点城市及地区的平均掩蔽面积达到有关标准要求。我国防空法要求平均掩蔽面积达到 $1.0m^2$/人或地下空间不小于 $2.0m^3$/人。

9.2.2.2 建设要求

按照《中华人民共和国人民防空法》[2],建设人民防空工程,应当在保证战时使用效能的前提下,有利于平时的经济建设、群众的生产生活和工程的开发利用。因此,建设民防工程要求规模适当,布局合理,防护可靠,功能完善,平战结合。具体包括以下几点要求。

1) 对民防工程目标的要求

民防工程属于战备工程,其基本属性是战备,基本目标是满足战备需要,即在现有技术经济条件下,为城市留城人员提供完善的、生存率高的掩蔽防护空间,衡量指标为民防工程总面积、掩蔽率、民防工程体系配套率和防护效率。

此外,民防工程同时还具有经济和社会属性。在和平时期,要发挥民防工程的投资效益,为城市经济、社会发展服务。因此,民防工程同时具有经济和社会目标。经济目标是指在保障实现战备目标的前提下,在和平时期开发利用,尽可能获得较高的经济效益,从而促进民防工程建设的分期发展和城市经济建设,评价指标为民防工程体系总产值及总经济收益、单位面积民防工程产值及经济收益和投资收益率。而民防工程的社会目标则是在保障实现战备目标的前提下,在和平时期开发利用,为社会服务,尽可能提供较高的社会效益。民防工程的社会服务功能主要体现在提高城市平时的防灾抗灾能力,满足城市商业、交通、文化娱乐等方面的需求和为城市提供就业岗位等,可采用定量、定性分析和描述相结合的方法进行评价。常用的定量指标为平时开发使用面积、用于重要项目的开发使用面积及就业岗位数等。

民防工程的战备效益、经济效益及社会效益具有对立统一的关系。一方面,不同效益之间存在着矛盾,只强调战备效益而忽略平时经济效益和社会效益,显然是一种巨大的浪费。但是,过分追求经济效益,也会削弱战备功能,降低平战转换的时效。另一方面,在和平时期,充分利用防空地下空间开展商业及社会公益类服务,特别是社区文化娱乐、健身等占地较小、可迅速搬移和转换的社会公益类活动,可解决城市社区健身、文化娱乐等空间的严重不足,获得较好的社会经济效益,实现战备、经济及社会效益的统一。

进行科学的防空规划,并严格按照规划和有关规范开展工程设计和建设,采用先进和高效的平战转换技术,提高平战转换时效,是实现民防工程三效统一的关键。防灾减灾是保存战争潜力的有效手段,实践中,应突出战备效能,加强社会效能,避免过分追求经济效能。

2）对单个民防工程建设的要求

对单个民防工程建设,应防护可靠、保障使用和适于生存。防护可靠是指民防工程对空袭的毁伤效应及次生灾害应具有足够的防护能力。保障使用是指民防工程在战时能为其掩蔽的各类人员提供必要的内部空间、设备设施等使用条件;适于生存是指战时民防工程内应有较好的通风、给排水、卫生、电气设备系统、物质储备等环境条件,以保障人员的生存。

3）对民防工程体系建设的要求

民防工程体系建设应符合规模适当、布局合理、防护可靠、功能完善、平战结合的要求。规模适当是指民防工程的规模应满足战时留城人员掩蔽防护的需要,为留城人员提供 $1.0\text{m}^2/$ 人及净高不小于 2.0m 的地下空间。在车站、码头、机场、公园、商场、学校、办公等公共场所建设公共民防工程,为城市遭受空袭时流动人员掩蔽提供保障。布局合理就是要求城市及辖属各区、各行业系统的防护分区及各类防空工程的位置合理,布局大体均衡。人员掩蔽工程要设置在居民就近的位置,专业工程队伍要配置在便于机动和迅速执行任务的地点,各主要人防工程之间以干道连通,保证疏散通道顺畅。防护可靠,是指所有的防护工程都必须按照国家规定的防护标准和质量标准修建,保证防护工程质量。功能完善,是要保证战时人员在防空工程内生存的基本环境条件,配置通风、给排水和电气三个设备系统。战时还应配置防生化、电磁脉冲及放射性尘埃设备和器材,备用蜡烛、灯具,大型防空工程应配备独立的发电设备和水源,以保证人员生存的基本条件。平战结合,是指和平时期要充分开发利用已建民防工程设施,为国家经济建设和城市居民的生产、生活服务,以用促管,维护好防空工程,提高社会效益和经济效益。同时,做好平战功能转换的准备,保证战时迅速转换,及时搬出平时使用的物品,清理出人员掩蔽的空间,按战时防护要求迅速加固、封堵平时预留的防护门、防护墙。城市地下交通和其他地下工程建设及地下空间开发利用,都必须兼顾民防的需要,符合民防的要求,保证战时能够用作人员和物质掩蔽工程。

9.2.2.3 防空地下室建设

防空地下室是结合地面建筑修建的战时用于掩蔽人员和物质的民防工程。防空地下室是民防工程的重要组成部分,与其他民防工程一样,防空地下室具有国家规定的防护能力和各项战时防空功能。

防空地下室建设是指住宅、旅馆、招待所、商场、科研院所办公及教学楼、医疗用房等民用建筑,应按照国家有关规定修建战时可用于防空的地下室。结合城市新建民用建筑修建战时可用于防空的地下室,是战时保障城市居民就近就地掩蔽、减少损失的重要途径。

由于防空地下室便于进入,设计抗力相对较低,投资效费比高,注重防空地下室建设成为世界各国普遍采用的做法。国外普遍认为,在现代战争中,由于武器的杀伤、破坏力大,战争中人员所面临的危险很大,而且多种多样。因此,第二次世界大战后,各国不惜花费大量投资修建防空掩蔽部[3]。美国、俄罗斯、英国、法国、德国、丹麦、瑞士、瑞典、比利时、芬兰等国家的民防工程建设都已具相当规模。其中,美国建有民防指挥所约 4140 个,公共掩蔽部约 20.5×10^4 个,能提供 2.4×10^8 个人员掩蔽位置,可容纳人数占美国总人口的 85%,全国 10 个城市的地铁超过 1200km,纽约地铁已拥有 27 条线路,可掩蔽 600×10^4 余人。俄罗斯建有 1500 个民防指挥所,可容纳 17.5×10^4 人,在城市和工业区构筑有 $(1.5 \sim 2) \times 10^4$ 个抗冲击波掩蔽部,可容纳 2000×10^4 人;在紧急情况下,还可启动地铁、地下车库、地下街等地下建筑物用于人员掩蔽,莫斯科地铁战时可掩蔽 350×10^4 余人,俄罗斯现有的民防工程可掩蔽全国 70% 以上的人口。瑞士建有民防指挥所 1660 个,人员掩蔽部 20×10^4 个,可提供 600×10^4 个掩蔽位置;地下医疗设施 1430 个,病床 10.35×10^4 个;为全国 100% 的人口提供掩蔽位置保障。以色列、瑞典、挪威、芬兰和丹麦等国修建的掩蔽位置可分别为 100%、85%、70%、68% 和 50% 以上的居民提供掩蔽。特别在挪威,有 65% 的掩蔽部是岩洞型掩蔽部,具有较强的抗力。日本东京可掩蔽人口超过 1000×10^4 人。

目前,各国民防工程的建设主要结合民用建筑修建防空地下室和结合城市建设修建地铁、地下街、地下物质库、地下工厂、公用建筑和私人住宅地下室等,特别重视在住宅下面建地下室。美国 1980 年增补的《民防法》规定:城市住宅必须建设地下掩蔽所。全国城市住宅的 75% 建有地下室,可提供 1.6×10^8 个防冲击波掩蔽位置。英国《民防法》规定:新建楼房均应设计地下室,自 1980 年开始执行家庭掩蔽部计划,标准为至少 1.0m^2/人,净高不低于 2.0m。法国 1982 年通过的《民防法》规定:5×10^4 人口以上的城镇,均应修建防空地下室。

9.3 民防工程的分类与等级

9.3.1 民防工程的分类

根据民防工程的构筑形式、战时功能、建造位置及与地面建筑的关系、建筑材料、防护类型、工程规模与投资大小等,民防工程可划分以下几种类型。

(1)按构筑形式分:①暗挖式工程;②堆积式工程;③掘开式工程。

暗挖式民防工程是指在施工时不破坏工程结构上部自然岩层或土层,并使之构成工程的自然防护层的工程。堆积式工程是大部分结构在原地表以上且被回填物覆盖的工程。掘开式工程是采用明挖法施工且大部分结构处于原地表以下的工程。

(2)按战时功能分:①指挥通信工程;②医疗救护工程;③防空专业队工程;④人员掩蔽工程;⑤配套工程。

指挥通信工程，是指各级人防指挥所及其通信、电源、水源等配套工程的总称。人防指挥所是保障人防指挥机关战时能够不间断工作的民防工程。

医疗救护工程，是战时为抢救伤员而修建的医疗救护设施，包括地下中心医院、地下急救医院、医疗救护站/点。医疗救护工程根据作用不同分为三个等级，一等为中心医院，二等为急救医疗，三等为救护站。

防空专业队工程，是战时保障各类专业队掩蔽和执行勤务而修建的民防工程。防空专业队是按专业组成担负防空勤务的组织。在战时担负减少或消除空袭后果的任务。按战时任务，防空专业队分为抢险抢修、医疗救护、消防、防化、通信、运输和治安等。

人员掩蔽工程，是指战时供人员掩蔽使用的工程。根据使用对象不同，人员掩蔽工程分为一等人员掩蔽工程和二等人员掩蔽工程。其中，一等人员掩蔽工程是为战时留城的地级及以上党政机关和重要部门用于集中办公的人员提供掩蔽的工程；二等人员掩蔽工程是为战时留城的一般人员提供掩蔽的工程。

配套工程，是指战时用于协调防空作业的保障性工程。此类建筑主要有各类仓库、各类物质及食品生产车间、区域电站、供水站、生产车间、疏散干(通)道、警报站及核生化监测中心等。

(3)按建造位置及与地面建筑的关系分：①单建式工程；②附建式工程。

单建式民防工程，是指民防工程独立建造在地下土层或岩层中，工程结构上部除必要的口部设施外，无其他附属建筑物的工程。单建掘开式民防工程一般受地质条件限制较少，作业面大，便于施工，平面布局和埋置深度可根据需要确定。

附建式民防工程，是指按国家规定结合民用建筑修建的防空地下室。附建式民防工程是其上部地面建筑的组成部分，一般同上部建筑同时修建，不需要单独占用城市用地，可以利用上部建筑起到一定的防护作用，同时对上部建筑起到抗震加固作用。

单建式和附建式民防工程一般采用掘开式构筑。

(4)按建造的地形特征与出入口的关系分：①地道工程；②坑道工程。

地道式民防工程，是指建筑于平地，大部分主体地面低于最低出入口的民防工程。它具有一定厚度的自然防护土层，能有效地减弱冲击波及炸弹杀伤破坏；在相同抗力条件下，较掘开式工程经济，且受地面建筑物影响较小。地道工程由于受地质条件影响较大，工程通风、防排水较困难，需要采取可靠措施。

坑道式民防工程，是指建筑于山丘地段，工程室内地坪一般高于室外的民防工程。它具有较厚的自然防护层，因而具有较强的防护能力，适宜修建抗力较强的工程，岩体具有一定承载作用，能抵抗核爆炸动荷载和炸弹冲击荷载，主体厚度可大大减薄，因而较之明挖工程节省材料，如果采用光爆锚喷技术，则更能降低造价。工程室内外一般高差较小，便于人员车辆进出，口与口之间一般具有一定高差，有利于自然通风，且有利于自流排水。

地道工程和坑道工程一般采用暗挖法构筑。

(5)按民防工程结构材料分：①钢筋混凝结构工程；②混凝结构工程；③砖结构工程；④砖混结构工程；⑤锚喷支护工程；⑥岩土体本质工程。

(6)按抵御战时武器类型分：①防常规性武器民防工程；②防核武器民防工程；③防生化武器民防工程；④防电磁脉冲干扰民防工程；⑤防网络信息安全民防工程。

随着科学技术的不断发展,现代防空要求抗击敌方各型来袭飞机、巡航导弹、弹道导弹和军用航天器等,空中打击武器类型多、威力大、时间迅猛,战争信息化越来越重要。民防工程已难以按抵御的武器类型进行分类,在民防工程规划、设计和建设时要求综合考虑现代战争的特点。

(7)按是否划分等级分:①等级民防工程;②非等级民防工程。其中,等级民防工程是指按照有关规定的防护要求修建,并达到规定防护标准的民防工程。

此外,按工程建设性质,民防工程建设可分为新建、续建、扩建、加固、改造、口部处理和维护管理等项目。按工程投资及建设规模可划分为大、中、小型,各类型工程投资规模限额按照民防工程计划管理有关规定确定,并实行分级管理。其中,大型民防工程建设项目,由国家人民防空主管部门审批;中、小型工程由省(自治区、直辖市)人民政府人民防空主管部门审批,中型项目建议书和可行性研究报告报国家和军区人民防空主管部门备案;零星项目可不编报可行性研究报告和初步设计文件,其项目建议书、施工图设计文件由人民防空重点城市人民防空主管部门审批,项目建议书报省、自治区、直辖市人民防空主管部门备案。

按照人民防空工程建设项目标准[5],民防工程划分如表9-1所示。

表9-1　民防工程的建设投资规模分类

类　　型	工程投资规模	
	防空指挥工程/万元	其他民防工程/万元
大型	T≥1000	T≥2000
中型	T<1000	600≥T<2000
小型	T<600	T≥200
零星	T<200	

9.3.2　民防工程的分级

等级民防工程按防常规武器或防核武器分为若干不同防护等级的工程,各类工程的防护等级应按防空工程战术技术要求规定进行确定。

1) 抗力分级

抗力是指结构或构件承受外部荷载作用效应的能力,如强度、刚度和抗裂度等。民防工程的抗力等级用以反映工程能够抵御敌人核、生、化和常规武器袭击能力的强弱,是一种国家设防能力的体现。在民防工程中,通常按防核爆炸冲击波地面超压的大小和不同口径常规武器的破坏作用进行抗力等级的划分。

美国对高危险区的民防工程要求抗力为0.352MPa,危险区的民防工程要求抗力为(0.014~0.352)MPa,疏散安置区的抗力为0.014MPa;俄罗斯和独联体国家的民防工程的强度等级分为4级,1~4级民防工程的抗力分别为2.000MPa、1.000MPa、(0.300~0.400)MPa、0.100MPa;芬兰的民防工程分为S6、S3和S1三类,其抗力分别为(0.600~1.800)MPa、(0.300~0.800)MPa和(0.100~0.300)MPa。总的来说,俄罗斯和北欧等国家或地区的抗力标准定得比较高,而美国、澳大利亚等国的抗力标准相对较低。

在我国现行标准中,民防工程的抗力等级由高到低划分为 1、2、2B、3、4、4B、5、6 八个等级,工程可直接称为某级民防工程。其中,5 级民防的抗力为 0.100MPa,6 级民防抗力为 0.050MPa。

2)防化等级

防化等级是以民防工程对化学武器的不同防护标准和防护要求划分的等级,防化等级反映了对生物武器和放射性沾染等相应武器或杀伤破坏因素的防护。防化等级是依据民防工程的使用功能确定的,防化等级与其抗力等级没有直接关系。例如,核武器抗力为 5 级、6 级和 6B 级的人员掩蔽工程,其防化等级均为丙级,而物资库的防化等级均为丁级。

按防化的重要程度,民防工程的防化等级由高到低分为甲、乙、丙、丁四个等级。其中,人防指挥所、防化监测站掩蔽工程要求防化级别为甲级,医疗救护、防空专业队和一等人员掩蔽所要求防化级别为乙级,二等人员掩蔽所防化级别为丙级,物资库、防空专业队装备掩蔽部等防化级别为丁级。

民防工程是一项战备工程,为了保障战备效能,提高平时的经济效益和社会效益,应对各类民防工程的建设规模及标准、配套设施、开发技术和合理利用等加以优化,制定最佳的设计和标准规范,使民防工程建设及开发利用达到最优化。

9.4　民防工程规划

9.4.1　民防工程规划的总体原则

民防工程建设规划的编制按照长期准备、重点建设、平战结合的方针,结合城市建设和规划布局、城市的重点目标和人口分布情况等,对各类民防工程的布局和建设做出规划,对城市建设提出合理、明确的建议和要求,并与城乡规划相协调。

9.4.2　民防工程规划的依据

民防工程规划的主要编制依据是相关的国家法律和法规,包括《人民防空法》、《城乡规划法》、《人民防空工程战术技术要求》、城市类别、《城市防空袭预案》、本地区国民经济和社会发展规划、省级以上人民防空主管部门有关民防工程规划编制的意见、要求和必要的基础资料等。

9.4.3　民防工程规划的主要内容

按规划的阶段性,民防工程规划分总体规划、分区规划及详细规划。其中,总体规划和分区规划是依据区域性进行的民防工程规划,通常,以国家民防政策、方针、法律、法规为指导,以城镇为单位,进行民防工程的规划。

9.4.3.1　总体规划的主要内容

城市民防工程总体规划的期限要与城市总体规划一致,一般为 20 年,同时可以对城市民防工程远景发展的空间布局提出设想。确定城市民防工程总体规划具体期限,应当符合城市总体规划的要求。

城市民防工程总体规划纲要包括下列内容。

(1)研究论证现代战争条件下城市防空的特点,确定规划期内城市民防工程总体规划的指导思想。

(2)依据城市总体规划和城市防空要求,按照城市防空袭预案,将城市划分若干防空区、片,确定城市战时组织指挥体系。

(3)原则确定规划期内城市重要目标防护及防空专业队伍组建措施。

(4)分析城市人口构成及其特点,确定规划期内留城人口比例。

(5)原则确定规划期内民防工程发展目标、规模、布局和配置方案。

(6)提出建立城市综合防空防灾体系的原则和建设方针。

(7)提出规划实施步骤和重要政策措施。

9.4.3.2　分区规划的主要内容

分区规划可分为市域城镇民防工程规划和中心城区民防工程规划。

1) 市域城镇民防工程控制体系规划的内容

市域城镇民防工程控制体系规划内容如下。

(1)提出市域城镇民防工程统筹协调的发展战略,确定民防工程重点建设的城镇。

(2)确定民防工程发展目标和空间发展战略,明确各城镇民防工程发展目标和各类工程配套规模。

(3)提出重点城镇民防工程建设的原则和措施。

(4)提出实施规划的措施和有关建议。

2) 中心城区民防工程规划的内容

中心城区民防工程规划内容如下。

(1)城市概况和发展分析,包括城市性质、地理位置、行政区划、分区结构、城市规模、地形特点、建设用地、建筑密度、人口密度、战略地位、自然与经济条件等。

(2)根据城市遭受空袭灾害背景判断和对城市威胁环境的分析,提出城市对空袭灾害的总体防护要求。

(3)分析民防工程建设现状,提出工程总体规模、防护系统构成及各类工程配套比例,确定工程总体布局原则和综合指标。

(4)确定总体规划期内工程规划目标和各类工程配套规模,提出工程配套达标率和城市居民人均占有民防工程面积、战时留城人员掩蔽率等控制指标。

(5)确定防空(战斗)区、片内民防工程组成、规模、防护标准,提出各类工程配置方案。

(6)综合协调民防工程与城市建设相结合的空间分布,确定地下空间开发利用兼顾人民防空要求的原则和技术保障措施。

(7)提出早期民防工程加固、改造、开发利用和报废的要求和措施。

(8)编制近期民防工程建设规划,明确近期内实施民防工程总体规划的重点和建设时序,确定民防工程近期发展方向、规模、空间布局、重要民防工程选址安排和实施部署。

（9）确定民防工程空间发展时序，提出总体规划实施步骤、措施和政策建议。

9.4.3.3 民防工程详细规划的主要内容

城市民防工程详细规划分为控制性详细规划和修建性详细规划。根据深化民防工程规划和实施管理的需要，一般应当编制控制性详细规划，并指导修建性详细规划的编制。

控制性详细规划在城市规划体系中，是以总体规划、分区规划为依据，以落实总体规划、分区规划意图为目的，以土地使用控制为重点，详细规划建设用地性质、使用强度和空间环境，规定各类用地适建情况，强化规划设计与管理结合，规划设计与开发衔接，将总体规划的宏观控制要求，转化为微观控制的转折性规划编制层次。

民防工程详细规划应该成为城市详细规划的一个组成部分，民防工程详细规划一般应当与城市详细规划同步编制。只有及时制定城市各区片的民防工程详细规划，才能保证民防工程总体规划的落实。但是，城市各区片的详细规划通常不是在一个时间同时出台的，而是随城市建设发展陆续进行、陆续完成的，这就要求人防部门与规划部门紧密配合，在规划部门对某一区片做详细规划时，及时将民防工程详细规划列入其中，保证民防工程建设与城市建设同步进行。城市开发区、居住小区进行规划时，民防部门均应将民防工程详细规划列入其中。

由于我国目前关于民防工程规划相应法律法规和规范的约束与指导比较缺乏，因此，民防控制性规划是城市民防工程规划与管理、规划与实施衔接的重要环节，更是规划管理的依据。民防控制性规划将规划控制要点用简练、明确的方式表达出来，作为控制土地批租、出让的依据，正确引导开发行为，实现规划目标，并且通过对开发建设的控制，使土地开发的综合效益最大化，从而有利于民防工程规划管理条例化、规范化、法制化，规划、管理及开发建设三者的有机衔接。因此，它是现阶段民防工程规划与建设管理的必要手段和重要依据。

1）城市民防工程控制性详细规划的内容

城市民防工程控制性详细规划包括以下内容。

（1）民防工程土地使用控制，主要规定各地块新建民用建筑附建防空地下室的控制指标、规模、层数及地下室室外出入口的数量、方位，以及各类民防工程附属配套设施和人防工程设施安全保护用地控制界线。

（2）民防工程功能控制，主要规定民防工程防护功能及其技术保障等方面的内容，包括各地块民防工程战时、平时使用功能和防护标准等。

（3）人防工程建筑建造控制，主要对建设用地上的民防工程布置、民防工程之间的群体关系、民防工程设计引导做出必要的技术规定，主要内容包括连通、后退红线、建筑体量和环境要求等。

（4）规定各地块单建式民防工程的位置界线、开发层数、体量和容积率，确定地面出入口数量、方位。

（5）规定民防工程地下连通道位置、断面和标高。

（6）制定相应的地下空间开发利用及工程建设管理规定。

2）民防工程修建性规划的主要内容

民防工程修建性规划的主要内容如下。

（1）城市概况和发展分析，包括城市（镇）的性质、地理位置、行政区划、分区结构、城市（镇）规模、地形特点、次生灾害源、建设用地、建筑密度、人口密度、战略地位、自然与经济条件等。

（2）根据城市（镇）遭受空袭灾害背景判断和城市（镇）威胁环境的分析，提出空袭灾害的总体防护要求，确定人口疏散比例、疏散地域分布和疏散路线，提出疏散地域的建设原则，提出民防工程总体规模、防护系统构成及各类民防工程配套比例，确定民防工程总体布局原则和综合指标，提出重要经济目标防护的原则措施。

（3）划分防空区，确定区内民防工程组成、规模、布局、防护标准和地面出入口间距指标等，提出工程配套达标率和防空区居民人均占有民防工程面积等控制指标。

（4）确定本区域民防指挥通信工程、一等人员掩蔽工程、医疗救护工程、专业队工程、地下疏散干道工程等公用工程的布局。

（5）分析现有民防工程和普通地下工程现状，提出早期民防工程加固、改造、报废和民防工程及普通地下工程平战转换原则和措施，确定地下空间开发利用和重大基础设施规划建设兼顾民防空要求的原则。

（6）制定民防工程防灾利用原则。

（7）近期民防工程建设规划：明确近期内实施民防工程建设规划的重点和建设时序，确定民防工程近期发展方向、规模、空间布局、重要民防工程选址安排和实施部署。

（8）提出民防工程建设规划实施的保障措施和政策建议。

此外，民防工程修建性规划应对下列事项进行详细、重点规划：①城市（镇）应建防空地下室的区域及其类别（甲、乙类）；②人防疏散干道网和连通口；③公用的人员掩蔽工程和出入口；④战时生命线工程。

9.5　民防工程规划设计方法

民防工程规划，是指在一定区域内，根据国家对不同区域实行分类防护的民防要求，确定防空工程建设的总体规模、布局、主要建设项目、与城市建设相结合的方案及规划的实施步骤和措施的综合部署，是区域总体规划的组成部分，也是进行民防工程建设的依据。

从性质上讲，民防工程规划是与城市等区域总体规划配套的专业性规划，通常是区域防灾规划的重要部分。经批准后，它是城市区域建设和管理的一个法规性文件。此外，民防工程规划是落实城市防空袭预案的一个重要文件。防空袭预案中有关工程保障的要求，通过贯彻、执行民防工程规划而得以实现。

9.5.1　民防工程规划的编制方法

民防工程规划的编制步骤如下。

1）调研工作

调研是制定规划的基础性工作。调研方法主要是获取《城市总体规划》《城市防空袭预案》等各种文件及与民防有关的资料档案，必要时到规划、城建、军分区、交通、市政、物资等部门进行具体的口头或文字调查。对调查所得的资料,进行研究和分析,整理出适合制定民防工程规划使用的《基础资料汇编》。

2) 制定规划

当城市规模较大,规划工作较复杂时,可在调研工作结束后,先拟定《民防工程总体规划纲要》,经城市规划和民防部门审查批准后,再编制规划。一般民防城市,可以不拟定规划纲要,直接进行规划编制工作。

(1)根据城市的总体防护方案、人口疏散规划、城市建设民防工程的能力和民防工程的现状,制定民防工程建设的发展目标和控制规模。

(2)根据城市规模、结构、布局和人口分布等因素,确定民防的防护体系。防护体系大体上包括指挥层次和空间分布两方面。

(3)制定城市和各防护片区的民防工程建设规划,包括建设规模、类型、布局、进度等。

(4)制定平战结合的民防工程规划。

(5)制定现有民防工程加固改造和普通地下室临战加固规划。

(6)制定近期规划。

在规划制定过程中,应保持与城市规划和建设部门的联系,及时通报情况,汲取正确意见。

3) 评审

在规划送审稿完成后,召开送审稿评审会,会议通常由市政府领导或市规划部门领导主持,邀请规划和人防专业的专家担任评委,组成评委会,对规划做出评价。军分区、城建、市政、交通、供电、供水、绿化、公安、消防、通信等部门参加,并提出修改意见。

4) 修改规划送审稿,并上报审批

9.5.2 民防工程规划的调研

9.5.2.1 民防工程总体规划需收集的基础资料

编制城市民防工程总体规划需收集的基础资料一般包括城市各阶段规划图(图纸比例为1:5000~1:25 000)、城市自然条件和地理环境及城市社会发展等基础资料。

其中,城市发展各阶段规划资料主要包括:①城市主要交通干线及交通规划资料;②行政、医疗等机构规划资料;③城市近期规划建设项目资料。城市社会发展资料主要包括:①城市土地利用资料,如城市规划发展用地范围内的土地利用现状及规划用地范围;②城市人口资料如各阶段各防护区、片内现状人口和规划人口,包括城市非农业人口、流动人口、暂住人口,以及人口的年龄构成、劳动构成、职业构成等。

其他基础资料如下。

(1)城市房屋建筑资料:①房屋建筑竣工面积的统计资料;②房屋建筑规划指标资料。

(2)城市民防工程现状资料:①民防工程历年建设量分析;②各类民防工程分布情况;③民防工程面积、类型、等级、完好情况资料。

(3)民防工程建设的有关规定。

（4）民防工程易地建设费的收取情况。

9.5.2.2　控制性详细规划需收集的基础资料

控制性详细规划需收集的基础资料包括以下几方面。

（1）地面的控制性详细规划对本规划地段的要求，以及民防工程总体规划或分区规划对本规划地段的民防工程规划要求。

（2）规划人口分布情况。

（3）本地段及附近重要目标和工程设施的分布。

（4）建筑物的控制指标，包括用地性质、建筑面积、层数等。

（5）地下空间开发情况。

9.5.2.3　修建性详细规划需收集的基础资料

除控制性详细规划的基础资料外，还应包括：①民防工程控制性详细规划对本规划地段的要求；②工程地质及水文地质等资料；③各项地下管线资料；④各类民防工程建设造价等资料。

9.5.3　民防工程规划的调整和审批

9.5.3.1　民防工程规划的调整

城市民防工程总体规划调整，应当按规定向规划审批机关提出调整报告，经认定后依照法律规定组织调整。

9.5.3.2　民防工程规划的审批

1）城市人民政府负责组织编制城市民防工程总体规划

城市民防工程总体规划的审批应符合以下报批程序。

（1）直辖市、省会城市、一类人防重点城市组织编制城市民防工程总体规划纲要，应报请国家人民防空主管部门或者省、自治区人民防空主管部门组织审查。然后，依据国家人民防空主管部门或者省、自治区人民防空主管部门提出的审查意见，组织编制城市民防工程总体规划成果，按法定程序报请审查和批准。

（2）其他城市的城市民防工程总体规划在组织专家论证会后，按法定程序报请城市人民政府审查和批准。

2）城市人民防空主管部门负责组织编制民防工程分区规划和详细规划

民防工程分区规划和详细规划在组织专家论证会后，按法定程序报请城市人民政府审查和批准。

习题与思考题

1. 什么叫人民防空？什么叫民防工程？它们之间有何联系或关系？

2. 什么叫民防？谈谈你对民防的理解。

3. 第一议定书规定民防中人道主义的内容包括哪些?

4. 民防工程建设应遵循什么样的原则? 试分析之。

5. 民防工程建设的目标和要求是什么? 单个民防工程和民防工程体系是什么关系,如何实现民防工程体系的有机统一?

6. 民防工程有哪些主要类型,各有什么功能和特点? 试分析之。

7. 何谓民防工程的抗力分级,何谓民防工程的防化分级? 抗力等级和防化等级是如何划分的?

8. 民防工程总体规划包括哪些内容? 总体规划、分区规划和详细规划之间是什么关系?

9. 民防工程规划的编制包括哪些步骤? 各包括什么内容?

10. 城市民防工程建设如何体现平战结合、三效统一的基本思想? 试谈谈你的理解和想法。

参 考 文 献

[1] 中华人民共和国,1949 年 8 月 12 日日内瓦四公约关于保护国际性武装冲突受难者的附加议定书(第一议定书)[S]. 联合国,1984.

[2] 第八届全国人民代表大会常务委员会. 中华人民共和国人民防空法[S]. 1997.

[3] 林枫,杨林德. 新世纪初的人防工程建设[J]. 地下空间与工程学报,1(2):161-167.

[4] 中华人民共和国建设部. 中华人民共和国国家标准:人民防空地下室设计规范(GB50038—2005)[S]. 2005.

[5] 国家国防动员委员会,国家发展计划委员会,建设部,等. 人民防空工程建设管理规定[S]. 2003.

第10章 地下物质仓储与物流空间

内容提要:本章主要介绍地下仓储空间的发展历史,仓储及物流空间的基本概念、类型及其特点。重点阐述物质型地下仓储空间及物流的规划设计特点、影响因素、布置形式、规划内容和规划原则。

关键词:地下储库;物流;布置形式;选址;结构与功能;能耗;安全性。

10.1 地下仓储空间的类型

10.1.1 地下仓储的发展

地下仓储是人类储存食物最原始的方式,从原始人的地下岩洞储存粮食和猎物到地下藏宝和藏物,历史悠久。随着人类技术文明的进步,现代地下仓储有了很大的发展。

瑞典、挪威及芬兰等北欧国家,在近代最先发展了地下储库,利用有利的地质条件,大量建筑大容量的地下石油库、天然气库、食品库及车库等,近年又发展地下储热库和地下深层核废料库。位于欧洲西北部的斯堪的纳维亚(Scandinavian)已拥有大型地下油、气库200余座,其中不少单库容量超过 $100 \times 10^4 \, m^3$;瑞典在20世纪60~70年代,以每年 $150 \times 10^4 \sim 200 \times 10^4 \, m^3$ 的速度建设地下油、气库,已完成了建立能源3个月战略储备的任务。在瑞典的影响下,西欧、中欧一些能源依赖进口的国家,也都根据本国的自然和地理条件,发展能源和其他物资的地下储库。例如,法国能源的74%依赖进口,正在建立90天的战略储备系统;美国的进口能源已占总消耗量的很大比重,故也提出了建立 $1.5 \times 10^9 \, m^3$ 的石油储备计划;日本的能源几乎全部要进口,一直在加紧地下能源储存的战略储备[1]。

我国地域辽阔,地质条件多样,客观上具备发展地下储库的有利条件。不论是为了战略储备,还是为平时的物资储存和周转,都有必要发展各种类型的地下储库。从20世纪60年代末开始,在地下储库的建设中已取得很大的成绩,已建成相当数量的地下粮库、冷库、物资库、燃油库及核物质储存库[2]。1973年,我国开始规划设计第一座岩洞水封燃油库,1977年建成投产,效果良好,是当时世界上少数几个掌握地下水封储油技术的国家之一。我国黄土高原地区的大容量土圆仓储粮技术,以其低造价、大储量、施工简单及节省土地等特点,在世界上引起了广泛的兴趣和关注。

在20世纪60年代以前,地下储库一般仅用于军用物资与装备的储存及石油与石油制品的储存,且类型不多。但是在近二、三十年中,新类型不断增加,使用范围迅速扩大,涉及人类生产和生活的许多重要方面。

10.1.2　地下仓储空间的基本类型

地下仓储空间包括地下建筑物及构筑物,二者统称为地下仓储建筑。对于地下仓储建筑物,通常是地面建筑的一部分或者说地面建筑的延伸,是地下空间常见的形式之一,如地下室。地下构筑物作为单建的地下仓储空间,是地下仓储建筑的另一种形式,如地下油库、地下粮仓等。因此,根据地下仓储空间与地面建筑物的关系,可分为附建式地下仓储空间和单建式地下仓储空间两类。

根据地下仓储建筑的空间形态,可分为卧式、立式两种基本形式,其中,卧式又分为平卧式和斜卧式,立式又分为直立式和倾斜式两种。根据地下仓储空间的主断面形状,可分为面形和线形两种基本形式,其中,面形断面地下仓储空间又分为矩形、圆形、多边形及不规则异性断面等多种形式;线形的长轴远大于纵轴,如输油、输水等管线、管廊及涵道工程。这些线型工程大多承担周转和物质输送的功能,可通过地下储库接入城市地下综合管廊。此时,地下储库也是地下物流的节点。

按地下仓储储存物的物质属性、用途及功能特性,可分为物资型、资源型、能源型、环境型和特殊用途型。其中,物资型地下仓储包括地下粮仓、地下食油库、地下冷冻库、地下冷藏库、油气、干冰,以及用以存放各类工农业生产和人们生活商品等物资的综合仓库;资源型地下仓储包括地下饮用水库、工业水库及其他;能源型地下仓储包括地下化学能库、核能库、地下电能库、地下机械能库及地下冷/热能库等;环境型地下仓储包括地下核废料库、地下工业废料库和城市废物库等;特殊用途型地下仓储包括武器、装备、军需品、炸药及危险化学品等管制类物质。

按照传统的方法,水库、食物库、石油库、物资库等都可以建在地面上,但如果有条件建在地下,能表现出多方面的优越性,因而受到广泛的重视,有的甚至已基本上取代了地面库。另一部分,由于使用功能的特殊要求,建在地面上有很大困难,甚至根本无法实现,如热能、电能、核废料、危险化学品等,在地下建造成为唯一可行的途径,这些地下储库具有更大的发展潜力。此外,有一些地下储库的新类型,已经突破了传统的储存和周转的功能,如工业余热的回收、太阳能的夜间和冬季储存、城市污水循环使用等,地下储库都是不可缺少的组成部分。

按照用途与专业可分为国家储备库、城市民用库及运输转运库。

此外,地下仓储空间还可按照建筑材料、构造、规模大小及埋藏深度等来分类,从建筑材料来讲,可以分为砖、石、木材、混凝土、钢筋混凝土、陶瓷、缸瓦等仓储建筑;在规模上,可划分为特大型、大型、中型、小型及微型地下仓储空间;在埋深上,可分为超深地下仓储空间、深部地下仓储空间和浅部地下仓储空间。目前,在规模和埋深上还没有统一的划分标准。

10.2　地下仓储空间的地质条件

地下仓储必须依靠一定的地质介质才能存在。从宏观上看,存在条件不外岩层和土层两大类,如图 10-1 所示。一般的地下储库都是通过在岩层中挖掘洞室或在土层中建造地下构筑物来实现。随着储库使用功能的增多,地下储库的地质条件也在发生变化,一方面充分利用多种天然地质条件;另一方面通过发展某些新技术,人工创造一些存在条件。

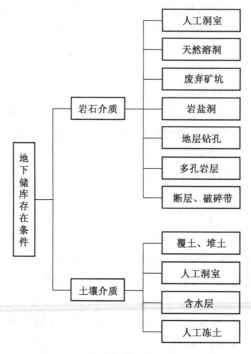

图 10-1　地下仓储建筑的存在条件

已经废弃的矿井、矿坑对于储库来说,是一个现成的地下空间,只要位置、地形和空间尺寸合适,就可以适当加以改造和利用,具有规模大、造价低的特点,对于许多物资的地下储存来说是一个比较理想的空间。美国堪萨斯城正处于美国东西两大部分的中间,是一个理想的物资储运点,利用地下开采石灰石后遗留下的废矿坑,大规模改建成地下储库,面积达数十万平方米,库内温度全年稳定在 14℃,对储存粮食和食品十分有利,仅冷冻食品的储存能力,就占全美总储量的 1/10,是利用废矿坑作地下储库的典型实例。此外,利用废矿坑储存原油或重油也很经济,据瑞典资料,这种地下油库的造价仅为人工岩洞油库的 1/4～1/3。德国和芬兰则正在研究利用废弃的铁矿坑改建为核废料库的可能性[3]。

岩盐具有一定的强度,又有可塑和可溶的特性,因此,向岩盐中注水,将盐溶解,再将盐溶液抽出,就可以形成一个地下空间;不必经过挖掘,就可在其中储存石油制品或液化气体,具有容量大、造价低、密封性能好、施工简便等特点,只要存在足够厚度的岩盐矿层或岩盐丘就可以充分加以利用。美国、法国、德国、前苏联等国,由于具备这样的自然条件,大规模发展地下岩盐库,用以大量储存石油、液化气。美国还研究了在岩盐中使用常规方法开挖人工洞室,在其中储存核废料,一部分挖出的盐则用于回填。

土层中的含水层和岩层中的断层、破碎带,具有天然的蓄水条件,只要加以组织和控制,就可以成为人工的地下蓄水库,与人工开挖的岩洞和地面上的蓄水库相比,具有容量大、造价低、蒸发损失小等特点。

液化天然气要在 -165℃ 的条件下才能储存,如果储库建在地面上,要花很高代价解决隔热问题。在平原或沿海地区,地下土层较厚,在地下建造液化气库有利于保持低温条件,这就需要在液化气库周围人工地创造一个低温环境,而人工冻土为此提供了天然条件。

10.3　地下仓储的综合效益

与地面仓储建筑比较,地下储库的综合经济效益主要表现在以下五个方面。

(1)建设投资低于地面库。据瑞典经验,在岩洞或岩盐洞中储存石油和石油制品,当库容量超过 $5×10^4 m^3$ 后,造价就开始低于常规的地面油库。在高压条件下储存液化天然气或石油气,储量在 $1×10^4 m^3$ 以上,地下储库的造价就开始比地面储气罐低。据挪威经验,在岩洞中储存饮用水,如果储存量超过 $0.8×10^4 m^3$,一次投资将低于地面上的钢筋混凝土水罐[4]。

此外,如果合理选择库型,对投资影响也很大,例如,北欧国家容量为 $10×10^4 m^3$ 的岩洞水封油库较岩洞钢罐车的投资可节省 83%,我国第一座岩洞水封油库也比岩洞钢罐投资低 50%。

(2)管理、运行费用低于地面库。如果地下库不得不选在地质条件不良的位置,以岩石掘进为主的施工费用可能较高,影响建库的资金投入量。在这种情况下,仅以一次投资的多少来衡量经济效益的高低是不全面的,因为按照全使用期造价(life cycle cost)概念,应当把在整个使用期,如 30 年或 50 年内在运行、管理等方面所节省的费用综合起来考虑,才可能对经济效益做出合理的评价。例如,大部分石油制品要求在 $50\sim70℃$ 条件下储存以保持其流动性,需要一定的加热措施,仅这一项加热费,地下油库就比地面上的钢罐油库节省 60%～80%。此外,由于地下环境比较安全,保险费仅为地面上的 40%～50%。工程维护费低,一般约为地面工程的 1/3。

(3)占用土地少。在人口日益增多而土地相对逐渐减少的情况下,把宝贵的可耕地用于建造仓库是很不合理的,特别是在城市中,土地价值和价格都很高,更应节约使用。在地面上建造常规粮库,每 $50×10^4 kg$ 储量需占地 $0.23×10^4 m^2$ 左右,每 $1000 m^3$ 储量的地面油品库,要占用 $0.13×10^4 m^2$ 土地。当这些储库改建为地下时,地面设施少,大量土地可以恢复耕种、绿化或作其他用途。例如,我国一座容量为 $7.5×10^4 m^3$ 的地下油库,地面设施仅用地 $600 m^2$;而一座同规模的地面油库,至少需占用土地 $10×10^4 m^2$。还有一些地下储库,把在施工过程中挖出的石碴或土用于造地,以补偿建设所占用的部分土地。我国一座大型地下油库,利用排出的石碴造地 $2.0×10^4 m^2$,另一个中型岩洞库利用排碴垫平 $1.0×10^4 m^2$ 左右的场地,在上面建起几座与冷库相配套的食品加工厂,生产和运输都很方便。

有一些能源的储存,需要占用土地过多,在地面上建库已很不现实。例如,建设一座发电能力为 $50×10^4 kW$ 的地下抽水蓄能电站,需要一个容积为 $40×10^9 m^3$ 的水库,如建在地面上,将淹没大量可耕土地,而建筑地下水库虽造价较高,但可基本上不占用土地。又如,当以水为介质储存 $600×10^9 kW·h$ 热能时,水库的容积相应为 $10×10^9 m^3$,只有地下空间才有可能提供如此巨大的容积而不需占用大量的土地。

(4)库存损失小于地面库。储存在地面上各种储库中的物品,由于种种原因,在储存过程中总会在不同程度上有一些消耗和损失,如粮食的霉变、油品的挥发等。有些损失在地面库中难以避免,也就被认为是合理损耗。联合国经济和社会理事会的一份报告估计,在许多发展中国家,由于储存设施不足或储存方法不当,在需要储存的粮食中,每年平均损失15%~20%,如能大量推广地下粮库,储存损失可减到很小的程度,甚至完全避免[5]。据我国经验,地面粮库的合理损耗为3‰,而地下粮库只有0.3‰,相差10倍;在地下油库中,油品因温度变化引起的小呼吸现象消失,因此挥发损失仅为地面钢罐油库的50%。

(5)安全性高于地面储库。由于地下空间在安全、防护上的特殊优势,对于物资储存来说,特别是一些易燃、易爆等危险品,不论是对外来危险的防护,还是对内部灾害的预防,地下储库的优势都非常明显。因此,出于安全性的考虑,应当成为建设地下储库的主要出发点。

10.4　物资型仓储空间

10.4.1　地下粮库

1)地下粮库的特点

地下粮库有以下特点。

(1)投资省、占地少,能够立体利用土地。地下粮库有大型的战略储备库,除更新外一般不周转,多建于山区岩层或地下土层中,储量较大;也有建在城市地下空间中的中、小型周转库,根据平时使用和战时储粮要求进行布局。此外,根据粮库的规模和经营性质,可安排必要的粮食加工业务,布置在地下粮仓的地面库区内。

我国有些城市郊区有山,在山体岩层中建造了若干个大型地下粮库,容量为 $0.5 \times 10^7 \sim 1.5 \times 10^7$ kg,如果需要,单库容量还可以扩大;在黄土高原地区建造的土圆仓粮库,容量更大,总库存在 5×10^7 kg 以上的已较普遍。我国南方某大城市建成一座储量为 1.5×10^7 kg 的岩洞粮库,可供全市人口食用一个月。如果要在市内建同规模的地面粮库,需占城市用地 2.3×10^4 m^2,土地利用率较低;地下粮库不需倒垛、晾晒,可以加大储仓容积,提高其充满度,以提高储库的利用率[2]。

(2)施工方便,工期短,见效快。基本不受气候条件限制,可四季施工。

(3)节省储粮费用,减少储粮损耗,节省能源,节省劳力。地下粮库温度低,密闭性好,不需经常倒垛和晾晒,可3~4年轮换1次,一般不需要机械通风、制冷[6]。

(4)保质、保鲜,避免粮食污染,延长储粮期限。地下仓深藏于地下的密闭环境,处在稳定的低温、低湿状态。能充分发挥地下恒温、密闭等有利条件,提高保鲜时间,延缓粮食陈化;储存安全期比地上储粮延长0.5~1.0倍;降低仓温、粮温,常年粮温抑制虫害生长,不需熏蒸杀虫,可避免粮食污染、防鼠、防雀、减少损耗。

研究表明,当空气中的氧气充足时,粮食中的脂肪、淀粉、蛋白质等营养物质被氧化,分解成水和二氧化碳,同时放出热量,使粮食的质量降低,温度和含湿量提高,促使粮食发芽或霉变。即使是在缺氧状态下,粮食仍能利用分子内的氧气进行呼吸,产生酒精、二氧化碳和热量,使粮食发酵,新鲜程度降低。因此,提高粮食储存质量,延长储存时间,就要求采取适当措施抑制粮食的呼吸作用,使之既不过强,也不能完全停止而丧失生命力。

影响粮食呼吸作用的主要因素是粮食的含水量、温度和颗粒的成熟程度,以及外界空气的流动情况等。粮食含水量超过一定限度时就会促使呼吸作用增强,造成不良后果。例如,当大麦的含水率为 $10\%\sim12\%$ 时,呼吸作用很微弱,若水分增加到 $14\%\sim15\%$,则呼吸加强 $2\sim3$ 倍。同时,粮食颗粒对水的呼吸作用很强,如空气中水分多,很容易被粮食吸附而提高其含水率,因此,空气湿度应得到控制。温度对粮食的呼吸作用影响也较大,在 $0\sim50℃$ 范围内,呼吸随温度的增高而加强。而且,在温度与湿度同时作用时互有影响,例如,含水率为 $14\%\sim15\%$ 的小麦,在 $15℃$ 时呼吸微弱,到 $25℃$ 时将增强 16 倍;相反,如果含水率在 12% 以下,温度即使升高至 $30℃$,呼吸作用仍无显著加强。此外,空气流速大,呼吸作用强,反之则弱。总之,为了抑制粮食的呼吸作用,除入库前的粮食含水率应达到合格标准外,库内温度应保持在 $15℃$ 以下,越低越好;相对湿度应低于 75%,除降湿所必需的通风外,应使粮仓尽可能密闭。

粮仓中的低温、低湿和缺氧条件对防止虫害也是必要的。粮食的害虫,如米象、麦蛾等,适应温度都在 $28\sim30℃$,通常在温度高于 $25℃$,相对湿度大于 85% 时,虫害就开始严重,同时粮食颗粒上带入的微生物也加速繁殖,使食物发霉。粮食害虫在 $8\sim15℃$ 时就不能活动,$4\sim8℃$ 时就已僵化,持续一段时间的低温就会死亡。对于鼠、雀之类,除防止各种孔、口进入粮仓外,保持仓内干燥无水,使进入的鼠、雀干渴而死,也是防鼠防雀的有效措施。

大量实践表明,地面粮库如果在自然状态下储粮,由于存在 $40\sim50℃$ 季节温差,$10℃$ 左右昼夜温差,使粮食的呼吸作用加强,加速粮食的变质和老化。为了减少这种情况的发生,只能经常倒垛和晾晒,耗费了大量人力,还很难避免库存损失。如果在地面粮库采取人工降温降湿的方法,当然可以改善储粮环境,但是要花费很高的代价,大幅度提高储粮成本。

粮食储存的基本要求是要保持粮食一定的新鲜度,同时防止霉烂变质、发芽、虫害和鼠害等的发生,把库存损失降到最低限度。地下粮库在满足这些储存要求方面,比地面粮库具有很多有利条件。可见,只要具备一定的地质条件和交通运输条件,大规模发展地下储粮具有明显的优越性,特别在我国条件下,地下粮库具有很大的发展潜力和重要的战略意义。

(5)粮食进出机械化,粮情检测远程化。采用移动设备,完成地下仓的进出作业。为全面实现"四散"技术打下基础,仓内设有计算机对储粮的测温、测湿等检测系统,实现远程监控。

(6)有抵御自然和战争破坏的能力。地下仓深埋于地下,隐蔽性强,粮仓顶、壁结构安全可靠,整体性强,稳定坚固。

2)地下粮库的影响因素

影响地下粮库规划与设计的主要因素包括以下几点。

(1)国家/区域/城市发展规划,包括土地利用规划,如铁路、公路、街道、厂房及水利水电、医院、学校等重要公共设施的规划情况,它们直接影响地下粮库的选址。

(2)储备等级。粮食储备是国家粮食安全体系中极其重要的组成部分,是国家宏观调控能力的重要物质基础。应深入分析粮食储备与粮食安全的关系、粮食储备与粮食生产、流通的协调性,确定储备的合理规模、层级及布局。

(3)市场情况,包括市场供需量、时间、地点及产销布局与经营、管理等方面的有利条件。

(4)地域特征。地域不同,气象气候条件存在很大差异。我国南方与北方具有明显不同的气候条件,季节温差、昼夜温差、降雨量、雨强等存在很大的差异,直接影响地下粮库的建设。我国南方地区地下粮库自然温度为 $16\sim18℃$,东北地区只有 $12℃$ 左右,温度变化幅度不到 $3℃$,很适合于粮食储存,只要根据季节情况调节粮库的通风与密闭,必要时配备少量除湿机,就可以创造适宜的储粮环境。在这样的环境中储存粮食,在相当长时间内仍可保持新鲜,轮换期延长。试验表明,我国东北地区地下粮库,储存 10 年的玉米、小麦经试种,发芽率仍在 85% 以上[7]。阿根廷一座 2.0×10^7kg 的小麦库,储存 14 年不变质,发霉率仅为 0.5%;英国在土层中一小型地下粮库进行试验,6.3×10^4kg 玉米入仓前含水率严格控制在 13% 以下,$10\sim14.5℃$ 低温,粮仓尽可能缺氧,5 年开仓检验,含水率提高 0.5%,损耗 4%,发芽率为零。

(5)地形地貌。坡地地形地貌可为粮库的施工、排水及通风等提供有利条件。

(6)地层地质结构及岩性。土层的厚度、强度、地下水位、岩层结构的完整性、强度等工程地质及水文地质条件直接影响地下粮库的施工、支护等技术工艺及粮库大小和结构类型[8]。

3) 规划设计的基本内容

粮食储备是保证国家粮食安全的重要手段,关系国计民生,应做好储粮的规划设计。主要内容包括五方面。

(1)粮库建设的近期和中长期建设的指导思想、方针和原则;应确定不同储级的规划设计范围,做好宏、微观规划。

(2)对粮库的使用性质、经营和储存情况,交通条件、地理和气候条件及上级或部门的有关要求等现状情况的调查和分析。

(3)对于粮食生产发展和流通渠道变化的预测分析。

(4)粮库建设的目标,包括改造计划和新建规模、选点布局、仓型、投资和管理等项的要求,并制定近期和中远期规划。

(5)规划的实施步骤和措施。

4) 规划设计步骤

地下粮库的规划设计步骤如下。

(1)确定规划设计内容和目标。在制定规划时,应坚持从实际出发,实事求是,把规划建立在依靠科学技术进步的基础上,从战略的高度,研究国土开发计划、区域规划及产业结构变化趋势、消费变化、效益等情况,确定规划设计内容和目标。

(2)地下粮库选址。应充分考虑外部交通、地形地貌、地层地质结构、最高洪水位及建筑施工方法等基本条件[9]。粮库地址应粮源充足、交通便利、载重汽车出入便捷;高程应满足 50 年一遇洪水位标高,具有良好的工程地质及水文地质条件;应有良好的地形、地貌特征,远离地面及地下障碍物;远离污染源及易燃易爆场所。一般而言,储备级大型粮库应布置在主要交通干线及航运线附近,而且要便于隐蔽和安全。

(3)粮库类型。所采用的储备库、供应库、周转库和收集库,应根据总体规划所确定的层级选择国家级粮食储备库和地方粮食储备库。

(4)粮库容量及更新时间确定。不同库型的库容确定方法如下。

周转库库容 V_t:

$$V_t = \frac{Q_1}{K_0} = \frac{P_1 + P_2}{2K_0} \tag{10-1}$$

式中,Q_1 为一年周转量,$Q_1 = \dfrac{P_1 + P_2}{2}$,其中,$P_1$ 为接收量,即入库量;P_2 为发放量,即出库量;K_0 为周转系数,立筒仓的周转系数 $K_0 \geqslant 7.5$,一般周转系数越大,经济效益越好。

供应库库容 V_s:

$$V_s = G \cdot n \tag{10-2}$$

式中,G 为月供应量,包括口粮、饲料及工业用量等;n 为稳定供应系数。n 值的大小由粮源、交通运输、加工能力等因素决定,一般为 $n = 2 \sim 6$。

储备库或接收库容量 V_r:

$$V_r = M + q - N \tag{10-3}$$

式中,M 为年平均收购粮食的数量,若储备库为轮换量。q 为年最低库存量;N 为没有必要入仓,而直接调出的露天存放量,若为储备库,则 $N = 0$。

在制定粮库规划时,无论是宏观还是微观规划,都必须有明确的数量目标。科学的目标,必须通过科学的分析,用数学方法计算而得,不能单凭主关臆断或无根据的估计。在确定规模后,还要考虑现有库的挖改潜力,在此基础上再考虑新的建设规模。

(5)粮库布置形式。根据散装及袋装形式的不同,地下粮库的主要仓形为喇叭形地下土圆仓和山洞式地下仓,前者用以散装,后者为袋装。仓形通常沿主巷道成对并列或错开布置,仓底出粮口和主巷道之间设有连接巷道,使各仓连成地下仓群。主巷道为环性双出口,可满足汽车通行,便于粮仓机械作业。

(6)粮库建筑布置。地下粮库的建筑布置,从地质、结构及施工等方面的考虑,与一般地下建筑没有大的差别。但是,为了降低地下粮库的造价和储粮成本,提高粮食的储存质量,以及使用和管理方便,在建筑布置中应注意解决好提高粮库的使用效率、保证适宜的储粮环境、组织库内外的交通运输等问题。

地下粮库可以浅埋在土层中,以中、小型周转库为主,兼作城市一定范围内的战备粮库,如图 10-2 所示。大型地下粮库一般适宜建在山体岩层中,如图 10-3 所示,构造上常在混凝土衬砌内另做衬套以架空地板。瑞典曾为埃及设计储量为 $10 \times 10^7 \mathrm{kg}$ 的岩石中散装粮库,布置方式与地面上的钢筋混凝土筒仓相似,共 12 个立式仓,直径 20m,高 50m,造价比地面筒仓粮库低 30%。

在袋装储存的情况下,地下粮库由于不需倒垛,故可采取高、大、宽的码垛方法,储粮效率比地面库高。例如,在地面库中储存大米,平均每平方米建筑面积储存 2.16 ×

10^3 kg,而在地下库则可达到每平方米 3.45×10^3 kg,储粮效率提高 37.4%。

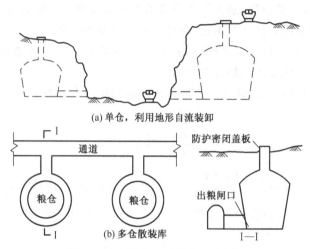

(a) 单仓,利用地形自流装卸

(b) 多仓散装库

图 10-2　土层中地下喇叭仓示意图

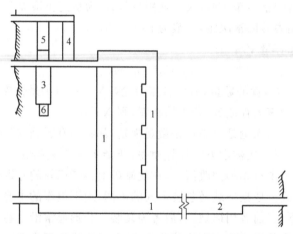

图 10-3　岩层中的地下粮库
1. 粮仓;2. 食油库;3. 水库;4. 碾米间;5. 电站;6. 磨面间

　　如果综合考虑防潮与储粮效率,还可以提高地下粮库的储粮效率。当粮仓布置为三面环有通道,两排储仓之间设置运输通道时,可把防潮与运输要求结合起来。但由于防潮和运输的需要,地下粮库的建筑利用系数不可能提高很多。由此可见,使运粮通道尽可能与防潮夹层相结合,加大单位长度通道所服务的粮仓面积,采用将一般用房移出粮库范围之外等措施,可提高建筑的利用系数。此外,运粮通道的长度和宽度对辅助面积增加的影响较大,故应结合运输方式和运输工具的改进,尽可能缩小运粮通道的宽度(如 1.2～1.8m),在每个仓门前设一个避车处,在适当位置设回车通道,使在通道中仅单车通行。

　　在单个粮仓中,散装仓的储粮效率最高,但仓底和仓壁要承受较大荷载,结构造价有所增加。对于袋装仓,在结构合理的前提下使单仓面积大一些,可减少墙壁所占面积。例如,粮仓的长宽尺寸较接近,可缩短粮垛四周人行道的长度。此外,适当使用机械,加大码垛的高度,可以提高储粮效率。例如,我国一座设计储量为 1×10^7 kg 的地下粮库,经改造后,粮垛高度从原来的 14 层增加到 20~21 层,并利用一些边、角空间储存一些零星品种,使总储量提高到 1.7×10^3 kg。

地下粮库提供了比较适宜的温度,因此,只要调节好湿度,就可以获得所需要的储粮环境。为了在不使用空调系统降湿的条件下保持库内较低的相对湿度,利用夹层、套层隔绝墙面散湿是较好的措施,然后使粮仓尽可能密闭,在夹层和通道中则加强通风,就有可能使仓内相对湿度保持在合理范围内。为了节约运行费用,在建筑布置上可尽量为自然通风创造条件,可以在春、夏季密闭,秋、冬季通风,以控制库内湿度。但是,对于短期周转的地下粮库,因库门和仓门开启频繁,不易保持稳定的湿度,适当使用机械通风和机械降湿还是必要的。

大量粮食储存在地下,入库、出仓和库内运输都比较繁重。岩石中地下粮库一般能做到库内外水平出入,土中浅埋粮库则比在地面上增加了一次垂直运输,以致有些使用单位不愿建这种类型的地下粮库,因此,应当从建筑布置上为组织库内外的交通运输创造方便的条件。

由于库内运输通道不能很宽,故水平运输的速度受到限制,如果发生需要大量和快速进出粮食的情况,则难于满足要求。因此,在库外应有足够大的停车场、回车场和装卸站台,在口部以内应有适当的短时堆放场地。对于散装储粮的地下粮库,可尽量利用地形创造靠重力卸粮、出粮的条件,以提高粮食进、出库的速度。

对于土中浅埋粮库,为了解决垂直运输问题,设货运电梯比较方便,但造价较高,还需要稳定的电源。我国有些这类地下粮库采用滑道,粮袋靠自重下滑,向上运时则用皮带运输机,可以代替电梯。

10.4.2　地下冷库

冷库用于在低温条件下储存食品,在规定的储存时间内保证食品不发生变质,并保持一定的新鲜度。按照经营性质,食品冷库可分为生产性冷库、分配性冷库和零售性冷库;按所需要的储存温度,有高温冷库,又称冷藏库,库温在 0℃左右,主要用于蔬菜、水果等的短期保鲜,还有低温冷库,又称冷冻库,库温为 −2~−30℃,为了储存各种易腐食品,如肉类、禽类及水产品等。从冷库规模上看,可以分为三类:小型冷库,储量在 0.5×10^6 kg以下;中型冷库,储量为 $(0.5~3.0) \times 10^6$ kg;大型冷库,储量在 3.0×10^6 kg 以上。

地下冷库通常建在山体岩层中,从小型到大型的都有,在城市土层中建造小型地下冷库有一定优点,建大型的则比较困难,造价也较高,但如果在地面多层冷库附建地下室,在地下室部分布置温度最低的库房,是比较有利的。

1) 地下冷库的优点和局限

食品在低温环境中储存的基本要求:一是保持稳定的储存温度,在这个前提下减少能耗,以降低储存成本;二是保持适宜的湿度,减小所储食品的干损耗,以保持食品的新鲜度。

地下环境由于岩石或土的蓄热系数大,热稳定好,因此,从冷库内开始降温起,冷量向四周岩石或土层中传递,经过一段时间后,在冷库周围就形成了一个有一定厚度的低温区,或称低温场。在温度场中,温度呈梯度变化,越接近冷库,温度越低。据挪威资料,当库温达到−22～−23℃时,距库5m处温度为−7℃,10m处为−1～2℃,15m处为2℃,20m处为5℃。冷库周围低温区的存在减小了库内温差,使向外传冷量减少,从而使维持库低温所需的制冷量有所减少,有利于节省设备投资,节约能源。

低温场的存在,使冷库适应事故的能力增强,因为即使在间歇运行的情况下,库内温度也不致有明显的波动。我国西南地区的一些中、小型岩洞冷库,每天开机12～14h,库内温度仍保持稳定,个别的只需开机10h,库温为−15℃不变。据挪威经验,一座岩洞冷库的能耗仅相当于地面同储量冷库的50%。

地下冷库的选址常受地理和地形条件的限制。冷库的选址需依据地形、岩性及环境进行确定,宜选择山体厚、排水畅通、导热低的地段。冷库的周转性强,与长期储存的大型粮库不同,如果城市郊区无山,或有山但离城较远,则运输不便;或者离货源距离远,则运输量大,对造价和运行费用都可能有不利影响。

2）地下冷库的建筑布置

生活水平的提高和食品工业的发展,对食品冷库的需要量日益增加,美国、日本等都以每年(3.0～5.0)×10^8 kg储量的增长速度建造冷库,瑞典、挪威等国也在岩层中大量建造地下冷库。中国从20世纪60年代末到80年代初建成不少岩洞冷库,从几百吨储量的小型库到万吨大型库都有,其中以(1.0～2.0)×10^6 kg的中型库较多,同时也建有少量土中浅埋小型冷库。从分布情况看,西南地区较多,东北、华北和少数沿海城市也有,总容量十余万吨。

冷库建筑布置的基本原则是集中布置、多层布置,利用空间形态和地形,减少能耗,提高效率。典型的布置形式分方形、矩形、多边形及梯形等。在土层中开挖,一般比较规则,在岩石中,则取决于是否存在天然洞室,若存在天然岩洞,则可充分利用,其形态则受自然条件约束。合理的建筑布置,可降低库房的散冷面积,降低能耗。

从几何学常识可知,不同形状的物体,其外表面积也不一样,球形体最小,正方体次之,长方体则较大,其长宽比越大,表面积越大。因此,从这个意义上看,单个长洞分散布置方式,在散冷面积上处于最不利的地位。地面冷库多采用方形平面集中布置,故围护结构的散冷面积相对较小。大量实践表明,地下库的散冷面积平均为地面库的1.6～1.8倍,占地面积为2～5.5倍。建筑耗冷量一般占冷库总耗冷量的50%,如果通过改进建筑布置,把单位散冷面积降到3m^2/1000kg以下,建筑耗冷量可降低1/3～1/2。

图10-4为两种典型的冷库布置形式。

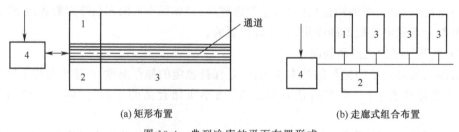

(a) 矩形布置　　　　　　　　　　(b) 走廊式组合布置

图10-4　典型冷库的平面布置形式

1. 冷藏;2. 冷冻;3. 冻藏;4. 辅助用房

图10-5为某实际工程中的中型岩洞冷库布置形式。

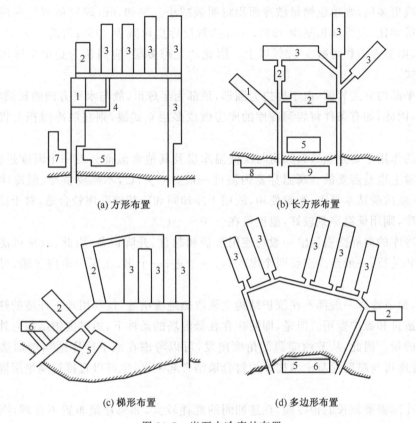

(a) 方形布置　　　　　　　　　　(b) 长方形布置

(c) 梯形布置　　　　　　　　　　(d) 多边形布置

图 10-5　岩石中冷库的布置

1. 冷却储存库；2. 冻结间；3. 冻结储存室；4. 前室；5. 冷冻机房；6. 制冷间；7. 变配电间；8. 加工间；9. 办公室

集中布置,缩小长宽比,有利于提高节能效果。在应用案例中,我国一些岩洞冷库单个洞室跨度为 5～8m,长 30～40m,长宽比在 7 以上,其中华北地区一座大型岩洞冷库的跨度为 8m,洞长达 138m,长宽比达 17。因此,应当在地质条件允许与结构合理的前提下,加大洞室跨度,缩小长度。例如,挪威一座岩洞冷库,库容积为 $1.1 \times 10^4 m^3$,只有一个大洞室和一条短通道；洞室跨度为 20m,长 57m,长宽比仅为 2.8。瑞典的一座分配性冷库,储存包装好的冷冻食品,库容积为 $1.6 \times 10^4 m^3$,扩建后可增 2 倍；洞室跨度为 20m,长 100m,长宽比为 5。

受岩石成洞条件的限制,岩洞冷库的暴露面积不可能很大,大面积集中或多跨连续库房的施工难度大,稳定性维护困难,洞与洞之间必须保持一定厚度的岩石间柱,因此,只能在布置方式上尽可能集中,缩小洞间的距离,减小通道的长度。例如,采取"非""日""目""田"等字形的布置,就可以使冷库占地面积减小,从而减小冷库周围低温场的范围,有利于节能。地下冷库建筑布置紧凑,可使低温穿堂的面积大大减小,有的甚至使两个库房相邻,从而取消了穿堂,有利于降低能耗。

岩洞的高度,一般为跨度的 1.5 倍比较合理；如果加大洞室跨度到 15～20m,则洞高可达 23～30m,这样的高度对于单层库房来说是不经济的,因为单层堆放很难达到这样的高度,不但使库容的利用率降低,单位储量的散冷面积也不易减小。因此,如果将库房做成两层或更多层,则单位储量散冷面积将明显减小。例如,6m 跨度的双层库房与同跨度单层库房相比,散冷面积减少 29%,10m 跨双层库房可减少 43%;若跨度为 12~15m,做成三层,则散冷面积可减少 50% 以上。因此,"大跨多层"应当认为是单个库房的一种合理的形式。

圆形平面的立式岩洞,由于周边为圆形,顶部为半球形,故与水平方向的长洞相比,表面积要小,因此,如有条件将岩洞冷库的库房做成多层立式罐,则在散冷面积上将处于最有利地位。

穿堂的作用主要是在低温库房与次低温库房及其他常温部分设一个温度过渡区,在操作和运输上也是需要的。高温穿堂内温度一般为 0~5℃,不需要供冷,但冷库内外温差过大,穿堂内凝结水严重,影响使用,故用于冷却间和冷却储存库较合适,对于冻结间和冻结储存库,则用低温穿堂较好,温度可在 -10~-12℃。

地下冷库的内外交通运输一般均使用车辆和起重、升降设备,因此,应尽可能短、顺,避免交叉和逆行;一般至少应设两个出入口,一个进,一个出,在库内单向运输,可减小通道宽度。

过去,地下冷库一般都不在围护结构上采取热绝缘措施,仅利用地下环境的热稳定性降低工程造价和维护费用。但是,即使在存在低温场的条件下,通过围护结构向外传冷仍有相当大的量。因此,从节约能源的角度出发,可以考虑在地下冷库适当增加热绝缘措施,岩洞冷库可与喷射混凝土结构外的衬套墙结合起来做,也可以直接将隔绝层固定在岩壁上。

地下冷库需要较长的预冷期,在这期间的能耗较大,如果建筑布置不合理,围护结构散冷面积过大,运行能耗并不一定比地面冷库小;同时,岩石长期处于冻结和冻融作用下,对围岩稳定有无影响等问题,尚需进行深入的研究。

10.5　地下物流系统

10.5.1　地下物流系统的定义

地下物流系统是指通过地下各种输送介质所进行的物质流动或流通的系统,包括各种交通工具及地下通道的物质输送系统。它由地下通道、输送介质、被传输物质、配送中心、储库和用户终端组成。广义的地下物流系统则具有固态、液态和气态物质输送的多重属性。石油、天然气及水的地下管道输送及城市货物的地下输送是典型的地下物流系统。

狭义地讲,地下物流系统,又称地下货运系统(underground freight transport system),是指通过各种地下运输方式及配送中心(distribution center)实现货物输送的系统。例如,在城市地下物流系统中,城外及城内的货物通过地下运输系统输送到机场、公路或铁路货运站、物流园区等,经配置处理后进入物流系统,运送到超市、酒店、仓库、工厂配送中心等。固体物质输送是这类地下物流系统的主要属性特征。

地下物流系统具有如下优点:①几乎无噪声和空气污染、能耗低;②与地面交通互不干扰;③可实现全自动、智能化、连续稳定运行;④运行速度快、准时、安全;⑤运载工具寿命长,不需要频繁维修;⑥不受气候影响。

由于地下物流系统的运输系统、各级配置中心及终端用户之间存在节点,狭义的地下物流系统是非连续的,而广义的管道物流系统可以实现与最终用户的无间断连接。

由于能源、水、压气等的管道输送内容在其他章节进行了相关介绍,这里主要阐述狭义地下物流系统。

目前,国内开发利用地下物流系统进行集装箱运输还处于理论探索和研究阶段。从国外来看,自 1927 年以来,伦敦在地下 21m 处建立了长 10.5km、直径 2.7m 的全自动双轨邮件运输系统(mail rail),该系统与伦敦 7 个邮局和 2 个干线火车站相连,平均每天处理 400 多万信件和包裹。但后来受到 E-mail 的冲击而一度关闭。1992 年进行系统扩展升级,延长约 7km,并改为货物输送。

美国 Texas A&M University、MIT、California State University 分别探讨研究了利用电磁动力进行集装箱运输的可行性;Texas Transportation Institute(TTI)开展了安全货运集装箱运输的研究。此外,美国还利用气动舱体运输管线(pneumatic capsule pipeline)系统对集疏纽约港口和临近的新泽西(New Jersey)集装箱的可行性进行了系统研究。通过研究,确定了大直径隧道或导管(conduit)方案,隧道或导管采用圆形或方形断面,由 25.75km 长的四个分支管线、8.05km 的主管线,共 23.80km 的隧道、24.14km 的方形管道组成,双向同时运输,双管铺设。隧道与管道的建设费用为 20.01×10^8 美元,年运行维护费为 3.12×10^8 美元。系统寿命按最保守估计为 30 年计算,每年可创造纯利润 6.0×10^7 美元。若按设计能力的 50% 估算,可减少纽约卡车运营的 2.64×10^9 车千米,减少碳氢化合物(HC)、一氧化碳(CO)、氮氧化物(NO_x)和颗粒物(PM)的排放分别为 $42.5 \times 10^4 kg$、$372.0 \times 10^4 kg$、$92.1 \times 10^4 kg$ 和 $10.3 \times 10^4 kg$。

荷兰自 1995 年开始研究了连接阿姆斯特丹的 Schiphol 机场、Alsmeer 花卉市场和 Hoofddorp 附近火车站的自动地下物流系统,并在 Utrecht、Twente、KAN、Tilburg、Leiden、Rotterdam、Geleen/DSM 等建立了相应的地下物流系统[10]。

德国 Ruhr University 研究了 Cargo Cap 运输系统。该系统长 80km,管道直径为 1.6m,利用欧洲的货盘(pallet)作为运输标准,可与传统的运输系统相协调。每个 Cap 单元可运输 2 个标准的欧洲货盘。根据目前发展的 Cargo Cap 概念,不需要任何的转运和重新包装,约有 2/3 的德国货物可直接适合 Cargo Cap 系统运输,技术参数如表 10-1 所示。

表 10-1　Cargo Cap 的技术参数

技术参数	数值	技术参数	数值
重量	800kg	轨道宽度	800mm
最大载重量	2000kg	管道直径	1600mm
轨道最大坡度	4%	底盘	2840mm
最大速度	36km/h	导向轮距离	3200mm
最大加速度	$1m/s^2$	重量(不含货物)	800kg
轮子直径	200mm	摩擦系数	0.14

技术参数	数值	技术参数	数值
计量表	800mm	货舱宽度	1000mm
车轴距离	2840mm	货舱高度	1300mm
货舱长度	3500mm	货舱长度	3400mm
运输体积	$(2400 \times 88 \times 105)$mm³	最小曲线半径	20m
直流电压	500V	最大承重	1000kg
平均功率	3400W	最大功率	30 000W

在此基础上,2005年德国开展了Cargo Cap系统在港口和内陆之间运输集装箱、交换及半拖挂运输的可行性研究[11]。其集装箱运输工具(transport vehicle)仍采用Cargo Cap技术,最高速度可达到80km/h,能够进行编组,每组拥有34个运载舱体,总长度是750m。其路线主体部分为单线,每30分钟发一组,每18km有一个双线岛,岛长2.7km。轨道的最大坡度为1.25%,最小转弯半径为1000m。单线方形隧道为5.31m×6.99m,双线方形隧道为10.08m×7.360m,圆形隧道直径为8.10m。

日本在东京建立了201km的地下物流网络,有106个端口与地面街道连接,该系统采用地上地下两用电动卡车(dualmode trucks),地面由司机驾驶,地下则通过自动导航系统及激光雷达系统安全距离探测系统实现无人驾驶。同时,在东京还建立了地下邮政物流系统[12]。

10.5.2　地下物流系统的基本类型

1) 地下物流系统的分类

地下物流系统按运载方式分为管道式和隧道式,按运输介质可分为气力输送、液力输送和舱体输送,按载体可分为气固混合式、液固混合式及舱体式,按输送动力可分为气力、液力、电力及电磁驱动,从规模和服务范围来讲,可分为国际物流、区域物流和城市物流。

2) 管道形式地下物流系统

采用管道运输和分送固、液、气体的构思已经有几百年的历史了,现有的城市自来水、暖气、煤气、石油和天然气输送管道、排污管道都可以视为地下物流的原始方式。但这些管道输送的都是连续介质,而这里所讨论的则是固体货物的管道输送,这类管道运输方式可分为气力输送管道(pneumatic pipeline)、浆体输送管道(slurry pipeline/hydraulic transport)及舱体运输管道(capsule pipeline)。

(1) 气力输送管道,也称压气输送管道,是指以压缩空气为传输介质进行的物质输送。输送介质一般为粉体或颗粒状三体物质。20世纪,人们就开始采用压气或水力的办法通过管道来运输颗粒状的大批量货物,气力管道输送是利用气体为传输介质,通过气体的高速流动来携带颗粒状或粉末状物质。可输送的物质种类通常有煤炭、其他矿物、水泥、谷物、粉煤灰及其他固体废物等。

第一个气力管道输送系统是1853年在英国伦敦建立的城市管道邮政系统;随后,在1865年,Siemens&Halske Company在柏林建立了德国第一个管道邮政网,管道直径为65mm,该系统在其鼎盛时期的管道总长度为297km,使用达一百余年,在西柏林该系统一直运行到 1977 年,东柏林直到 1981 年才停止使用。近年来,管道气力输送开拓了一个新的应用领域——管道废物输送,欧洲和日本的许多大型建筑系统都装备了这种自动化的垃圾处理管道,位于美国奥兰多的迪士尼世界乐园也采用了这种气力管道系统,用于搜集所产生的垃圾。

气力输送管道多见于港口、车站、码头和大型工厂等,用于装卸大批量的货物。美国土木工程师学会(ASCE)在报告中预测,在 21 世纪,废物管道气力输送系统将成为许多建筑物包括家庭、医院、公寓、办公场所等常规管道系统的一部分,可取代卡车,将垃圾通过管道直接输送到处理场所。这种新型的垃圾输送方法逐渐发展成为一个快速增长的产业。

(2)浆体输送管道,也称液压输送管道,是指以液体为传输介质,将颗粒状固体物质与液体输送介质混合,采用泵送方法进行物质运输。它需要在目的地将运输物质从液体中分离出来。

浆体管道一般可分为两种类型,即粗颗粒状浆体管道和细颗粒状浆体管道,前者借助与液体的紊流使得较粗的固体颗粒在浆体中呈悬浮状态并通过管道进行运输,而后者输送的较细颗粒一般为粉末状,有时可均匀地浮于浆体中。

(3)舱体运输管道,是指以舱体为运输物质的载体,由管道内连续介质或其他外部动力输送的物流系统。常见的有水力舱体运输管线(hydraulic capsule pipeline)和气动舱体运输管线(pneumatic capsule pipeline),即 HCP 和 PCP。运输速度可达到 10~40km/h,管线最大直径一般不超过 1.0m。

水力舱体输送系统是指以水力作为驱动介质,舱体作为货物运载工具的运输。最早在 1880 年由美国鲁滨逊(Robinson)发明,20 世纪 60 年代初,由加拿大的 RCA(Research Council of Alberta)率先对无车轮的水力运输系统进行研究,并于 1967 年建成了大型的试验线设施。之后,法国、德国、南非、荷兰、美国和日本等也相继开展了研究。特别是法国,Sogrech 公司首先建成了小型使用线,用以输送重金属粉末。1973 年后,日本日立造船公司对带车轮的水力舱体系统通过大型试验线设施开展实验研究和实用装置的设计,实验研究表明,用水力舱体可进行土砂、矿石等物料的大运量、长距离输送。

PCP 是指以空气作为驱动介质,舱体作为货物的运载工具。由于空气远比水轻,舱体不可能浮在管道中,为了在大直径管道中运输较重的货物,必须采用带轮舱体,PCP 系统中的舱体运行速度为 10m/s,远高于 2m/s 的 HCP 系统。所以,PCP 系统更适合于需要快速输送的货物如邮件或包裹、新鲜的蔬菜和水果等;而 HCP 系统在运输成本上则比 PCP 系统更有竞争力,适合输送如固体废物等不需要及时运输的大批量货物。

3)隧道形式地下物流系统

早期的隧道形式货运系统多为轨道形式,其动力多为电力驱动,如芝加哥和伦敦地下货运系统。目前发展隧道形式的地下物流系统运输工具多以电力为动力,并具有自动导航等功能,如两用卡车(dual mode truck)和自动导向车(automated guided vehicle,AGV)等,最高速度可达到 100km/h,管道直径一般为 1~5m。

10.5.3　地下物流系统的功能

城市地下物流系统在缓解城市交通拥堵、减少交通事故、改善城市生态环境、节约城市土地资源、提高物流效率和城市防灾能力等方面发挥了重要作用。具有以下主要功能。

1）稳定快捷的运输功能

货物地下物流系统中运输主要以通过或转运为主，建设城市地下物流系统最为重要的目的就是保证货物运输的及时准确。对于一些时间性很强的货物，城市内拥挤的公路交通将是最大的威胁，供应和配送的滞期将会严重影响货物的质量。城市地下物流系统不易受外界的影响，运输稳定快捷。

2）仓库保管功能

因为不可能保证将地下物流系统中的商品全部迅速由终端直接运到顾客手中，所以地下物流的中端和终端一般都有库存保管的储存区。

3）分拣配送功能

地下物流系统的重要功能之一就是分拣配送功能，因为地下物流系统就是为了满足如即时运送、大量的轻量小件搬运等任务而发展起来的。因此，地下物流系统必须根据客户的要求进行分拣配货作业，并以最快的速度送达客户手中，或者是在指定时间内配送到客户。地下物流系统的分拣配送效率是城市地下物流系统质量的集中体现。

4）流通行销功能

流通行销是地下物流系统的另一个重要功能，尤其是在现代化的工业时代，各项信息媒体发达，再加上商品品质的稳定及信用，因此，直销经营者可以利用地下物流系统、配送中心，通过有线电视或互联网等配合进行商品行销。此种商品行销方式可以大大降低购买成本。

5）信息提供功能

城市地下物流系统除具有运输、行销、配送、储存保管等功能外，还能为各级政府和上下游企业提供各种各样的信息情报，为政府与企业制定物流网络、商品路线开发等政策提供参考。

10.5.4   地下物流系统规划

1）地下物流系统规划的主要内容

地下物流系统是物流系统的子系统，既要有物流系统、交通系统、仓储系统及区域发展统筹规划内容，又有其相对独立的规划内容。具体包括以下方面。

（1）确定地下物流系统的适用范围和功能需求。地下物流系统的适用范围不同，所涉及的区域、功能需求及规模不同。按照地下物流范围的不同，应从战略层面上综合考虑不同层级的物流系统规划，确定需求量和需求类型。

（2）确定地下物流系统的物流类型、流量和服务对象。地下物流涉及能源与清洁水输送、城市垃圾及污水输送、日用货物运输、邮件传送等不同类型，同质及非同质物流，采用的输送方式和运载工具完全不同。因此，应确定物流类型，同时明确服务对象及流向，确定物流起、止点及配置中心，对流量进行预测。

（3）确定地下物流系统的基本结构配置，明确地下物流系统与地面物流系统的关系。线形、环形及分支结构配置各有其自身的特点，采用何种配置结构，管道还是隧道、单线还是双线、单管还是双管，应进行合理选择和确定。地下物流与地面物流应统筹规划，功能互补,且与交通系统、仓储系统、商业街、综合管廊等协调和相互融合。

(4)确定地下物流系统的形态、规模和选址。地下物流系统的形态应与地面、地下交通系统相衔接,形态基本一致,其规模由需求量决定,具有前瞻性和发展空间,选址应充分考虑地质条件的变化,考虑车站、码头、机场及港口的运输集散及仓储等的位置;对于城市地下物流还应充分考虑地面建筑、文化古迹、主要街道布置、地面与地下交通,以及市政综合管廊/管线、地面物流系统、配置中心等的布置。

(5)确定地下物流系统的运输方式、运载工具选择。运输方式及运载工具的选择是由运输介质的属性决定的,城市地下物流系统应考虑与地下综合管廊、地铁及地下商业街等统一规划和设计,其他非城市地下物流系统应与铁路、车站、码头及机场、仓储等的规划设计协调统一。

(6)系统终端及整体布局。根据所用运载工具及其货物装卸方式、进站方式及物流管线布局方式,可以形成不同形式的终端。例如,运载工具可以通过斜坡进入终端,沿着终端内的环形路线运行并停靠在不同的码头装卸货物,之后重新进入环形路线运行并离开终端,或暂时停在终端内的停泊区。城市地下物流系统的整体布局取决于很多因素,如计划连接的不同区域的位置及其相互间的距离和障碍物,位于不同区域的终端数量、位置及其功能定位等。应实现物流网络的合理布局、物流通道的合理安排和物流节点的规模层级优化。

(7)物流信息及自动控制系统规划。地下物流的信息数字化及自动控制系统是实现地下物流系统自动化、智能化的关键,在地下物流系统规划设计时应充分考虑。

(8)总体发展战略与政策规划。

2) 地下物流系统规划的基本原则

地下物流系统规划应遵循以下基本原则。

(1)物流规划应与经济发展规划一致。不同层级的地下物流规划应与国家、区域及城市经济发展规划一致。国家在能源、水资源调配等方面的规划应纳入国家总体发展纲要和规划中,并根据国际形势在宏观调控政策指导下进行微调;区域地下物流系统的规划应与区域经济发展规划一致;城市地下物流系统应与城市总体规划的功能、布局相协调。在城市规划中应充分考虑物流规划,同时物流规划要在城市总体规划的前提下进行,与城市总体规划一致。

(2)地下物流规划应坚持以市场需求为导向。地下物流系统的规划必须遵循市场化规律,使物流系统总体的经济运行取得最佳效益。只有根据市场需求,才能设计、构建出有生命力的、可操作的物流系统,才能规划合理的物流基础设施,构建高效的信息平台。

(3)地下物流系统规划既要立足市场需求,又要考虑未来发展的需要。物流系统是为国家、地区及城市经济发展服务的,不同层级的物流系统既要考虑现实需求,又要有长远的战略规划,具有一定的超前性。城市地下物流系统要立足于城市经济发展现状和未来发展趋势的科学预测,使资源最大限度地发挥效益。

(4)地下物流与地面物流相结合,实现物流优势互补和协调发展。

(5)地下物流与地面地下交通等的规划一致,协调发展。地下物流系统应与地面交通、地下交通等相结合,充分发挥已有车站、码头、机场、配置中心、交通枢纽等优势,在制定区域发展规划中应考虑地下物流系统;在城市发展规划中,地铁等地下交通、地下商业街、地下商城、仓储、城市综合管廊等应与地下物流统一规划。

(6)地下物流系统应与地质环境条件相适应。地下物流系统的建设涉及工程地质、水文地质及环境地质等多方面,要避免复杂的地质环境条件,防止次生地质灾害发生,确保环境的可持续发展。

10.5.5　北京地下物流系统规划设计分析

10.5.5.1　规划设计现状与特点

(1)北京物流规划基本情况。根据《北京物流发展规划 2002-2010》,北京商业物流以大型现代化物流基地为核心,物流基地与综合性及专业性物流配送区共同构成高效的物流网络体系。2010 年建成 3 个大型物流基地、17 个物流配送区。

其中,物流基地是首都城市功能性基础建设,辐射全国乃至亚太地区的重要物流枢纽,为北京进出货物的集散和大型厂商在全国及亚太地区采购和分销提供物流平台。分别选择在房山闫村-丰台王佐、通州马驹桥和顺义天竺三处规划建设大型物流基地。房山闫村-丰台王佐物流基地是铁路-公路货运枢纽型物流园区,主要依托京广铁路、京石高速、107 国道和城市六环路。通州马驹桥物流基地为公路-海运国际货运枢纽型物流园区,主要依托天津港、京津唐高速和城市六环路。顺义天竺物流基地为航空-公路国际货运枢纽型物流园区,主要依托首都机场、101 国道和城市六环路。每个物流基地占地约 3km^2。

物流基地功能包括内陆口岸、货物集散、配送、流通加工、商品检验及物流信息等。物流配送区包括综合性物流配送区和专业性物流配送区。定位为城市基础设施,覆盖北京及周边地区的物流枢纽。为北京进出货物的集散和厂商在北京及周边地区采购和分销提供物流平台;并为进行末端配送服务提供专业化的物流设施。

综合型物流配送区规划选址在朝阳十八里店、半截塔、大兴大庄、海淀杏石口四处。专业性物流配送在海淀四道口、丰台玉泉营、大红门三处结合现有冷库设施,各规划建设一个专业食品冷链物流配送区;在朝阳洼里、来广营、楼梓庄、管庄、青年路、百子湾、海淀清河、丰台五里店、久敬庄、昌平马池口等十处结合现有仓库改造各规划,建设一个满足不同行业要求的专业物流配送区。

根据《北京邮政通信发展规划(2004-2050)》,2003 年北京邮政业务总量达到 31.3×10^8 元,处理各类邮件 77.1×10^8 件,日处理邮件量达 2100 多万件。邮件内部处理场地为 10×10^4 m^2,分散在北京站、北京西站、望京、天桥、垂杨柳、马连道及首都机场等处。随着业务的不断发展,处理场地严重不足与邮件量增长之间的矛盾已经成为制约北京邮政乃至全国邮政进一步发展的瓶颈。

此外,处理场地的分散也给邮政生产和管理带来很大的困难,当时每日仅用于各场地间往返盘驳的车辆就达 380 频次,日盘驳总里程为 3000km。

2008 年,建成 10×10^4 m^2 的北京综合邮件处理中心、3×10^4 m^2 的北京航空邮件转运站、7000m^2 的北京机要邮件处理中心、3.2×10^4 m^2 邮政物流中心及邮件内部生产处理

场地 $23\times10^4m^2$。全市形成综合、报刊、国际、速递、机要 5 个邮件处理中心,北京站、西站、永定门、航站 4 个邮件转运站,3 个邮政物流中心及西站信息中心的新格局。

(2)总体规模快速增长,运行效率不断提升。据统计,2010 年,北京社会物流总额达 5.04×10^{12} 元,较 2006 年的 2.54×10^{12} 元增长 98.4%,对推动全市经济发展发挥了重要的支撑作用。在社会物流总额的构成中,外省市流入物品和进口货物的占比由 2006 年的 68.3%增长到 2010 年的 76.5%,物流业发展的枢纽地位和服务国内外市场的辐射能力得到进一步提高。

2010 年,物流业实现增加值 493.7×10^8 元,较 2006 年增长 34.2%,占全市 GDP 的比重为 3.5%。其中,交通运输、邮政、仓储等行业实现增加值 382.9×10^8 元;流通加工、配送、包装等增值性物流业务实现增加值 110.8×10^8 元,较 2006 年增长 79.3%,明显高于行业整体增幅。

(3)基础设施日益完善,网络格局基本形成。2006~2010 年,北京物流业固定资产投资累计超过 1400×10^8 元。截至 2010 年年末,全市公路总里程达 21 114km,其中,高速公路里程达到 903km,公路线路为 9833 条;铁路运营里程达 956km;规模以上专业物流企业、商业企业和工业企业自有仓储面积达到 $3099.9\times10^4m^2$,增长 84.9%;拥有货运车辆 4.2×10^4 辆,增长 55%,其中,冷藏车、集装箱运输车等专用车辆为 1.1×10^4 辆,增长 29.7%;拥有起重机、叉车等装卸设备 3.5×10^4 台,增长 53.2%。

2006~2010 年北京加快了顺义空港、通州马驹桥、平谷马坊和大兴京南等物流基地,以及十八里店物流中心、西南物流中心等一批综合物流中心和专业物流配送中心的规划与建设,形成了以物流基地、物流中心为载体,专业物流为特色的多层次节点布局,以及与交通线网有效衔接的物流网络。点、线、面相互协调的"三环、五带、多中心"的物流设施空间格局基本建立。

(4)物流体系基本建立,运行保障能力显著增强。专业物流体系建设取得长足进展。农产品及各类快速消费品的物流配送不断完善,医药、图书、冷链等专业化物流快速发展,已成为北京物流业发展的重要推动力量。

物流业态创新加快推进,电子商务＋物流、总部＋物流、展示交易＋物流等新模式日益成型,满足"最后一公里"物流需求的快递服务实现基本覆盖,物流服务对城市生活、生产的保障能力显著增强。

物流技术支撑体系逐步完善。北京一期物流公共信息平台建成并投入使用;自动分拣、实时跟踪、精益化管理等现代物流技术逐步推广应用。物流信息化、自动化、标准化建设持续推进,现代物流技术应用水平居国内领先地位。

物流快速响应能力大幅提高,应急体系建设加快推进。圆满完成了 2008 年北京奥运会、国庆六十周年庆典等重大活动的物流服务任务,在应对雨雪冰冻天气和汶川地震等突发自然灾害中发挥了重要的应急保障作用。

(5)口岸体系加快建设,国际物流发展空间不断拓展。口岸体系进一步发展和完善,通关效率得到较大提升。初步形成了以首都机场空港口岸为核心,北京西站铁路口岸、朝阳口岸、丰台口岸、北京平谷国际陆港为重要补充的布局合理、功能齐全的口岸体系,为提高国际物流运行效率创造了条件。

国际物流发展的相关政策功能区建设实现重大突破。天竺综合保税区已封关运营，并与首都机场实现区港一体、无缝对接，成为发展国际物流和保税物流的重要平台，本市国际分拨中心的地位更加凸显。平谷国际陆港积极推动京津两地跨关区快速通关，为本市外向型企业提供了新的海运通道。北京经济技术开发区保税物流中心获得批准，为保税物流的发展增添了新的政策功能优势。

(6)业务实力不断壮大，市场集中度进一步提高。物流骨干企业加快发展，实力增强。2010 年中国物流企业 50 强有 19 家总部设在北京，位居前 20 的有 9 家。优势企业的进一步聚集，凸显了本市物流业发展的运营组织及管理控制等总部型经济特征。

物流资源和市场进一步向优势企业集中，大中型物流企业市场占有率不断扩大。2010 年，北京物流业务收入达 1686.1×10^8 元，其中，817 家规模以上专业物流企业实现物流业务收入 1260.2×10^8 元，占总量的 75%。在 817 家规模以上专业物流企业中，大中型企业数量占比为 13.1%，而其物流业务收入占比则达 74.4%。

10.5.5.2　规划的基本原则

(1)统筹规划，促进协调发展。按照城市发展总体规划要求，统筹考虑物流重点设施布局与产业发展和居民生活的相互匹配，注重资源利用的高效性、经济发展与城市运行的协调性。整合利用存量物流资源，合理布局新增大型物流项目。建立功能协调、运行顺畅、高效集约的城市物流网络，实现物流发展与城市功能的有机协调。

(2)科技引领，实现创新发展。发挥首都信息化水平高、人才科技资源丰富的优势，推广应用先进物流技术，鼓励物流服务创新，提高信息化、自动化、智能化、标准化水平，创新驱动首都物流业的可持续发展。

(3)结构调整，带动高端发展。加快推进物流业结构调整和升级，培育引进高能级企业主体，打造物流总部经济聚集地；引导物流企业整合与重组，积极发展第三方物流，逐步提高行业集中度；鼓励新型物流服务业态发展，加强区域与国际物流合作，带动整体水平提升。

(4)功能提升，增强保障能力。加强重要物流节点、物流通道和末端物流设施建设，完善城市物流体系，提升物流系统服务功能和应急响应能力，强化物流对城市运行的保障作用。

10.5.5.3　规划的总体目标

进一步完善物流基础设施，引导产业集聚发展，构建以特大型都市运行保障为基础，以物流总部经济和国际物流为特色，以社会化、集约化、专业化物流为骨干的城市现代物流服务体系。全面提升物流服务的能力和水平，为建设中国特色世界城市、打造国际商贸中心提供坚实的物流服务保障。

10.5.5.4　空间布局

1)布局原则和思路

围绕本市物流业发展的总体目标，2011～2015 年物流规划空间布局的基本原则是：

①有利于服务和保障首都城市发展及改善民生的现实需求；②有利于服务首都各类功能区的产业集聚和发展环境优化；③有利于加快首都经济圈建设和区域经济一体化发展；④有利于提高首都经济发展的国际影响力和辐射力；⑤统筹考虑与城市交通干道的衔接，以及与未来五年主要交通枢纽重点建设项目的协调配套。

2011～2015 年物流规划空间布局的思路是：继续完善"三环、五带、多中心"的物流节点空间布局，发挥各物流节点的设施功能优势，引导物流资源在空间上的合理配置；适应未来五年物流业发展的实际需要，以加快物流业发展方式转变和服务水平提升为着力点，深化内涵、延伸发展，按照城市保障物流、专业物流、区域物流和国际物流的发展主线，强化本市物流业发展"广覆盖、多组团、立体化"的网络结构特征，进一步优化全市物流空间布局。

2）规划布局重点

2011～2015 年，在现有空间布局的基础上，以节点、通道、网络建设为依托，整合设施存量，合理配置增量，完善物流设施的空间布局体系。

（1）城市物流配送设施布局。服务城乡建设和市民生活需要，以满足农产品流通体系和生活必需品配送体系的发展要求为重点，完善物流配送重点设施布局，提高运行效率和保障能力，实现物流配送服务的"广覆盖"。

加强农产品批发市场物流配送中心建设。改造和新建一批农产品物流配送中心，提高新发地、岳各庄、大洋路、八里桥等批发市场配送中心的功能和配送能力；鼓励中央批发市场、顺鑫石门市场、昌平水屯市场等建设物流配送中心。同时，在城区周边西郊、黄港、西毓顺、琉璃河等地新建一批农产品物流配送中心，逐步形成承接农产品向城内辐射的新物流节点。

支持连锁经营的商业、餐饮企业调整优化配送中心布局，完善提升配送中心功能。调整优化现有提供社会化服务的物流配送中心的布局和功能，支持冷链物流专用设施建设；鼓励利用城区既有仓储设施改建现代化的生活必需品配送中心；引导通州、顺义、大兴等城市发展新区及其他郊区县新城发展所需的配送中心建设。

（2）产业集聚区专业物流设施布局。服务北京高端产业功能区、工业开发区及专业集聚区的建设与发展，在五环、六环周边新建和改造相对集中、功能完善、规模化的物流中心或配送中心，引导物流资源集聚，形成东部组团、东南组团、南部组团、西南组团、西北组团及东北组团的"组团式"的专业物流设施空间布局，见图 10-6。

其中，东部组团服务于通州经济技术开发区、电子商务总部基地等产业园区，以及机电、都市工业、新能源新材料、文化创意等产业，在潞城、张家湾、宋庄等地重点发展电子电器、食品饮料、图书音像等专业物流集聚区；东南组团服务于北京经济技术开发区、中关村科技园区金桥科技产业基地等产业园区，以及电子信息、生物医药、环保、新能源新材料等产业，在马驹桥、十八里店、亦庄、黑庄户等地重点发展电子、医药、快速消费品、家用电器等专业物流集聚区；南部组团服务于中关村科技园区大兴生物医药基地、大兴经济开发区等产业园区，以及生物医药、机械制造、印刷包装、服装等产业，在大庄、黄村、西红门等地重点发展医药、快速消费品、食品冷链、农产品、纺织服装、快递等专业物流集聚区；配合北京新机场建设，合理规划预留物流发展的设施空间；西南组团服务于中关村科技园区丰台园、北京石化新材料科技产业基地、北京窦店高端现代制造业产业基地等产业园区，以及石油化工、机械制造、电

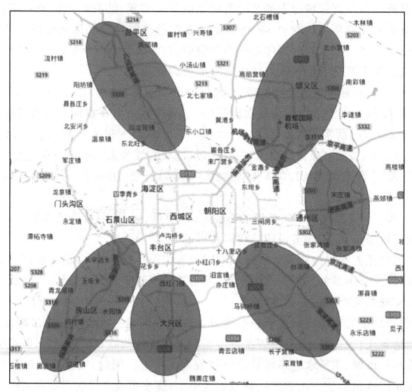

图 10-6 　"组团式"专业物流集聚区布局图

（引自：http://image.baidu.com）

子信息、生物医药、新能源新材料、汽车及配件等产业，在房山区燕山、窦店、闫村等地和丰台区五里店、榆树庄、白盆窑等地重点发展农产品、石化、汽车、钢材、医药、图书、服装等专业物流集聚区；西北组团服务于中关村国家自主创新示范区核心区，包括中关村科技园区昌平园、未来科技城、国家工程技术创新基地、中关村生命科学园、中关村永丰高新技术产业基地等高科技园区，北京八达岭经济开发区、北京新能源汽车设计制造产业基地、北京工程机械产业基地等产业园区，以及汽车、新材料、生物医药、环保和新能源等优势产业和新兴产业，在南口、马池口、沙河、清河等地重点发展汽车、工程机械、新材料、生物医药、农产品等专业物流集聚区；东北组团服务于北京天竺综合保税区、北京天竺空港经济开发区、北京汽车生产基地、北京林河经济开发区、北京雁栖经济开发区等产业园区，以及汽车、装备制造、都市工业、临空经济等产业，在首都机场周边、赵全营、高丽营、李桥、庙城等地重点发展航空物流、保税物流、会展物流及电子、汽车、食品饮料、农产品、快递等专业物流集聚区。

（3）区域物流设施布局，如图 10-7 所示。服务首都经济圈建设需要，发挥北京作为全国航空、铁路、公路枢纽的优势，依托物流基地、物流中心等重要节点，加强物流通道建设，发展多式联运，打造便捷高效、辐射力强的区域物流网络体系。

完善物流基地的设施条件，发挥其在区域物流网络中的重要节点作用。继续强化以航空货运枢纽型为特征的空港物流基地功能，加快推动马驹桥、马坊物流基地海陆联运体系建设，提升京南物流基地公铁联运的服务功能。

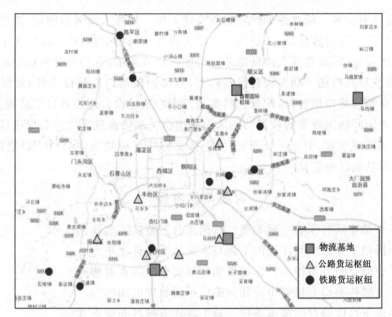

图 10-7 区域物流设施布局图

（引自：http://image.baidu.com）

　　围绕规划新建的铁路、公路货运枢纽，布局建设服务区域、辐射全国的物流中心。依托昌平、房山等铁路中心站点，规划建设马池口、窦店等以集装箱运输为特点的公铁联运物流中心；依托东坝、豆各庄、马驹桥等临近六环路的八个新建公路货运枢纽，规划布局能实现甩挂运输的公路物流中心，形成城际间干线运输的重要物流节点。

　　（4）国际物流设施布局，如图 10-8 所示。服务首都开放型经济发展，以口岸和政策功能区设施建设为重点，为构筑多种运输方式衔接顺畅的立体化国际物流体系奠定设施基础。

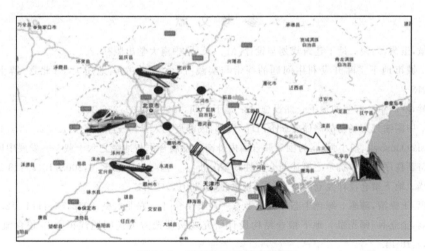

图 10-8 国际物流设施布局图

（引自：http://image.baidu.com）

　　进一步优化北京口岸体系。调整口岸功能布局，完善口岸功能，加强国际物流配套设施建设,打造具有世界一流水平的国际物流高速走廊。加强入海通道建设,推进通州马驹桥口岸功能区及配套设施建设,加快朝阳口岸向通州马驹桥平移;进一步完善平谷国际陆港口岸功能区设施,形成连接天津新港的海运国际物流通道;完善首都机场空港口岸周边综合配套,在北京新机场一期工程建设基础上,启动新机场口岸建设工作;加强北京丰台铁路货运口岸与边境口岸合作,配合铁路集装箱中心站建设合理规划口岸功能。

推进服务国际物流发展的政策功能区设施建设。加快推进天竺综合保税区的一期设施建设和二期用地调整、土地一级开发,大力推动亦庄保税物流中心(B型)建设,形成南北呼应的政策功能区分布格局。

习题与思考题

1. 地下仓储空间有哪些主要类型? 试阐述其主要功能和作用。

2. 试分析地下仓储空间建设的工程与水文地质条件要求。

3. 地下仓储空间有何特点? 影响粮油物资储存的因素有哪些?

4. 粮库分哪些类型? 规划中应如何确定不同粮库的库容?

5. 试述地下冷库储存的基本条件。地下冷库有哪些布置形式?

6. 何谓地下物流? 地下物流有哪些构成要素?

7. 地下物流有哪些基本类型,各有什么功能 特点? 试分析之。

8. 管道物流和隧道物流各有什么适用条件?

9. 地下物流规划包括哪些主要内容? 地下物流的规划设计如何与区域及城市总体规划相协调?

10. 谈谈你对城市垃圾、污水的地下物流规划设计。

11. 在城市货物地下物流系统规划设计中,应考虑哪些主要因素? 试分析之。

12. 在城市总体规划中应如何考虑城市地下物流系统,试谈谈你的想法。

参 考 文 献

[1] 彭立敏,王薇,余俊. 地下建筑规划与设计[M]. 长沙:中南大学出版社,2012.

[2] 王波. 城市地下空间开发利用问题的探索与实践[D]. 北京:中国地质大学(北京)博士学位论文,2013.

[3] 陈彦岭,罗济章. 芬兰的地下仓储设施[J]. 地下空间,1990,10(3):236-241.

[4] 孔锐. 中国油气市场与战略储备研究[D]. 成都:成都理工大学博士学位论文,2012.

[5] Branislav Gosovic,杨小强,张为国. 联合国内外南北发展合作与冲突之六十载——发展中国家为国际经济新秩序而集体抗争之概述与介绍性政策分析[J]. 国际经济法学刊,2008,15(3):18-145.

[6] 程享华. 地下粮仓设计及仓型特点[J]. 粮食工程,2001,9(2):1.

[7] 刘海燕,王振清,陈雁. 绿色生态储粮仓型——地下粮仓[J]. 农业机械,2012,(8):114-118.

[8] 熊晓莉,金立兵,师先银. 地下粮仓结构设计研究现状及选型关键问题浅析[J]. 粮食流通技术,2014,2:10-14.

[9] 余汉华,王录民,王振清,等. 我国地下粮仓应用的现状及前瞻[J]. 河南工业大学学报(自然科学版),2008,29(6):79-81.

[10] Pielage B. Design approach and prototyping of automated underground freight transportation system

in the Netherlands[C]//Proceedings of the 2nd International Symposium on Underground Freight Transportation by Capsule Pipelines and Other Tube/Tunnel System. Delft. 2000.

[11] Stein D, Schoesser B. Development of Capsule pipeline and tube transportation systems[C]//Proceedings of the 3rd International Symposium on Underground Freight Transportation by Capsule Pipelines and Other Tube/Tunnel System. Bochum. 2002.

[12] 马祖军. 城市地下物流系统及其设计[J]. 物流技术,2014,(10):12-15.

第 11 章   资源及能源地下空间

内容提要:本章主要介绍深部地下空间的定义、资源及能源深部地下储存的基本类型及其特点。重点阐述液态燃料、非物质形态能源、清洁水及核废处置等深部地下空间的规划设计特点、影响因素、规划内容和规划原则。

关键词:深部储存;资源及能源;选址;环境影响;安全性。

11.1   深部地下空间的基本特点

11.1.1   深部地下空间的定义

关于深部,在地下工程领域有不同的界定。在城市地下空间中,通常从工程深度上定义地下 $50\sim100m$ 为深层地下空间,埋深大于 $100m$ 时称为超深地下空间。但仅从工程深度上定义,还缺乏科学依据。对于城市地下空间,随着深度的增大,地下空间空气、温度、湿度、气压等大气环境及围岩应力、地温等地质环境与地质生态将逐渐恶化,地下建筑或构筑物建造及运营的难度增大,防火、防水等防灾要求越来越高。显然,地下空间的大气环境、地质环境与地质生态、防灾减灾环境将随深度的变化而发生改变。其中,大气环境、防灾减灾环境不仅与地下空间的规模、地下空间与地面通廊的布置形式及大小有关,还与技术条件有关,而地质环境与地质生态属天然环境,其要素主件客观,因此,从地质环境与地质生态来定义才是科学的。当深度达到某个极限时,地质环境及地质生态中某一个或多个要素出现异常,此时地下空间所处的临界深度,称为深部,在此深度以下的空间称为深部空间。平松弘光曾从承载层与地下建筑的位置关系定义深层地下空间的临界深度为:当地下空间结构顶层顶点所处深度大于承载层所处上层面深度,且超过当时技术条件下建筑物基础可达最大深度时,则该地下建筑为深层地下建筑[1]。对于其他非城市地下建筑而言,其在地层中所处的深度要比城市地下结构所处的深度大很多,参见第 2 章。许多工程实践表明,深部岩体在变形性质、强度、破坏特征及岩体破坏的诱导机理上,与浅部岩体具有显著的差异,深部工程岩体具有明显的非线性力学现象。显然,岩体脆-延转化的深度可作为深层地下结构划定的重要指标。钱七虎认为分区破裂化是界定深部岩体工程的主要特征[2];何满潮曾对深部进行了明确的定义,深部是指随着开采深度增加,工程岩体开始出现非线性力学现象的深度及其以下的深度区间[3]。在此,采用此深部的定义,则深部地下空间可定义为位于工程岩体开始出现非线性力学现象的深度及其以下的深度区间的地下空间。

根据此定义,深部地下空间采用难度系数和危险系数来评价。难度系数 D_f 分为软化难度系数和冲击难度系数,是指地下工程的所处深度与其临界深度的比值[2]。

$$D_f = \frac{H}{H_{cr}} \tag{11-1}$$

式中,H 为地下空间的实际深度;H_{cr} 为深部地下空间的临界深度,即地下空间工程岩体最先开始出现非线性力学现象的深度。

$$D_{fs} = \frac{H}{H_{cr1}} \tag{11-2}$$

式中,H_{cr1} 为深部地下空间第一临界深度或上临界深度,即工程岩组最先开始出现非线性大变形力学现象的深度。

$$D_{fb} = \frac{H}{H_{cr2}} \tag{11-3}$$

式中,H_{cr2} 为深部地下空间第二临界深度或下临界深度,即工程岩组最先开始出现冲击地压、岩爆等非线性动力学现象的深度。

难度系数 D_f 反映地下深部工程稳定性控制的难易程度。当 $D_{fs} < 1$ 时,表明地下空间处于线性区间,工程岩体处于线性工作状态,其力学问题现有理论均可解决,其稳定性可用常规方法控制。当 $D_{fs} \geqslant 1$ 时,表明地下空间软岩工程岩组处于非线性大变形工作状态,不能采用现有理论解决力学问题;当 $D_{fb} < 1$ 时,表明地下空间硬岩工程岩组处于线弹性工作状态;当 $D_{fb} \geqslant 1$ 时,硬岩工程岩组将发生岩爆灯非线性动力学现象,现有理论无法解决其力学问题。

危险指数(D_c)被定义为地下空间工程岩体所承受的上覆岩柱重量与其工程岩体强度的比值,即单位强度承受的深部自重应力荷载。

$$D_c = \frac{\gamma H}{\sigma_{cm}} \tag{11-4}$$

式中,γ 为上覆岩体的平均容重;σ_{cm} 为工程岩体的强度。

当 $D_c \leqslant 1$ 时,表明地下空间工程岩体处于线性工作状态,不会发生非线性动力学灾害;当 $D_c > 1$ 时,表明工程岩体已部分或全部处于非线性工作状态,将会产生非线性动力学灾害,而且 D_c 值越大,地下空间施工过程中面临的深部岩石力学非线性动力学灾害越严重。

11.1.2　深部地下空间的主要特点

深部地下空间通常所处深度达到数百米,甚至数千米。由于所处深度大,地下空间岩体将处于高地应力、高地温和高渗透压状态。

地应力场的大小和三个主应力的轴向将随时间、地点而变化。当深度为 $25 \sim 2700\text{m}$ 时,垂直地应力 σ_v 大致相当于上覆岩层重量 γh。但有资料表明,我国个别地点 $\sigma_v / \gamma h$ 达到 20,原苏联个别地点达到 37。根据国内外实测资料统计,σ_h 大多数大于 σ_v。最大水平主应力 σ_h / σ_v 为 $0.5 \sim 5.5$,一般为 $0.8 \sim 1.2$,有的达到 30 甚至更高。

地温随深度增大而升高,一般以 $3\text{℃}/100\text{m}$ 左右的梯度递增,地下矿山一般达到 $30 \sim 40\text{℃}$,个别达到 52℃,目前,3000m 井深最高达到 70℃;在地球科学钻探中,当地层深度达到 14 000m 后,地温已超过 200℃。随着深度的增大,渗透压也明显增高,通常大于 7.0MPa。

　　研究表明,各类岩体的屈服强度随围压的升高而非线性增大,随地温的升高而降低。通常,地静应力对岩体强度增强的影响超过了随深度而升高的地温对岩体强度的影响,岩体的压、剪、扭强度特征都随埋置深度增加而增加[4]。

　　在高地应力下,岩体渗透系数随围压的增加而减少;在高地温下,岩体颗粒的膨胀导致岩石孔隙空间的减少,岩体渗透系数随温度增加而减少。

　　在深部地下空间,地下空间岩体将出现明显的分区破裂化现象。围岩中的分区破裂化大致发生在深部岩体围岩中的初始垂直地应力 σ_v 大于岩体单轴压缩强度极限 σ_c 的情况下;分区破裂化现象中破裂区的数量取决于 σ_v/σ_c 的值,比值越大,破裂区越多。

　　在深部"三高"下,地下空间岩体的变形、破坏及其强度特征将发生变化,岩体的变形特征表现为岩体由脆性向延性转化,此时岩体破坏的剪涨或扩容现象并不明显或基本消失;岩体的破坏则由脆性能或断裂韧度控制转化为由侧向应力控制的断裂生长破坏。

　　在深部地下空间,将遇到高地应力和高温条件下深部岩体的变形、破坏、岩爆及洞室围岩的稳定性和支护问题。此外,对于特殊的深部地下防护工程,将遇到钻地核弹爆炸后岩体冲击对深部地下空间结构的动力作用问题;对于深部水利水电和交通隧道工程、油气开采工程、油气储存、清洁水储存工程等还将遇到油、气、水对孔隙和裂隙岩体的渗透和渗流问题;在地震活动性较强的地区还存在水库诱发地震问题;对于核废深地质处置工程,运行期间的核素迁移问题等,这些都是深部地下空间工程在规划设计时应该考虑和研究的。

11.1.3　深部地下空间的主要类型

　　根据地下空间建筑或构筑物所处深度位置的不同,可将深部地下空间划分为较深地下空间、超深地下空间及极深地下空间。根据危险指数 D_c 值的变化,通常分为以下几类。

　　(1)较深地下空间:$D_c=1.0\sim2.0$。

　　(2)超深地下空间:$D_c=2.0\sim3.0$。

　　(3)极深地下空间:$D_c>3.0$。

　　根据地下空间建筑或构筑物所处地层岩土特性,可分为土层深部地下空间、软岩深部地下空间和硬岩深部地下空间。岩体的硬度可根据其坚固性 f 系数或者根据巷道围岩的稳定性进行分类。按照岩体的坚固性系数,$f\geqslant8$ 为坚固;$3\leqslant f<8$ 为中等坚固;$f<3$ 为软岩。其中,当 $f\geqslant20$ 时为极坚硬类岩体,当 $f\leqslant1$ 时为土层。按照巷道围岩的稳定性,当 $R_b\geqslant40$MPa 时,围岩稳定;当 20MPa$\leqslant R_b<40$MPa 时,围岩中等稳定;当 $R_b<20$MPa,围岩弱稳定。其中,当 $R_b\geqslant60$MPa 时为强稳定岩层。值得注意的是,以上主要是根据浅部围岩的特点进行的分类,在深部地下空间,由于高地应力、高地温和高渗透压的存在,岩体变形、破坏等特性发生了改变,已进入非线性变形和破坏过程,其强度特性也发生了变化。因此,按照以上坚固性系数和稳定性指标进行的分类还有待深入研究并需要由实践来检验。

　　根据地下空间建筑或构筑物单个空间的暴露面积及其体量,可划分为小型地下空间、中型地下空间、大型地下空间及特大型地下空间。参照金属矿山有关矿岩允许暴露面积的有关规定,划定类型如下。

（1）小型：$S<200m^2$。

（2）中型：$200m^2 \leqslant S<500m^2$。

（3）大型：$500m^2 \leqslant S<1000m^2$。

（4）特大型：$S>1000m^2$。

根据深部地下空间的用途及性质,可划分为燃料储库、能源储库、清洁水库、高放核废深部处置库及资源开采型地下空间。煤与非煤矿石资源开采型地下空间,所处位置、深度及规模等主要由矿产资源的天然成矿条件决定,且为生产后形成的空间,其规划设计具有独立性,这里不赘述。

11.2　地下民用液体燃料库

民用液体燃料包括石油、天然气,以及石油为原料生产的汽油、煤油、柴油等石油制品和煤、氢等的液化燃料,均属于一次能源。将天然气和石油炼制过程中伴生的石油气液化,即成为液化天然气（LNG）和液化石油气（LPG）。

液体燃料直接关系工业生产、交通运输和生活,事关国计民生。能源安全实质上是全球石油与天然气的供需平衡问题。就一个国家而言,则是如何保障从国外安全取得其所需的石油与天然气,以及如何应对石油危机;在国内保持足够的战略储备,以应对石油危机,同时有效防止战时和自然灾害的破坏,保障能源安全。

因此,必须对燃料采取必要的防护措施,防止储库被破坏和使所储燃料免受损失。地下空间以其天然具有的防护能力,成为能源战略储备的最佳选择。

11.2.1　液体燃料的物理特性和储存要求

液体燃料与储存有关的物理特性主要有密度、黏度、温度、压力、可燃性及挥发性。石油和石油制品的相对密度一般都小于 1.0。各种制品的密度均不相同,密度较小的,如煤油、汽油及柴油等,称为轻油,多为燃料油;密度较大的,如原油、低标号柴油及润滑油等,称为重油。但不论轻油还是重油,遇水时总是浮在上面,不相混合,利用这一特点,在稳定地下水位以下,靠水和液体燃料的压力差储存液体燃料而不会流失。

油品都有一定的黏稠度,轻油黏度小,易于流动,重油黏度大,不易流动。同一种油品的黏度随温度的高低而变化,温度高时黏度较小,低时则大,低到一定程度时,有的油品就会凝固,失去流动能力。因此,在储运油品时,常需要对输油管和储油罐采取加热或保温措施。

液化天然气和石油气都属于液化烃类,由气体在低温或高压条件下凝结而成,由于液化后的体积比气体状态时大大减小,故便于运输和储存,但是必须在维持液体状态所需要的温度和压力下进行。例如,在常压下,液化天然气的储存温度要求为 −165℃,如改为常温,则必须保持 1.0MPa 压力才不致气化;液化石油气的要求不如天然气高,在常温下,在超压为 0.25～0.8MPa 条件下即可储存。

　　燃料油品都有易燃特性,液化气在气化后与空气混合也很易燃,因此,在储存时必须注意解决防火和防爆问题,严防明火和偶然的打火及静电火花等。

　　把液体燃料库建在地下不同深度的岩层中,满足以上各种储存方面要求,与储存在地面上的金属容器相比,有突出的优点,只要具备适宜的地质条件和便捷的交通运输条件,完全可以用地下库取代地面库。通常,盐岩洞穴、废弃矿井、枯竭的油气层、含水层及硬岩洞穴均可用于油气储存,如图 11-1 所示。地下储存库的埋藏深度一般在数百米到上千米,例如,法国的 Tersanne 天然气储存库埋深为 1500 m,盐层厚度为 650 m[5];德国 Bernburg 的一个天然气储存库埋深为 500～650m[6],美国战略石油储备储存库如 Big Hill 储存库、Bryan Mound 储存库及 West Hackberry 储存库等的深度均达到数百米[7-9]。

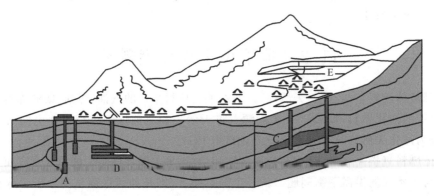

图 11-1　地下油库存在的主要形式

(引自:PB-KBB,Inc.)

A. 盐岩洞穴;B. 废弃矿井;C. 含水层;D. 枯竭油气层;E. 硬岩洞穴

11.2.2　液体燃料岩洞水封储存的基本条件

　　岩洞水封储存就是利用液体燃料的密度小于水,与水不相混合的特性,在稳定的地下水位以下的完整坚硬岩石中开挖洞罐,不衬砌直接储存,依靠岩石的承载力和地下水的压力将液体燃料封存在洞罐中。

　　岩洞水封油库早期的布置形式是采用金属罐,沿山沟布置若干组洞罐,每一组都由通道和通道两侧交错布置的洞罐组成,俗称葡萄串式的布置。这种方式的主要目的是防护,把地面上的金属储油罐移到岩洞中,在洞罐中用钢板焊接成储油罐,其他储存工艺与地面钢罐油库基本相同。这种地下油库虽在防护、防灾节地方面有其优点,但也存在较大的局限性,如运输距离较长、高差较大、造价较高等。此外,油库的使用寿命也受到一些限制,因为钢板油罐在岩洞中比在地面上容易锈蚀,储油后如果发生渗漏,无法使用明火将钢罐切割拆除,整个洞罐只能报废。

　　岩洞水封技术最早出现在瑞典。石油和天然气在未开采前自然储存在深部地层的两个不透水层之间,人们从这一自然现象中受到启发开始试验利用水封原理将油储存在地下水位以下的岩洞中。图 11-2 为 1948 年瑞典某热电站利用废弃的矿坑储存重油燃料的岩洞水封油库。1950 年,瑞典开始建造第一座人工挖掘的岩洞水封油库,以后大量发展这种地下油库,并很快推广到北欧一些自然条件与瑞典相似的国家,并形成了比较成熟的储油工艺和建造技术,进一步在其他国家得到引用和推广。

图 11-2 瑞典最早的岩洞水封油库示意

地下油库的储量越大,造价越低。因此,在一些地质条件较好的国家,如瑞典、英国、法国等,都建成库容超过 $100×10^4 m^3$ 的岩洞水封液体燃料库,最大达 $160×10^4 m^3$;单个洞罐尺寸也在不断扩大,瑞典已基本定型为跨度 20m、高 30m,长度则可达数百米。除容量大、造价低外,节省钢材和其他建筑材料也是岩洞水封油库的重要优点。

近年来,岩洞水封储存技术又有新的发展,为了在平原和沿海土层较厚的地区使用水封储油技术,我国和日本等正在研究在土层中建造水封油库,甚至可以在地下水位以上建造人工注水的水封油库。可以预料,水封储存液体燃料技术在我国将随着石油产量的增加,得到更广泛的应用和发展。

当岩层中处于稳定地下水位以下的洞罐空间开挖成形后,周围岩石中的裂隙水就向被挖空的洞罐流动,并流入罐内,使洞罐附近的地下水位发生变化,出现降落曲线,在洞罐周围形成一个降落漏斗,在漏斗区内的岩石裂隙已经脱水;在洞罐内注入油品后,降落曲线随油面的上升而逐渐恢复,如图 11-3(a)所示。这时,在油的周围仍有一定的压力差,因而在任一油面上,水压力都大于油压力,使油不能从裂隙中漏走,如图 11-3(b)所示。水则通过裂隙流入洞内,沿洞壁向油的下方流动,汇集到洞罐底部后再抽出。如果油品没有充满洞罐,则油面以上的一部分洞罐空间仍处于漏斗区中,故应保证洞罐必要的埋置深度,以防止油气沿水漏斗内的干裂隙溢出地面。一般情况下,罐顶至少应在稳定地下水位以下 5m。

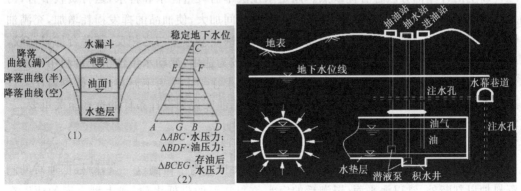

（a）力学机理	（b）水封原理

图 11-3 岩洞水封油库原理

　　从水封储油原理可以看出,建造岩洞水封油库,必须具备三个基本条件:第一,岩石完整,坚硬,岩性均一,地质构造简单,节理裂隙不发育;第二,在适当的深度存在稳定的地下水位,但水量又不很大;第三,所储油品的相对密度小于1.0,不溶于水,且不与岩石或水发生化学作用。只要具备这些条件,任何油品或其他液体燃料,都可以用这种方法在地下长期储存。

　　岩洞水封储存油品主要方法包括固定水位法和变动水位法。

　　(1)固定水位法。洞罐内的水垫层厚度固定在0.3~0.5m,水面不因储油量的多少而变化,层的厚度由杲坑周围的挡水墙高度控制,水量增加时,即漫过挡水墙流入泵坑,坑内水面升高到一定位置时,水泵就自动开启抽水,如图11-4(a)所示。

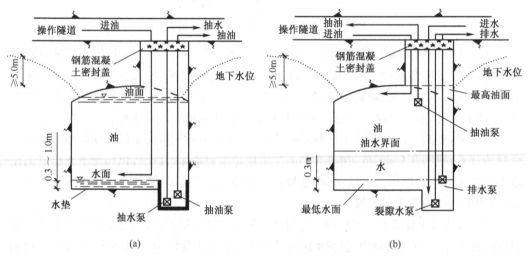

图 11-4　岩洞水封油库的储油方法

　　(2)变动水位法。洞罐内的油面位置固定,充满罐顶,底部水垫层的厚度则随油量的多少而上下变动。当收油时,边进油边排水;发油时,边抽油边进水;罐内无油时则整个被水充满。在洞罐中不需设泵坑,但要在洞罐附近设一个泵井,利用连通管原理进行注水和抽水,如图11-4(b)所示。

　　以上两种储油方法各有优缺点。固定水位法不需大量注水和排水,运行费较节省,污水处理量也小,但是当洞罐内油面较低时,上部空间加大,使油品的挥发损耗增加,充满油气的空间也增加了爆炸的危险。变动水位法的优缺点基本上与之相反,若综合加以比较,固定水位法对于多数油品,如原油、柴油、汽油等较为适用;变动水位法由于可利用水位高低调节洞罐内的压力,故对航空煤油、液化气等要求在一定压力下储存的液体燃料比较合适。可见,掌握水封油的基本原理和方法对地下储油库规划设计条件的选择至关重要。

11.2.3　岩洞水封油库的总体布置

　　库址选择的基本条件有:①存在稳定的地下水位。为了做到这一点,除根据地质勘测资料加以判断外,常以海平面(退潮后的海水位)、江河的最低水位,或大型水库的死库容水位作为地下水位稳定的保障,因为岩层中的地下水位不易确定,但至少不会低于这些控制水位。②油库所需要的水量能得到稳定的补给。由于以上两个方面综合的结果,水封油库的库址选在江、河、湖、海港口附近山体中的比较多。③便捷的交通运输条件。

水封油库的库区一般由地面作业区、地下储存区和地面行政管理及生活区三部分组成。作业区多设在码头或铁路车站;储存区根据地形和地质条件,布置在距作业区尽可能近的山体中,有一些辅助设施,如锅炉房、变电站、污水处理装置等,则宜布置在储存区操作通道的口部以外;行政和生活区可视具体情况灵活布置。例如,瑞典一座大型岩洞水封油库,8 个洞罐的总容量为 $80 \times 10^4 \mathrm{m}^3$,有水路和铁路两种运输设施,分别在地下储存区的两侧,操作通道洞口距码头约 600m,距铁路站台约 400m,运输相当便捷。

在总体布置中,除满足工艺、运输等要求外,还应注意山体开挖后洞室稳定、护坡及废石堆放和利用等环境问题。

11.2.4　地下储油库的布置

岩洞水封油库的地下储油区由在岩层中开挖出的洞罐、操作通道、操作间、竖井、泵坑及施工通道等组成,必要时还有人工注水廊道。图 11-5 为我国某中型岩洞水封油库的基本构成图。其中,油品输送管道从操作通道洞口进入,沿通道经操作间,通过竖井注入储油洞罐,发油时则反方向进行。操作通道一般应与地表面在同一高程,便于油品运输,而洞罐则需埋置在稳定地下水位以下至少 5m 处,由竖井上下联系。施工通道主要根据洞罐的开挖方案布置,大型洞罐一般采取分层开挖方法,施工通道要通向每一层,故比较长,建成后高程较低的部分可作为储油空间,罐底高程以上部分可用于一般物资的储存,以充分利用已经形成的地下空间。图 11-6 为某大型岩洞水封油库的布置示意图。

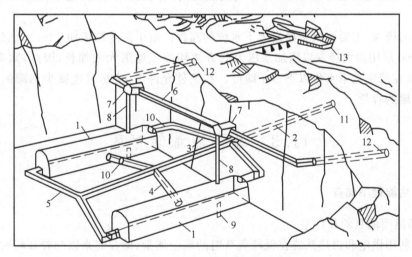

图 11-5　岩洞水封油库基本构成

1. 罐体;2. 施工巷道;3、4、5 分别为第一、第二、第三层施工巷道;6. 作业巷道;7. 作业间;8. 竖井;
9. 泵房;10. 水封墙;11. 施工通道门;12. 作业通道口;13. 码头

从岩洞水封油库的特点出发,地下储油区的布置须综合解决洞罐数量、位置、埋深、洞轴线方向、洞口位置和操作通道、竖井、施工通道、注水廊道等的布置,以及扩建等问题,其中比较关键的,即影响造价和施工速度较大的,是洞罐的数量和埋深问题。

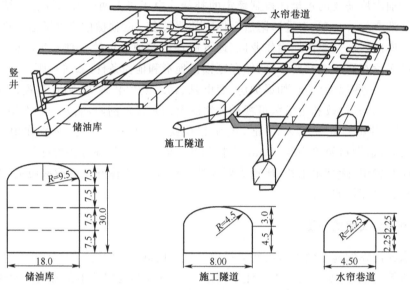

图 11-6　岩洞水封油库布置示意图

地下洞罐和通道的几种布置常采用环形洞罐,洞罐数量少,容量大,竖井和通道则相对较少,布置紧凑,容易适应地质条件。

洞罐的排列方式与施工通道的布置和长度也有一定关系。当储存多种油品时,洞罐的排列应使用同种油品的储罐相对集中,不但便于管理,还可将施工通道布置在两组洞罐之间,储油后往施工通道中注水,将不同油品隔离,省去注水廊道,适于储存两种不同的油品。

洞罐的埋深,主要取决于稳定地下水位的高程。由于深度每增加 10m 才能使压力增加 0.1MPa,故用加大埋深以增加水压力的方法使施工通道大大加长,因此,除有特殊需要,使罐顶在稳定地下水位以下 5m 即可。在条件允许下,应尽可能减少洞罐的数量,扩大单个洞罐的容量。

11.3　地下能源储存库

11.3.1　热能地下储存

1) 储热库的目的和作用

充分利用供电和供热系统在低峰负荷时的剩余能量,储存起来以弥补高峰时的不足,节约能源;充分利用原来被浪费掉的工业生产过程中的余热,提高能源的利用效率;克服太阳能、风能的间歇性缺点,更有效地加以收集和利用;以较小的代价满足城市大面积集中供热和供冷的需要。

2) 地下储热库的基本类型

热能按来源分天然和人工两类。地下储热就是把用各种方法生产或收集的热能,通过水、空气、岩石等介质进行热交换后储存在地下空间,在需要时经管道系统输送供用户直接使用,或再转化为其他能源。使用后的热能温度降低,经循环系统再加热后重新注入地下库储存。由于不同温度介质的密度不同,故高温和低温介质可以分上下层储存在同一地下库中,循环使用,形成一个完整的供热储热系统。

根据不同的地质条件和储热方式,地下储热库有多种类型,目前主要有以下三种。

(1)岩洞充水储热库。在地质条件有利的地区开挖大型岩洞,不衬砌就直接将热水注入储存,在岩洞的上半层储存 80～110℃ 的热水,下半层储存使用后温度较低的回水,供再加热后循环使用。这种系统比较简单,造价低,储存条件与在岩洞中储存石油制品相近,建造技术已较成熟。例如,瑞典第一座地下储热试验库,热源来自一座燃烧城市垃圾的工厂,比较稳定,除冬季向居住区供热外,夏季负荷小时还可供周末热源中断时短期使用。在岩洞中直接充水,运行温度为 70～115℃,容积为 $1.5 \times 10^4 \mathrm{m}^3$。瑞典另一座大型岩洞充水储热库,容积为 $10 \times 10^4 \mathrm{m}^3$,热源来自面积为跨度 40m、高 30m 的环状洞室。

(2)岩洞充石储热库。在立式岩洞中,2/3 左右的空间内填充石块,然后注入热水,热能既储存在石块中,也储存在石块间隙的水中。这种方案的主要优点是挖出的大量石渣不需外运,回填后对立式罐的围岩起到支撑作用,使洞罐高度达到 80～100m。瑞典已建成一座容积为 $10 \times 10^4 \mathrm{m}^3$ 的试验库。据计算,一座容积为 $300 \times 10^4 \mathrm{m}^3$ 的岩洞充石储热库,可向 2 万户居民的住宅区供热。此外,还有一种方案是在岩洞内不注水而是充满石渣,在石渣中埋以盘管,向管内注入热水或热空气,将热能储存在石块及其间隙的空气中,但还有待进一步的试验。

(3)钻孔储热库。在岩石或黏土中用钻机钻若干个孔,孔径为 100～165mm、孔深 100～150m、孔距 4m。向钻孔中注入热水,将热能储存于孔壁周围的岩石或在黏土中,使用时经热交换后抽出。这种方案施工简便,造价低,位置比较灵活,甚至可直接布置在用户的建筑物地下;缺点是热容量有限,故仅适用于小型的热能储存。瑞典在一座学校内进行了黏土中钻孔储热库的试验,总容量为 $8 \times 10^4 \mathrm{m}^3$,热源来自面积为 $1500\mathrm{m}^2$ 的太阳能集热器。

3) 地下储热库规划设计的影响因素

在进行地下储热库的规划设计时,应充分考虑以下因素。

(1)热能的来源、种类、数量及稳定性。属于何种性质的热能、热量多少及是否随季节变化,直接影响热能储存的方法、循环补给及规模、效益。

(2)地质环境条件。良好的地质环境条件有利于热能的储存,天然的裂隙岩体、岩洞及良好的绝热条件与密闭边界,可以降低热损失,对热能的储存十分有利。

在地面上储存热能由于热损失过大而不现实,但在地下储热库中,仍存在热损失问题,直接影响储热的效率和整个供热系统的经济效益。

地下储热库的热损失一般是两个因素所引起的:一是通过储热空间的内表面,将部分热量传导给周围的岩石或土壤;二是通过岩石的裂隙或土壤的孔隙,形成储存水与地下水沿内表面对流,发生热交换,严重时可能使储存热水的温度降低 10～15℃。因此,应采取相应措施,把热损失减到最小,例如,选择导热性和透水性均较差的岩石或土壤,扩大库容,加大埋深,必要时使用压力注浆堵塞裂隙等。

尽管可以采取措施减少热损失,但不可能完全消除,特别在地下库使用初期,由于库内外温差较大,由传导作用造成的热损失是不可避免的,只有在库周围一定范围内形成一个比较稳定的温度场后,热损失才会逐渐减小。美国的一个地下含水层储热库,注入55℃的热水后51天,水温已降至33℃,即储热效率仅为65%。又经过一段时期后,才提高到76%。瑞典的一座岩洞储热库,注入的水温为90℃,当时岩洞内表面温度为7℃,热损失较大,估计要经过5～7年才能基本稳定。因此,有一种观点认为,地下储热库的经济效益,应从其热损失基本稳定后算起,在这以前的热损失,则应计入建设投资,据瑞典估计,这一损失约为总造价的7%。

(3)交通条件及服务范围。应充分考虑热能所处位置、供/求热量大小、热源到储热中心的距离、储热中心到服务中心的供热距离、分散或集中供热形式,决定热能的输送距离及服务半径。

11.3.2　机械能地下储存

压缩空气是一种机械能,在耐压的容器中较容易储存。利用电网低峰负荷时多余的电力,或利用各种风、光伏等新能源转化的电力生产压缩空气(一般为50～100个大气压),储存在地下空间,需要时抽出,经加热后膨胀,释放出机械能,再用于发电。由于压缩空气是高密度能量,故比由电能转化为低密度热水储存的效率高,所需要的地下空间要小得多,因而比较经济。

根据不同的地质条件,在以下三种情况下均可在地下储存压缩空气。

(1)坚硬岩石。用常规开挖方法在优质岩石中建岩洞储气,岩石透水性应小于1×10^{-6} cm/s。

(2)多孔岩石。在孔隙率大于10%的岩石中,利用孔隙和空洞储气,即把含水层中的水压出后储气,温度不高于200℃,深度为200～1500m,储气压力为18～150个大气压。

(3)岩盐。用水冲击法在厚层岩盐中冲出一定容积的空间用以储存气,深度为800～1200m,储气温度不超过100℃。

前联邦德国曾于1979年在岩盐中建成一座地下压缩空气库,功率为29×10^4 kW,储气压力为75大气压,共有两个岩盐气库,每个最大直径为60m,高150m,容积为15×10^4 m^3,洞顶埋深650m。试验库运行的情况表明,岩盐洞体稳定,无蠕变变形,储气中的含盐量小于$1/10^7$,可忽略不计。同时,节能效果明显,使电网高峰负荷时的油耗降低了60%。据估计,如果用地下储存的压缩空气发电,代替常规的烧油电站满足高峰供电需要,美国全年可节省石油1亿桶。

由于在地下储存压缩空气使用方便,布置上受地质条件限制较小,易于建在负荷中心,同时经济效益较高,在技术上、经济上都是可行与合理的。如能在储存工艺上再有所改进,对岩洞的稳定问题等作进一步的研究,将有较好的发展前景。

11.3.3　电能地下储存

目前,除用蓄电池少量储存电能外,只能先将电能转化为热能或机械能,储存在地下空间,需要时再还原成电能使用。近年来使用的铜镍合金材料开始实行超导磁储电技术(superconductive magnetic energy storage,SMES),这使实现大容量、高密度直接储存电能成为可能,其储能效率高达 90% 以上。

实现超导磁储电,需要一个坚固的密封容器,以承受作用在容器上的径向大荷载。据估计,如果要储存 1000×10^4 kW·h 的电能,需要 77×10^7 kg 钢材制作容器,这样高的代价使在地面上采用这种技术储存电能很不经济,因而是不现实的。而利用地下空间的密闭性和岩石的承载能力,已成为实现超导磁直接储电的唯一可行的途径。只要具备良好的地质条件,在不衬砌的岩洞中即可直接储电,基本上不用钢材,为了承受大的径向荷载,提出了圆形截面环形洞室的地下储库新的布置方式。

美国曾提出一种地下超导磁储电库布置方案,在 300m 深的地下建造环形洞室,半径为 130m,上下重叠排列,保持一定距离,环洞的横截面为圆形,直径为 4~6m,各环的圆心位于一条半圆形轨道上。圆截面洞室不但有利于承受电磁的径向力作用,还适合于隧道掘进机(TBM)施工。为了利于掘进机在环状洞室的连续作业,环形洞室采用螺旋状布置形式。

11.4　地下清洁水储库

11.4.1　地下清洁水储库的作用

地球上可供人类直接使用的淡水资源,仅占地球总水量的 3%~4%,大部分蕴藏在地层中和地面江、河、湖与水库中,分布很不均匀。由于人口的增多和工业耗水的大量增长,淡水资源已处于超量开采的状态,即开发量大于补给量,造成许多城市和地区严重缺水,并造成地面沉降、开裂及海水入侵等次生地质灾害。据有关报道,我国有 200 个左右城市缺水,中东某些地区年降水量仅有 25~75mm,而蒸发量却达 1500~3000mm,淡水极度缺乏。但是,在淡水资源日趋枯竭的情况下,却有大量的江水、河水和使用过的地下水排入海中,变成无法利用的高矿化咸水,无疑是水资源的巨大损失。这个现象已开始引起人们的重视,研究和采取各种措施,开源节流;利用地下空间蓄水就是其中之一,包括在丰水期利用已经枯干的地下含水层空间,利用松散岩层的孔隙、裂隙、溶隙及空洞,废弃矿井、天然岩洞及人工开挖大型岩洞等方法储存淡水,供枯水期使用。早在 1972 年,日本在长崎县野目崎町桦岛建成世界上第一座地下储水库,我国河北南宫市也在 1975 年建立了我国第一座地下水库[10]。

在地下空间中储存淡水,比在地面上修建水库,可减少占用土地和居民的迁移,蒸发损失小;在技术上,与地下储存液体燃料和储存热能相近。挪威是水资源比较丰富的国家,但仍在建造地下储水库,以代替地面供水系统的蓄水池,还可利用海拔较高的山体,加大水库的水头。

土层中的两个不透水层之间的含水层,与其他含水层相通并互相补给。在某些多孔的沉积岩层中也形成含水层,地下水则存在于岩石裂隙中。这两种情况都可用来储存热能,且不需大规模的工程建设,只要将热水注入地下含水层,将原有的水排出,保持二者压力的平衡,即形成一个不规则的地下蓄水库。瑞典、美国、法国都已建成含水层蓄水试验库,最大库容量达到 5.5×10^4 m³。

　　此外,抽水蓄能电站常用以调节电力系统的负荷,但由于在电站下游需要建与上游水库容量成比例的调节水库,淹没损失太大,故发展受到一定限制。瑞典在 20 世纪 60 年代提出了在地下建造大容量水库以实现高水头抽水蓄能的设想,近年来美国、荷兰、加拿大等国也都在进行研究和试验。

　　地下环境的有利条件,使人为加大水电站水头成为可能,水头越大,所需的水库容积就越小。例如,一座发电能力为 $300 \times 10^4 \text{kW}$ 的地下水抽水蓄能电站,当水头为 400m 时,需地下水库容积为 $3230 \times 10^4 \text{m}^3$;如果水头加高到 945m,则库容只需 $1270 \times 10^4 \text{m}^3$。

　　地下清洁水储库具有拦蓄、调节和利用地下及地表水流的特点,位于具备一定条件的天然的或人工开掘的地下储水空间中,具有储水和调节作用。天然地下储水库的特征见表 11-1。

表 11-1　天然地下储水库的主要特征与区别

主要特征	松散介质地下水	裂隙介质地下水	岩溶介质地下水
储水空间	松散介质中的孔隙	断裂岩层中的裂隙	岩溶中的溶隙
含水层分布	比较均匀	取决于断裂构造	取决于岩溶构造
水流特性	孔隙渗流	裂隙渗流	裂隙渗流、管道流、明流
地下坝截渗或挡水方式	采用各种方式	灌浆	①裂隙岩溶为灌浆;②地下河岩溶为筑坝
回灌工程布置	无限制条件	受限于断裂构造	①裂隙岩溶取决于断裂构造;②地下河岩溶无回灌
回灌堵塞问题	存在	未发现	①裂隙岩溶中未发现;②地下岩溶河中无
开采工程布置	无限制条件	受限于断裂构造	受限于岩溶构造
储水库功能	供水、防洪、防海水入侵、恢复地下水环境	供水、防洪	供水、防洪、发电、航运等
地质环境问题	土壤次生盐碱化、沉降等	土壤次生盐碱化、沉降等	淹没等

11.4.2　地下水库的基本类型

　　按地下储水库的介质条件,可分为:①松散介质地下储水库;②裂隙介质地下储水库;③岩溶介质地下储水库;④废弃矿井地下储水库;⑤人工开掘岩洞地下储水库;⑥混合介质地下储水库。

　　按地下水库的构筑条件,可分为天然储水库和人工储水库,松散介质地下储水库、裂隙介质地下储水库及岩溶介质地下储水库属于天然储水库,废弃矿井与人工开掘岩洞为人工地下储水库。

　　按储水库的有效库容,可划分为:①$V_r \geqslant 1 \times 10^9 \text{m}^3$ 为特大型;②$1 \times 10^8 \text{m}^3 \leqslant V_r < 1 \times 10^9 \text{m}^3$ 为大型;③$1 \times 10^7 \text{m}^3 \leqslant V_r < 1 \times 10^8 \text{m}^3$ 为中型;④$1 \times 10^6 \text{m}^3 \leqslant V_r < 1 \times 10^7 \text{m}^3$ 为小型;⑤$1 \times 10^5 \text{m}^3 \leqslant V_r < 1 \times 10^6 \text{m}^3$ 为微型。有效库容是指地下水储存库可存储清洁水

的最大容量。地下水储存库的埋深可以是地表下几十米到上千米。

11.4.3 地下水储存库的建库条件

建库条件包括地下储水空间和水源,必须考虑生态环境条件和可持续性。对于天然地下储水空间,各种含水构造如冲洪积扇、地下岩溶等构成了地下储水空间,地下库的孔隙、裂隙和溶隙构成了地下库的库容。地下库由库区边界所围成的相对封闭的地下储水空间组成,库区边界包括由进水边界、泄水边界,以及由地下分水岭、不透水带或人工地下坝组成的隔水边界。水源是地下水库形成的决定性条件。水源包括本流域或跨流域引来的没有污染的地下水、地表水、中水及矿坑排水等。地下储水库最主要的特征是水流的人工调节。环境因素是决定地下储水库能否兴利的重要因素。一方面指库区污染和回灌水对地下水质的影响;另一方面,指建库后的地下水位、水质是否带来不利的环境问题,如地下水位升降是否造成大范围地面沉降等问题。生态条件是指地下储水库是否对植物、生物的生存带来不良生态问题。可持续条件是指地下储水库不是一次性的,应满足长期的可持续发展的要求,既不能丧失原有的环境生态功能,也不能产生次生地质灾害,如深部地下储水库不能诱发地震灾害。

11.4.4 地下水储存库的动态设计方法

地下水储存库的规划设计与其他流体介质库的规划设计是相近的,其选址应满足建库的基本条件,需要分析计算地表、地下及中水等的供输水量及调蓄要求,确定地下储水库的规模。这里,主要介绍地下储水库设计的主要方法。

地下水储存库的设计方法有水均衡法和动态设计法。水均衡法因无法反映地下储水库的实际水位,使其设计的可靠性受到影响。地下水储存库的动态设计法的基本原理是:对于天然储水库而言,首先利用水均衡法进行地下水调蓄分析,初步估算地下储水库的特征参数和储蓄规模;然后利用地下水动力学方法进行地下水的动态调蓄分析,以库区内降落漏斗或地下水丘以外地下水位的平均值为代表性的地下水位,并考虑最低地下水位对地下水调蓄的影响,从而确定地下储水库的最终特征水位和库容,确定开采和回灌设施的位置、数量、开采和回灌能力,进行地下水建筑物的设计。

11.5 地下核废储存库

11.5.1 核废储存的基本方法

核废储存的基本方法如下。

(1)金属罐储存。核能的和平利用虽已有五十多年历史,然而核反应堆排出的核废料及其带有放射性的核废物的安全处理问题始终没有得到妥善的解决。美国到 20 世纪 80 年代初,40 年间已累积了放射性核废料超过 $9.0 \times 10^6 \mathrm{kg}$,仍存放于反应堆附近的大钢罐内,还要用水加以冷却,其他核电较多的国家也有类似情况。这个问题对环境和生态构成严重威胁。近十余年来,许多发达国家都在寻求解决这一问题的途径,经过多种方案的研究比较,认为深地质处置的地层隔绝法(geologic isolation)是唯一安全有效的途径。地下竖井-坑道处置系统核反应堆中的核燃料,每年有 1/4~1/3 需要替换,排出的核废料中还有少量能量,已没有利用价值,但其放射性剂量却很高,而且衰变期很长,有的达数千年。这些核废料经处理后回收一部分有用物质,但最终的废弃物仍有很强的放射性。因此,必须将其密封在多层金属容器中,然后把这种容器放入深度在 500~1000m 的地下岩层中实行长期封存,才比较安全。

(2)核废堆埋处置。核废料在地下封存可选择在不同的地点,如太空、废弃的矿坑、无人的岛屿、海底、冰川、岩盐层等。但研究和实践表明,在深部地层内封存处置核废料,是比较现实可行的方案。常见的核废处置设施如图 11-7 所示。

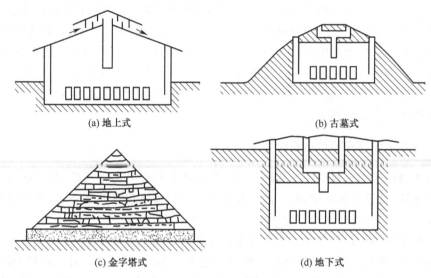

(a) 地上式　　　　　　　　　　　　(b) 古墓式

(c) 金字塔式　　　　　　　　　　　(d) 地下式

图 11-7　常见核废料处置设施

在玻璃球中固化的高放核废料,极限温度达 500℃,经多层密封后,金属容器表面温度约为 200℃,因此,核废料库必须建在能承受这样高热负荷的岩层中。也曾将高放核废液注入钻孔或 2000m 以上的深部岩洞中,通过废液产生的衰变热将岩石与废液溶为一体,经冷却后与岩石固化。对于中低辐射的核废料,常采用在高湿炉焚烧后的灰烬与水泥固化在容器中,最后用混凝土覆盖深埋地下。此外,将核废容器置于 4000m 以下深海或通过火箭运入太空,但都必须考虑核废泄漏存在的潜在威胁。

瑞典从 1977 年开始研究地下核废料库,为在 30 年内处理 13 座反应堆的核废料约 $9.0×10^6$ kg 选择可行的方案。库区占地约 1.0 km², 岩洞埋深 500m,在洞室地面上向下钻孔深 9m,每个孔中放置一个密闭容器,共 7000 个,每个重 20t,容器周围用膨润土塞实,然后整个岩洞用砂和膨润土的混合料回填,把核废料永久封存在深部地层中。

1988 年瑞典完成了一座海底岩洞核废料库的一期工程,建于一座核电站附近的波罗的海海底以下 60m 深的岩层中,包括一个 70m 高的立式储罐,存放高放废料(占 40%),另有 4 条卧式储罐,存放低放废料,总储量为 $6×10^4$ m³,开挖石方量为 $43×10^4$ m³,建设和运行费相当于核电生产成本的 4‰,二期工程随核废料的增多陆续在今后 10~15 年内建成。

加拿大、美国等国也在研究和试建核废料库。加拿大准备建一座埋深 1000m 的核废料库,封存 2015 年以前全国所有重水反应堆产生的高放核废料;美国在 1993 年建成一座大型核废料库,建于 1000m 下的玄武岩中,可以储存 2010 年以前全部商业性核废料。

11.5.2　核废深部地质处置的选址

国际原子能机构(IAEA)于 1981 年拟订了放射性废物深部地质处置库选址和建造时应遵循的 12 项技术原则。

(1)处置库所在地区的区域地质构造应较简单,地质构造较稳定,无地震、火山、断裂等突发性事件发生。

(2)拟选取的处置库埋深要使废物处置体系不受地表风化、侵蚀、地面抬升等自然作用的影响,处置库埋深应大得足以使地面的辐射剂量小于限值。

(3)应预测今后十万年间当地气候变化可能对处置体系造成的不利影响(如海平面上升、冰川等)。

(4)放射性废物处置主岩应有足够大的延伸范围,以对废物安全处置提供可靠的天然屏障。

(5)对于在选址期间钻取的钻孔、坑道等,在废物处置结束后应严密回填、封闭,以防废物中的有害物质向地表迁移。

(6)库址区在现在及可预见的将来应无可供开采的地下资源。

(7)处置区附近地下水流速极小,甚至近于静止状态。

(8)深处置库建成和投入运行后,不会对周围环境(包括地下水体系)产生明显的影响。

(9)应预测废物体、废物容器与地下水可能发生的化学反应及由此带来的不良后果。

(10)应选择吸附性较强的岩石作处置主岩,以增强对放射性核素迁移的阻滞能力。

(11)废物处置主岩应具有较好的抗热性、抗辐射性。

(12)在设计地下处置库时,应考虑当各工程屏障失败后,采取何种技术措施阻滞废物中的放射性核素向生物圈迁移。

在此基础上,IAEA 于 1982 年提出了深部地质处置库场址选址的标准,在 1989 年出版了高放核废深部地质处置库场址选址的安全原则与技术标准(safety principles and technical criteria for the underground disposal of high level radioactive wastes-safety series No. 99),于 1994 年颁布了关于地质处置设施选址安全导则(siting of geological disposal facilities-No. 111-G-4. 1),2007 年发布了核废地质处置安全标准草案(geological disposal of radioactive waste-DS334)。此后,欧共体、美国、法国、中国等相继制定了核废处置库选址的有关标准。

根据 IAEA 及各国的情况,处置库和处置场选址的基本要求如下:①地质构造简单、稳定,岩性均匀,面积广,岩体厚,有较好的吸附和阻滞核素迁移性能;②水文地质条件简单,地下水位较深,无影响地下水长期稳定的因素;③工程地质状况稳定;④距地表水和饮用水源有一定距离;⑤人口密度低、开发前景小,没有重要的自然和人文资源;⑥尽可能远离飞机场、军事试验场地和危险品仓库。

中国国家环境保护总局于 2004 年发布的《核技术利用放射性废物库选址、设计与建造技术要求》规定场址的条件如下。

(1)场址的自然条件:地形地貌比较平坦、坡度较小的地区;地质构造较简单,地震烈度较低的地区;地下水位较深,离地表水距离较远的地区;工程地质状态稳定,无泥石流、滑坡、塌陷、冲蚀等不良工程地表现象;岩土的透水性差、有足够承载力的地基土层的地区;气象条件较好的地区。

(2)场址的社会与经济条件:附近没有可以对废物库安全造成影响的军事试验场、易燃易爆与危险物生产或储存等设施;附近没有具有重要开发价值的矿产区、风景旅游区、饮用水源地保护区或经济开发区;交通方便和水、电供应便利的地区。

总体上,核废深部地质处置的选址应遵循以下两点。

(1)地壳稳定,岩体完整,且属于低渗透介质区域,更不能存在较大的导水断裂,远离人类活动。处置库的围岩一般为花岗岩、凝灰岩、泥岩、页岩、黏土及黏土质岩石。

选择高放废物处置库围岩要考虑很多因素,主要包括围岩的矿物组成、化学成分;岩石的水力学性能;岩石的力学和热学性能。围岩的矿物组成和化学成分对滞留放射性核素起关键作用[11]。研究表明[12],花岗岩、黏土及黏土质岩石、玄武岩和凝灰岩都是很好的围岩类型,典型岩石对某些放射性元素的滞留系数实验结果如表 11-2 所示。围岩在水力学方面应具有低孔隙和低渗透特征,以降低核素随地下水的迁移速度。上述岩石的孔隙度和渗透率都比较低,花岗岩分别为 1.7% 和 $1.6 \times 10^{-8} \sim 2.6 \times 10^{-6}$ cm/s;黏土及黏土质岩石分别为 0.96% 和 $2.3 \times 10^{-8} \sim 7.6 \times 10^{-8}$ cm/s;玄武岩分别为 4.2% 和 $1.09 \times 10^{-9} \sim 114.0 \times 10^{-9}$ cm/s;凝灰岩分别为 0.35% 和 $5.1 \times 10^{-9} \sim 118.5 \times 10^{-9}$ cm/s。岩石的力学性质决定了处置库的稳定性,其力学参数应有利于处置库的施工建造及安全运行。岩石的热学性能主要由热导率表示。高放废物核素的衰变要产生辐射热,据理论计算,高放废物在处置库中放置 5 年以后,近场温度可高达 500℃,热应力的作用能使围岩产生破裂而降低处置库系统的稳定性,因此要求围岩具有一定的导热能力。

表 11-2 典型岩石对某些放射性元素的滞留系数

元素	花岗岩	玄武岩	凝灰岩	黏土及黏土质岩石	盐岩
Sr	200	200	200	200	10
Zr	5000	5000	5000	5000	1000
Sn	1000	1000	1000	1000	100
Sb	100	100	100	100	50
Cs	1000	1000	1000	1000	50
Ra	500	500	500	500	50
Th	5000	5000	5000	5000	1000
U	50	50	40	200	20
Np	100	100	100	100	50
Pu	200	500	200	1000	200

选址应遵从区域、地区到场址的评价过程。区域地质作用演化的评价范围一般在

1000km² 以上,要从宏观上查明包括区域主要断裂的位置、方向和演化特点与构造特征的区域地质背景环境,以及不同含水层的几何形态、范围及水力联系和连续性等水文地质特征。

地区评价研究范围相对较小,在数十平方公里以内地质环境的类型和系统的非均质性,查明处置库场址区地下水时空变化规律,确定地下水流边界。

场址评价在数平方公里范围内,要求岩体完整,且为低渗透介质区域,不能存在较大的导水断裂。需要查清区域水流系统到处置库可能的水流动和迁移通道、裂隙发育特征、地球化学特征和水文地质条件变化出现的近场反应环境。场址阶段需要提供天然水流系统内围岩建造需要评价的参数,包括有效孔隙率、导水率及其相关性、水流运移机制、岩石结构和层位分析、层间水和岩石的水化学及同位素含量等。这些调查结果将用于处置库结构及其近场条件的评价及处置库设计。

利用天然和工程屏障组成的深地质处置库系统(深度 500~1000m)使高放射性废物与人类生存环境安全隔离。然而,地下处置的安全目标能否实现主要取决于放射性核素在基岩中的迁移形式及迁移速率,而这种迁移与处置库系统所处的水文地质环境密切相关。在天然系统内,地下水的载体作用是放射性核素到达生物圈最有可能的因素。因此,在选择地质处置库场址并进行特性评价时,水文地质特征是必须考虑的因素。安全隔离高放射性废物有利的水文地质条件是:弱含水、低渗透和低流速的地质建造,要求地下水流在通道上运移花费时间相当长,至少达到万年尺度[13,14]。

(2)能动断层(capable fault)的存在是被认为不可接受的强制性规定。美国纽约州的 Indian Point 1 号和 2 号反应堆、加利福尼亚州北部的 Bodega 海湾反应堆、Malibu 反应堆、Humbolt 核电站、Diablo Canyon 核电站等,都曾因为能动断层或相关的问题被核安全许可证审批委员会(ASLB)或驳回申请,或重选场址,或修改设计,或中止运行。能动断层是一种活动断层(active fault),被定义为在地表或近地表处有可能引起明显错动的断层[15]。能动断层在核电站的选址中起否决作用,因为地表或近地表错动的断层可以直接导致堆芯失水熔化,并可能大量向外界释放放射性物质,这是绝对不被允许的,所以在选址阶段就应确定场址区是否存在能动断层。

11.5.3 高放废物地质处置的设计

高放废物地质处置采用多屏障系统的设计,即设置一系列天然和人工屏障于废物本身和生物圈之间,以增强处置的可靠性和安全性。这些屏障包括:①废物包装,指废物、固化材料、废物罐和可能的外包装。②工程屏障,指处置库工程建筑物和回填材料。③天然屏障,即地质介质。通过地质屏障,保护人工屏障不使人类闯入,免受风化作用;在相当长的地质时期内工程屏障提供稳定的物理和化学环境;通过一系列物理化学作用,如吸附作用、生物作用、稀释作用等,限制放射性核素向生物圈迁移。圈闭系统中的三重屏障之间具有相互加强的作用,其中天然屏障对长期圈闭起至关重要的作用。

11.5.4 核废处置库建造的基本步骤

处置库建造过程分为五个阶段:场地推荐、场地的特征评价、处置库场地的选择和批准、领取场地执照和处置库建造设计的审批、处置库的建造。

其中，处置库建造之前的地质特征研究计划一般可划分为三个阶段：第一阶段是远景围岩的地面区域研究，包括地震研究和深钻孔调查等；第二阶段是对远景场址区进行更为详细的地面调查；第三阶段是地下研究，包括通往未来处置库深度的竖井和地下实验室的建设。

习题与思考题

1. 什么叫深部地下空间？城市深部地下空间与非城市地下深部空间有何区别？
2. 试分析阐述深部地下空间岩体的变形特点。
3. 试分析阐述深部地下空间岩体的破坏特点。
4. 深部地下空间有哪些基本类型？在规划设计和防护中应注意什么？
5. 试述地下油气储存的基本条件。
6. 试述液体燃料的岩洞水封储存的基本条件。应如何选址？
7. 岩洞水封油库总体布置应考虑哪些因素？试分析之。
8. 地下能源储库有哪些基本类型？其规划设计中要考虑哪些因素的影响？
9. 深部地下水库有哪些基本类型？在规划设计中有何地质考虑？如何避免水库诱发地震？
10. 高放核废处置有哪些方法？如何进行选址的规划设计？
11. 在高放核废深部处置的规划设计中，为何要避开能动断层？
12. 如何进行深部资源开采的规划设计，试从环境的协同性原理出发分析其影响因素。

参 考 文 献

[1] 平松弘光. 大深度地下使用と土地収用[C]//大浜启吉. 都市と土地政策. 东京：早稻田大学出版社,2002.
[2] 何满潮,钱七虎. 深部岩体工程响应的特征科学现象及"深部"的界定[C]//钱七虎院士论文选集. 北京：科学出版社,2007,542-548.
[3] 何满潮. 深部的概念体系及工程评价指标[J]. 岩石力学与工程学报,24(16)：2854-2858.
[4] 钱七虎. 深部地下空间开发中的关键科学问题[C]//钱七虎院士论文选集. 2004；549-568.
[5] Nguyen M, Braham S, Durup J G. Modelling subsidence of the Tersanne underground gas storage field[C]//The 4th Conference on the Mechanical Behavior of Salt. Clausthal-Zellerfeld：TTP Trans Tech Publications,1996.
[6] Menzel W, Schreiner W. Results of rock mechanical investigations for establishing storage caverns in salt formations[C]//Proc 6th Symp on Salt. Alexandia：The Salt Institute,1985.
[7] Bauer S J. Analysis of subsidence data for the Big Hill site,Texas(SAND99-1478) [R].Albuquerque：Sandia National Laboratories,1999.
[8] Bauer S J. Analysis of subsidence data for the West Hackberry site,Louisiana(Sand97-2036)[R].Albuquerque：Sandia National Laboratories,1997.
[9] Goin K L, Neal J T. Analysis of surface subsidence of the strategic petroleum reserve crude oil

storage site from December 1982 to January 1988(SAND 88-1309)[R]. Albuquerque:Sandia National Laboratories,1998.

[10] 李旺林,束龙仓,殷宗泽. 地下水库的概念和设计理论[J]. 水利学报,2006,37(5):613-618.

[11] 郭永海,王驹,金远新. 世界高放废物地质处置库选址研究概况及国内进展[J]. 地学前沿,2001,8(2):327-332.

[12] Thomas H. A Study of the Isolation System for Geologic Disposal of Radioactive Waste[M].Washington:National Academy Press,1983.

[13] 郭永海,刘淑芬,王驹,等. 高放废物处置库选址中的水文地质特性评价[J]. 世界核地质科学,2007,24(4):233-237.

[14] Witherspoon P A. Geological problems in radioactive waste isolation-second worldwide review[R]. 1996.

[15] 李愿军. 我国高放废物处置库的选址与能动断层研究[J]. 震灾防御技术,2007,2(4):401-408.

第12章　地下空间环境调控与灾害防护

内容提要：本章主要介绍地下空间环境的基本概念、特点，环境调节、地下空间灾害防护及应急储备的内容与方法。重点论述地下空间环境调节与监测监控、地下空间环境的灾害防护及其规划设计原则与方法。

关键词：地下空间环境；环境要素；调控；监测；主动防灾；综合防灾；应急储备。

12.1　地下空间环境

12.1.1　地下空间环境的定义

地下空间环境是指围绕地下空间建筑或构筑物的外部空间、条件及状况，包括自然和社会两个要素，狭义的地下空间环境是指地下空间建筑或构筑物所处自然环境要素的总和，包括地下空间建筑或构筑物的地质环境及空气、光、热及声等环境。

12.1.2　地下空间环境的基本特点

地下空间的建筑或构筑物建造在土层或岩层中，直接与岩土介质接触，其空气、光、声及空间等环境有别于地面建筑环境，使得建筑环境内部空气、光、热和声等环境具有以下特点。

1）在空气环境方面

（1）温度与湿度。由于岩土体具有较好的热稳定性，相对于地面外界大气环境，地下建筑室内自然温度在夏季一般低于室外温度，冬季高于室外温度，且温差较大，具有冬暖夏凉的特点，但由于地下空间的自然通风条件相对较差，因此通常又具有相对潮湿的特点。

（2）热、湿辐射。地下建筑直接与岩体或土壤接触，建筑围护结构的内表面温度既受室内空气温度影响，也受地温的作用。当内表面温度高于室温时，将发生热辐射现象，反之则出现冷辐射；温差越大，辐射强度越高。岩体或土中所含的水分由于静水压力的作用，通过围护结构向地下建筑内部渗透，即使有隔水层，结构在施工时留下的水分在与室内的水蒸气分压值有差异时，也将向室内散发，形成湿辐射。如果结构内表达到露点温度而开始出现凝结水，则水分将向室内蒸发，形成更强的湿辐射现象。

（3）空气流速。通常，地下建筑中空气流动性相对较差，直接影响人体的对流散热和蒸发散热，影响舒适感。因此，保持适当的气流速度，是使地下环境舒适的重要措施之一，也是衡量舒适度的一个重要标准。

（4）空气的洁净度。空气中 O_2、CO、CO_2 气体的含量、含尘量及链球菌、霉菌等细菌含量是衡量空气洁净度的重要标准。地下停车、地铁及地下快速道路、地下垃圾物流等均易产生废气、粉尘，地下潮湿环境也容易滋生蚊、蝇害虫及细菌，室内潮湿，壁面温度低，负辐射大，空气中负离子含量少，在规划设计中，地下空间应有相应的通风和灭菌措施。

此外，受地下空间围岩介质物理、化学和生物性因素影响，以及建筑物功能、材料、经济和技术等因素制约，地下建筑空间还可能存在许多关系人体健康和舒适的特点[1]。组成地下空间建筑的围岩和土壤存在一定的放射性物质，不断衰变产生放射性气体氡。另外，地下建筑装饰材料也会释放出多种挥发性有机化合物（VOCs），如甲醛、苯等有毒物质。人们在活动中也会产生一些有害物质或异味，影响室内空气质量。

2）在光环境方面

地下空间具有幽闭性，缺少自然光线和自然景色，环境幽暗，给人的方向感差。为此，在地下建筑环境处理中，对于人们活动频繁的空间，要尽可能地增加地下建筑的开敞部分，使地下与地面空间在一定程度上实现连通，引入自然光线，消除人们的不良心理影响。

色彩是视觉环境的内容之一，地下空间环境色彩单调，对人的生理和心理状态有一定影响，和谐淡雅的色彩使人精神爽适，刺激性过强的色彩使人精神烦躁，比较好的效果是在总体上色调统一和谐，在局部上适当鲜艳或对比。

3）在声环境方面

地下空间与外界基本隔绝，城市噪声对地下空间的影响很小。在室内有声源的情况下，由于地下建筑无窗，界面的反射面积相对增大，噪声声压级比同类地面建筑高。在地下空间，声环境的显著特点是声场不扩散[2]，属非扩散性扬声场，声音会由于空间的平面尺度、结构形式、装修材料等处理不当，出现回声、声聚焦等音质缺陷，使得同等噪声源在地下空间的声压级超过地面空间 5～8 分贝，加大了噪声污染。

4）在地质环境方面

地下空间的建筑或构筑物建造于地质环境中，与地质体共同承担地质环境中的应力、温度及水等环境要素的变化、地质环境的演化及由此产生的影响。地下空间与地质环境相互作用、相互影响和制约，其作用、影响和制约的程度和响应与地质环境的区域构造、地下空间的规模、深度、建造方式及防护等有关，其变形、破坏及强度等具有时空演化的特点。

5）在空间上

地下空间相对低矮、狭小，由于视野局限，常给人幽闭、压抑的感觉。空间是地下建筑环境设计中最重要的因素。它是信息流、能量流、物质流的综合动态系统。地下建筑空间中的物质流，在整个空间环境中是最基本的，它由材料、人流、物流、车流、成套设备等组成；能量流由光、电、热及声等物理因素转换和传递；信息流由视觉、听觉、触觉及嗅觉等构成，它们共同构成了空间环境的物质变化、相互影响与制约的有机组成部分[3,4]。

在进行地下空间规划设计时，要从布局、高度、体量、造型和色彩全面考虑，不仅在空间结构上优化，还要重视地下空间的入口、过渡及内部环境设计，根据地下空间建筑的特点，通过室内装修、灯光色彩、商品陈列、盆景绿化、水帘水体、雕塑及三维环境特效演示等设计进行改善，提高环境质量，达到空间环境、自然环境和功能环境的和谐，塑造一个优良的地下空间环境[5]。

12.2　地下空间环境调节

12.2.1　地下空间环境调节的作用

地下空间环境调节,是指采用一定的技术手段,对地下空间中空气、光、热、声及视觉感观等环境要素进行调整,使环境因素的变化适应人体及设备运行等的要求,使环境系统从不平衡态转变为平衡态的调整与控制过程。

地下空间环境调节的基本作用就是通过对地下空间环境的适当调节与控制,使空气、光、热及声等环境要素水平达到有关规定的标准,空气中的温度、湿度、气流速度及洁净度与人体相适应,光线、色彩及营造的自然景观适合人体感观的需求,地下空间的规模与地质环境相适应,消除和避免地质灾害及辐射等化学危害,最终达到安全、舒适、低能耗、高效率、无损害的生态要求。

12.2.2　地下空间环境调节的主要内容

地下空间环境调节的主要内容包括以下几点。

(1)空气环境调节,主要包括地下空间中空气的温度、湿度、空气流速及气压等的调节,并通过调节,使空气中 O_2、CO_x、CH_4、N_xO_y、SO_2、H_2S、Rn 及其子体等气体的含量、含尘量及链球菌、霉菌等细菌含量达到相关标准。

(2)光学环境调节,主要包括照度、均匀度及色彩适宜度等的调节。

(3)声学环境调节,主要指对地下空间中噪声辐射水平或声压级的调节与控制。

(4)地质环境调节,主要包括地应力、地温及地下水的调节,并通过调节,降低地下空间建筑围岩的地压水平,控制地下空间变形、垮塌、岩爆等的发生,防止地面沉降、开裂、塌陷及地下水位下降等次生地质灾害。

12.2.3　地下空间环境调节的主要方法

1) 地下空间环境的通风调节

通过通风改善地下空间的小气候,净化空气,并排出空气中的污染物;同时,防止有害气体从室外侵入到地下。常见的通风方式有自然通风、机械通风及混合式通风。

(1)自然通风,是指以自然风压、热压及空气密度差为主导,促使空气在地下空间自然流动的通风方法。根据自然通风的形成原理,要求风向比较稳定,并有贯穿的洞口,风口之间存在一定的高差。因此,需要考虑建筑的朝向、方位、渗透性及门窗的开启程度,并通过设置直通到顶的中庭(天井)、进风和排风管及精心设计的风路来促进和控制建筑内部的自然通风。

在地下建筑中,自然通风一般以热压为主,自然风压和密度差较小。常见的自然通风形式为通风烟囱＋天井/中庭。地下建筑除了必要的出入口、通风口及采光天井外,基本上是一个密闭体,很厚的岩土层围护结构具有很好的热稳定性。在夏季,地下建筑室内温度低于室外温度,而冬季则高于室外温度,它们之间的温差促使了地下建筑内外产生热压,形成自然通风。自然通风的原理就是根据地下建筑热压通风规律和特点,形成自然通风。利用自然通风设计可以达到节能的目的。自然通风一般适合于埋深、规模和洞体长度不大的地下空间,但受季节气候影响。

(2)机械通风,是指利用通风机械叶片的高速运转,形成风压以克服地下空间通风阻力,使地面空气不断进入地下,沿着预定路线有序流动,并将污风排出地表的通风方法。机械通风是将机械能转化为空气压缩能和动能的过程。当地下空间轴向长度较大或大深度时,如洞室长度较大(如地铁隧道、综合管廊)及其他深部地下空间主要采用机械通风。

机械通风方法分抽出式、压入式和抽-压混合式。抽出式通风是将主通风机安装在出风口,新风经进风口进入地下,污风经风机排出地面的通风方法。压入式通风是将主通风机安装在进风井一侧的风口,新风经主风机加压后送入地下,污风经回风口排出地面的通风方法;抽-压混合式通风则是在进风口和回风口均安装主风机,新风经压入式主风机输送到地下,污风经抽出式主风机排出地表的一种通风方法。

在地下建筑中,常见的机械通风方式为中央进风、四周排风。当对建筑形式有特殊要求,不允许建设高耸通风烟囱的建筑时,单纯依靠烟囱效应不能满足建筑的通风需要;同时,当地下建筑密闭、大进深无法实现穿堂风时,通常采用机械辅助的方式来实现自然通风。为了达到通风效果,还通过设计安装在天井顶部的冷气盘管使天井口部的空气冷却下沉进入天井内部,然后引入各楼层,最后由建筑四周的排气烟囱排出,在排气口通过设置吸热盘管吸收太阳能及机房的废热促进空气的流通。其烟囱的排气口通过设计平行的铝制半管来接受各个方向的来风,从而避免风产生空气滞流。对于深部地下空间,常采用的通风方式有中央式、对角式、区域式和混合式,它们有各自的优缺点和使用条件[6]。

(3)混合式通风,是指利用自然通风和机械通风相结合的通风方法。对于一些温差较大的地区及深部地下空间,因为无法满足人的热舒适性和通风要求,因此,不能完全利用自然通风,此时可以利用自然通风和机械通风相结合的方式实现通风。对于深度不大的地下空间,在气候温和的季节及夜晚可以利用自然通风来达到节能目的,但是由于可能的恶劣天气,地下建筑的自然通风必须统一组织,并适时根据天气情况进行调控。在进风口设计空气净化设备,而在排风口设计能量回收装置,以利节能。可调控的机械与自然通风相结合的混合式系统由于适应性强且具有较好的节能特性,在地下空间通风中广为采用。

2)地下空间环境的热-冷-湿辐射调节

地下空间由于室内温差变化及岩土体井水压力的作用,会出现热-冷-湿辐射,改变室内温度,造成壁面潮湿,破坏地下空间环境质量。深埋地下空间围护结构的传热主要受洞室内的空气温度变化的影响,而浅埋地下空间围护结构的传热,除了受洞室内温度变化的影响外,还受地面温度年周期性变化的影响。热湿调节的主要方法是采用围护结构隔离,表面加设防潮、保温和隔热材料,减少壁面对人体的负辐射;采用暖通空调对温度、相对湿度、压力、压差及浓度位差的被调参数进行自动调控,提高舒适感。

3）地下空间光学环境调节

合理的采光和照明是地下空间光学环境调节的主要方法。把天然光线和自然景色引入地下，增加照度和自然气氛；适当地提高地下照度标准，采用人工照明；增设一定数量的保健灯，利用紫外线杀菌、抗佝偻病，促进免疫，抵抗疾病。

天然光线不但起采光作用，且有益人体健康。设置下沉广场、庭院、天窗或部分玻璃屋顶，都可以使地下建筑得到一部分天然光。对于无法自然采光的可以设计人造光体系来模拟自然光或采用合理的照明设计，要求能够加强空间的宽敞感并创造出富有活力的、多样的地下建筑内部环境。

照度、均匀度及色彩的适宜度是衡量光环境质量的重要指标。地下建筑中的照度标准，至少应不低于同类型同规模地面建筑，在此前提下，在某些部位还应有所提高。例如，室外环境的照度在晴天为 5000 勒克斯以上，比室内人工照明条件下的照度高出几倍到几十倍，人们从室外环境直接进入地下环境时，强烈的光线反差会使视觉受到较大刺激，甚至在短时间视力不适应。因此，在出入口部位白天的照度应高于内部照度，使之尽可能接近天然光照度，且应形成一个强弱变化的梯度，使人逐步适应；夜间则相反，出入口部分的光线应由强变弱，以适应地面上比较暗的光环境。

4）地下空间色彩调节

从造型、色彩、质感和光源等方面综合设计，以满足视觉舒适是地下空间色彩调节的主要内容。

由于色彩的视觉刺激性，色彩调节能使人们精神振奋，提高工作和学习效率，防止灾害事故甚至预防病患。优化地下公共空间及其过渡的规划与色彩应用设计，使地下活动空间具有生动、安全、舒适的空间感，以用户为中心，人性化地进行地下公共空间与色彩应用设计，可提高地下空间质感功能性。

以人为本，坚持生态化和艺术性原则，运用植物、山石水体、公共设施艺术化、铺装景观、灯光等景观要素，在地下空间的地下入口、开敞式楼梯入口、建筑入口、独立式门厅入口、地下天井庭院及地下中庭等地下公共开放空间进行景观设计，营造出人性化、生态化、富有艺术美感的地下活动空间。

城市地下空间环境封闭，很难利用日光，缺乏自然景观，无四季变化，方向感观较差，易使人产生空间封闭感、压抑感。在地下空间的规划设计中，可以通过合理安排地下空间景观元素，达到丰富地下空间层次、改善地下空间环境质量、提升地下空间生活品质的效果，并减少人们对地上、地下空间的差异感，创造出富有活力、充满生机、安全宜居的地下空间环境，最终起到促进地下空间开发与利用的作用。

5）地下空间声学环境调节

声学环境规划的基本要求是注意噪声源和安静空间之间的分离和隔离，室内调节的重点是考虑空间音质的改善，并注意隔离噪声。地下空间的声学环境涉及背景噪声、声压级的分布特点及不同条件下混响时间的变化规律等方面[7]，为了把地下空间室内噪声控制在容许值以下，地下声学环境调节的主要方法是隔声、吸声并对地下空间的形状进行合理规划。

通常，通过孔、洞、缝传入室内的噪声比透过界面传入的要强得多，因此，应注意这些部分的隔声问题;如果室内有噪声源,吸音措施只能减弱反射声的强度,只有隔声才可能减弱噪声源对周围环境的影响。吸声材料和构造应满足地下环境要求,防水、防潮、不霉、不蛀、耐久,不改变材料和构造的吸声性能,微穿孔铝板、微孔玻璃钢片、微孔玻璃丝布、微孔化纤布及纸面石膏板等为常见的吸声材料与构造,装修时可采用多种后空尺度和带孔钙塑板,以提高并扩宽中、低频带的吸声性能;增加穿孔小波石棉瓦的穿孔率,再填充玻璃棉等也将会产生显著的吸声效果。

对地下空间的机械设备采取减振和隔噪措施,分离设置。扁平型空间和线形长空间对声级的衰减和混响时间不同,线形空间的声级衰减较快,扁平形空间的混响时间较长且保持较高的水平,影响地下空间的音质清晰度[8]。

地下空间的特殊地理位置和功能要求使之对声音的传播非常有利,要创造良好的听觉环境,一方面要控制一切噪声,以免影响人的心理情绪;另一方面需要利用适当的背景音乐来烘托环境气氛,创造舒适的听觉环境。在地下空间规划设计中,利用不同平面尺度空间音质的特殊性及隔、吸声材料与结构,可以对地下空间不同频率噪声的声压级分布与混响时间等进行调节,并达到地下空间语言广播系统音质的高清晰度。

6) 地下空间地质环境调节

地下空间处于地质环境中,造成应力重分布,地下水渗流甚至改变水力联系,其与地质环境相互作用机制、作用效应除与地质环境条件有关外,还与地下空间所处深度、规模大小、断面形状、布置方式、结构形式及围岩支护方法、围护结构等有关。通常采用的调节方法主要有:①合理调整地下空间的布置,使地下空间主轴方向与最大水平主应力方向一致或近似平行,以减少地应力对地下空间结构的破坏;②优化地下空间的断面形状,尽量采用半圆拱、弧形拱断面,避免折角,壁与顶、底面采用圆弧过渡,以避免应力集中现象的发生;③采用点柱、墙等分隔地下空间,合理控制地下空间单元的暴露面积和体量;④采用支护加固技术和结构优化,提高地下空间的结构刚度并使之与地质环境相适应;⑤采用应力转移等技术方法,调整地下空间围岩应力分布,控制突然来压,降低地压及岩爆发生几率;⑥采取帷幕注浆及防渗防潮等技术,减少对地下水的扰动,避免地下水入侵地下空间。

7) 地下空间的环境设计

把室内空间作为整体环境综合设计,除符合使用功能外,还应尽量满足人体的生理和心理要求。室内空间的分隔和造型艺术要力求创造一个较好的视觉环境。内部采用高明度、浅淡和明亮的后退色,可使地下洞室有宽敞之感;在狭长的过道内,设计明亮色彩的侧墙,或用几种不同的色彩,可以打破单调、漫长和沉闷之感;室内空间尺度要布置合适,使其尽量通透;设备和门洞间的尺度要符合人体工程学的要求;各部件相互之间的比例要协调;光和色要经过科学和艺术处理。

此外,加强对地下空间的科学管理,对环境质量进行定期卫生调查和监测,对主要污染源进行控制和治理,秋、冬季节进行湿式扫除以减少尘埃;根据需要增设降湿机、空气负离子发生器、吸尘器、空调机等机械设备,建立专人管理负责制度。采取综合措施,是保持地下建筑环境质量的关键。

12.3　地下空间环境的监测监控

12.3.1　地下空间环境空气质量监测

在地下空间环境中,空气质量监测的基本内容包括氧气与有毒有害气体的浓度,以及风速、风压、温度、湿度、烟雾、粉尘、通风机开停状态等。有毒有害气体包括氮气、光气、一氧化碳、二氧化氮、硫化氢、二氧化硫、甲烷、乙烷、乙烯、硝基苯蒸气、氰化氢、氡及其子体等的浓度。其中,除氯、氨、氮氧化物、光气、氟化氢、二氧化硫、三氧化硫和硫酸二甲酯等具有强刺激性气味容易被人的嗅觉感知外,氮气、甲烷、乙烷、乙烯、一氧化碳、硝基苯蒸气、氰化氢、硫化氢等为窒息性气体,不容易被人体感知,通常需要采用传感器技术进行探测。一氧化碳报警浓度不应高于24.0ppm,二氧化氮报警浓度不应高于2.5ppm,硫化氢报警浓度不应高于6.6ppm,二氧化硫报警浓度不应高于5.3ppm。空气中氡(钍射气)及其子体浓度,氡及其子体的监测应符合EJ378-1989的规定。

在地下空间中,应针对地下空间的活动特点,布置空气质量监测系统,对大气中氧气及有毒有害气体、温湿度、烟尘等进行实时在线监测、预警和控制,各种有毒有害气体在空气中的含量应符合有关安全卫生标准。监测监控系统是指由主机、传输接口、传输线缆、分站、传感器、数据转换与集成等硬件设备及分析管理软件组成的系统,具有信息采集、传输、存储、分析处理、显示、打印、声光报警和自动启动应急预案等功能。

有毒有害气体在线监测系统由数据采集系统、数据分析处理系统、地理信息管理系统和系统管理与信息发布系统组成。数据采集系统由固定式监测器、可移动式检测仪、各类传感器、数据接口、数据转换器、数据集成盒组成。数据分析处理系统由计算机、显示器、打印机、传真机等终端及软件组成,数据采集系统采集的数据通过数据转换和集成后,由接口线缆传输到终端并由软件进行分析处理,实现数据采集上传、记录位置信息、检测气体浓度、泄露报警和现场控制。地理信息管理系统则对地下空间的地理位置、所属关系、生产使用情况、有毒有害气体种类、场所、救灾路径规划及定位等信息进行管理。系统管理与信息发布系统包括用户权限管理及信息发布子系统,在用户权限管理子系统中实现用户信息、用户IP、使用权限设置等用户信息及访问记录、跟踪、回放等安全使用管理;在信息发布子系统中对毒物信息、监测地点信息、报警信息及数据统计报表等进行管理和查询。毒物信息包括毒物名称、毒物危害、报警限值设置、卫生标准月均值;监测地点信息包括监测点位置、毒害气体描述、监测参数、报警标准设置;报警查询包括一级报警及二级报警等;数据管理包括实时、历史数据曲线、数据查询,数据统计和报表包括小时均值、最大值、最小值、日均值及月均值。

其中,地理信息系统和信息发布系统可相互嵌入,有毒有害气体在线监测系统应与数字视频监测系统相结合。

12.3.2　地下空间工程环境变量监测

地下空间工程的环境变量包括地质及支护状况、地下水、应力应变、压力、位移、温度、震动及噪声。

其中,地质及支护状况主要包括岩性、结构面产状、开裂及隆起等变形;地下水包括地下水位、孔隙水压力及其水化学特征;应力应变包括围岩应力、应变,支护结构的应力、应变以及围岩与支护之间的接触应力;压力主要包括支撑上的围岩压力和渗水压力;位移包括围岩位移、地面沉降、支护结构位移及围岩与支护倾斜度;温度包括围岩体壁面温度及洞室温度;震动主要包括地震、爆破震动及机械设备引起的振动;噪声主要来自地下空间车辆运行、风机房、水泵房、地下发电机组、工业生产、试验及公共活动场所喧闹等诱发的低频($<400\mathrm{Hz}$)、中频($400\sim1000\mathrm{Hz}$)及高频($>1000\mathrm{Hz}$)噪声,不同功能的地下空间,噪声源不同,噪声特点不同。

地下空间环境监测监控方法方面的内容,在相关专业技术著作中有详细阐述,这里不再赘述。

12.4　地下空间环境灾害防护

12.4.1　地下空间灾害类型

在成因上,地下空间灾害分自然灾害和人为灾害两类,自然灾害分气象灾害、地质灾害及生物灾害,气象灾害分雷击、风暴、洪涝及雪暴;地质灾害分地震、海啸、山崩、地陷、滑坡、泥石流、火山喷发等;生物灾害分瘟疫、虫害等。人为灾害可分为主动灾害和被动灾害,主动灾害包括战争、犯罪等引起的灾害;被动灾害包括火灾、爆炸、事故、化学泄露、核泄漏等。对地下空间灾害进行统计调查,结果显示[9]:首先,在人员活动比较集中的地下街、地铁车站、地下步行道等各种地下设施和建筑物地下室中发生灾害占40%,说明在这些空间中发生灾害的概率较大,应引起特别的重视。然后,火灾的次数最多,约占30%,空气质量恶化及事故约占20%,二者相加约占一半;又因空气质量事故多由火灾引起,因此火灾在地下空间内部灾害中发生频次最高,其他灾害的发生次数一般不超过5%。最后,以缺氧和中毒为主要特征的内部空气质量恶化现象,在建筑物地下室和地下停车场等处发生的次数也较多,也属地下空间内部灾害的主要类型之一。

12.4.2　地下空间灾害特点

地下环境的最大特点是封闭性,除有窗的半地下室外,一般只能通过少量出入口与外部空间取得联系,给防灾救灾造成许多困难。首先,在封闭的室内空间中,容易使人失去方向感,极易迷路。在这种情况下发生灾害时,心理上的惊恐程度和行动上的混乱程度要比在地面建筑中严重得多。内部空间越大,布置越复杂,这种危险就越大。然后,在封闭空间中保持正常的空气质量要比有窗空间困难得多,进、排风只能通过少量风口,在机械通风系统发生故障时很难依靠自然通风补救。此外,封闭的环境使物质不容易充分燃烧,在发生火灾后可燃物发烟量大,对烟的控制和排除相当复杂,不利于内部人员疏散和外部人员进入救灾[10]。

地下环境的另一个特点是处于城市地面高程以下,人从楼层中向室外的行走方向与在地面建筑中相反,这就使得从地下空间到开敞的地面空间的疏散和避难都要有一个垂直上行的过程,比下行要消耗体力,从而影响人员的疏散速度。同时,自下而上的疏散路线,与内部的烟和热气流的自然流动方向一致,因而人员的疏散必须在烟和热气流的扩散速度超过步行速度之前进行完毕。由于这个时间差很短暂,又难以控制,所以给人员疏散造成很大困难。此外,这个特点使地面上的积水容易灌入地下空间,难以依靠重力自流排水,容易造成水害;如果地下建筑物处在地下水的包围之中,还存在工程渗漏水和地下建筑物上浮的可能。还有,地下结构中的钢筋网及周围的土或岩体对电磁波有一定的屏蔽作用,妨碍无线通信,如果接收天线在灾害初期遭到破坏,将影响内部防灾中心的指挥和通信工作。

12.4.3　地下空间灾害的成因

地下空间内部灾害的发生和扩大的主要原因,可分为以下几种。

(1)火灾原因:电气事故,如打火、短路、过热等引起火灾;使用明火不慎,如饮食加工、电焊、淬火等;易燃气体泄漏,以及吸烟、监控系统失灵等。火灾发生后容易蔓延的原因可归结为:①报警迟缓;②场地不易找到,延误了初期灭火行动;③消防队距火场过远;④火场附近缺少水源;⑤信息不能顺利传递;⑥对避难人流进行了错误的引导,使之滞留在火场;⑦手动喷淋设备未启动;⑧备用电源故障;⑨风道和烟道的灭火设备失灵;⑩合式灭火设备因热气流作用而未启动;⑪排烟系统运转失当,无法形成安全避难区;⑫防火卷帘未开启,又无旁通小门;⑬防火卷帘过早降落,使疏散人流被阻;⑭逃生者抢逃,妨碍灭火水源的接通;⑮第一层和第二层地下室之间没有隔火设施,不利于控制火源和组织灭火行动;⑯木质、纸质等易燃物较多。

(2)爆炸原因:①易燃气体泄漏;②初期爆炸后的易燃气体扩散未被感知;③易燃气体沿通风道向上扩散,地下室中未能嗅到气体的气味;④二次爆炸发生,使消防人员遭到伤亡;⑤气体紧急阀门失灵;⑥热辐射使人无法关闭上部的阀门;⑦对建筑物上部与地下部分的特点缺乏了解而反应迟缓;⑧报警延迟和消防队因交通堵塞而受阻。

(3)缺氧中毒事故原因:①感知迟缓;②报警和救援延误;③防火卷帘未开启;④备用发电机运转后耗氧过多;⑤门关闭后空调停止;⑥管理系统反应迟钝,不知如何应付紧急局面。

(4)水淹原因:①相邻施工现场发生水害后因无阻隔,水浸入地下空间;②在救灾过程中因不知水管位置误使供水干管破裂,地下室的外门因内部空气超压而无法开启排水。

(5)电气事故原因:①事故原因查找时间拖延;②未准备好需要更换的备用件;③正常照明与事故照明系统之间切换时间过长而引起混乱。

综合以上各种灾害的成因,大致可归纳为设计问题、设备问题和管理问题等三个方面,其中,由于管理不善而引起的灾害,包括平时缺少维护而使一些设备遇灾后失灵,这是导致灾害发生或使灾害损失扩大的一个重要原因,感知和反应迟缓也是较普遍存在的现象。此外,地下空间的封闭环境所造成的疏散困难、救援困难、排烟困难和从外部灭火困难等特点,也是地下空间内部灾害相对地面同类建筑更难防范和抗御的重要因素。

12.4.4 灾害防护的基本方法

地下空间灾害防护的基本方法主要可分为单灾种防护、多灾种防护、主动防灾、综合防灾与被动防灾。

1）单灾种防护

单灾种防护，是指为自然灾害或人为灾害中的单一灾害类型进行的灾害防护。单灾种防护通常是根据防护范围内孤立灾害的单一性或根据灾害发生种类、特点、频次及规模等，对其中的主导灾害进行的一种防护，其特点简单，功能单一，对并发灾害防护的适应性差。

2）多灾种防护

多灾种防护，是指同时对多种自然灾害进行防护。其特点是可在防护范围内同时对多个灾种或主要灾种进行防护，能满足灾害链式演化系统的需要，是综合防灾的初级形式。

3）主动防灾

主动防灾，是指在灾害发生前，采取一定的技术措施对灾害进行预防以减少灾害发生，变被动抗灾为主动防御的一种方法。在地下空间灾害防护中，主动防灾还包括另外两方面的含义：一是为了满足平时需要，开发利用地下空间要主动兼顾防灾；二是将地下空间作为防灾工程的重要和必要组成部分，主动利用地下空间防灾。其特点是能充分发挥主观能动性，在充分利用地下空间的防灾特性的同时，对地下空间自身的潜在灾害进行预防。

4）综合防灾

综合防灾，是指在防护范围内将地面、地下各潜在灾种综合考虑，采用的一种融主动防灾、救灾为一体的灾害防御方法。通常包括三层含义：①防灾贯穿于灾前预防、灾中救助和灾后恢复重建的全过程；②包括防护范围内潜在的各灾种；③防灾有实体机构实行统一的组织管理，有完善、畅通的灾害信息共享机制、灾害评估及辅助决策系统。它要求建立大安全观，在制定各单项防灾减灾规划时，从大系统出发，考虑城市全局及灾害的多发性与连锁效应，实现各类灾害的应急预案、应急管理与防灾规划的综合、全过程优化、信息共享、社会与政府防灾行为联动、防灾规划与城市总体发展规划相结合，防灾救灾硬件与软件结合。

综合防灾的特点是能对多灾种进行综合考虑，形成统一的防灾系统，共享防灾资源。通过综合防灾，可实现防灾组织管理、信息及资源的整合，实现防灾一体化。

12.4.5 地下空间火灾防护

1）烟气流扩散规律

烟气流是火灾时物质燃烧或分解时散发的固态或液态悬浮微粒和高温气体，由燃烧物释放的高温蒸气和有毒气体、被分解和凝聚的未燃物质及被火焰加热而带入上升气流中的大量空气组成。烟气具有毒性和减光性，通视距离小是影响人员撤离的主要原因。火灾时，烟的扩散速度、减光系数及烟的影响范围将随时间而增大，通视距离逐渐缩小。

一般发烟后 2 分钟内烟气扩散速度为 0.5m/s,减光系数 $C_s=0.1$,通视距离为 15~25m;2~5 分钟后烟速仍为 0.5m/s,减光系数增至 0.5,通视距离降到 3~5m,烟的单向影响范围从 60m 扩大到 150m;5~6 分钟后,烟速增至 1.0~1.5m/s,$C_s>1.0$,单向影响范围扩大到 200~250m,此时通视距离降至 2.7m 以下。此外,烟沿楼梯垂直上升的速度要比水平方向快 2~3 倍。

烟的减光系数反映了烟的浓度。一般认为,正常人的避难界限浓度应为 $C_s=0.1$~0.2。这种条件下,在建筑布置上仍需采取进一步的措施,为人员有秩序地疏散创造方便的条件,包括合理布置通道网,并对人员的疏散加以必要的引导。

2)地下空间火灾的特点

地下空间建筑发生火灾时,具有以下特点:①烟气量大,高温且散热难。地下空间具有密闭性,空气流通不畅,燃烧不充分,会发生大量烟气,不易扩散,温度达 800℃甚至超过 1000℃。②换气受制约,烟气控制难。在地下空间,自然补风受到限制,需依赖风机强制性换气和排风,且易形成负压,造成烟气无法排出,导致疏散门开启困难。③易形成烟窗效应。④人员疏散难。一方面,烟气量大,高温,有毒气体,人员易缺氧、窒息和灼伤,且能见度低,刺激性气体使人无法睁眼,找不到方向;另一方面,人流方向与烟气方向一致,人群疏散速度低于烟气扩散速度,若烟气得不到控制,无法疏散,容易造成混乱。⑤灭火救援困难。救援人员无法直接观察到火灾的具体位置和情况,难以进行有效阻止,只能通过有限的出入口进入火场,难以迅速到达发火位置;信号受屏蔽效应干扰,难以与地面及时联络。

3)火灾防护的主要内容

(1)严格控制火源。主要火源为明火、电器或金属打火。在地下空间中,原则上应禁止使用明火和禁止吸烟,明火可能引燃周围的可燃物品,还可能使达到一定浓度的易燃气体或粉尘发生爆炸。当需使用明火时,应限制其使用范围,清除周围可燃物,并从建筑布置上加以隔离,同时对易燃气体的系统采取漏气感知、报警和自动切断气源措施。还要加强电气设备和线路的维护,减少硬物碰撞打火的可能性。例如,在汽车库内排除钣金作业,在人行通道上使用防静电地面材料等。

(2)使用耐火材料。建筑物的结构、构件,应要求有足够的耐火能力,符合防火规范的耐火极限规定,同时应禁用可燃材料,特别是可燃装修材料。

(3)防火防烟分区。当初期的控制措施失效,火灾已经发生时,应进一步采取措施防止灾情的扩大,尽可能阻隔火势的蔓延和烟流扩散。在地下空间,应进行防火分区规划,尽可能设置防火分区、防烟分区、防烟楼梯间、防烟垂壁等,以阻止火势蔓延和烟流扩散。对火和烟的阻隔时间越长,就越能为人员的疏散和消防人员的灭火造成有利条件。

在地下建筑中设置防火和防烟隔间,对把火源控制在有限范围内和迟滞灾情的扩大是十分重要的。

为了阻止烟流的扩散,应在地下建筑中减少发烟量大的物品,并设置排烟系统将烟有组织地排走,还要对自然扩散的烟流加以阻隔,划分成若干个防烟单元。防烟单元和防火单元可以统一,防烟单元的面积可小于防火单元的面积,在每个防烟单元中应设独立的排烟系统。

设置防烟楼梯间是阻隔火和烟沿垂直方向蔓延的有效措施,特别是在人员安全出口处更为重要。

　　在地下建筑中常有较长的通道,而通道不可能用防火门或墙阻断,因此,每隔一定距离设置一道 0.8m 左右高的防烟垂壁,可有效地迟滞烟的流动。垂壁在平时可以做成吊顶的一部分,相当于一块翻板,遇火或烟时自动翻转下垂。

　　(4)建立监测监控系统。在地下空间应设置自动感温、感烟和自动报警系统。在大型或人员集中的地下建筑中,应设防灾中心,中小型的可与机电设备的控制室合并在一起。同时,应建立视频监控系统,配备专职消防人员巡逻,对纵火、爆恐等人为破坏进行监控,发现可疑应及时跟踪和控制;一旦发现火源,应采取各种紧急措施。

　　(5)建立自动喷淋及喷雾系统。自动喷淋、喷雾系统与感温、感烟系统同时建设,喷淋及喷雾系统与感温感烟系统联动,以有效控制火源。其中,喷雾系统的雾状水滴能迅速将火源包围,使之与空气隔绝而熄灭或延缓火势蔓延时间。值得指出的是,不论是自动报警还是自动喷淋系统,都必须保证其质量可靠。如果有火不报,等于不设,如果无火误报,则可能引起混乱,或使内部物品遭受不应有的水淋。

　　(6)灭火。在灾情得到初步控制后,特别是当火情已呈现蔓延和扩展趋势时,应尽快针对燃烧物特性使用不同的灭火剂加以扑灭。灭火机理主要可归纳为隔离、冷却、窒息和抑制,在规划时应根据地下空间潜在火灾的特点采用不同的灭火方法。普通的燃烧物用水即可扑灭,在必要时还可增设泡沫灭火或二氧化碳灭火系统。前一种灭火剂使燃烧物迅速被大量泡沫所包围,与空气隔绝而熄灭,二氧化碳可以排除燃烧物周围的氧气,同样会使火窒熄。这两种灭火系统比水的效果都好,但造价相当高,而且都需要在使用前临时用化学药剂配制,喷出后才能产生灭火作用。因此,平时的维护管理十分重要。在化学反应过程中任何一个环节发生故障,都将使整个系统失效,所以宜在可燃物很集中或防火标准很高的地下建筑中使用。

　　目前,对电火的灭火剂主要为卤代烷(halogen alkane),对油火的有效灭火剂为轻水(light water)。当主要以水灭火时,自动喷淋系统要有足够的覆盖面积。在这个系统之外,还应均匀设置消火栓。这两种系统都要求在不依靠外部电源的情况下提供足够的水量和水压。因此,要求设置高位蓄水库,在建筑的总体布置中应考虑蓄水库的适当位置。

　　在地下建筑中,采用三级消防体制:第一级是建筑物本身装备的各种自动灭火系统;第二级是内部的专职消防人员;第三级是外部来的城市消防队。但是结合地下环境的特点,应强调以前两级为主,因为处于封闭状态的地下建筑,如内部发生火灾,只能通过少量出入口进入灭火。当出入口向外排出浓烟和炽热气流时,人员根本无法进入。

　　当地下建筑内部发生火灾并已经失去控制时,应当在内部人员完全撤出后停止通风和排烟,封闭各种孔口,同时充分发挥内部自动灭火系统的作用,使燃烧物自行熄灾。

　　4)防火的安全距离

　　从听到火灾警报到完全撤离火场,一般要经过三个阶段:第一阶段,从听到警报到采取避难行动,有一个感知和反应的过程,大约需要 1 分钟。然后,从发火点附近疏散到安全地点,这又需要 1 分钟,例如,从火源所在的防火单元到达另外一个无火的单元或通道,就暂时是安全的,称为临时避难。假定火源位于某一防火单元的中心,人的步行速度为 0.85m/s,则在 1 分钟内可走出 50m 到达防火门。这说明防火单元面积不应超过 200m² 是安全的,再大则难于满足临时避难要求。第二阶段,是沿通道系统到达安全出口,这一距离应包括水平和垂直两个方向,因为人沿楼梯步行的速度比水平方向要慢。当人流密度为 2.5 人/m² 时,每秒钟可在楼梯上走 2.5 级,以每步升高 0.15m 计,上升速度约为 0.38m/s。第三阶段,是通过安全出口,到达空旷的室外环境中,因此要求出口有足够的宽度,保持必要的通过能力。这一综合指标称为出入口的流动系数,取 1.33 人/(m·s)。据此进一步规定每百人所需要的安全出口的有效总宽度。以上第二和第三两个阶段统称为脱离避难。

　　人员多而集中的地下建筑的防火要求,在建筑布置上主要控制两个指标:一是防火单元的面积不超过 200m²;二是从建筑物内任何一点到达最近一个安全出口的距离不超过 30m。这是考虑在最不利条件下,如在对烟的阻隔失效、人在慌乱中步行速度降低、辨别方向的能力减弱,以及安全出口处未设防烟楼梯间等情况下,仍能使人在空气温度、含氧量和有害气体含量尚未达到极限值(150℃、10%、1.28%)以前,保持一定的通视距离完全脱离火灾环境。在不燃墙体的建筑物中,以上三个危险因素达到极限的平均时间为 4.9 分钟,其中能见度的极限值仅为 2.2 分钟。假定从发火点到一个不防烟楼梯的距离为 30m,楼梯上升高度为 6m,烟的流动不受阻隔,则在 64 秒以后烟就到达安全出口的地面以上位置。如果人在发现火情后以 0.85m/s 的速度离开,则水平步行需要 35 秒,垂直步行需 16 秒,即 51 秒后可以安全脱离到达地面,说明 30m 的规定是安全的,超过越多,危险性就越大。虽然在 60m 范围内人的步行速度仍可能大于烟的流动速度,但考虑减光系数维持在 0.1~0.2 的时间不超过 60 秒,安全距离控制在 30m 以内是必要的,否则就难以找到安全出口的位置。

　　5)通道的最小宽度

　　从防灾角度看,要求通道的布置应满足两方面的要求:一是系统简单,最大限度地减少迷路的可能性;二是要有与最大密度的人数相适应的宽度,以保持快速通过能力,防止在疏散时发生堵塞。

　　关于通道的宽度,除满足平时使用要求外,还应在人员最多的情况下保持足够的通行能力,即在灾情发生后使沿通道疏散的人流以没有障碍物的正常速度步行,防止拥挤和堵塞。在正常状态下,具有正常体力的人在水平方向的步行速度为 1.2m/s,这时的人流密度不能超过 1.4 人/m²。据日本经验,当通道上人流密度为 1.4~2 人/m² 时,人流速度可保持在 1.2~0.85m/s,是比较合适的,可作为确定主通道宽度时的参考。

　　6)出入口的数量和位置

　　出入口对地下建筑的人员安全疏散和完全脱离火灾环境十分重要,包括直通室外地面空间的出口和两个防火单元之间的连通口。为了满足及时疏散的要求,这些出口应有足够的数量,并布置均匀,使内部任何一点到最近安全出口的距离不超过 30m,使每个出入口所服务的面积大致相等,以防止在部分出入口处人流过分集中,发生堵塞。出入口的宽度应与所服务面积上的最大人流密度相适应,以保证人流在安全允许的时间内全部通过。

12.4.6　地下空间震害防护

　　1)地下空间的抗震特性

　　地下建筑被岩土介质包围,这对其机构自振具有阻尼作用,并为结构提供了弹性抗力以限制其位移的发展。在离震源稍远的地区,沿地表传播的地震波最先到达,强度也最大。随着距离地表深度的增加,地震强度和烈度将趋于减弱。地下建筑的埋深越大,受地震波的作用越小,加上周围的土或岩石所起的阻尼作用,使振幅减小。因此,从总体上看比在同一位置上的地面建筑所受到的破坏要轻得多。研究和实践表明[11],在同一震级条件下,跨度小于 5m 的地下建筑物的抗震能力一般要比地上建筑物提高 2~3 个烈度等级;整体式钢筋混凝土地下结构,或埋深在 20m 以下的各类地下结构将不会遭受明显的地震损坏;只有处于松软饱和土中的浅埋结构抗震能力较差,但仍比地上同类建筑物要提高 1 个地震烈度等级。对于跨度较大的地下空间,根据日本阪神震害的现有资料,折换成我国的烈度划分,则其抗震能力至少也可以比同类地面建筑调高 1~2 烈度。地震强度在100m 深处仅为地表的 1/5,我国唐山煤矿震害的调查结果表明,当地表的地震烈度达 11度时,450m 深处的地震烈度则已降为 7 度。地面建筑绝大部分倒塌,伤亡惨重,而当时工作在煤矿井下的工人和 3000 名左右在地下室中的居民则幸免于难。据事后调查,即使一些质量很差的早期地下人防工程,也未遭到严重破坏。因此,地下建筑在抗震性能上优于地面建筑。

由于地下空间具有较好的抗震特性,因此地下空间常用作:①震时日用品、设备及食品的储存空间;②人口疏散与救援物资的交通空间;③人员临时掩蔽所;④临时急救站;⑤地下指挥中心;⑥地下信息中心。

2) 地下空间主要震害及防护

由于地下空间具有较好的抗震特性,主要震害为结构出现裂缝而漏水,吊顶振落而伤人,管道破裂引起火灾、水害等次生灾害。此外,地震可能引起地下水位上升或地层液化,对地下建筑产生浮力,造成地面建筑倾斜、倒塌等破坏。

岩石中的地下建筑,一般距地表较深,结构直接被破坏的可能性较小。因此,地下空间防震重点是保证工程质量,防止工程诱发次生灾害;在可能液化地层中,加强抗震设计,符合有关抗震设计标准。此外,地震常与气象灾害同发,除防止地裂、塌陷、建筑物倒塌等破坏造成地下出入口破坏或堵塞外,还要防止洪水、泥石流及滑坡等灾害造成洞内破坏。在规划设计时,应对洞口标高、地面灾害防治等进行规划设计。边坡的防护应根据边坡失稳的原因,采用护坡、排水、加固等措施进行防护,泥石流的防护应从排水、冲沟改道等方面进行专门设计。

3) 地下空间抗震布局要求

在作为震时避难所的城市绿地、广场附近,考虑建设相应的地下空间储备应急救灾物资。在处理好通往地表的出入口不被破坏或堵塞的前提下,深层地下空间可以作为震时的指挥及医疗救护场所。

在地震灾害发生时,地下空间可为地面避难空间的补充。因此,其他地下空间的布局规划要结合地面避难空间。避难空间的规划建设应充分利用绿地、公园、广场和道路等城市开放空间。

在人口密集区,地面绿地面积不足时,应考虑利用地下空间作为避难所。

以北京为例,北京市地震局的材料显示,北京城六区可作为临时避难所的小面积空地有数千处之多,可改建为长期应急避难场所的开阔地带面积有 $5300 \times 10^4 m^2$。建筑物相对密集的北京城八区内有 100 多处可以改建成与"元大都"差不多的应急避难场所。2008 年北京举办奥运会之前,北京市地震局及相关部门陆续对这些地带进行实地考察,有计划地将它们改造为功能性避难场所。而条件较为成熟的皇城根遗址公园、东单体育场等场地已被作为近期改造目标。

城市绿地、广场不仅担任城市的绿化和休闲娱乐空间,起到改善环境质量和自然景观的作用,而且对战争、地震等灾害都有一定作用。普通居民完全可以利用绿地广场进行地震灾害发生时的逃生避难。北京的绿地广场在规划建设和改造时应符合以下防空防灾要求。

(1)市各组团间的绿化隔离带是天然的防护措施,对减少灾害的蔓延将起到很大作用。在旧城区各组团间或防护片区之间应尽量设施绿化隔离带,在区域内严格按照《北京市城市绿化条例》规定的 25％ 要求进行绿化,无条件时应将重点目标和重要经济目标远离。新城区应保证组团之间具有 500m 以上的绿化隔离带,在区域内按 30％ 的要求进行绿化。

(2)地上重要设施和重要经济设施是防灾救灾的重点,因此,在地上重要设施和重要经济设施与其他民用设施之间设绿化隔离带或广场非常重要。旧城区一般地上重点目标和经济目标周围应保证有 50m 的绿化隔离带或广场,可能产生次生灾害的地上重要设施和重要经济设施应保证 100m 的绿化隔离带或广场。新城区一般地上重点目标和经济目标周围应保证有 80m 的绿化隔离带或广场,可能产生次生灾害的地上重点目标和重要经济目标应保证 120m 的绿化隔离带或广场,以保证灾害发生时能够使当班工人和附近居民避难逃生。

(3)结合绿地规划和交通规划,将大型的城市绿地、高地和广场作为应急疏散地域和疏散集结地域。当发生地震灾害时,作为居民的应急疏散地域,同时也可作为疏散集结地域,其面积标准为 $3.0m^2/$人,疏散半径在 2km 以内。在绿地、高地和广场下建设大型人防物资库工程,以保障疏散人口的食品和生活必需品。

(4)居住区结合地面规划建设必要的绿地和广场,作为应急疏散地域和疏散集结地域,其面积标准为 $2.0m^2/$人,疏散半径为 300m,最大不超过 500m。

(5)城市公园绿地广场必须在一侧有与之相适应的城市道路,以保证战时的疏散集结和运送物资的需要。

12.4.7　地下空间水害防护

1) 地下空间水害的来源及特点

地下空间水害,主要由地下水、地表水及气象降雨造成。在城市地下空间中,则多由外部因素引起,主要有洪灾、附近水管破裂、地下水位回升及建筑防水被破坏而失效等。按洪灾成因分为河洪、海潮、山洪和泥石流四种类型,多由气象灾害引起。在非城市地下空间中,地下空间水害多为地下水,且多与地表水体及气象降雨有关。例如,1970 年日本东京八重洲在建设地下街底层 4 号高速公路时,附近河水涌入隧道,危及相邻的新日铁大楼地下室和营业中的八重洲地下街。当时地下街和地下二层的停车场均已发出避难命令,幸而在隧道与地下室之间设有 0.6m 厚的混凝土挡土墙发挥了隔水作用,未造成重大水害。除大楼地下三层的停车库进水外,地下一层、二层均未进水。1973 年日本名古屋一带降大雨,地铁名城线进水,水从出入口和通风口涌入,使列车运行中断。在非城市地下空间中,资源开采水患频发,需要经常性的排水。例如,广西北山铅锌硫铁矿,受地面河流及季节性降雨影响,地下最大涌水量达 $6000m^3/h$,一年中有近半年时间停产以处理水患。

我国城市中不少过去修建的民防工程,由于缺乏必要的规划设计,加上建筑防水质量很差,在一些地下水位高的地区,不少工程平时就浸在水中,不但不能使用,而且对附近的环境卫生也有很大影响。一到雨季,或遇地下水管破裂,则灌水现象更为普遍;严重的会造成地面沉陷,使地面上的房屋倒塌。例如,1986 年夏季,在两天大雨之后,北京一中学内的积水涌入地下民防工程,使之坍塌,引起 $500m^2$ 范围内的地面下沉,使校内道路和一些建筑物遭到破坏。

地下空间水害通常具有以下特点:①与季节性降雨有关,地表水体水位上升,可能导致地下空间涌水加大;②地面降雨,将导致地下空间渗水增加;③地下水害的排除一般须采用机械抽排,很难利用重力流自排。

2) 地下空间水害的防护

地下空间水害的防护包括以下方面。

(1)根据地下空间的重要程度,适当提高地下建筑出入口的标高,防止洪水灌入;城市防洪标准根据城市的重要程度、所在地域的洪灾类型,以及历史性洪水灾害等因素,制定城市防洪的设防标准。

(2)建造在山区的地下建筑空间,除做好本身的防水外,还应注意外部的防洪问题。

山区洪水的特点是来势猛、水流急、破坏性大。如果汇水面积比较大时,可能在短时间内聚集大量洪水,使地下建筑洞口外的水位迅速上升,一旦淹没洞口,将给工程造成巨大损失。有的正在施工中的工程如果处理不当,一遇暴雨和山洪,也可能发生水害,开挖工作面被淹,影响施工进度。

正确估算山洪的最大流量是做好防洪排洪的前提。影响山洪发生的因素比较复杂,与当地的自然条件有关。除收集正式的水文和气象资料外,还应在现场观察最高洪水位痕迹、冲沟断面形状、坡降情况、冲沟内石块大小等,才能取得可靠的设计依据。

洪水的设计流量确定后,可根据流量和流速,估算出所需要的排洪沟有效过水断面面积。排洪沟一般采用明沟,断面形状可为三角形、矩形或梯形,在转弯或流速加大处应做护面,否则应减小边坡角度。

排洪沟的布置应尽量利用原有的冲沟,适当加以平顺调直,因为自然形成的冲沟比较符合洪水排泄的规律。当建房修路占用了原有冲沟位置时,可使排洪沟局部改道。

在布置排洪沟时,应注意与上游的衔接,因为原有冲沟在上游段有时不很明显,所以在经过修整的排洪沟起点处应设置挡水墙,以便上游来的水都能引入沟内,必要时也可将上游的沟道适当加以修整。

布置排洪沟应考虑洪水的去处,应将洪水引入河道或其他排洪系统,尤其要考虑对下游农田的影响,有条件时最好能与农业排灌系统相衔接。

如果地下空间的洞口布置在比较狭窄的山沟中,而沟内又有可能发生洪水时,则排洪沟应与堆渣位置同时考虑,因为当出渣量较大时,可能将沟底逐渐垫高,使排洪沟不能容纳最大流量的洪水或根本无法布置排洪沟。因此,必须把洞口位置、高程、出渣量、渣堆高度和宽度,与排洪沟的位置、断面面积、构造方法等因素综合考虑,并要求在施工时边堆渣边做排洪沟,以免石渣占去排洪沟的位置。

(3)建立地下抽排水系统,并针对地下重要设施,设置防隔水墙。

(4)在地下空间设置大型滤水井,将滤水井与地下雨水储水系统统一规划。

12.4.8　地下空间化学防护

1) 危险品源地下化

由于地下空间结构上覆岩土介质的消波作用,地下空间具有良好的抗爆性能。对于核爆而言,空气冲击波遇到地面建筑时,在其迎爆面将会形成比入射超压高 $2\sim8$ 倍的反射压力峰值;但对地下结构而言,经过一定深度的覆盖层后,冲击波的动荷效应已被大大减弱。与此同时,岩土在覆盖层对核爆炸的光辐射、早期核辐射、放射性沾染等杀伤因素都具有突出的屏蔽效能,例如,$0.5m$ 厚的混凝土可以使中子数量减少至 1%,$1.5m$ 的土层可使 γ 射线剂量降低到 0.1%,放射性沾染物更被阻挡在岩土覆盖层的表面,从而使光辐射、核辐射及放射性对地下空间内的人员不再产生杀伤作用。

在常规战争条件下,除专为防空袭而构筑的各类防护工程之外,其他地下建筑,如地铁、隧道、地下快速路等其他地下设施,都不同程度地具有抗航弹、炮弹爆炸的能力。这些地下结构的顶部均有不同厚度的岩土防护层,除可有效防护爆炸冲击波和破片弹射作用之外,还在一定程度上具备了抗航弹的能力,防护层越厚,抵抗能力越强。

将易燃、易爆或有毒有害物质储存在地下空间中,实行危险品源地下化,利用覆盖层的保护,避免地震、战争等极端灾害或其他如撞击、雷电等意外事故干扰,或当上述灾害发生时,减小其蔓延或扩散的机会,且利于战时伪装。

在地下空间中,应对重大危害设施及重大危险源进行防护。重大危害设施是指不论长期或临时加工、生产、处理、搬运、使用或储存数量超过临界量的一种或多种危险物质,或多类危险物质的设施,这里不包括核设施、军事设施及设施现场之外的非管道运输。临界量是指对于某种或某类危险化学品规定的数量,若单元中的危险化学品数量等于或超过该数量,则该单元应定义为重大危险源。具体危险物质的临界量,由危险化学品的性质决定[12]。重大危险源是指长期地或临时地生产、加工、使用或储存危险化学品,且危险化学品的数量等于或超过临界量的单元。

控制重大危险源是企业安全管理的重点,控制重大危险源的目的,不仅是预防重大事故的发生,而且要做到一旦发生事故,能够将事故限制到最低程度,或者说能够控制到人们可接受的程度。重大危险源涉及易燃、易爆、有毒危害物质,并且在一定范围内使用、生产、加工、储存超过临界数量的这些物质。

2) 危险品源的防护

从灾时抗灾救灾、战时防空的角度考虑,在储存大量有毒液体、重毒气体的工厂、储罐或仓库等重要设施周围,应充分考虑次生灾害的影响,危险品源的附近应建设地下救援设施进行防护。例如,抢险抢修、消防和防化等专业防灾救援设施和人员配备。危险品源目标可视为点目标,对点目标的防灾、救灾设施和人员配备的规划布局,应在重要设施或危险源周围按环形布局的模式进行规划建设。

防灾、救灾设施及人员配备在所保障危险源周围进行建设,距离不能过远,同时又不能距离所保障的危险源过近,避免灾时双损,战时双毁,并参照我国防空防灾设计标准的有关指标,在危险源周围考虑次生灾害的影响,同时方便救援,专业队工程可在内环半径为 100m、外环半径为 1000m 的环形区域内布置建设。

在城市地下空间中,根据重大危险源的分布,将重大危险源全部地下化有时是不现实的。但对于城市的一级重大危险源的大部分、二级重大危险源的部分和个别三级重大危险源须实施地下化。以北京为例,结合危险源的分布数量、类型和等级,利用地下空间将北京城六区防化学及危险源地下或半地下化的策略如下。

(1)从综合防灾角度考虑,将危险品源尽量地下化和在危险品源附近建设地下救援设施等,利于灾前的预防,灾时的救护救援;战时伪装、救援和坚持生产,并增强战争潜力。平时可以利用覆盖层的保护,避免其他如撞击、雷电意外事故的干扰,使其即使发生事故,蔓延或扩散的机会也很小。

(2)规划将五环内的一级重大危险源,其中储罐类 11 个、生产场所类 3 个的大部分、二级重大危险源的部分和个别三级重大危险源地下化,并尽量转移到下风向。尤其是生产场所转移至地下,利于灾时防灾,战时坚持生产。

(3)在部分有条件的危险品源附近,结合防灾、救灾专业人员及设施配备,修建地下救援设施。

12.4.9　地下空间爆恐防护

20 世纪 60 年代起,国际上开始出现恐怖袭击事件,2001 年发生的"9.11"恐怖袭击,使国际社会认识到,恐怖袭击已成为一种新的城市人为灾害,反恐应纳入城市综合防灾的体系中。

城市地下空间的封闭性特点和地下公共空间中人员集中、疏散困难等情况,使城市中心地区的地下公共空间成为恐怖袭击的高危空间。20 世纪 90 年代初日本东京发生邪教组织在地铁车厢内施放毒剂的事件、2003 年韩国大邱市的人为纵火案、2005 年英国伦敦 6 处地铁车站出入口附近发生的爆炸案,均属恐怖袭击,最近的一次恐怖袭击案发生在 2010 年,俄罗斯首都莫斯科两座地铁车站在早高峰时间几乎同时发生爆炸,死 38 人,伤 63 人。这些情况表明,对地下公共空间的反恐问题应当给予高度的重视,采取有效措施防止恐怖袭击的发生,并在一旦发生后迅速启动应急预案,减轻灾害损失。

恐怖袭击的手段主要有爆炸、纵火、生化或放射性袭击等。对这些袭击的防御应从两个方面进行:一是加强公安工作,从源头上杜绝灾害源进入地下空间,如在地铁入口处设置安全检查、增加站内巡逻等;二是从建筑设计和运营管理上加强防御意识和防范措施,对袭击造成的次生灾害,如爆炸引发的火灾、火灾引发的有毒气体蔓延等,都应同时加以防御。这些防灾措施与地下建筑防灾的主要内容基本是一致的,只是更应重视其突发性的特点。

12.5 城市生命线系统防灾规划

12.5.1 生命线系统防灾的作用

城市交通设施和市政公用设施对保障各种城市活动正常进行至关重要,故常被称为城市的生命线(urban lifeline)。经济设施是推动城市发展、保障城市生活、支持抗御灾害的重要城市设施。一般情况下,重要的、大型的、关键性的经济设施都不在城市范围之内,应由国防力量实行保卫,但在城市中或城市郊区仍然会有相当数量直接关系国计民生和防灾救灾的民用经济设施。这些系统和设施一旦在战争或灾害中受到破坏,不但造成直接经济损失,而且对城市经济和居民生活造成的间接损失也是严重的,甚至使整个城市生活陷于瘫痪,从物质上和心理上对防空、防灾产生不利影响。

按照现代信息化局部战争的打击战略,当军事目标已基本打击完毕而战争的政治目的尚未达到时,转而打击经济设施和城市基础设施,以继续保持军事压力,使城市生活陷于困境,从而瓦解军民斗志,是完全可能的。事实上,1991 年的海湾战争、1999 年的科索沃战争和 2003 年的伊拉克战争,都出现过这种情况,其中科索沃战争因前南斯拉夫联盟共和国(简称南联盟)的军事力量实行了有效的隐蔽,北大西洋公约组织(简称北约)的轰炸难以在军事上取得胜利,转而大规模攻击经济目标和生命线工程。在空袭中,前南联盟的 1900 个重要目标被炸,其中有 14 座发电厂、63 座桥梁、23 条铁路线及 9 条主要公路,还有许多重工业工厂和炼油厂,摧毁炼油能力的 100%、库存油料的 70% 和发电能力的 70%,使前南联盟的经济潜力和支持战争的能力损失殆尽,最终导致战争失败。

由此可见,城市生命线系统和重要民用经济目标,应按以下要求实行全面的综合防护,务求最大限度地减轻空袭和重灾造成的损失和破坏。

(1)根据信息化局部战争的特点,生命线系统应以防常规武器空袭为主,其中各种设施的建筑物、构筑物应按普通爆破弹直接命中或近距离波及设防,埋置在地下的管线网按爆破弹非直接命中设防。

(2)在精密侦察和精确制导的技术条件下,暴露在地面上的建筑物、构筑物和管线,在空袭中不受到破坏是不可能的。因此,一方面应提高建筑物、构筑物的抗毁强度,使之达到当地抗震烈度标准;另一方面,应做好破坏后在最短时间内修复的准备,包括专业人员和机具、设备的备件、部件、零件。

(3)应当做好系统受到破坏暂停运行后的应急准备,如备用水源、电源和储备的燃气、燃油等。

(4)应当发挥地下空间防护能力强的优势,在建设时将有条件转入地下的设施、管线置于地下,必须留在地面上的,应适当采取伪装措施。

(5)在对各系统进行规划时,宜按照适当分散的原则,按一定的负荷半径划分为若干相对独立的较小系统,系统间能互相切换,以避免系统遭受大范围破坏。

(6)对于生命线系统受到破坏后所引发的二次灾害,如火灾、爆炸及液体或气体泄漏等,应采取相应的救灾措施。

（7）各系统均应有常设的指挥、通信系统，随时与城市防空、防灾系统保持联系，并拥有自己的人员掩蔽设施和车辆、物资的必要储备。

（8）地面上的经济设施在空袭中或重灾下很难完整保全，因此防护的原则应当是：必须坚持生产的生产线，平时就置于地下空间中；建筑物坚固程度应达到当地抗震标准，即使破坏，也不倒塌；平时备足配件和抢修器材，以便在破坏后尽快恢复。

12.5.2　生命线系统的灾害防护

城市生命线系统主要由两部分组成，即交通系统（包括道路、桥梁、场站、车库）和市政公用设施系统（包括供电、通信系统，燃气、燃油系统，供水、排水及供热系统）。公用设施系统一般由生产、转换、处理设施的建筑物、构筑物和输送、配送的管网组成。这些系统在空袭中受到破坏的程度和抢修的速度，直接影响处在掩蔽状态下的居民能否维持低标准的正常生活和消除空袭后果的效率，以及灾后恢复的难易。因此，供水、交通、电力、通信、天然气和原油等关键基础设施由于对城市的维持运行和灾后恢复至关重要而成为衡量城市可恢复力的主要指标。城市六大基础设施之间的相互关系如图 12-1 所示[13]。

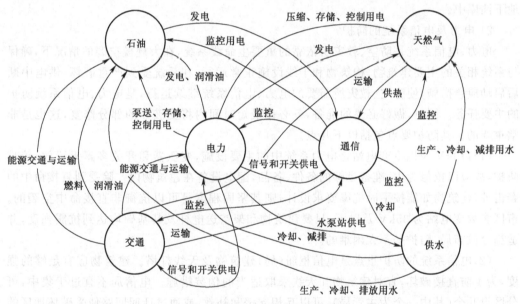

图 12-1　基础设施系统之间的关系

可见，各系统之间有较强的相关性，受破坏后互相影响和制约，必须加强关键系统的防护，如供电系统，使之免受严重破坏并在最短时间内修复，它们对于其他系统的减灾、救灾非常重要。因此，城市交通系统及市政公用设施系统转入地下对防灾和缓和用地压力都是有益的。

1）城市交通系统的防护

城市地面交通防护的任务主要是在持续的空袭过程中保持道路系统的畅通，这对战争中的救护、消防、抢险、物资运输，都至关重要。在常规武器空袭中，道路路面不大可能大面积破坏，局部的破坏也易于修补，因此，保证道路畅通的关键是防止路面被堵塞。造成堵塞的主要原因是路侧建筑物的倒塌和路中立交桥、过街桥的破坏。

在城市规划中,道路网的布局应当考虑战时救灾保持一定的宽度。一般来说,道路宽度(指建筑红线间的宽度)应等于两侧建筑高度之和的一半加上 15m,前者实际上是建筑物的倒塌范围,15m 是建筑物倒塌后仍能通行所需的宽度。如果在道路修建时没有考虑这个因素,那么对两则建筑物的高度应加以限制。

道路交叉点处的立交桥和过街人行天桥,虽然可在一定程度上缓解平时的城市交通矛盾,但从战时防护的角度看,是很大的隐患,清除废墟和重建都需要较长时间,对救灾十分不利,因此应尽可能减少,而以地下立交和地下过街道代替。如果必须建在地面,应尽可能保留原有道路作为辅路备用。

在人民防空规划中,如果能以城市已有和规划中的地下铁道为骨干,建设一个地下四通八达的道路网,并与地下步行道相连通,则对战时保障交通运输的运行是绝对有利的。

在道路通畅的前提下,空袭后仍能保存足够数量的车辆和车用油品用于救护、抢险、救灾物资运输,这些都是必要的。为了安全,车辆平时就应储存在地下车库中,油品一部分可分散储存在各个加油站的地下油罐中,大部分应储存在城市郊外,最好是山区的专用地下油库中。

2) 电力及电信系统的防护

电力、电信系统是防空、救灾所依靠的重要生命线系统,在大规模空袭的情况下,确保与系统相关的主要建筑物、构筑物和干线设施正常运行,在系统受到严重破坏,供电中断后启动应急措施,使防空、救灾所需要的电力、电信系统继续运行,是电力、电信系统防护的主要任务。同时,做好必要的准备,务必在最短时间内将受破坏的部分修复,这也是非常重要的。其防护要点包括以下几点。

(1)110kV 及以下变电站是电力系统中的主要设施,变压器和开关多露天置放,较难防护,故应以抢修为主,准备足够的备件、备品,配电设备在建筑物内。除受到直接命中的袭击外,建筑物如能按平时抗震要求设计,则其坚固程度是可以抗御非直接命中空袭的。市区多数变电站为 35kV 及以下,只要建筑物和架空送电杆及其基础均达到抗震强度,并适当分散布局,防护是不太困难的。

(2)电信系统的防护重点是电信枢纽(局)建筑物及天线杆塔。建筑物应有足够的强度,为了防直接破坏,宜对建筑物和天线采取适当的伪装措施。电信局不宜过于集中,可分区设几个(其中一个为主管局),可以互相支援和补救,或通过迂回回路使受破坏地区的电力供应和通信得以维持。

(3)电力、通信室外布线中,应尽可能埋地敷设,埋地干线应优先采用地下综合管廊;在城市供电中,10kV 输电线路是电压比较低、量大、面广的配电干线。电负荷较大,配电干线较密,用埋地电缆比架空输电的损失要小。所以,不论在居住区还是工业区,都应采用埋地电缆方式。

(4)应加强通信手段的多层次、多系统化建设,如电话网、电报网、互联网(internet)、移动电话网、宽带数据网及卫星通信等,综合使用多种通信手段,以减轻空袭后通信高峰的压力。同时,通信网建设需提高传输网的可靠程度,无论是光缆还是多芯电话缆,应尽量形成环网配线,以增加通信网运行的可靠度。

（5）电力、电信两主管业务部门，均应设防空办公室作为指挥机构，平时做好防空、救灾各种准备工作和实施预案，以立即抢修、尽快恢复系统运行为出发点，预先规定应急救灾人员的来源及组织办法。

电力、电信系统局部或全部被破坏后，应急供电通信的措施如下。

（1）系统局部破坏时，由指挥所从未破坏地区调配一定的电力向破坏区临时供电，指挥部门、抢险部门、医院及人员掩蔽地等应优先保证最低需要。临时供电线路可架空敷设。

（2）系统全部破坏时，各重要部门启动备用电源，保证最低限度的用电和通信，有条件时可在一定范围内联网，以互相支援。备用电源所需的燃油，平时应做好储备。

（3）备用电源宜使用移动式电站，如箱式变电站、柴油发电机及车载柴油发电机组、车载蓄电池等电源车，向重要单位应急供电，车载蓄电池用于向重要通信设备提供直流电源。

（4）移动通信是对传统有线通信的必要补充，移动通信为无线通信，只要空袭时其基站不受破坏，就能维持正常运行。除已较普及的移动电话外，车载卫星通信设备和便携式移动卫星地面站，是比较先进和不易被破坏的应急通信设备。

（5）光缆具有通信容量大、通信距离长、抗电磁干扰、频带宽，且耐火、耐水、耐腐蚀、保密性好等独特优点，所以应大力发展光纤通信网建设，干线、支线尽可能采用光缆，进户线也要为光缆接入做好准备，为宽带通信网建设打好基础。

3）燃气及燃油系统的防护

燃气系统包括管道天然气、管道煤气、瓶装液化气，是居民在掩蔽条件下维持低标准生活和冬季取暖所必需的，应尽最大努力保持不中断供气，并在安全条件下进行必要的储备。

燃油系统的防护是为保证战时车辆的行驶和在电力供应中断后作为替代能源，主要靠足够数量的战备储存保证供应。

燃气、燃油系统受破坏后，很容易引起二次灾害，如火灾、爆炸、有毒物质泄漏等，所以，除本系统的防护外，还应依靠城市消防系统加强对次生灾害的防护。

燃气、燃油系统防护的要点如下。

（1）燃气系统的主要设备是球形天然气或液化石油气储罐、汽车槽车和液化石油气的气化、混气和灌装设备。除直接命中外，其本身抗毁能力都较强，但设备与管道的连接部位遇震很易损坏，所以平时应储存足够的连接用零部件，以备急修。

（2）主要的配气管道为 DN500 或 DN400 钢管，抗压强度很高，埋地后更不易损坏，可以认为，在遇到设防标准以内的袭击时不致严重破坏，仍可继续供气。但是这种分段埋设的管道多采用焊接，遇炸后有可能出现焊缝开裂导致燃气泄漏，所以在空袭后，沿线应加强监控，及时抢修以防意外燃气爆炸事故发生。同时，由干配气管网的抗毁能力较强，折断或破裂的可能性较小，遇炸后破坏部位多在连接处和转弯处，所以，平时应储存足够的连接用零部件以备急修。

（3）为了减小损失，宜将燃气管网划分成几个相对独立的分系统，先集中力量抢修重要系统，使之尽快恢复供气，再逐步扩大到全系统。当液化气罐遇炸起火时，应注意防止沸腾液体蒸气爆炸的出现。

（4）由于天然气在气态下储存体积大，目标明显，很容易受到袭击，且破坏后二次灾害严重。所以，战备储存应以液化天然气为主，与液化石油气和各种成品油料，组成一个民用液体燃料战备储存系统，实行分散与集中储存相结合。

（5）液体燃料在地下空间中储存，比在地面储存有很多优点，特别是在安全防护方面，更是不可替代的。因此，应当完全排除战备民用液体燃料在地面上储存的可能性，集中的储库应按照"山、散、隐"的原则，建在岩层或土层的地下空间中，取得天然的安全屏障。

燃气、燃油系统的应急供应措施如下。

（1）当管道供气受破坏中断后，对一些急需供气的公共设施和家庭提供适当的替代能源。对于停气地区的医院、学校、幼儿园、敬老院等，为完成炊事、医疗器具消毒等工作，需要提供盒式小火炉、液化石油气罐、移动式燃气发生设备等一些替代设施。对于一般家庭，也应提供相应的替代能源，如煤油炉、盒式小火炉、弹状储气罐等。

（2）燃油的应急供应主要依靠分散在市区内未受破坏的加油站，从集中的储油库用槽车送至加油站的地下储油罐。为了尽可能多地保存加油站，在临战时宜采取适当的伪装措施。

4）供排水及供热系统的防护

城市供水、排水、供热系统都是维持城市正常运转所必需的生命线系统的重要内容，一旦受到空袭而被破坏，对城市功能的发挥和居民的正常生活都会造成巨大的影响。人在没有食物的情况下，只要有条件饮水，就可以适当延长生命；如果没有水，即使有食物也很难进食，可见给水系统防护的重要性，更勿论消防、救灾对水的需要。

相对于给水而言，排水系统受炸被损坏对城市生活造成的困难并不是致命的，但也会带来很大的不便，主要表现为家庭厕所因停水不能冲洗而无法使用，污水得不到处理，排放后污染地下水及其他水源。

供热系统受破坏后的影响有两个方面：一方面是高压蒸气供应中断后使有些工业企业不能继续生产；另一方面是在供暖季节不能向建筑物供热，影响居民的正常生活，特别对老、弱、病、残等弱势群体构成威胁。

供水、排水、供热系统的防护要点如下。

（1）供水设施包括水库和泵站等取水水源、调节水池、净水厂（又称水源厂）、加压泵站（附清水池）等，其中净水厂应为防空的重点。供水设施的建筑物、构筑物如果具有烈度为7度的抗震能力，则在爆炸中冲击波和弹片作用下，建筑物除玻璃破损外不致倒塌，内部的设备也不致受损。

（2）净水厂的调节水池是防空蓄水的重要设施，其结构设计应达到当地抗震烈度标准。为防止炸弹直接命中后水池局部破坏而使存水全部流失，水池应以钢筋混凝土隔墙分成三格，以保证至少存留 2/3 的水量供救灾使用。

（3）供水主干管一般均采用球墨铸铁管材，抗毁能力较强，不容易直接命中，折断或破裂的可能性较小，遇炸后破坏部位多在连接处和转弯处，所以平时应储存足够的连接用零部件以备急修。水源水输送管道一般为直径超过 1000mm 的钢筋混凝土管，抗压强度很高，埋地后更不易损坏。

　　(4)排水设施包括污水、雨水泵站及污水处理厂。泵站和污水处理厂中的建筑物应具有烈度为 7 度的抗震能力,如果已建设施达不到此标准应采取加固措施。当空袭时,爆炸冲击波和弹片不致对建筑物造成大的破坏,内部的设备也不致受损。

　　(5)大部分污水和雨水干管及支管都是钢筋混凝土管材,抗毁能力较强。受破坏主要发生在连接部位。入户管多用非金属管材,也有一定的抗震能力;户内排水故障多为冲洗水不足而使排水管道堵塞,居民应自备工具清通。管网上的化粪池和检查井均应采用钢筋混凝土结构。管道埋入地下越深,受震破坏越轻,所以排水管宜埋设在地表 8m 以下。

　　(6)热力设施包括热源厂和换热站。热力设施的建筑物应具有烈度为 7 度的抗震能力;当空袭时,普通炸弹的爆炸冲击波和弹片不致对建筑物造成大的破坏,内部的设备也不致受损。如果多座热源厂中的某一个厂建筑物被炸弹直接命中而破坏,不致对整个供热能力有太大影响。为了热力交换站空袭后仍能运转,除热源不中断外,还需有水源的保障,所以应与给水系统的防护措施统一安排。

　　(7)高压蒸气管道的抗毁能力较强,只需加强连接部位的抗毁能力。露天架空的蒸气管易破坏,但修复较埋地管方便。热水管道的普通钢管也有一定的抗毁能力,同样应改善连接部位的抗毁性能。蒸汽和热水管道宜置于通行或半通行管沟中,可提高管网的防护能力和加快修复的速度。

　　供水、排水、供热系统的应急措施如下。

　　(1)对城市居民实行应急供水,是空袭后最紧迫的救灾行动之一。从开始时为维持生存的低标准供水,随着系统的抢修逐步增加供水量,直到全面恢复供水,是一刻也不能中断的。为了做到这一点,首要条件是保证应急水源和送水设备。应急水源主要是靠平时的分散储存,其次是靠净水厂的调节水池不完全被破坏,空袭后仍保持一定量的蓄水。送水设备以送水车为主,这就需要供水和园林部门在平时就能保有必要数量的送水车和储存一定数量的车用燃料。

　　(2)空袭后供水中断时,应急供水的最低标准为每人每日供饮用水 3L,以后随着系统的修复逐步增加。

　　(3)每一轮空袭之后,都会出现消防灭火用水高峰,当供水系统受到破坏,不能保证消防用水量时,可启用消防水池或水箱平时储存的水;若仍不足时,可用消防车到附近的江、河、湖、海抽水应急灭火。

　　(4)供水、排水系统破坏后应通知居民停止使用户内冲水厕所,待供水量逐步增加,除饮用还有余时,再恢复使用。在供水管网修复期间,可用送水车抽取天然水源的水应急。

　　(5)在居民和职工比较集中的地点,均匀设置移动式临时公共厕所,按排污量每人每日 1.4L 设计厕所容量,大体上每 150 人设一座。厕所粪便可排入附近化粪池,或用专用车辆运走。

　　(6)供热系统破坏后,有些不允许热力供应中断的单位,如医院等,应在平时准备小型的锅炉等设备,供应急使用。如果战争发生在供暖季节,在抢修期间室内供暖中断时,居民可平时准备一些电取暖器,在电力供应很快恢复后使用;也可以准备液化气取暖炉,用瓶装液化气取暖。此外,救灾物资储备系统可储存一些火炉、烟囱和煤供老、弱、病、残人员较集中的单位应急使用。

12.6　地下救灾物资储备系统规划

12.6.1　地下救灾储备库的布局与选址

　　为城市防空防灾建造的地下救灾储备库,包括液体燃料、清洁水、粮食、食物、药品及运输设备等,应尽可能布置在山体岩层中,因为岩洞储库防护能力强,容量大,只要能与城市保持合理的运输距离,就应当如此布局。

　　民用液体燃料的战备储存主要是为了战时需要,因此其布局和选址首先应满足战时使用要求和安全要求,同时考虑政治、地理、技术、经济等多方面条件,综合确定储库的布局与地址。城市地下储库的主要任务是保证战时城市间公路运输与城市内运输的油料供应,保证战时城市生活用液体燃料的供应,以及少量战时坚持生产的工业用燃料供应。

　　地下储库所在的区域大体确定后,还应结合该地区的地形、地质条件和所储燃料的来源、去向、运输、安全等条件,进一步选定库址。参见第10、11章相应内容。

12.6.2　地下储备库的设防标准与防护措施

　　地下储备库应针对信息化局部战争以常规精确制导武器实行空袭的特点确定设防标准,并针对现代准确侦察手段,高精度命中率和高强度破坏能力,采取相应的防护和伪装措施。

　　1) 总体布局的设防标准

　　总体布局的设防标准包括以下几点。

　　(1)库址远离市区和乡、镇居民点10km以上。

　　(2)岩石自然覆盖层厚度在30m以上,覆土层厚度在3m以上,表层设刚性或柔性遮弹层。

　　(3)地表植被率在70%以上。

　　对于这一设防标准,应采取的防护措施如下。

　　(1)在地下储备库布局和选址时,满足与市区和乡、镇镇居民点的安全距离要求,同时选择适宜的地形。对于岩洞钢罐储库,沿较隐蔽的峡谷布置较好,不易从空中侦察和瞄准。对于岩洞水封储库,所选山体不宜面临开阔的地形,不宜布置在山体的向阳坡。

　　(2)在地质勘察阶段,选择优良的地质条件,使主体洞室上方的岩石覆盖层大于30m。覆土型地下储库宜选择狭窄的山谷,沿沟底布置罐体,覆土后恢复地表植被和原来的泄洪道,可利用排洪沟的混凝土底板作遮弹层。

　　(3)库址宜选在山体的北坡或狭谷两侧,这些位置的植被一般比较茂密。

　　2) 库区的设防标准

　　库区的设防标准如下。

　　(1)覆盖层按美国空地战术导弹1枚直接命中,或航空制导炸弹1枚直接命中,或侵彻炸弹1枚直接命中,或普通航空炸弹5枚非直接命中设防。

　　(2)洞口按覆盖层设防的前两种1枚直接命中设防。

(3)输送管道、泵站一律埋地,按普通航空炸弹非直接命中设防。

对于这一设防标准,应采取的防护措施如下。

(1)按设定的弹型破坏效应采取加大岩石自然覆盖层和在覆土上设高强混凝土遮弹层等措施;通道部分的覆盖层厚度不足,应在通道与主体覆盖层厚度相同处设防火防爆墙和门。

(2)洞口尽可能放在背阴坡,使之不出现阴影和减小亮度反差;在洞口一定距离处设一道毛石混凝土挡墙,起遮弹层的作用;库内一般不进汽车,库外道路的进洞段用碎石路面,便于伪装。

(3)洞口为防空袭的重点位置,应采取适当的伪装措施,隐真示假,以假乱真。

3) 次生灾害的设防标准

次生灾害的设防标准如下。

(1)地下储库受到空袭后,所储存的液体燃料不应向库外泄漏,在库内设泄油池;地下输送管道应能自动切断。

(2)地下储库受到空袭后,应防止火灾蔓延,所储存液体燃料的损失率应在 20% 以下。

(3)在地面上的液体燃料装卸车站、码头,应严格按防火规范设计。

12.6.3　城市地下能源及物资应急储备系统规划

1) 能源及物质应急储备的基本内容

应急储备系统的建立主要是为了满足战争和战后一段时间及平时发生重大灾害后的救灾需要。因此,储备的内容应包括以下方面。

(1)液体燃料,包括车用汽油、柴油、民用煤油、液化石油气及液化天然气等。

(2)水,包括饮用水和消防用水。

(3)粮食,以便于加工的面粉、玉米等为主。

(4)食品,包括食用油、盐、脱水蔬菜,以及速食食品,如方便面、方便粥、压缩饼干等。

(5)药品,以救助外伤用的药品、敷料为主。

(6)车辆,包括运输用的轻型货车、指挥用的越野车、救护车,以及必要的工程机械。

(7)救灾用的其他物资,如固体燃料、帐篷、被服、工具、编织袋等,也需要储备,一般可使用地面仓储设施。

2) 储量和仓储设施规模

地下储备系统的储量及相应的仓储设施规模,按整个城市和全体居民的消耗量和需求量,根据战时和灾后的供应定额进行预测。

(1)液体燃料:以基础年液体燃料总消耗量为基数,按实际年增长率并考虑经济发展确定增长率,根据规划实施年限确定总量。按平时消耗量的 80%,使用 60 天进行容量估算需储存液体燃料量。按此储量,确定储备形式。

(2)饮用水:按照战时和灾后 30 天内供水的最低标准,不少于 3.0L/(人·天),根据城市人口计算每天需供水量及 30 天储量,饮用水宜分散储存,储存方式为自来水厂中有一定防护能力的清水池,高层和多层建筑物屋顶上的蓄水箱,地下钢筋混凝土蓄水箱及地下清洁水水库。消防水按建筑防火设计规范的要求,储存足够的消防用水。

　　(3)粮食、食品:按照战时和灾后 30 天内全体居民每人每日供粮 500 g 的标准,以居住人口计算每天需供粮量及 30 天需储备量,确定地下粮库容量,选择储备方式和地址。方便食品和瓶装饮料可分散储存在大型生产或经销单位的小规模地下空间中。此外,可建地下冷藏库,储存药品、食用油和蔬菜等食品。

　　(4)车辆:车辆以供运输用的轻型货车为主,储量根据防空防灾专项规划确定。车辆储存在平时大型运输单位的平战结合地下车库中。

　　总之,采用主动防灾和综合防灾,利用地下综合管廊整合生命线系统,对地下交通系统、综合管廊系统及物质储备系统进行一体化规划设计,是今后城市防灾的主要趋势。

习题与思考题

　　1. 何谓地下空间环境?地下空间环境有哪些特点?

　　2. 试述地下空间环境调节的主要内容和方法。

　　3. 地下空间环境监测包括哪些内容?有哪些主要方法?

　　4. 地下空间有哪些灾害类型?各有何特点?

　　5. 地下空间内部灾害的发生和扩大的最主要原因是什么?

　　6. 试述主动防灾和综合防灾的基本思想,在地下空间防灾规划设计中,应如何体现主动防灾和综合防灾?

　　7. 试分析在地下商业广场和地铁空间中火灾的特点,在其防灾规划设计中有何区别?

　　8. 在地下空间内部灾害时的人员安全疏散与避难中,正常的人从听到火灾警报到完全脱离火场,一般要经过几个阶段?

　　9. 地下空间水灾有何特点?造成水灾的原因有哪些?如何进行地下空间水灾的防护?

　　10. 地下生产、试验空间灾害防护包括哪些内容?应如何进行规划设计?

　　11. 地下空间恐怖袭击有何特点?在地下空间综合防灾规划设计中如何体现?

　　12. 地下商业空间灾害的封闭性特点给防灾救灾造成的困难有哪些?

　　13. 地下防灾物质储备系统与和平时期地下物质储存系统在选址等规划内容上各有何特点?试分析之。

　　14. 地下空间综合防灾规划的编制包括哪些内容?

　　15. 如何实现地下交通系统、物流系统、综合管廊系统、物质储存系统、防灾物质储备和防灾系统的一体化规划设计?试分析之。

参 考 文 献

[1] 黄晨. 建筑环境学[M]. 北京:机械工业出版社. 2010.

[2] Kang J. A coustics of long spaces: theory and design guide [C]//American Society of Civil Engineers. London:Thomas Telford Publishing,2002.

[3] 陈志龙. 地下建筑环境设计的思考[J]. 地下空间,1992,12(4):299-302.

[4] 王文卿．城市地下空间规划与设计[M]．南京：东南大学出版社，2000.

[5] 黄强．城市地下空间开发利用关键技术指南[M]．北京：中国建筑工业出版社，2006.

[6] 王文才．矿井通风学[M]．北京：机械工业出版社，2015.

[7] 金虹，宋菲，康健．地下空间声环境实验分析[J]．哈尔滨工业大学学报，2009，41(6)：98-102.

[8] 吴硕贤．隧道声学系统的语言清晰度预测[C]//绿色建筑与建筑物理——第九届全国建筑物理学术会议论文集．北京：中国建筑工业出版社，2004.

[9] 周云，汤统壁，廖红伟．城市地下空间防灾减灾回顾与展望[J]．地下空间与工程学报，2006，2(3)：467-474.

[10] 童林旭．地下空间内部灾害特点与综合防灾系统[J]．地下空间，1997，17(1)：43-46.

[11] 陈志龙，郭东军．城市抗震中地下空间作用与定位的思考[J]．规划师，2008，7(24)：22-25.

[12] 国家质量监督检验检疫总局，国家标准化管理委员会．中华人民共和国国家标准：危险化学品重大危险源辨识(GB18218—2009)[S]．2009.

[13] Sterling R，Nelson P. City resiliency and underground space use[C]//Advances in Underground Space Development. Singapore：ACUUS. 2013.